Jörg F. Maas · „Novitas mundi"

Jörg F. Maas

„Novitas mundi"

Die Ursprünge moderner Wissenschaft in der Renaissance

M&P
VERLAG FÜR WISSENSCHAFT
UND FORSCHUNG

Die Deutsche Bibliothek – CIP-Einheitsaufnahme

Maas, Jörg F.:
Novitas mundi : die Ursprünge moderner Wissenschaft in der
Renaissance / Jörg F. Maas. – Stuttgart : M und P, Verl. für
Wiss. und Forschung, 1995
  Zugl.: Diss.
  ISBN 978-3-476-45132-3

ISBN 978-3-476-45132-3
ISBN 978-3-476-04228-6 (eBook)
DOI 10.1007/978-3-476-04228-6

M & P Verlag für Wissenschaft und Forschung
      ein Verlag der J.B. Metzlerschen Verlagsbuchhandlung und
      Carl Ernst Poeschel Verlag GmbH in Stuttgart

© 1995 Springer-Verlag GmbH Deutschland
Ursprünglich erschienen bei J.B. Metzlersche Verlagsbuchhandlung
und Carl Ernst Poeschel Verlag GmbH in Stuttgart 1995

Vorbemerkung

> ... one of the justifications for attempting to summarize
> as a whole the characteristics of any epoch in the history
> of civilization, no matter how arbitrarily defined, is that
> such an attempt raises more questions than it answers and
> opens to the student lines of inquiry which might not
> otherwise have been suggested.
> Myron P. Gilmore

Die vorliegende Untersuchung zur Enstehung der Wissenschaften in der Renaissance lag dem Fachbereich Erziehungs-, Sozial- und Geisteswissenschaften der FernUniversität/Gesamthochschule Hagen als Dissertation vor und wurde für die Drucklegung geringfügig überarbeitet.

Sie wurde betreut von Prof. Dr. Jan P. Beckmann, dem ich für seinen Rat und seine vielfältige Unterstützung zu Dank verpflichtet bin. Für hilfreiche Anregungen und permanente Kritik möchte ich Prof. Dr. Wilhelm Schmidt-Biggemann (Freie Universität Berlin), Prof. Dr. John E. Murdoch (Harvard University) und den Mitgliedern der `Physics Group´ des Department of History of Science der Harvard University danken.

Besonderen Dank schulde ich meiner Frau, meinen Eltern und Freunden für ihr Vertrauen in das Fortschreiten der Arbeit und für ihre anhaltende Geduld und ihren fördernden Zuspruch.

Die Arbeit wurde durch ein Postgraduiertenstipendium des Deutschen Akademischen Austauschdienstes an der Harvard University (Cambridge, Massachusetts) gefördert.

Jörg F. Maas

INHALT

Einleitung: Grundzüge und Kriterien

Zur Konstruktion moderner Wissenschaft

Wissenschaftlicher Fortschritt als strukturierte Methodenwirklichkeit

Literaturverzeichnis

Einleitung: Grundzüge und Kriterien

1. Kapitel:
Die Neuzeitlichkeit der Renaissance

> Renaissance scholars had too much reverence for the past;
> we have far too little.
> George Sarton

Es herrscht allgemein die Ansicht vor, daß das 16. und 17. Jahrhundert ein neues Zeitalter darstellten. Die begriffliche und zugleich periodologische Kennzeichnung dieses Zeitraumes als `Neuzeit´ oder `Frühe Neuzeit´ unterstreicht ein solches Verständnis besonders dann, wenn zugleich die Konnotationen von `Wiedergeburt´ oder `Wiedererwachen´ intendiert sind. Im philologischen und am Humanismus orientierten Diskurs ist so die `neue´ Zeit gleichbedeutend mit dem Versuch, an die Ideale und Maxime der klassischen Antike anzuknüpfen, diese fortzusetzen und erneut zu beleben.

Die `Renaissance´ avanciert in diesem Kontext zum Programm der `Neuzeit´ schlechthin und ist lediglich in historiographischer Hinsicht ein Teilbereich derselben. Die Charakterisierung des `Neuen´ durch Reflexion und Revision von als maßgeblich verstandenem `Alten´ findet sich nicht nur in den humanistischen `litterae´, sondern auch in den übrigen `artes´ und Wissenschaften. In der bildenden Kunst kommt es mit Giotto zu einer neuen künstlerischen Idealisierung und Stilisierung durch den expliziten Rückbezug auf antike und frühchristliche Vorbilder und auch in Politik und Staatstheorie orientieren sich machtpolitische Restitutionsversuche an dem schlechterdings bedeutendsten aller klassischen Maßstäbe, nämlich an der Idee einer `Roma rinata´ [1].

Auch in den in der Neuzeit zu neuem Ansehen gelangten Wissenschaftsbereichen wie den astronomischen, mathematischen und ganz allgemein `naturerforschenden´ Disziplinen beruhen die `Neuheiten´ nicht selten auf Reaktivierungen bereits bekannter Grundsätze und

---

[1] Die Idealisierung des römischen Staatswesens beginnt in unserem Untersuchungszeitraum bei Cola di Rienzo (1312-1354) und reicht bis hin zu Niccolò Machiavellis `Discorsi sopra la prima deca di Tito Livio´, Roma 1531.

Kenntnisse der Antike. Bestes und bekanntestes Beispiel ist hier sicherlich die kopernikanische Verknüpfung der Theorie der Erdrotation um ein angenommenes Himmelsfeuer aus dem Jahre 1514, die bereits weit vor Kopernikus der griechische Astronom Philolaos formulierte und die mit der von Aristarch von Samos beobachteten Neigung der Sonnenbahn im dritten Jahrhundert vor unserer Zeitrechnung[2] erst zur `neuen´ astronomischen Theorie der Erdbewegung avancierte.

Neben der Tendenz der Wiederaufnahme des Alten und Klassischen kommt es in diesem Zeitraum jedoch auch zu genuin neuen Errungenschaften und Entdeckungen, die ein unmittelbares Anknüpfen an Leistungen jenseits des Mittelalters nicht erlauben und damit umso mehr - wie es scheint - die `Neuzeitlichkeit´ des 16. Jahrhunderts nahelegen. Die Entdeckungsfahrten der Portugiesen, Spanier und Engländer, neue und präzisere astronomische Beobachtungen und Berechnungen und naturphilosophische bzw. naturwissenschaftliche Erfindungen sind die Auslöser eines solchen Verständnisses und sie scheinen in periodisierender und historiographischer Hinsicht die Indikation der Neuheit der Neuzeit und Renaissance eher zu rechtfertigen als etwa die zuvor genannten restituierenden Versuche in Bezug auf das klassisch empfundene Altertum.

In Verbindung mit der Abwendung von theologischer Transzendenz und scholastischem Dogmatismus und der Hinwendung zu einer am Menschen orientierten Immanenz kennzeichnen einige Historiker Renaissance und Neuzeit auch als den Zeitpunkt des Wandels von der vita contemplativa zur vita activa[3]; eine Sichtweise, die historisch durch die in dieser Zeit sich manifestierenden philosophischen Ideen von Nicolaus Cusanus gestützt und historiographisch durch Jules Michelet formelhaft als `la découverte du monde, la découverte de l´homme´ gefaßt wird.

Bei genauerer Betrachtung dieser Einzelaspekte aber, die grosso modo zu dem weit verbreiteten Bild der neuzeitlichen Renaissance und der Neuzeit führen, muß es zwangsläufig zu einer Revision genau dieses

---

[2] Cf. Thomas S. Kuhn: The Copernican Revolution. Planetary Astronomy in the Development of Western Thought, Harvard University Press, Cambridge, MA und London 1957, p. 42.
[3] Cf. Alexandre Koyré: Von der geschlossenen Welt zum unendlichen Universum, Frankfurt/M. 1980, p. 11.

Bildes und zum Verlust des Glaubens an seine Einfachheit und Einsehbarkeit kommen. Es zeigt sich nämlich, daß die häufig benutzte Kontrastfolie `Mittelalter´ - und etwas seltener die des `Altertums´ - schlechterdings nicht ausreicht, um die Veränderungen von Bildungsidealen, Theoriebestandteilen und Methodenansätze zu Beginn des 16. Jahrhunderts zu erklären. Die mittlerweile umfangreiche und dabei sehr präzise Kenntnis mittelalterlicher Theorien und Forschungsansätze hat diese vereinfachende Sicht des Kontrastes zwischen Mittelalter und Neuzeit mittlerweile ebenso verunmöglicht, wie die an Philosophie und Geistesgeschichte orientierte Humanismus- und Renaissanceforschung[4].

Während somit die Revision des humanistischen und philosophiegeschichtlichen Renaissancebildes bereits als weitgehend abgeschlossen betrachtet werden kann, so ist demgegenüber die Untersuchung der epistemologischen, methodologischen und ontologischen Veränderungen und Entwicklungen in den wissenschaftlichen und besonders naturwissenschaftlichen Ansätzen der Renaissance des 16. und 17. Jahrhunderts in ihrem Bezug zu Mittelalter und Antike noch kaum unternommen worden.

Die vorliegende Arbeit versucht hier, aufgrund dieses Desiderats die für die Wissenschaftssystematik und szientifische Methodik dieser Zeit signifikanten Veränderungen in den naturerforschenden Disziplinen aufzuzeigen und dabei eine andere Perspektive einzunehmen als vergleichbare Arbeiten innerhalb dieses historischen und historiographischen Problemfeldes. Es wird nicht mehr allein um die Frage gehen, ob sich die wissenschaftliche Qualität der Naturforschung von der Naturphilosophie der Renaissance zur modernen Naturwissenschaft eines Galileo Galilei oder Isaak Newton grundsätzlich und qualitativ verändert hat, - eine Veränderung, die häufig eher gefordert als begründet zur Kennzeichnung einer neuen historiographischen Epoche genutzt wurde. Andererseits geht es auch nicht allein um den Nachweis von Kontinuitäten, die einen solchen Sprung annihilieren würden und zugleich nahelegen könnten, Mittelalter und Neuzeit als entwicklungsgeschichtlich gleichbedeutend nebeneinander zu stellen. Solche Unter-

---

4 Cf. hierzu die Arbeiten des Münchener Instituts für Geistesgeschichte und Philosophie der Renaissance und Edward P. Mahoney (Ed.): Philosophy and Humanism. Renaissance Essays in Honor of Paul Oskar Kristeller, Leiden 1976.

suchungen sind bisher die Regel und betrachten die wissenschaftlichen Inventionen der Renaissance zumeist aus der Perspektive des ex post, d.h. etwa von Galilei oder Newton zurück auf das Noch-nicht an wissenschaftlichen Entwicklungstendenzen vor dem 17. Jahrhundert.

Es soll vielmehr eine kombinierte Untersuchung der wissenschaftshistorischen und wissenschaftstheoretischen Aspekte des ausgesprochen heterogenen historischen und historiographischen Untersuchungsfeldes `Renaissance´ unternommen werden mit einer Berücksichtigung aller auch im weitesten Sinne wissenschaftsrelevanten Erscheinungsformen. Die Arbeit verfolgt damit einerseits das naheliegende und von einem philosophischen Standpunkt durchaus legitime Ziel, zu zeigen, daß Philosophie und Wissenschaften in der Renaissance in systematischer und methodologischer Hinsicht analoge Entwicklungen durchliefen und konsequent und durchgängig aufeinander verwiesen blieben. Andererseits unternimmt sie den daraus resultierenden Versuch des Aufweises, mit Hilfe dieser Korrelationen und den dabei auftretenden Kontinuitäten die historiographische und periodologische Trennung von dem angeblich theologisch-philosophischen und damit antiquierten `Mittelalter´ und der innovativen naturwissenschaftlich-mathematischen `Neuzeit´ in Frage zu stellen und letztlich sogar überflüssig zu machen.

Die gemeinsame Betrachtung der Wissenschaftsentwicklungen und ihrer Methodenentwicklung zeigt dabei Einflüsse auf, die ohne ausschließlich naturwissenschaftlich oder szientifisch zu sein, auf die naturerforschenden Wissenschaftsbereiche eingewirkt haben. Eine zentrale Grundthese dieser Arbeit ist, daß ontologische, metaphysische, methodologische und philosophische Forderungen und Theoriebestandteile außerhalb der Wissenschaften nicht nur Auswirkungen der wissenschaftlichen Neuerungen waren, sondern den Fortschritt und die Entwicklung der wissenschaftlichen Renaissance in entscheidenem Maße vorbereitet und mitbestimmt haben; daß diese - im weitesten Sinne - philosophischen oder metawissenschaftlichen Voraussetzungen aber in den meisten wissenschaftshistorischen und auch -theoretischen Untersuchungen unberücksichtigt geblieben sind, gerade und besonders auch wegen des häufig vor- und überwiegend periodologischen Interesses, die Neuartigkeit der `Neuzeit´ unter Beweis stellen zu wollen oder zu müssen, macht eine solche Perspektive um so zwingender. Mit historiographischer Relevanz wird man sogar noch einen Schritt weiter gehen und sagen können, daß ontologische und damit epistemologische Forschungshypothesen die Kontinuitätsbetrachtung der wissenschaftlichen Renaissance in einem Maße unterstützen, daß in dieser Hinsicht nicht nur die Differenzierung von Mittelalter und Neuzeit, sondern auch die von `früher´ und `später´ Neuzeit hinfällig werden kann.

Die prä- bzw. außerszientifischen Determinanten der neuen naturerforschenden Wissenschaften bestimmen in signifikantem Maße die Wissenschaftslogik in der `Naturphilosophie´ und den Wissenschaften der Renaissance und sind als epistemologische oder ontologische Vorentwürfe sowohl in Astronomie und Astrologie zu finden, in Disziplinen wie Chemie und Alchemie, Technologie und Magie wie auch in Logik, Philosophie und Mathematik.

Dabei sind es kosmologische und trans-physische Einflüsse, wie die Akzeptanz von okkulten oder verborgenen Qualitäten, magischen Formeln, numerologischen Theorien oder sonstigen Fernwirkkräften, die in der Renaissance als wissenschaftstheoretischer Indikator eines bestimmten naturerforschenden Ansatzes auftreten und sie sind im 16. und 17. Jahrhundert keineswegs nur platonisch-scholastisches Relikt, sondern häufig gleichsam heuristisches Prinzip naturerforschender Bestrebungen und höchstens die Leerstelle für ein bestimmtes Forschungs- oder Erklärungsdesiderat.

In Verbindung mit den epistemologischen und ontologischen Prämissen ist die Untersuchung der Methode oder Methodologie der wissenschaftlichen Renaissance von besonderem Interesse. Dies liegt zum einen daran, daß es in dem zu untersuchenden Zeitraum zu der Entwicklung verschiedener Methodenmodelle kam, die zuerst in geometrischen und mathematischen Kontexten erörtert und damit allgemein bekannt wurden. Zum anderen waren diese Methodenkonzepte aber nicht zu trennen von den logischen Modellen der aristotelischen Wissenschaftlehre. Die Folge war, daß zum Teil philosophische Modelle, besonders die resolutiv-kompositiven Verfahren, mit mathematischen identifiziert bzw. mit diesen verwechselt wurden und die neuen naturwissenschaftlichen Disziplinen gleichzeitig die längst bekannten aristotelisch-philosophischen Versionen als unwissenschaftlich abtaten und diskreditierten und sie dennoch ihren `neuen´ Theorien implantierten.

Die Beschränkung auf wissenschaftshistorische und -theoretische Aspekte bei dem Versuch der Neubewertung der wissenschaftlichen Renaissance und ihrer Wissenschaftsmodelle erlaubt damit zum einen den präzisen Nachweis wissenschaftsimmanenter und problemgeschichtlicher Entwicklungen im Sinne einer für die Zeit typischen Wissenschaftstheorie und -logik oder - allgemeiner gefaßt - der grundlegenden und wissenschaftenübergreifenden Erkenntnistheorie, und zum anderen und in der Folge dazu eine neue gesamthistoriographische Bewertung dieses Zeitraumes, die internalistische und externalistische Einflüsse gleichermaßen berücksichtigt und als komplementär begreift.

Ob die mathematischen und quantifizierenden Methoden und Verfahren der `neuen´ Wissenschaften zu Beginn des 17. Jahrhunderts tatsächlich einen revolutionären Bruch darstellen in Bezug auf die naturphilosophischen Bestrebungen der Renaissance ist daher weder rein epistemologisch noch historiographisch zu belegen, sondern vielmehr ein wissenschaftslogisches und gleichzeitig ein "echtes historisches Entscheidungsproblem"[5], das aber nur unter Beachtung aller am Prozeß beteiligter Faktoren adäquat transparent gemacht werden kann.

Die kombinierte Betrachtung von wissenschaftshistoriographischen und wissenschaftstheoretischen Untersuchungs- und Forschungsansätzen sichert dabei den stabilsten Entscheidungszugang zur Lösung dieses Problems, einerseits für die rückwärtsgewandte Geschichte der wissenschaftlichen Innovationen, andererseits als Modell für die Betrachtung der wissenschaftlichen Entwicklungen der Renaissance und ihrer angrenzenden Epochen.

---

5 Thomas S. Kuhn: Die Entstehung des Neuen, Frankfurt/M. 1978, p. 94.

2. Kapitel:
Das Problem der Renaissance und das Problem ihrer Periodisierung innerhalb der Wissenschaftsentwicklung in der Frühen Neuzeit

History made and history making are scientifically inseparable and separately unmeaning.
Lord Acton

Begriffsgeschichtliche Präliminarien sind für wissenschaftliche Arbeiten ebenso unerläßlich wie historische Beschränkung. Dies gilt besonders dann, wenn eine veränderte Sicht einer Epoche und ihrer Bedeutsamkeit intendiert ist.

Sofern das Untersuchungsfeld im 16. und 17. Jahrhundert liegt, bleiben als historiographische Grundbegriffe und Kategorien - will man die Termini nicht unnötig vermehren - lediglich `Neuzeit´ und `Renaissance´ als begriffliche Markierungen für den begrenzten Zeitraum von 1500 bis 1610. Doch beide Termini sind weder eindeutig definiert noch unproblematisch in ihrer Verwendung.

Entsprechend dem herkömmlichen Epochenschema kennzeichnet der historiographische Begriff `Neuzeit´, neben den und in Ergänzung zu den Termini `Altertum´ und `Mittelalter´, häufig die einzig noch nicht beendete Periode in dieser Historientrias.[6] Diese sehr allgemeine und unspezifische Charakterisierung zeigt zunächst einmal nur, daß die Epoche von ihrem Ende her unbestimmt ist und noch andauert. Sie konnotiert als Programm `Neuzeit´ eine Neuartigkeit in Hinblick auf eine neue Zeit, die angeblich um so deutlicher wird, je näher sie zum `Mittelalter´ hinreicht und dieses abschließt, und die um so verschwommener wird, je mehr sie sich auf die Jetztzeit hin erstreckt. Der Beginn der `Neuzeit´ wird gemeinhin als relativ fixiert angenommen und liegt grosso modo um 1400. Die Festlegung ihres Endes hingegen ist trotz zahlreicher Versuche bisher erfolglos geblieben. Dies liegt zum einen an ihrer zeitlichen Relation zur Gegenwart, verbunden mit der

---

[6] Cf. Stephan Skalweit: Der Beginn der Neuzeit. Epochengrenze und Epochenbegriff, Darmstadt 1982, p. 1; cf. auch R. Koselleck: `Neuzeit´. Zur Semantik moderner Bewegungsbegriffe. In: Ders. (Hg.): Studien zum Beginn der modernen Welt, Stuttgart 1977, pp. 264-299.

Idee der Unabgeschlossenheit des Neuzeitlichen und des Fehlens eines adäquaten Folgebegriffs, zum anderen an der "ständigen Wechselbeziehung der Gegenbegriffe (i.e. Altertum und Mittelalter, Anm. d. Vf.) untereinander"[7]. Wegen der zeitlichen Verlängerung der Gegenwart und der systematischen Umgruppierung der als relevant erachteten Aspekte während dieses Zeitraums verändert sich somit kontinuierlich diese historiographische Trias zugunsten einer perpetuierten Ausweitung der `neuen Zeit´.

Mit Einsetzen periodologischer und methodologischer Überlegungen innerhalb der Geschichtswissenschaften manifestierte sich in den 50er und 60er Jahren dieses Jahrhunderts zunehmend die Tendenz, die ersten 300 Jahre der `Neuzeit´ als `Frühe Neuzeit´ zu bezeichnen. In Anlehnung an die in Frankreich bereits übliche Unterscheidung von `histoire moderne´ und `histoire contemporaine´ boten sich als Periodisierungskriterien für eine solche periodologisch-chronologische Zwischeneinteilung einerseits die Entdeckung Amerikas, Ostindiens und etwas später Mexikos an, und auch Luthers Thesenanschlag, durch die die `Frühe Neuzeit´ ihre Neuartigkeit und Selbständigkeit reklamieren sollte. Andererseits standen an ihrem Ende die Französische und Industrielle Revolution, die als singuläre und konkret zu benennende Ereignisse als erneute Zäsur dienen konnten.

Eine solche zeitliche Begrenzung mag in bestimmten Kontexten sinnvoll sein, in anderen wiederum unpassend; sie ist damit letztlich beliebig und einzig und allein durch den Untersuchungsgegenstand zu rechtfertigen. Insofern läßt sich mit Recht durchaus auch ein `alteuropäisches Zeitalter´ als Periodisierung denken, das Spätmittelalter und Frühe Neuzeit zu einer welthistorischen Epoche vereint.[8]

Als signifikantes Kriterium einer solchen Periodisierung allerdings Revolutionen anzusetzen, ist bei der Bewertung der Neuzeit besonders weit verbreitet. Hierbei wird vorausgesetzt, daß jeder historischen Periode zumindest ein `revolutionäres´ Ereignis vorausgeht und die

---

7 H. Günther: Art. `Neuzeit, Mittelalter, Altertum´. In: Historisches Wörterbuch der Philosophie (im Weiteren mit HWPh abgekürzt), Basel/Stuttgart 1984, Bd. 6, sp. 782-798, hier: sp. 796.
8 Cf. der von den Herausgebern der `Zeitschrift für Historische Forschung´ formulierte Periodisierungsvorschlag, Bd. 1, 1974, p. 1 f.; F. Graus: Das Spätmittelalter als Krisenzeit. Ein Literaturbericht als Zwischenbilanz. In: Mediaevalia Bohemica, Suppl. 1, 1969, pp. 1-75 und Skalweit, op. cit., p. 6.

Zäsur einleitet und ein weiteres zugleich die zuvor konstituierte Epoche beschließt. Eine so ausschließlich an Brüchen orientierte Historiographie wird demnach immer geneigt sein, auf historische Diskontinuitäten zu achten unter Vernachlässigung der Transitionen oder Kontinuitäten zwischen den oder durch die zu begründenden Epochen.

"So hoch die Verständigungsfunktion bei (diesen an Revolutionen orientierten - Anm. d. Vf.) gleichartigen Voraussetzungen sein kann, so gering ist ihr heuristischer Wert. Hypostasiert werden sie zu Identifikationen und Feindbildern, die seit je ihre Rolle in politischen und ideologischen Auseinandersetzungen spielen."[9] Die Feindbild-funktion betrifft dabei nicht nur die Revolutionen in der politischen, Sozial- oder Kulturgeschichte, sondern gilt analog für die wissenschaft-liche Geschichtsschreibung des 16. und 17. Jahrhunderts. Die Bruch- oder Revolutionsmetaphorik findet sich in der Wissenschaftshistorio-graphie und -theorie in nahezu fortgesetzter Tradition von Alexandre Koyré[10] und Herbert Butterfield[11] über A. Rupert Hall[12] bis hin zu Thomas S. Kuhn[13] und I. Bernard Cohen[14]. Bis zum heutigen Datum lassen sich so mehr als 60 verschiedene Revolutionen benennen, die in den Bereichen Chemie, Architektur, Pädagogik, Psychologie, Biologie, Dynamik, Elektrotechnik, Elektronik und Physik stattgefunden haben sollen und die als wissenschaftsgeschichtlicher Indikator im historischen Kontext Verwendung finden. Allein sieben Revolutionen markieren Perioden zu Beginn der `Neuzeit´. Ob bei einer solchen Vielzahl von Kon-tinuitätsbrüchen ein einzelnes revolutionäres Ereignis noch aussage-kräftig ist und ein besonderes, hervorhebenswertes Unikat darstellt, mag bezweifelt werden. Dennoch findet sich der Begriff `naturwissen-schaftliche Revolution´, oder im angloamerikanischen Sprachraum der

---

[9] Günther, loc. cit.

[10] Alexandre Koyré: Etudes galiléennes, 3 vols., Paris 1939 und ders.: From the Closed Word to the Infinite Univers, Baltimore 1957.

[11] Herbert Butterfield: The Origins of Modern Science, 1300-1800, London 1949.

[12] A. Rupert Hall: The Scientific Revolution, 1500-1800: The Formation of the Modern Scientific Attitude, London 1954.

[13] Thomas S. Kuhn: The Structure of Scientific Revolutions, Chicago 1962; ders.: The Essential Tension: Tradition and Innovation in Scientific Research. In: C. W. Taylor (Ed.): The Third University of Utah Research Conference on the Identification of Scientific Talent, Salt Lake City 1959 und ders.: Die Entstehung des Neuen. Studien zur Struktur der Wissenschaftsgeschichte, hg. von Lorenz Krüger, Frankfurt/M. 1977.

[14] I. Bernard Cohen: Revolution in Science, Harvard University Press 1985.

Terminus `scientific revolution´, in allen einschlägigen wissenschafts-
historischen Artikeln oder Büchern mit einer Selbstverständlichkeit
wieder, die weder nachvollziehbar ist noch immer auch den Aussage-
wert hat, der ursprünglich bezweckt war. Will man die Revolutions-
metapher retten, bleibt nur die festgelegte Einschränkung auf einige
wenige `revolutionäre´ Entwicklungen oder die endgültige Aufgabe des
Begriffs[15] im historischen Kontext.

Das bisher Gesagte zur historiographischen Unbestimmbarkeit der
Neuzeit gilt analog auch für den Begriff und den Periodisierungsversuch
`Renaissance´. Auch er ist weder genau datierbar noch eindeutig
definiert. "Er leidet an Verschwommenheit und Unvollständigkeit und
ist gerade deshalb immer neuen Umdeutungen ausgesetzt."[16] Ganz im
Sinne seines Schöpfers Jules Michelet indiziert die `Renaissance´ zum
einen die Neuartigkeit einer anbrechenden Epoche und zum anderen
zugleich den Bruch mit der vorhergehenden, dem Mittelalter.[17] Die
`Renaissance´ rückt als historiographische Zäsur und historisches Unikat
einerseits - und mehr in geistesgeschichtlicher als in kulturgeschichtlicher Hinsicht - in die Nähe von Aufklärung und Französische
Revolution und wird andererseits periodologisch zugleich durch diese
beiden Ereignisse begrenzt.

Erst mit der von Wallace K. Ferguson eingeleiteten und sogenannten `Revolt of the Medievalists´, die keineswegs nur die Heroisierung des
Mittelalters oder seiner Erforschung meinte, erfolgte die ausdrückliche
und methodisch fundierte Relativierung und Korrelierung der bis dahin
getrennten und als Kontrast angesehenen Welten `Mittelalter´ und
`Renaissance´. Die unmittelbare Folge war die Revision der historio-
graphischen Kategorien und Begriffe sowie ihre grundsätzliche Umdeutung - so wurde die singuläre historische Epoche der Renaissance

15 Cf. hierzu den sehr kritischen Artikel von Tore Frängsmyr: Revolution or
Evolution: How to Describe Changes in Scientific Thinking. In: William R. Shea
(Ed.): Revolutions in Science. Their Meaning and Relevance, Canton/Mass. 1988,
pp. 164-173.
16 Skalweit, op. cit., p. 9.
17 Cf. Wallace K. Ferguson: The Renaissance in Historical Thought: Five Centuries
of Interpretation, Boston 1948; J. Huizinga: Das Problem der Renaissance,
Tübingen 1953, pp. 5 ff. (= Libelli VI, Sonderdruck der Wissenschaftlichen
Buchgemeinschaft) und Hanna-Barbara Gerl: Einführung in die Philosophie der
Renaissance, Darmstadt 1989, p. 2 und hier besonders die bibliographischen
Hinweise in der Fußnote 3.

zum historischen Prinzip und Deutungsmuster von Renaissancen[18], abhängig von dem Phänomen des Wiederauflebens verschiedener Strömungen oder Entwicklungen zu unterschiedlichen Zeiten und in den verschiedenen Disziplinen - und damit die differenziertere Betrachtung der Perioden und ihrer Einflüsse aufeinander. Es setzte sich besonders von seiten der Mediävisten die Ansicht durch, daß die Begriffe `Mittelalter´ und `Renaissance´ keinen Erkenntnisgewinn bringen und lediglich die "Vorherrschaft veralteter Ansichten" stärken, denn "sie (die historiographischen Begriffe - Anm. d. Vf.) vereinheitlichen dort, wo es der Stand unseres Wissens nicht gestattet"[19] und Etienne Gilson forderte sogar: "Man müßte einmal die Geschichte des Denkens von Boethius bis Pomponazzi erzählen, ohne dabei die Wörter `Mittelalter´ und `Renaissance´ zu benutzen."[20]

Nicht nur die zunehmend kritischer werdende Geschichts-schreibung und die am Mittelalter orientierte einzelwissenschaftliche Forschung führten zur Revision der Allgemein- und Kollektivbegriffe `Mittelalter´ und `Renaissance´, sondern auch die an Kontinuitäten interessierte Historiographie des 20. Jahrhunderts. Doch wichtiger als die Beschreibung der Apotheose der Renaissance zum wiedergeborenen Goldenen Zeitalter war auch hier die Einzelforschung, ganz besonders in den Bereichen Naturphilosophie und Naturwissenschaft. Während noch Jacob Burckhardt[21] meinte, die Einheitlichkeit der Renaissance aufgrund der Tatsache feststellen zu können, daß Humanismus und die neu entstehenden naturwissenschaftlichen Disziplinen sich gegenseitig befruchteten, konnte die wissenschafts-historiographische Einzel-forschung mittlerweile genau das Gegenteil zeigen, daß nämlich der philologische und an der klassischen Literatur der Antike sich erziehende Humanismus der Renaissance aufgrund seiner Textbezogen-

---

18 Die verschiedenen Anknüpfungen des Mittelalters an die Antike wurden als Renaissancen bezeichnet und so gibt es nun die karolingische und ottonische Renaissance, die Renaissance des 12. Jahrhunderts, die Aristoteles-Rezeption des 13. Jahrhunderts etc.
19 Kurt Flasch: Das philosophische Denken im Mittelalter. Von Augustin zu Machiavelli, Stuttgart 1987, p. 563.
20 Zitiert nach Flasch, loc. cit.
21 Jacob Burckhardt: Die Kultur der Renaissance in Italien. Ein Versuch, 10. Aufl. Stuttgart 1976, hier bes. die Abschnitte III und IV.

heit die nicht-wortbezogenen, mechanisch-technischen Disziplinen eher hemmte als förderte[22].

Die Diskussion um die Periodisierungsproblematik machte damit deutlich, daß die bis dahin besonders in der Wissenschaftsgeschichtsschreibung weitgehend unterbliebene Einzelforschung ein notwendiges historiographisches Erfordernis war. Die kombinierte Sichtung der Ergebnisse der Einzelforschung war wiederum in der Lage, den Nachweis für oder gegen historische Kontinuitäten oder Diskontinuitäten in der Historiographie zu führen und erst sinnvoll zu begründen.

In dem vorliegenden Zusammenhang geht es nicht darum, die Neuzeit oder Renaissance lediglich in periodisierender Hinsicht vom Mittelalter zu trennen oder sie auf dieses hin zu kontrastieren, noch etwa darum, ein neues und weiteres Epochenmodell zu entwerfen und neben die bereits bekannten zu setzen. Die Diskussion um die Legitimität von Epochengrenzen, die durchaus das Ergebnis haben kann, die bisher bekannten und verwendeten Periodisierungsmodelle zu revidieren und aufzulösen, wäre letztendlich in dem Grenzgebiet von Wissenschaftstheorie und Wissenschaftsgeschichte ohnehin nicht zu führen und gehört von ihrer disziplinären Grundverankerung eher in die Historiographie oder vergleichende Geschichtswissenschaft.

Es geht im Folgenden vielmehr um das sehr konkrete Ziel, den Übergang vom sogenannten Spätmittelalter zur `Frühen Neuzeit´ zu beschreiben ohne auf periodisierende Schemata zu rekurrieren, noch diese für die Zustandsbeschreibung vorauszusetzen. Die Präzisierung der wissenschaftsrelevanten Entwicklungen in der Renaissance sollen damit keineswegs schon als Legitimierung für die Renaissance selbst gelten, sondern zuerst einmal einen authentischen und historiographisch ideologiefreien Zugang zu den originären Theorien und Texten gewähren. Sofern also die Begriffe `Renaissance´ oder `Neuzeit´ benutzt werden - und dies geschieht im Weiteren zum Teil synonym, besonders dann, wenn es sich um historische Tatbestände des 16. und 17. Jahrhunderts handelt -, ist hierbei immer die bewertungsneutrale

---

22 Cf. hier u.a. Pierre Duhem: Le système du monde: Histoire des doctrines cosmologiques de Platon à Copernic, 10 Bde., Paris 1913-59; George Sarton: Science in the Renaissance. In: The Civilization of the Renaissance, ed. by J.W. Thompson, Chicago 1929; Ders.: The Appreciation of Ancient and Medieval Science during the Renaissance, Philadelphia 1955 und Lynn Thorndike: Science and Thought in the 15th Century, New York 1929.

Epochensignatur und niemals der bedeutungstragende Kulturbegriff[23] gemeint, der bereits die Präponderanz gegenüber anderen Perioden mitträgt. Aus diesem Grunde kann auch die wissenschafts- und philosophiehistorische Epoche vom 5. bis zum Beginn des 15. Jahrhunderts `Mittelalter´ genannt werden, ohne damit zugleich andeuten zu wollen, dieser Zeitraum repräsentiere lediglich eine minder bedeutende Übergangs- oder Vorbereitungszeit für die Renaissance.

Die Übergänge zwischen diesen Epochen selber aber sind für den hier zugrundeliegenden Untersuchungszusammenhang als fließend angenommen und damit letztlich für die Erörterung der Renaissance in der besonders für die Wissenschaften gültigen Bedeutung und ihrer zeitlichen Begrenzung von untergeordnetem Interesse. Wichtiger als die epochengeschichtlichen Transitionen sind vielmehr die entwicklungsgeschichtlichen Leitlinien, die sich zum Teil von der Antike über das Mittelalter bis hin zur Neuzeit erstrecken und zu verschiedenen Zeiten unterschiedliche Modifikationen erfuhren. Diese Leitlinien sind jedoch keineswegs geradlinige Entwicklungen, die etwa in der Renaissance oder im Barock ihre fertige und vollendete Gestalt erhalten oder gar hier geendet hätten. Eine solche Sichtweise wäre auch kaum eine zutreffende historische Bestandsaufnahme und müßte sich obendrein den Vorwurf geschichtswissenschaftlicher Teleologie gefallen lassen. Aus genau diesem Grunde findet die bereits erwähnte Bruch- oder Revolutionsmetaphorik hier keine Anwendung und wurde als heuristischer Zugang zur Frühen Neuzeit auch bewußt nicht gewählt. Ohne eine angenommene historische und historiographische Entwicklungsstruktur bzw. -ziel ist die Indikation von Brüchen oder Revolutionen oder die Beschreibung von Geschichtsperioden anhand dieses Paradigmas wohl auch kaum sinnvoll und vice versa.

Die systematische wie historische Beschränkung auf die `wissenschaftliche Renaissance´ oder die `wissenschaftliche Neuzeit´[24]

---

[23] Zur Unterscheidung zwischen der periodologischen und kulturgeschichtlichen Bedeutung des Begriffs `Renaissance´ und ihrer Geschichte cf. Skalweit, op. cit., pp. 43 f.

[24] Die Adjektivierung `wissenschaftlich´ soll verkürzt hervorheben, daß nicht die Untersuchung der Renaissance als ganzheitlicher Epoche bestehend aus philosophischen, künstlerischen, politischen, humanistischen und humanitären sowie den wissenschaftlichen und handwerklichen Bestrebungen und Leistungen intendiert ist, sondern daß im Weiteren lediglich diejenigen Aspekte beachtet und untersucht werden sollen, die unmittelbaren Einfluß auf die Entwicklung der

hat zwei Gründe. Zum einen scheint eine Begrenzung auf diejenige Phase der Frühen Neuzeit sinnvoll zu sein, die die unterschiedlichsten und häufig einander entgegengesetzten Ausdeutungen erfahren hat und die dennoch, oder gerade deswegen, als epistemologische Rüstkammer[25] für das späte 17. und 18. Jahrhundert verstanden wird. Insofern geht es hierbei um eine neue interpretatorische und rezeptionsgeschichtliche Sichtung, indem die Bedeutung einer häufig vernachlässigten Epoche an sich und nicht lediglich für die `Zeit danach´ hervorgehoben wird[26].

Wichtiger als die rezeptionsorientierte Bewertung dieses Zeitraums ist die Beschreibung der wissenschaftstheoretischen Kontinuität, die in diesem historischen und disziplinenorientierten Rahmen aufgezeigt werden kann. Die als scholastisch diffamierten und nutzlos angesehenen Methodenansätze des Paduaner Aristotelismus garantieren gerade die methodologische Novität derjenigen wissenschaftlichen Theorien, die sich explizit und zumeist proklamatorisch von den `Aristotelismen´ des Spätmittelalters aber auch der Frühen Neuzeit abheben wollten, und gerade sie blieben und bleiben immer noch als wissenschafts-theoretische Kontinuitäten zugunsten der programmatisch neuen methodischen Modelle der Wissenschaften in der `scientific revolution´ unerkannt.

Die historische Beschränkung auf die `Renaissance´ oder `Neuzeit´ und die methodische Orientierung an ihren wissenschaftlichen Errungenschaften und Ansätzen bedeutet nicht eine Minderbewertung der humanistischen oder philologischen Renaissance oder der Reformation[27], noch rechtfertigt sie die Annahme, es hätte dort keine

---

Wissenschaften oder praktisch-technischen Künste haben und in der Zeit der Renaissance zu verorten sind.

[25] Mit dieser Metapher beschrieben bei J. F. Fries: Die mathematische Naturphilosophie nach philosophischer Methode bearbeitet (1822). In: Ders.: Sämliche Schriften nach der Ausgabe letzter Hand zusammengestellt, eingel. und mit einem Fries-Lexikon versehen von G. König und L. Geldsetzer, Bd. 13, Aalen 1973, p. 10.

[26] Die Bestandsaufnahme dieses Mangels findet sich bei Gerl, op. cit. pp. 11 ff.

[27] Cf. hierzu August Buck (Hg.): Renaissance - Reformation. Gegensätze und Gemeinsamkeiten, Wiesbaden 1984 (= Wolfenbütteler Abhandlungen zur Renaissanceforschung Bd. 5); Skalweit, op. cit., Kapitel III `Das Morgenrot der Reformation´, pp. 76 ff.; The Renaissance Philosophy of Man, ed. by Ernst Cassirer, Paul Oskar Kristeller und John Herman Randall Jr., The University of Chicago Press 1948; Philosophy and Humanism. Renaissance Essays in Honor of Paul Oskar Kristeller, ed. by Edward P. Mahoney, Leiden 1976 und Heinz Heimsoeth: Die sechs

transitorischen Anleihen in der Historie gegeben, bzw. diese seien für die geistesgeschichtliche Entwicklung unwichtig gewesen.

Die Adjektivierung `wissenschaftlich´ verweist vielmehr auf die - nach unserem heutigen Verständnis - prä- und protonaturwissenschaftlichen Tendenzen in einer Zeit, die als eminent `unwissenschaftlich´ und epistemologisch nutzlos dargestellt wurde[28] und wird, und sie ist zugleich eine notwendige und pragmatische Einschränkung des Untersuchungsfeldes im Sinne eines Paradigmas.

Zum anderen bietet die Betrachtung der `wissenschaftlichen Renaissance´ die Möglichkeit, zwei getrennt benutzte heuristische Verfahren an einem historischen Punkt zu vereinen, der sie bislang schied und der zugleich durch sie als singuläres Ereignis definiert wurde: gemeint ist die kombinierte wissenschaftshistorische und wissenschaftstheoretische Sichtung der methodologischen und wissenschaftlichen Bestrebungen des 16. und frühen 17. Jahrhunderts, die gemeinhin als die Zeit der sogenannten `naturwissenschaftlichen Revolution´ bezeichnet wird. Während nämlich "die Geschichte der Wissenschaft nicht nur in die Isolierung ihrer Resultate von der Einsichtigkeit ihrer methodischen Herkunft hineinführt, sondern erst recht in die Abtrennung der Theorien von ihrer ursprünglichen Motivation..."[29], so verhindert umgekehrt die Epistemologie die Bestandsaufnahme des technisch-wissenschaftlichen Fortschritts, der die Applikation der Methoden, Methodologien und Ontologien in den Wissenschaften meint. Die Verbindung beider Perspektiven und Disziplinen erlaubt eine Neubewertung der `wissenschaftlichen

---

großen Themen der abendländischen Metaphysik und der Ausgang des Mittelalters, 7. Aufl. Darmstadt 1981, pp. 3 ff.

[28] Im `Vorländer´ heißt es hierzu: "Die Geschichte der neueren Philosophie grenzt sich vor allem dadurch gegen die Geschichte der alten und mittelalterlichen Philosophie ab, daß sie in unlöslicher Verbundenheit mit der Geschichte der Wissenschaften sich vollzieht, die sich immer weitgehender aus dem Verband der philosophischen Systems herauslösen und umgekehrt sowohl durch ihre Ergebnisse als auch durch ihre Methode auf die Philosophie und ihre Systematik einwirken." (in: Geschichte der Philosophie, Bd. II, Teil II `Renaissance´, p. 285.) Der Einfluß der Philosophie, um im Bild zu bleiben, ist nicht dem Einfluß der Wissenschaften gewichen, sondern die Methode der Philosophie mutierte gewissermaßen zur Methode der Wissenschaften.

[29] Hans Blumenberg: Die Zweideutigkeit des Himmels. In: Ders.: Die Genesis der kopernikanischen Welt, Bd. 1, Frankfurt/M. 1975, p. 61.

Renaissance´ qua wissenschaftshistorischer Mikro-Analyse[30] und zugleich als wissenschaftstheoretische Aufarbeitung allgemeiner philosophischer und ontologischer Entwicklungslinien, die zu den jeweiligen Wissenschaftskonzeptionen führten. In Analogie zur (natur-) wissenschaftlichen Forschung beschrieb Alfred N. Whitehead diese Kombination der Untersuchungsperspektive als "this union of passionate interest in the detailed facts with equal devotion to abstract generalisation which forms the novelty..."[31].

Der Versuch der Neubewertung der wissenschaftlichen Renaissance und deren Hervorhebung für die Entwicklung szientifischen Denkens und Forschens ist durch die kombinierte Beschreibung der Geschichte und der Theorie der Wissenschaften im 16. und frühen 17. Jahrhundert keine bloße und rückwärtsgewandte Suche nach den Ursprüngen der modernen Naturwissenschaft im Spätmittelalter oder etwa die Umschau nach den antiken und mittelalterlichen Relikten in modernen Naturtheorien wie bei Galileo Galilei[32], William Harvey oder Isaac Newton. Daher verfährt diese Arbeit auch nicht in der Weise der in diesem historischen und theoretischen Zusammenhang so gern benutzten Kontrastierungen, die die frühen naturphilosophischen Ansätze mit den späteren naturwissenschaftlichen Forschungen und Experimentalanalysen vergleichen und an diesen messen, sei es nun aus mittelalterlicher[33] oder neuzeitlicher[34] Perspektive. Es geht vielmehr um die Bestandsaufnahme des szientifischen Werts und der Originalität der naturerforschenden Theorien im jeweiligen geschichtlichen und

---

[30] "Der Sinn für Brüche und historische Zusammenhänge kann dem Wissenschaftshistoriker nur aus seinem Kontakt mit der aktuellen Wissenschaft erwachsen.", cf. Georges Canguilhem: Der Gegenstand der Wissenschaftsgeschichte. In: Ders.: Wissenschaftsgeschichte und Epistemologie, hg. von Wolf Lepenies, Frankfurt/M. 1979, p. 33.

[31] A.N. Whitehead: Science and the Modern World (Lowell Lectures 1925), 5. Aufl. New York 1954, p. 3.

[32] Cf. hierzu die Arbeiten von William A. Wallace, besonders ´Galileo´s Early Notebooks: The Physical Questions. A Translation from the Latin, with Historical and Paleographical Commentary´, University of Notre Dame Press Notre Dame/London 1977 und sein ´Prelude to Galileo: Essays on Medieval and Sixteenth-Century Sources of Galileo´s Thought´, Dordrecht/Boston/London 1981.

[33] Cf. A. Mark Smith: Knowing Things Inside Out: The Scientific Revolution from a Medieval Perspective. In: The American Historical Review 95/1990, pp. 726-744.

[34] Cf. u.a. William R. Shea: Galileo and the Justification of Experiments. In: Robert E. Butts and Jaakko Hintikka (Eds.): Historical and Philosophical Dimensions of Logic, Methodology and Philosophy of Science, Dordrecht/Boston 1977, pp. 81-92.

epistemologischen Kontext und um ihre Kompatibilität mit nicht nur ausschließlich naturwissenschaftlichen Theorien und Methodenansätzen. Die klassifizierende und periodisierende Bewertung wird hierbei zugunsten der immanenten Kritik hintangesetzt.

Insofern ist nicht allein Galilei und dessen experimentell unterstützte Quantifizierung der Natur wissenschaftlicher Maßstab der neuzeitlich-naturwissenschaftlichen Renaissance und der Frühen Neuzeit, sondern es sind die protowissenschaftlichen Versuche und Bestrebungen selbst, die die Bedingung der Möglichkeit galileischer Wissenschaft ausmachen und dabei sowohl die neue Wissenschaft ermöglichen als auch die bekannten Ansätze transformieren.

3. Kapitel:
Modellwechsel: die faktische Kompatibilität von Wissenschaftsgeschichte und Wissenschaftstheorie und die Notwendigkeit einer gemeinsamen Sicht für die Renaissance

> Il n´y a pas de science là ou il n´y a pas de théorie.
> Alexandre Koyré

> The scientists and scholars who appreciate the history of science today are very few in number, but that does not matter very much.
> George Sarton

Eine der frühesten Beschreibungen eines Experiments zu Beginn der Neuzeit, im Florenz des Jahres 1410, unternahm Antonio Manetti, Biograph und Bewunderer Filippo Brunelleschis (1377-1446). Über seine exakte Versuchsbeschreibung schreibt Manetti: "In diesem Fall der Perspektive zeigte er (i.e. Brunelleschi,- Anm. d. Vf.) zum erstenmal auf einer Tafel von etwa einer halben Elle im Quadrat, auf der er eine Darstellung der Außenansicht des Tempels von San Giovanni (d.h. des Baptisteriums) in Florenz geschaffen hatte. Und er hat diesen Tempel gezeichnet, wie man ihn auf einen Blick von außen sieht. Anscheinend hat er beim Zeichnen ungefähr drei Ellen innerhalb der Mitteltür von Santa Maria del Fiore gestanden. Und das Bild hat er mit soviel Fleiß und Schönheit geschaffen und so genau in den Farben des weißen und schwarzen Marmors, daß kein Miniaturmaler es hätte besser machen können ... und er nahm einen polierten Spiegel als Hintergrund, so daß die Luft und der natürliche Himmel von ihm reflektiert wurden und auch die Wolken, die auf diesen Spiegel fielen und vom Wind getrieben wurden, wenn er wehte. Bei diesem Bild sorgte der Maler dafür, daß er nur einen Platz bestimmte, von wo aus man es betrachten konnte. Und damit man keinen Fehler bei seiner Betrachtung begehen konnte, da sich ja an jedem Ort die Erscheinung für das Auge ändern muß, hatte er ein Loch in die Tafel gemacht, auf der dieses Bild war, das sich in der Abbildung des Tempels von San Giovanni genau an jener Stelle befand, wohin das Auge blickte vom Platz innerhalb der Mitteltür von Santa Maria del Fiore, an dem er beim Zeichnen gestanden hatte. Und dieses Loch war so klein wie eine Linse auf der Seite des Bildes und erweiterte sich pyramidal auf der Rückseite gleich einem Frauenstrohhut bis zur Größe eines Dukaten oder etwas mehr. Er wollte, daß das Auge des Betrachters auf der Rückseite, wo das Loch groß war, sei, und mit der einen Hand sollte dieser das Bild zum Auge führen und in der anderen Hand, der Tafel gegenüber, einen ebenen Spiegel halten, von dem das Bild reflektiert wurde. Die Entfernung des Spiegels von der zweiten Hand betrug ungefähr soviel kleine Ellen, wie die Distanz in echten Ellen ergab vom Platz, an dem er beim Zeichnen gestanden hatte bis hin zum Tempel von San Giovanni. Zusammen mit den anderen erwähnten Umständen, dem polierten Spiegel, der Piazza und so weiter schien es bei der Betrachtung von diesem Punkt, als wenn man das Baptisterium wirklich und wahrhaftig sehe. Und ich habe es in Händen gehalten und mehrmals zu meinen Zeiten gesehen und kann dafür Zeugnis ablegen."[35]

Brunelleschi hatte mit diesem `wissenschaftlichen´ Versuch auf der Grundlage der euklidischen Optik das zentral-perspektivische Projektionsverfahren entdeckt und gezeigt, unter welchen Bedingungen die malerische Raumwiedergabe möglich ist. Die Aufzeichnungen seines Biographen Manetti zeigen, daß die Umsetzung der Gedanken und Hypothesen Brunelleschis in das beschriebene Experiment von der geometrischen Methode Euklids geleitet war und unter strengen quantitativen Bedingungen, also etwa unter Einhaltung festgelegter Größen wie Entfernungen, Höhen etc., stattfand.

Betrachtet man die Wissenschaftsgeschichte über die Jahrhunderte hinweg, so wird man feststellen können, daß Beschreibungen, wie solche Entdeckungen oder experimentelle Anlagen entstanden sind oder durchgeführt wurden, ausgesprochen selten zu finden oder aber so unpräzise sind, daß sie lediglich als kulturgeschichtliche Zeugnisse dienen können, nicht aber als wissenschaftshistorische Belegstellen.[36]

---

35 Zitiert nach Eugenio Battistini: Filippo Brunelleschi, Stuttgart/Zürich 1979, p. 103; cf. hierzu auch John Addington Symonds: Renaissance in Italy. The Fine Arts, London 1897, pp. 52 ff.

36 Eine solche wissenschaftsgeschichtlich nutzlose Beschreibung, die zugleich das zeitliche Ende unserer Untersuchung markiert, ist etwa Vivianis Bericht der Galileischen Experimente in Pisa. Er schreibt: "Zu jener Zeit (1589-1590) war er (i.e. Galilei, - Anm. d. Vf.) überzeugt, daß die Untersuchung der Kräfte in der Natur notwendig eine wahre Kenntnis der Natur der Bewegung erforderlich macht, getreu jenem zugleich philosophischen und ganz gewöhnlichen Grundsatz: ignorato motu ignoratur natura. Daher zeugt er - mit Hilfe von Experimenten, Beweisen und exakt begründeten Überlegungen - zur großen Entrüstung aller Philosophen die Falschheit zahlreicher, die Natur der Bewegung betreffender

Dies liegt fraglos an der Quellenlage, in unserem Falle an den genauen und kongenialen Beschreibungen Manettis, die die Rekonstruktion des Optikversuchs auch in späteren Jahren erlaubten und das Prinzip der Zentralperspektive annähernd genau umschreiben. Daneben gibt es aber auch Versuchsbeschreibungen, die nicht so sehr die Rekonstruktion des Experiments intendieren, als vielmehr der Legitimierung von neuen Wissenschaftsparadigmen dienen. Vivianis Bericht der galileischen Versuche zur Bestimmung der Fallgesetze ist physikalisch zu unpräzise, als daß er in der Lage wäre, Hypothese und Zweck der Versuchs-anordnung adäquat zu charakterisieren, und er ist obendrein historisch unwahr, da es eine solche Versammlung von Galileis Pisaner Kollegen niemals und zu keinem Zeitpunkt nachweislich gegeben hat. Es ist darüber hinaus noch nicht einmal erwiesen, ob Galilei diese Versuche überhaupt empirisch durchgeführt hat oder ob sie lediglich Gedanken-experimente waren.

Erst mit dem Ende des 17. und Beginn des 18. Jahrhunderts kann man feststellen, daß die Labortagebücher zunehmend präziser und glaubwürdiger werden und hierdurch der historische Nachvollzug wissenschaftlicher bzw. experimenteller Entwicklungen anhand von Versuchsbeschreibungen zunehmend leichter wird.[37]

Schlußfolgerungen des Aristoteles, Schlußfolgerungen, welche bis dahin für völlig klar und unbezweifelbar gehalten worden waren. So unter anderen die, daß bewegte Körper gleichen Stoffes, jedoch ungleichen Gewichts, die das gleiche Medium durchquerten, Geschwindigkeiten hätten, welche keineswegs proportional zu ihrer Schwere wären, wie Aristoteles behauptet hatte; sondern daß sich diese alle mit gleicher Geschwindigkeit bewegten. Was er durch wiederholte Experimente demonstrierte, ausgeführt von der Höhe des Pisaner Glockenturms, in Gegenwart aller anderen Professoren und Philosophen sowie der gesamten Universität. (Auch zeigte er,) ... daß ebensowenig die Ge-schwindigkeit eines einzelnen bewegten Körpers, der fallend verschiedene Medien durchquert, umgekehrt proportional zur Dichte dieser Medien seien; dies folgerte er ausgehend von offensichtlich absurden und der sinnlichen Erfahrungen widersprechenden Konklusionen.", cf. Vincenzo Viviani: Racconto istorico della vita di Galilei. In: Galileo Galilei: Opere, Bd. XIX, p. 606. Hierzu u.a. Alexandre Koyré: Galilei. Die Anfänge der neuzeitlichen Wissenschaft, Berlin 1988, pp. 63 ff. und Emil Wohlwill: Galileo Galilei und sein Kampf für die Kopernikanische Lehre, Bd. 2, Hamburg 1926, bes. pp. 260 ff.

[37] Als anschaulicher Kontrast hierzu die Beschreibung der Erfindung der elektromagnetischen Induktion zu Beginn des 19. Jahrhunderts: An einem Sonntag im Spätsommer des Jahres 1821, genauer am Nachmittag des 3. September, gelang es einem jungen Wissenschaftler in seinem Haus am Piccadilly in London, einen Stromleiter um einen Magnetpol rotieren zu lassen. Ausgehend von der Überlegung, daß ein elektrischer Strom, der durch eine Spule fließt, ein Magnetfeld aufbaut, das einen in diesem Feld aufgehängten Stabmagneten aus der

Die Beschreibung Manettis ist nun eine einzelne und zugegebenermaßen kurze Geschichte aus der `Geschichte der Wissenschaften´, die einerseits zeigt, daß es Brunelleschi zu einem bestimmten Zeitpunkt seines Forscherlebens gelang, aufgrund einiger theoretischer Annahmen und ihrer praktischen Umsetzungen einen geometrisch-perspektivischen Effekt zu erzielen, die andererseits aber nicht vorrangig die Reproduzierbarkeit des Versuchs anstrebte. Man wird sie aus diesem Grunde wohl auch kaum als wissenschaftlich seriöse Versuchsbeschreibung in der heutigen Bedeutung des Begriffs verstehen, sondern sie eher als begeisterten Ausdruck einer künstlerischen und originellen Fertigkeit ansehen können. Die Beschreibung zeigt aber deutlich, daß der endgültige Zustand und das fertige Erscheinungsbild einer Wissenschaft oder Kunst nicht identisch ist mit ihrer Entstehung. Für das genannte Beispiel heißt das, daß die Versuchsanordnung und -durchführung Brunelleschis entwicklungsgeschichtlich die wissenschaftliche Fundierung und exemplarische Kennzeichnung[38] der zur Wissenschaft avancierten Malerei und Architektur darstellt. Für sich genommen ist das perspektivisch dargestellte Baptisterium in Florenz zwar ein singuläres Ereignis, im historischen Kontext, d.h. in Verbindung mit Brunelleschis späteren Erfolgen beim Bau der Basilika von Santo Lorenzo im Jahre 1425 und den Plänen für die Kirche Santo Spirito, die 23 Jahre nach seinem Tod fertiggestellt wurde, avanciert das Modell zu

---

Ruhelage bringt, vermutete unser Forscher, und es handelt sich um den englischen Physiker und Chemiker Michael Faraday (22.9.1791-25.8.1867), daß auch die Umkehrung gelten müsse. Daß nämlich das Magnetfeld, das diesen Stabmagneten umgibt, in der Spule einen Stromfluß erzeugen kann, sofern man den Magneten bewegt. Faraday verband daraufhin die Enden einer Spule mit einem Strommeßgerät, einem Galvanometer, schob einen Magneten durch die Spule und stellte fest, daß der Zeiger des Meßinstruments sowohl beim Einführen als auch beim Herausziehen des Stabmagneten mit gleicher Größe ausschlug. Überraschenderweise floß aber nur so lange ein Strom, wie sich der Magnet bewegte, unabhängig davon, ob der Magnet oder die Spule bewegt wurden. Der Schluß lag nahe anzunehmen, daß nur wenn Spule und Magnet sich zueinander bewegen, Strom geflossen war und fliessen würde. Faraday hatte damit die `elektromagnetische Induktion´ entdeckt, die physikalische Grundlage des Dynamos und des Elektromotors und damit aller Gleichstromgeneratoren.

38 "The discovery process is difficult to write about in ways that are acceptable to the image of science as a systematic and logically rigorous process.", cf. David Gooding: Thought in Action. Making Sense of Uncertainty in the Laboratory. In: Michael Shortland and Andrew Warwick (Eds.): Teaching the History of Science, Oxford/New York 1989, pp. 126-141; und auch P.B. Medawar: Is the Scientific Paper a Fraud? In: D. Edge (Ed.): Experiment, London 1964, pp. 7-12.

einem neuen Typus eines veränderten Darstellungsstils, das als historiographische und wissenschaftsrelevante Zäsur dienen kann und soll.

Eine solche Interpretation eines methodischen oder theoretischen Falls oder Sachverhaltes hat in der Regel den Zweck, neben dem Aufweis der grundsätzlich qualitativen Sprünge in den Wissenschaften und Künsten zugleich das Einzeldatum oder die konkrete Beschreibung als genau datierbares Ereignis in der Geschichte der Wissenschaft zu verorten. Diese so an Zäsuren orientierte Disziplinengeschichte nimmt das einzelne Ereignis innerhalb der Wissenschaft als systematische und strukturelle Veränderung der Wissenschaft selbst. Oder anders gesprochen: Ein wissenschaftshistorisches Faktum wird als Indiz für die wissenschaftstheoretische Veränderung der methodischen Forschung einer Disziplin genommen.

Bei der Bewertung der für die gesamte Neuzeit wissenschaftsfigurierenden und für einige Disziplinen wissenschaftskonstituierenden Epoche der Renaissance und im Spannungsfeld zwischen traditionellen und innovativen Forschungsansätzen ist die Verbindung von wissenschaftshistoriographischen und epistemologischen Ansätzen nicht nur nicht vermeidbar, sondern schlechterdings notwendig, will man die szientifischen Sachzusammenhänge in den Fakten zeigen und die Epoche durch sie definieren. Was die Disziplinentitel `Wissenschaftsgeschichte´ und `Wissenschaftstheorie´ aber genau implizieren, daß und wie sie bei aller Eigenständigkeit besonders in unserem zeitlichen Zusammenhang miteinander verwoben sind und welche Rolle sie beim Übergang von der Naturerfahrung zur Wissenschaft bzw. von der Naturphilosophie zur Naturwissenschaft in der Neuzeit spielen, soll im Folgenden deutlich gemacht werden.

Der wissenschaftliche Bedeutungs- und Erklärungsumfang beider Disziplinen ist nur annähernd zu umschreiben und eine konzise und allen vorfindbaren Aspekten gerecht werdende Definition kaum zu formulieren, wenngleich gerade diese Vagheit zu den unterschiedlichsten Ansätzen und Standpunkten in beiden Disziplinen führte. So ist Wissenschaftsgeschichte allgemein und ohne die Einschränkung auf die Geschichte der Naturwissenschaften eher ein Sammelsurium verschiedener Interessen[39] denn eine fest geprägte Disziplin. "Unter der Rubrik `Wissenschaftsgeschichte´ kann darum die Beschreibung eines kürzlich aufgefundenen Hafenbuches ebenso Platz finden wie die ausführliche Analyse des Aufbaus einer physikalischen Theorie."[40] Allgemein läßt sich sagen, daß die Wissenschaftsgeschichte als die Geschichte der wissenschaftlichen Disziplinen und Methoden zugleich auch die geschichtliche Bedingtheit von Entwicklungslinien innerhalb der Wissenschaften aufzeigt. Sofern also unter Wissenschaftsgeschichte nicht nur eine literarische Gattung bzw. das Vulgärkonzept einer Existenz von Vergangenheit einer Wissenschaft[41] verstanden, sondern immer auch schon die Frage nach der Bedingung der Möglichkeit von Wissenschaftlichkeit in der jeweiligen Wissenschaft gestellt wird, ist Wissenschaftsgeschichte zugleich eine Aufgabe kritischer Epistemologie und mit dieser untrennbar verbunden.

Dies führt häufig zur Ablehnung einer allgemein- und ewig gültigen Geschichte einer einzelnen Wissenschaft oder Disziplin, da man zu ein und demselben Geschehen auf unterschiedliche Art `Geschichte´ erzählen und schreiben kann, je nach dem religiösen, politischen, wirtschaftlichen, wissenschaftlichen, sozialen oder methodischen Standpunkt, den der Erzähler oder Historiker einnimmt. Diese perspektivische Beliebigkeit vorausgesetzt, wird man davon ausgehen können, daß es mehrere, zum Teil miteinander kompatible oder auch inkompatible `Geschichten´ auch eines einzigen Faches geben kann und dies jeweils mit legitimem Anspruch. Die Betonung der historischen Entwicklungs-

---

[39] Unter diesem Lemma wird man Büchertitel, Kongreßakten oder universitäre Lehrstühle mit gleichem Recht subsumieren können.

[40] Georges Canguilhem: Der Gegenstand der Wissenschaftsgeschichte (= Vortrag vom 28. Oktober 1966 auf Einladung der Kanadischen Gesellschaft für Geschichte und Philosophie der Wissenschaften in Montreal). In: Ders.: Wissenschaftsgeschichte und Epistemologie. Gesammelte Aufsätze, hg. von Wolf Lepenies, Frankfurt/M. 1979, pp. 22-36, hier: p. 22; cf. auch die Agenden der History of Science Society Meetings der letzten Jahre. Neben regional und geopolitisch begrenzten Themen (wie etwa `Asian Science´) finden sich Sessions mit streng historischer Beschränkung (`Science and the Government after World War II´), sozialpolitische (cf. `Gender in Science and Technology´ und `Women in Technology and Science´), wissenschaftstheoretische (`The Scientific Revolution´ und `Philosophy of Science and History of Science´), naturphilosophische (`Much Ado about Medieval and Early Modern Cosmology´ und `Humanism and Science´) und im engeren Sinne wissenschaftsgeschichtliche (cf. `The Evolution of Interpretations of Quantum Mechanics´ und `Newton´s Mechanics: The Last Thirty Years of Scholarship and Beyond´) Schwerpunktsetzungen.

[41] Cf. Canguilhem, op. cit., p. 40.

linien erlaubt neben der diachronischen Beschreibung auch die synchronische Parallelisierung von Strukturen, die sich in verwandten oder methodisch ähnlichen Disziplinen wiederfinden. Die Wissenschaftsgeschichte vermag somit bestimmte Gruppen von miteinander zumindest ihrer Methode nach verwandten Wissensbereichen zu untersuchen und zu beschreiben, um auf externe oder sachfremde Bedingtheiten zu verweisen. Die Kombination von Einzelfächern zu Gebieten wie Geistes-, Sozial-, Wirtschafts-, Natur- und Angewandten (oder Technischen) Wissenschaften ist dieser Überlegung geschuldet und führte damit zu den spezifischen Wissenschaftsgeschichten analog strukturierter oder interpretierter Wissenschaften.[42] Genau aus diesem Grunde wird man sagen können, daß die Geschichte einer Wissenschaft nicht mit der Wissenschaft selbst identisch ist, bzw. die Forderung nach der einen und allgemeingültigen Geschichte ein schlechterdings unerfüllbares Postulat darstellt und lediglich durch Approximation der Einzelperspektiven erreicht wird.[43]

Nichtsdestotrotz stellt sich die Frage, welchen Kriterien die unterschiedlichen Wissenschaftsgeschichten unterliegen, und diese Frage führt auf eine Reflexionsebene jenseits der Wissenschaften und deren Geschichten. Die kritische Analyse der Wissenschaftsgeschichtskonstitution ist aber wiederum nicht ein historisches oder historiographisches Problem, sondern ein wissenschaftsgeschichtstheoretischer Spezialfall der Beschreibung der Geschichte der Wissenschaft.

Hier lassen sich zumindest vier Gründe anführen, die die Notwendigkeit von Wissenschaftsgeschichte als theoretische Disziplin und heuristisches Verfahren deutlich machen.

Da ist zuerst einmal der primär philosophische Grund, der ebenso wichtig wie selbstverständlich ist: gäbe es nämlich keine Wissenschaften oder Probleme mit ihnen und durch sie, so wäre weder eine Wissen-

---

42 Die jeweiligen Wissenschaftsgeschichten sind je nach den Fächerkombinationen sehr unterschiedlich und ausgesprochen heterogen. "Von einer Wissenschaftsgeschichte der Geisteswissenschaften kann nur in einem sehr vieldeutigen Sinne gesprochen werden.", cf. hierzu Walther Ch. Zimmerli: Wissenschaftsgeschichte: Geisteswissenschaften. In: Art. `Wissenschaftsgeschichte, allgemein` In: Handlexikon zur Wissenschaftstheorie, hg. von Helmut Seiffert und Gerard Radnitzky, Berlin 1989, pp. 413-425, hier: p. 413.
43 Eine radikale Prolongation dieser These findet sich bei Canguilhem, der schreibt, daß "der Gegenstand der Wissenschaftsgeschichte mit dem Gegenstand der Wissenschaft nichts gemeinsam" hat. Canguilhem, op. cit., p. 29.

schaftsgeschichte zu denken noch wäre sie etwa ein für die Wissenschaften notwendiges Unterfangen. Dieser Ansatz besagt, daß Wissenschaft und Forschung ihre jeweils eigene Geschichte verlangen um ihre Ergebnisse in Relation setzen und bewerten, wie auch um ihren Fortgang und ihre Entwicklung bestimmen zu können. Hiermit ist zugleich die wissenschaftstheoretische Implikation gemeint, daß die Geschichte der Wissenschaften nicht allein das Gedächtnis der Wissenschaften ist, sondern auch ihr epistemologisches Labor[44], d.h. sie besorgt nicht nur die nachträgliche Niederschrift von Dokumenten oder Versuchsergebnissen, sondern verdeutlicht zugleich Methodenansätze und deren Diskussion und befördert im Ganzen den heuristischen Mehrwert.

Ein weiterer und mit dem bisher Gesagten zusammenhängender Grund ist der `historische´, und dieser steht gleichsam im Spannungsfeld von Tradition und Innovation innerhalb der Wissenschaftsentwicklung. Hier bietet die Wissenschaftsgeschichte die Möglichkeit und Garantie, die so beliebten `Rivalitäten um geistige Vaterschaften´ und die sog. Prioritätsstreitigkeiten[45] austragen und entscheiden zu können. Damit ist nun nicht nur der rein hermeneutische Versuch der historischen Restitution des Schaffens- oder Theoriezusammenhangs gemeint, sondern vielmehr die Aktualisierung des epistemologischen Anspruchs. "Das eigentliche Problem der Wissenschaftsgeschichtstheorie liegt ... nicht in dem Hinweis auf die geschichtliche Bedingtheit wissenschaftlicher Aussagen, sondern in der Frage nach einer Neuformulierung des Anspruches der Wissenschaft auf die überhistorische Wahrheit ihrer Aussagen."[46] Damit werden die disziplinengebundenen Entwicklungslinien in den Wissenschaften legitimiert, als auch die Vorrangstellungen unter ihnen im Sinne einer `Leitwissenschaft´.

Im historischen Kontext finden die Methoden- und Theorieansätze ihre Voraussetzung und ihren Beleg. Wissenschaftshistorische Untersuchungen dienen als wesentliches Kriterium bei der Entwicklung von historischen Periodisierungen und als Nachweis von epistemischer

---

[44] Cf. Dijksterhuis in: Marshall Clagett (Ed.): Critical Problems in the History of Science, 3. Aufl. Madison 1969, p. 182.

[45] Cf. Canguilhem, op. cit., p. 24.

[46] Helmut Seiffert: Art. Wissenschaftsgeschichte, allgemein. In: Handlexikon zur Wissenschaftstheorie, op. cit., p. 412.

Originalität einerseits und offenbaren andererseits damit deren Anspruch auf historische Originalität.

Daneben gibt es einen `wissenschaftlich-praktischen´ Grund, der Wissenschaftsgeschichte notwendig macht und der als komplementär zu dem letztgenannten Grund zu sehen ist. "Wer zu einem bis dahin unbegreiflichen theoretischen oder experimentellen Ergebnis gelangt, das seine Fachkollegen aus der Fassung bringt, (...) (der) sucht, ob nicht das, was er denkt, etwa bereits gedacht worden sei. Im Bestreben, seiner Entdeckung in der Vergangenheit zu einem Ansehen zu verhelfen, das ihr (womöglich, Anm. d. Verf.) in der Gegenwart versagt bleibt, erfindet ein Erfinder seine Vorgänger."[47] Der Aufweis von Traditionen bei der wissenschaftlichen Invention gilt als zusätzlicher Legitimierungsgrund und verschafft einer Theorie oder einem Forschungsansatz eine Glaubwürdigkeit, die nur mittelbar mit der Konsistenz oder Kohärenz der Forschung zu tun hat. Aber auch der Verweis auf Diskontinuitäten fungiert als Legitimation einer Epoche oder Tradition, wie wir in der `externalistischen´ Variante weiter unten noch sehen werden.

Der historische wie auch der wissenschaftlich-praktische Grund sind zwar als wissenschaftshistorische Perspektiven eher für die ex post arbeitende Historiographie von Interesse; sie können aber zugleich auch als bewußte Beweggründe für den Naturphilosophen oder Wissenschaftler angesehen werden.

Ein weiterer Grund, der gleichzeitig mit dem bisher Gesagten zusammenhängt, ist der sogenannte arbiträre oder motivationale. In einem Kursus über `Die allgemeine Geschichte der Wissenschaften´ aus dem Jahre 1892 schreibt Pierre Laffite, Präsident der Société positiviste und erster Professor für Wissenschaftsgeschichte am Collège de France: "Die historische Methode ist für den Geist wie ein Mikroskop, denn was sich in der üblichen Erscheinungsform der Wissenschaft als eine rasche Folge darstellt, erscheint uns nun als ein Prozeß mit langen Unterbrechungen und mit allen Schwierigkeiten, welche die großen Geister überwinden mußten, um ihre Entdeckungen leisten und durchsetzen zu können."[48] Die Auswahl von bestimmten Problembereichen, Themen

---

47 Canguilhem, loc. cit.
48 Cf. Pierre Laffite: Actualité de l´histoire des sciences, p. 8; zitiert nach Canguilhem: Die Geschichte der Wissenschaften im epistemologischen Werk

oder historischen Perioden ist demnach eine beliebige und zugleich notwendige Entscheidung des Wissenschaftshistorikers. Worauf er also - um im Bild zu bleiben - sein Mikroskop richtet, entscheidet allein er anhand der Ziele, die er zu erreichen sucht. Erst aus einem historischen Abstand entwickelt sich dann der jeweilige Gang der Wissenschaftshistoriographie, die weder zielgerichtet ist noch als beeinflußbar beschrieben werden kann.

Diese jeweils einzelnen Ziele innerhalb der Wissenschaftshistoriographie bestimmen die Perspektive, wie anhand der beiden Hauptströmungen in der Wissenschaftsgeschichte gezeigt werden kann.

Die eine Richtung wird gemeinhin die `externalistische Seite der Wissenschaftsgeschichtsschreibung´ genannt. Ausgehend von den sozialphilosophischen und sozialreformerischen Gedanken Auguste Comtes[49] (1798-1857) betrachtet sie vorwiegend die sozialen und soziologisch-bestimmbaren Bestandteile und Bedingungen in der Entwicklung der Wissenschaften. Comte hatte 1832 vergeblich versucht, an der Ecole Polytechnique in Paris einen Lehrstuhl für allgemeine Wissenschaftsgeschichte zu schaffen[50], der die institutionelle Umformung seiner Ideen verfolgen sollte, die er in seinem zuvor erschienenen umfangreichen Hauptwerk, dem `Cours de philosophie positive´[51], als `positive Philosophie´ formuliert hatte: alle sozialen Gegebenheiten sollten auf ihre Gesetzmäßigkeiten hin untersucht werden, dies wiederum hatte in historisch-vergleichenden Analysen zu erfolgen, die vom `Positiven´, vom Gegebenen und tatsächlich Nachweisbaren und Zweifellosen ihren Ausgang nehmen sollte. Dieser `Sozial-

---

Gaston Bachelards. In: Ders.: Wissenschaftsgeschichte und Epistemologie, pp. 7-21, hier: p. 13.
[49] Cf. zu Comtes Biographie u.a. Oskar Negt: Die Konstituierung der Soziologie als Ordnungswissenschaft, 2. Aufl. Frankfurt/M. 1974; Karl Löwith: Weltgeschichte und Heilsgeschehen, Stuttgart 1953; John Stuart Mill: Auguste Comte and Positivism, London 1882, ND Michigan 1961 und Siegfried Berger: Auguste Comte. In: Metzlers Philosophen Lexikon, Stuttgart 1989, pp. 160-163.
[50] Cf. Canguilhem: Die Geschichte der Wissenschaften, p. 7.
[51] 6 Bde., Paris 1830-1842; cf. hierzu auch seinen `Discours sur l´esprit positif aus dem Jahre 1844 (Paris) und das `Système de politique positive, ou traité de sociologie instituant la réligion de l´humanité´, 4 Bde., Paris 1851-1854. Cf. hierzu u.a. J. Lacroix: La sociologie d´Auguste Comte, 4. Aufl. Paris 1973 und L Lévy-Brühl: La philosophie de Comte, Paris 1900.

Positivismus´[52] ließ damit nur solche Fragen zu, auf die es Antworten gab, die durch die Erfahrung und vor allem durch gesellschaftliche Tatsachen verifiziert werden konnten und sollten.

Auch die von John Stuart Mill (1806-1873) einige Jahre später vertretene Position, der sogenannte `englische´ Positivismus, ließ als einzig zuverlässiges Erkenntnismittel die Induktion und die experimentellen Naturwissenschaften gelten. Die Präponderanz des Faktischen führt bei dem englischen Philosophen sogar dazu, daß er die klassische Geschichtswissenschaft zur Naturwissenschaft rechnet und unter Geisteswissenschaften - ein Titel, der als systematischer Disziplinenbegriff bekanntlich erst im 19. Jahrhundert durch Dilthey und Rothacker formuliert wurde - im engeren Sinne die `moral sciences´ versteht, also vorrangig Wissenschaftsbereiche wie Psychologie, Ethnologie und die Gesellschaftswissenschaften. Analog zu Mill und mit geschichtlichem Bezug formuliert auch der englische Philosoph Herbert Spencer (1820-1903) eine positive Wissenschaftsgeschichtstheorie. Spencer verstand allgemein unter Philosophie die einheitliche und nur einzelwissenschaftlich zu begründende Erkenntnis des einen und alles umfassenden Gesetzes. Dieses Gesetz lag für ihn in der Entwicklung und Evolution von antagonistischen Kräften, die das ganze Universum und damit auch die historischen Entwicklungen bestimmen.[53] Wissenschaftsgeschichte war damit die Wissenschaft, die dieses grundlegende Gesetz in den einzelnen Forschungsbereichen aufdecken konnte. Wissenschaftsgeschichte blieb aber auch eingebunden in den jeweiligen philosophischen Gesamtrahmen, der Erkenntnis überhaupt möglich machte bzw. machen sollte. Oder anders ausgedrückt: Urteile über physikalische Theorien implizieren - so Spencer - immer bereits Anleihen bei den diesen Theorien zugrundeliegenden Wahrheitskriterien, Methodologien oder Ontologien, den sogenannten `Principles´, aufgrund derer allein die wissenschaftliche Forschung schlechterdings nur möglich ist.

---

52 Als kritische und begriffsgeschichtliche Übersicht cf. H. Przybylski: Art. Positivismus. In: HWPh, Bd. 7, sp. 1118-1122.
53 Cf. sein Werk `A System of Synthetic Philosophy´, London 1862-1892, darin: I: First Principles; II-III: Principles of Biology; IV-V: Principles of Psychology; VI-VIII: Principles of Sociology; IX: Data of Ethics; X: Principles of Ethics. Cf. P. Nagelschmidt: A System of Synthetic Philosophy. In: Franco Volpi (Ed.): Lexikon der philosophischen Werke, Stuttgart 1988, pp. 691 f.

Der Gedanke eines Bestimmungsverhältnisses von außerwissenschaftlichen Faktoren und (natur-) wissenschaftlichen Theorien wird zu Beginn unseres Jahrhunderts von dem französischen Physiker und Historiker Pierre Duhem (1861-1916) aufgegriffen. Für ihn war eine physikalische Theorie ein bloßes Hilfsmittel, eine provisorische Konstruktion zum Zwecke der `Denk- und Erinnerungsökonomie´, "das eine Gruppe von experimentellen Gesetzen möglichst einfach, vollständig und genau wiedergibt und klassifikatorisch ordnet, ohne damit die prinzipiell unzugängliche Realität zu erfassen"[54]. Ein jedes naturwissenschaftliches Experiment ist damit weder nur die Nachahmung natürlicher Vorgänge noch diejenige Instanz, die zwischen zwei annähernd gleichwertigen Hypothesen entscheidet, etwa im Sinne des häufig so verstandenen `experimentum crucis´. Das Experiment ist vielmehr Ausdruck und Interpretation eines komplexen und diffizilen Gebildes, in dem sich der Forscher und damit auch seine physikalische Theorie immer schon bewegt. Nicht die immer gleich sich gestaltende Natur und ihre angeblich ewigen Gesetze bestimmen die Theorie über die Natur, sondern vielmehr wenig theoriefähige Begleitumstände wie der physikalische `bon sens´ des Wissenschaftlers oder Forschers. Auch die als unwissenschaftliche Wissenschaftskonstituentien aufgefaßten Faktoren wie Vorurteile oder einmal gewonnene Urteile, metaphysische Ideen, oder Kriterien wie die Einheitlichkeit und die konzise Geschichte einer Theorie vermögen eine physikalische Theorie nachhaltiger zu bestimmen als das Naturphänomen selbst oder die durch es ausgedrückte und damit häufig präsupponierte Gesetzlichkeit.

Wie aufgrund einer solchermaßen und persönlichkeitsstrukturierten Arbitrarität aber noch objektiver Erkenntniszuwachs möglich sein soll, ist auch in Duhems Werk höchst problematisch und in der Folge heftig diskutiert worden.[55] Wenn nämlich eine naturwissenschaftliche Theorie nur in den Fähigkeiten des Betrachters begründet liegt, gibt es kaum noch etwas außerhalb der menschlichen Wahrnehmung Liegendes und vor allen Dingen auch nichts mehr, was dieser nicht

---

[54] F. Krafft: `La Théorie physique - Son objet et sa structure. (In: Revue philosophique, Paris 1906). In: Volpi, op. cit. p. 706.
[55] Cf. hierzu besonders Pierre Duhem: To Save the Phenomena. An Essay on the Idea of Physical Theory from Plato to Galileo, University of Chicago Press 1969, repr. 1985 und der einleitende Essay von Stanley L. Jaki, pp. ix-xxvi.

schon kennen würde. Die Konstruktion einer wissenschaftshistorischen Entwicklung oder sogar Entwicklung überhaupt wäre damit per se ausgeschlossen.

Es zeigt sich hier, daß die Geschichte der Wissenschaften oder die Geschichte ihrer Teilbereiche, also etwa einer physikalischen Theorie, wie bei Duhem gesehen, ohne das Mitdenken ihrer philosophischen, erkenntnistheoretischen und damit ihrer nicht-physischen[56] Bedingungen schlechterdings unmöglich und die Trennung von Wissenschaftsgeschichte und ihrer Theorie qua Wissenschaftstheorie künstlich und im Grunde unhaltbar ist. Diese Trennung soll aus systematischen Gründen für die folgenden Überlegungen aber noch beibehalten werden, denn nach Duhem verzweigt sich die externalistische Wissenschaftsgeschichte gleich mehrfach.

Da ist zum einen der Zweig der Wissenschaftshistoriker, die einen Sinn für Brüche entwickeln und so die These vertreten, daß wissenschaftliche Erkenntnis diskontinuierlich, sprunghaft und unvorhersehbar verläuft. Wir nennen diese Richtung der Einfachheit halber die Richtung der `Diskontinuitäten-Historiographie´. Erkenntnis geschieht nach diesem Verständnis immer gegen früheres Wissen[57] und durch die Überwindung bekannter Theorien. Diesen Ansatz vertreten Historiker wie Gaston Bachelard[58] (1884-1962) mit Bezug auf Mathematik und Physik und Georges Canguilhem (1904-) für die Beschreibung der sogenannten `sciences de la vie´, die Wissenschaften vom Leben, wie Physiologie, allgemeine oder theoretische Biologie und Medizin. Beide haben im wesentlichen dazu beigetragen, daß die Erforschung der Wissenschaftsgeschichte auch zur Gründung von institutionellen Einrichtungen führte: so war Bachelard erster und über viele Jahre einziger Direktor des Instituts für Wissenschafts- und Technikgeschichte an der Sorbonne in Paris und Canguilhem, der sein Nachfolger am Institut wurde, war zugleich `Professeur d´Histoire des Sciences et des

---

[56] Und damit ist immer auch schon die Bezugnahme auf nicht-physikalische oder -szientifische Implikationen mitgedacht.

[57] Dies ist im bisher beschriebenen Sinne die Umkehrung der Duhemschen Position.

[58] Cf. seine `La formation de l´esprit scientifique. Contribution à une psychoanalyse de la connaissance objective´ (Die Bildung des wissenschaftlichen Geistes, Paris 1938) und `La philosophie du non´ (mit der Reflexion der Naturwissenschaft anhand des Bohrschen Atommodells, Paris 1940).

Techniques' an der Universität von Paris. Mit ihren Arbeiten wirkten beide aber auch auf die neuere französische Schule des sogenannten Strukturalismus[59], d.h. unter anderem auf den eigentlichen Begründer des Strukturalismus Claude Gustave Lévi-Strauss[60], auf den vorwiegend humanwissenschaftlich arbeitenden Philosophen Michel Foucault[61] und nicht zuletzt auch auf Michel Serres.

Eine zweite Richtung hängt inhaltlich mit der ersten, der Diskontinuitäten-Historiographie, zusammen und geht doch über diese hinaus; allerdings in eine etwas andere Richtung als die kurz charakterisierte Diskontinuitäten-Historiographie. Gemeint ist hier die das Modell der paradigmatischen Veränderungen vertretende Schule innerhalb der Wissenschaftsentwicklung, die Thomas S. Kuhn 1962 mit seinem Buch 'The Structure of Scientific Revolutions' begründete.

Genau 24 Jahre nach Erscheinen von Bachelards Werk 'La formation de l'esprit scientifique' formuliert der theoretische Physiker und Wissenschaftshistoriker Kuhn einen analogen Ansatz, um das Entstehen neuer Theorien oder Methoden in den Wissenschaften zu erklären.[62] Seine zentralen Thesen betreffen die systematische und weniger historische Periodisierung von Wissenschaftsentwicklungen, die nicht stetig oder gar teleologisch, sondern ebenfalls diskontinuierlich verlaufen. "Eine wissenschaftliche Disziplin ist nicht durch einen bestimmten Gegenstandsbereich und eine bestimmte Forschungs-methode gekennzeichnet, sondern wird durch sich verändernde Para-digmata geprägt; dabei sind Perioden normaler und außerordentlicher

---

[59] In diesem Kontext wird die Periodisierung 'Strukturalismus' im weitesten Sinne als Sammlung strukturalistisch motivierter Arbeiten in Anthropologie, Soziologie und Psychologie und nicht als Philosophie im eigentlichen Sinne gefaßt. Nach diesem Verständnis ist die Methode des Aufsuchens einer Struktur als phänomenbestimmendes Prinzip (Struktur als "reale Gegebenheit, die objektiv vorhanden ist und subjektiv enthüllt werden kann") nicht gleich schon universaler Erklärungsansatz, aber auch nicht mehr nur die oberflächliche Charakterisierung moderner französischer Denker als 'Strukturalisten'.

[60] 'Les structures élémentaires de la parenté', Paris 1949 und 'Anthropologie structurale', Paris 1958.

[61] Cf. seine Arbeiten in 'Naissance de la clinique' aus dem Jahre 1963 und aus 'Les mots et les choses. Une archéologie des sciences humaines' des Jahres 1966.

[62] Hier zeigt sich erneut, daß sich die wissenschaftstheoretischen und philoso-phischen Positionen kaum von den vorwiegend historiographischen trennen lassen.

Forschung zu unterscheiden."[63] Unter Paradigmata versteht Kuhn sowohl persönlich geprägte und dabei durchaus irrationale Einstellungen von Wissenschaftlern ihren Forschungsgegenständen gegenüber als auch die Regeln, die die scientific community hierzu erläßt. In Zeiten `normaler Wissenschaft´ bleiben diese Regeln und Zustände unhinterfragt und allgemein akzeptiert, während die sogenannten außerordentlichen Perioden durch die Ablösung eines Paradigmas durch ein neues charakterisiert sind. Der Übergang von einem alten Paradigma zu dem neuen ist letztendlich keineswegs rational erklärbar, sondern "ein überwiegend irrationaler Vorgang, der nicht den Charakter eines begründungsorientierten wissenschaftlichen Diskurses, sondern eher den eines Generationenkonfliktes oder eines Glaubenskampfes hat."[64] Dieser Übergang ist im eigenlichen Sinne auch kein Übergang, da das alte und das neue Paradigma "in Wahrheit miteinander unvergleichbar sind. Dies wird nur dadurch verschleiert, daß die neue Theorie die gleichen Ausdrücke enthält wie die alte."[65] Allein die schroffen und abrupten Übergänge, oder Paradigmenwechsel, erlauben es, so zumindest Kuhn, von naturwissenschaftlichen Revolutionen zu reden.

Dieses wissenschaftshistorische Modell, das wir das Modell der `Historiographie der Wissenschaftsrevolutionen´ nennen wollen, hat in der Folge zu gleichermaßen heftigen und lang anhaltenden Kontroversen geführt. Die bekannteste unter diesen ist wohl die zwischen Kuhn und der Popperschen Schule, zu der Karl Raimund Popper selbst wie auch seine Schüler und ihm nahestehende Philosophen gehören, so Imre Lakatos, John Watkins und Paul Feyerabend. Im Unterschied zu Popper formuliert Kuhn den Paradigmenwechsel innerhalb der Wissenschaften als enge Verzahnung von erkenntnistheoretischen oder wissenschaftslogischen und sozialen Faktoren[66], die gleichzeitig die wissenschafts-

---

63 J. Nida-Rümelin: The Structure of Scientific Revolutions. In: Volpi, op. cit., p. 662; cf. hier auch Wolfgang Stegmüller: Hauptströmungen der Gegenwartsphilosophie, Bd. 2, 6. Auflage Stuttgart 1979, pp. 725 ff.
64 Cf. Nida-Rümelin, loc. cit.
65 Cf. Stegmüller, op. cit., p. 745: Die Newtonsche Mechanik kann etwa schon deshalb nicht als Grenzfall der relativistischen Mechanik angesehen werden, weil die Begriffe des Raumes, der Zeit, der Masse, der Energie etc. in der letzteren etwas ganz anderes bedeuten als in der ersteren. Zu der Einsteinschen Formel $E=m\cdot c^2$ etwa, die Masse mit Energie verknüpft, gibt es in der klassischen Mechanik hingegen kein Analogon.
66 Cf. hierzu u.a. schon Kuhns frühes Werk `The Copernican Revolution. Planetary Astronomy in the Development of Western Thought´, Harvard University Press,

geschichtliche Veränderung bedingen. Auch wenn der Ablösungsprozeß ex post als revolutionsgleicher Einschnitt erscheinen mag, so ist der Verlauf der Ablösung der neuen Theorie von dem alten Paradigma gleichsam schwer nachzuvollziehen, da das alte Paradigma nicht widerlegt und damit aufgelöst wird - so sehr verkürzt bekanntlich der Popper'sche Standpunkt -, sondern eine Zeit lang weiterlebt. Da dieser Theorienstreit sehr vielschichtig und philosophisch höchst brisant ist, sich zwar unmittelbar auch auf die Wissenschaftsgeschichte auswirkt, bei unserer künstlichen Trennung von Wissenschaftsgeschichte und - theorie jedoch eher dem letzteren Bereich zuzuschlagen ist, wird auf die Popper-Kuhnsche Diskussion im Rahmen der Erörterung wissenschaftstheoretischer Aspekte näher eingegangen.[67]

Ein weiterer Ansatz, den man in der Wissenschaftsgeschichtsschreibung markieren kann, ist der `zivilisationsgeschichtliche´. Er schließt nahezu unmittelbar an Duhems Positivismus und die frühen Formen der `Diskontinuitäten-Historiographie´[68] an, entstammt also ursprünglich dem frankophonen Sprachraum, obwohl seine Realisierung im Angloamerikanischen stattgefunden hat und dort immer noch diskutiert wird. Ausgehend von dem Gedanken, daß Ziel und Zweck der Wissenschaftsgeschichte die zusammenhängende Darstellung wissenschaftlicher Fakten und Ideen ist, unter Berücksichtigung all derjenigen Aspekte, die mit dem Einfluß der Zivilisation zu erklären sind, beschäftigt sich die Wissenschaftsgeschichte primär mit den psychosozialen Hintergründen innerhalb und außerhalb der Wissenschaften. Wissenschaftsgeschichte hat demnach vorrangig die folgenden Teilbereiche zu kennzeichnen: 1. die allgemeine Geschichte oder Zivilisationsgeschichte als Hintergrundgeschichte der nachfolgenden spezielleren (Wissenschafts-) Geschichten; 2. die Geschichte der Technologie im Sinne des historischen Nachweises von wissenschaftlich-technischen Erfindungen und Errungenschaften; 3. die Geschichte der Religion in ihrer

---

Cambridge and London 1957, pp. 38 et passim und `The Structure of Scientific Revolutions´, University of Chicago Press 1962, pp. 25 ff.

[67] Cf. unten p. 41 f.

[68] Besonders sind hier noch zu nennen Pierre Laffite, Antoine Cournot, Paul Tannery, Henri Poincaré und auch Ernst Mach. Cf. hierzu George Sarton: The Life of Science. Essays in the History of Civilization, Indiana University Press 1960, p. 31; John E. Murdoch: George Sarton and the Formation of the History of Science. In: Belgium and Europe. Proceedings of the International Francqui-Colloquium, Brusssels-Ghent, 12-14. November 1981, pp. 123-138.

Bedeutung für und als wichtiger Einflußfaktor bei der Akzeptanz von Technologien und Ideen, die bestimmte Instrumente für ihre Realisierung benötigen[69] und 4. die Geschichte der gestaltenden Künste und des Handwerks.[70]

Der zivilisationsgeschichtliche Ansatz, innerhalb der Wissenschaftshistoriographie die virulenteste und wirksamste Richtung, geht auf den Belgier George Sarton (1884-1956) zurück. Sarton, Schüler von Pierre Duhem, Paul Tannery und Henri Poincaré, studierte Philosophie und Literatur an der Universität Gent in Belgien und schrieb bereits 1911, im Alter von 27 Jahren: "Ich hoffe, daß ich zu mehr befähigt bin als nur Gedichte zu schreiben, nämlich dem Fortschritt der Wissenschaft zu dienen. Es ist beinahe sicher, daß ich einen großen Teil meines Lebens dem Studium der Naturphilosophie widmen werde. Hier ist wirklich noch große Arbeit zu vollbringen. Und vor allen Dingen ist die lebendige Geschichte, die engagierte Geschichte der physikalischen und mathematischen Wissenschaften überhaupt noch nicht geschrieben. Aber ist nicht genau dies was Geschichte ausmacht: die Entstehung der menschlichen Vernunft; die Entwicklung menschlicher Größe als aber auch ihrer Schwächen?"[71]

1912 gründete Sarton - diesem wissenschaftshistorischen Anspruch gemäß - die kritische Zeitschrift `ISIS´, das älteste Publikationsorgan für Wissenschaftsgeschichte im englischsprachigen Raum und mittlerweile das umfassendste überhaupt. Diese Zeitschrift war als institutionalisiertes und publizistisches wissenschaftshistorisches Programm die Grundlage für sämtliche methodologische und interdisziplinäre Forschung, deren Ziel es war, nicht nur einen Teilbereich der vorhandenen Wissenschaften zu erörtern, sondern eine ganzheitliche Sichtung unter Berücksichtigung auch von Soziologie, Geschichte, Literatur und Philosophie für die Wissenschaften zu verfolgen: "To be at once the philosophical journal of the scientists and the scientific journal of the

---

[69] Bestes Beispiel aus der im Folgenden zu behandelnden Zeit ist die historische Tatsache, daß die kirchlichen Würdenträger den naturwissenschaftlichen Beweis Galileis und damit die Benutzung des Fernrohrs für theologisch und moralisch nicht nachvollziehbar hielten und ihn demnach weder wissenschaftlich noch lebensanschaulich akzeptieren konnten. Wir werden auf diesen Aspekt weiter unten näher eingehen.

[70] Cf. Sarton: The Life of Science, p. 34.

[71] Zitiert und übersetzt nach Murdoch, op. cit., p. 125.

philosophers, the historical journal of the scientists and the scientific journal of the historians, the sociological journal of the scientists and the scientific journal of the sociologists."[72]

Zu Beginn des Ersten Weltkrieges emigrierte Sarton über Holland und England in die USA, lehrte für kurze Zeit an der George Washington University in Washington, D.C. und der University of Illinois und verbrachte danach zwei Jahre von 1916 bis 1918 an der Harvard University, wo er im Rahmen der bekannten `Lowell Lectures´ [73] über Wissenschaftsgeschichte las. Auch in den Jahren danach war Sarton mit Harvard eng verbunden: er forschte hier, schuf den Sonder-forschungsbereich `History of Science´ in Harvards Widener Library und das erste eigenständige Institut, das sich nahezu ausschließlich mit Wissenschaftsgeschichte befaßte[74].

Dieser Trend innerhalb der externalistischen Historiographie setzt sich unter anderem in der soziologischen Tradition innerhalb der Wissenschaftsgeschichte fort. Der Vollständigkeit halber nenne ich hier Edgar Zilsel (1891-1944) und Robert K. Merton (1910-), die beide die "sozialen Ursprünge der neuzeitlichen Wissenschaft"[75] hervorheben. Zilsel, Philosoph und Physiker des linken Flügels des Wiener Kreises und langjähriger Kollege von Otto Neurath, ging bei seiner Arbeit von der folgenden Grundhypothese aus: In der Zeit des Entstehens moderner Wissenschaften (also zwischen 1300 und 1600) existieren drei Klassen von Intellektuellen, die sowohl methodisch, als auch institutionell und ideologisch voneinander zu trennen sind: die Gelehrten, die literarisch

---

[72] Dies war das Programm, wie es in der ersten Ausgabe von ISIS verwirklicht wurde, cf. ISIS 1/1913, pp. 3-46, betitelt mit `L´histoire de la science´.

[73] Diese Vorlesungsreiche wurde u.a. auch von den Wissenschaftstheoretikern und -historikern Alfred North Whitehead, Nelson Goodman, Hilary Putnam und Thomas Kuhn bestritten.

[74] Das `Department for the History of Science´ an der Harvard University ist heute wohl der größte Fachbereich seiner Art und zugleich Gründungsstätte für weitere Einrichtungen wie etwa für die History of Science Society, für die Newsletter der Gesellschaft, die Zeitschrift Osiris (als Ergänzung zur ISIS gedacht) und das wissenschafts-enzyklopädische Jahrhundertwerk des `Dictionary of Scientific Biography´. In Verbindung mit dem vorwiegend an epistemologischen Themen interessierten `Philosophy-Department´ werden damit die gängigsten und interessantesten Überschneidungen der Gebiete `Wissenschaftstheorie´ und `Wissenschaftsgeschichte´ abgedeckt. Zu einer Durchwebung oder einer Ver-bindung beider disziplinengestützter Ansätze kam es bisher trotz punktueller Forschungsüberschneidungen nicht.

[75] Cf. den gleichnamigen Titel von Zilsels gesammelten Aufsätzen bis zu seinem Tod im Jahre 1944.

interessierten Humanisten und die praktisch arbeitenden `Künstler-Ingenieure`. Während die letzteren die Experimente und anatomischen Untersuchungen durchführen und die für den Fortschritt der Wissenschaften nötigen Instrumente fertigen, liegt das theoretische Denken ganz bei den Gelehrten und Humanisten, die aber genau deshalb die Handarbeit verachten. "Erst mit der Generation Bacon, Galileo, Gilbert wird das kausale Denken der plebejischen Künstler-Ingenieure mit dem theoretischen Denken der Naturphilosophie verknüpft"[76] und, so kann man schließen, die Entstehung der modernen, mathematischen Wissenschaften möglich.

Der amerikanische Wissenschaftshistoriker Robert K. Merton, Professor für Soziologie an der Columbia-University in New York, schrieb 1938 einen längeren Aufsatz mit dem Titel `Science, Technology, and Society in Seventeenth Century England`, der als Programm und historisches Glaubensbekenntnis der externalistischen Wissenschaftshistoriographie verstanden werden kann. Wie der Titel ankündigt, geht es um die Problemkreise von Wissenschaft und Technologie, die, ähnlich wie bei Zilsel, zuerst einmal als vollkommen getrennte Bereiche fungieren. Wichtiger aber ist die in seinem Werk etwas versteckte These, daß das zeitgleiche Auftreten von Puritanismus und Naturwissenschaft keineswegs zufällig ist, sondern in einem ursächlichen Zusammenhang steht.[77] Der sich dahinter verbergende Grundgedanke ist derselbe, der bereits bei Sarton anklang: der Einfluß der sozialen und kulturellen Faktoren auf die Entwicklung der Wissenschaften ist bis dato unterschätzt worden und bedarf des erneuten, systematischen Zugriffs.[78] Die Idee, daß religiös-kulturelle Strukturen die Wissen-

---

76 Siehe den Klappentext zu Zilsel: Die sozialen Ursprünge der neuzeitlichen Wissenschaft, 2. Aufl. Frankfurt/M. 1985.
77 Robert K. Merton: Science, Technology, and Society in Seventeenth Century England, New York 1970; cf. hier auch Steven J. Harris: Transposing the `Merton Thesis`: Apostolic Spirituality and the Establishment of the Jesuit Scientific Tradition, vorgesehen für Science in Context (noch ungedruckt) - ich danke Steven J. Harris, History of Science Department an der Harvard University, für das freundliche Überlassen des Typoskriptes.
78 Dieser Gedanke findet sich im Anschluß an Merton bei Richard F. Jones: Ancients and Moderns: A Study of the Rise of the Scientific Movement in Seventeenth-Century England, St. Louis, Washington University Press 1961; Christopher Hill: Intellectual Origins of the English Revolution, Oxford 1966 und bei R. Hooykaas: Religion and the Rise of Modern Science, Edinburgh 1972; cf. Richard S. Westfall: The Scientific Revolution. In: Teaching in the History of

schaften bestimmen, findet nach den 70er Jahren größere Verbreitung und ist immer noch virulent, obwohl sie mittlerweile auch auf andere Konfessionen und Zeiträume ausgedehnt wird.

Das bisher für die unterschiedlichen externalistischen Positionen Gesagte läßt sich wie folgt zusammenfassen: Technische Erfahrungen, ökonomische Interessen, politische und religiöse Verhältnisse sind für den externalistischen Standpunkt innerhalb der Wissenschaftsgeschichte die zentralen Faktoren wissenschaftlicher Veränderung.[79] Für die Zeit der naturwissenschaftlichen Revolution, also des späten 16. und frühen 17. Jahrhunderts, kann man sagen, daß die diversen Technologien und mechanischen Fertigkeiten die wissenschaftlichen Instrumente bedingten (z.B. das Fernrohr, das Mikroskop und die Uhr); "die (externalistischen und damit u.a. auch - Ergänzung d. Vf.) ökonomischen Interessen bestimmen die Problem- und Objektfelder, d.h. etwa, daß aus dem Handel die Orientierungs- und Transportwissenschaften Astronomie, Magnetismus, Geodäsie usw. folgten, aus der Produktion entstammten Mechanik und Chemie; die Entdeckung neuer Erdteile zwingt zur Akzeptation empirischer Forschungsstrategien in der Geographie, der Biologie und Medizin (und schließlich bestimmen,- Ergänzung d. Vf.) die politischen Verhältnisse ... die Erklärungsideale"[80] und das, was vom Forscher entdeckt werden kann. Eine solchermaßen verstandene Wissenschaftsgeschichte mit ihrer Betonung der externen Einflüsse auf die Veränderungen der Wissenschaften ist damit letztlich nicht mehr nur die Geschichte der Wissenschaften, sondern zugleich die Geschichte der Menschheit, deren Ausdruck eben auch die Wissenschaften als ein Gebiet unter mehreren sein kann. George Sarton formulierte diesen universalen Anspruch in der syllogistischen Form reinster euklidischer Axiomatik:

Science. Resources and Strategies. A Publication of the History of Science Society, Philadelphia 1989, pp. 7-12.

[79] "Demgegenüber gelten seit dem 16. Jahrhundert technische, medizinische oder mathematische Innovationen als Fortschritte, weil sie im Prinzip geeignet sind, Mühsal, Krankheit und Gefahr zu verringern oder gar dem Leben neue Möglichkeiten zu eröffnen.", cf. Wolfgang Krohn: Zur soziologischen Interpretation der neuzeitlichen Wissenschaft. In: Edgar Zilsel: Die sozialen Ursprünge der neuzeitlichen Wissenschaft, 2. Aufl. Frankfurt/M. 1985, pp. 7 ff., hier p. 12.

[80] Wolfgang Krohn: Zur soziologischen Interpretation der neuzeitlichen Wissenschaft. In: Zilsel, op. cit., pp. 33 f.

"DEFINITION: Science is systematized positive knowledge, or what has been taken as such at different ages and in different places.
THEOREM: The acquisition and systematization of positive knowledge are the only human activities which are truly cumulative and progressive.
COROLLARY: The history of science is the only history which can illustrate the progress of mankind. In fact, progress has no definite and unquestionable meaning in other fields than the field of science."[81]

Demgegenüber leugnen die Vertreter der internalistischen Seite der Wissenschaftsgeschichte zwar nicht, daß solche komplexen Beziehungen von Technik, Glaube, Kultur und Wissenschaft existieren, sie sprechen ihnen aber die Ausschließlichkeit ab, notwendig und hinreichend wissenschaftliche Veränderungen beschreiben zu können. Anders ausgedrückt: Vom Standpunkt eines Vertreters des Externalismus ist es durchaus möglich, die Geschichte der Wissenschaften anhand der Charakterisierung sozialer Institutionen und Einrichtungen zu schreiben; für den Internalisten hingegen wäre dies nur eine Seite der Geschichte und noch nicht einmal ihre wichtigste und signifikanteste. Soziale Faktoren wären für ihn lediglich Ursache für die sozialen Aspekte innerhalb der Wissenschaften[82], institutionelle Faktoren würden nur die Deutung und Bedeutung von Forschungseinrichtungen beschreiben können, und die Kennzeichnung von technologischen Errungenschaften wäre keineswegs schon die Beschreibung der Veränderung der Wissenschaften selbst, sondern lediglich ihrer technologieorientierten Anteile.

Zur Unterscheidung beider Standpunkte bietet sich hier ein genau in dieser Hinsicht umstrittenes Beispiel aus der Wissenschaftsgeschichte an. Die Entstehung und Entwicklung des Uhrenbaus wird in externalistischer Hinsicht fast ausschließlich auf gesellschaftliche Bedürfnisse zurückgeführt. So erforderte die "strenge und organisierte Einteilung des

---

[81] Sarton: The Study of the History of Sciene, Cambridge/Mass. 1936, p. 5.

[82] "Social factors can be a cause of the social aspects of science, no more.", cf. M. Finocchiaro: History of Science as Explanation, Detroit 1973, zit. nach L.A. Markova: Difficulties in the Historiography of Science. In: Robert E. Butts and Jaakko Hintikka (Eds.): Historical and Philosophical Dimensions of Logic, Methodology and Philosophy of Science. Part Four of the Proceedings of the Fifth International Congress of Logic, Methodology and Philosophy of Science, London/Ontario, Canada 1975, Dordrecht/Boston 1977, pp. 21-30, bes. 22.

mittelalterlichen Klosterlebens bei den Benediktinern und später bei den Zisterziensern während des Tages und der Nacht"[83] eine regelmäßige und zuverlässige Zeitmessung, die die Stunden der Gebete und der Arbeit für jeden Tag genau festlegte. "Die `Horen´ der mönchischen Zeiteinteilung fallen daher mit den modernen Stunden nicht zusammen, verlangen aber dennoch mechanische Vorrichtungen, mit denen die ungleichen Auslaufgeschwindigkeiten des Wassers aus der Wasseruhr auf die gleichartige Einteilung des Tages eingeregelt werden konnte."[84] Im 14. Jahrhundert dagegen verlangte der schon komplizierter gewordene Ablauf des städtischen Lebens noch genauere Zeitmessungen, was zur Erfindung der mechanischen Räderuhr führte. "Hauptmotor der Entwicklung (ist) die Konstruktion regelmäßig arbeitender und durch Gewichte angetriebener Glocken, die dann zur Glockenuhr führt."[85] Denn die Glocken spielten, ganz in der Nachfolge der mittelalterlichen Zeiteinteilung, die zentrale zeitmessende Rolle: "sie zählten die Stunden, verkündeten das Feuer oder einen anrückenden Feind, riefen die Leute zu den Waffen oder zu friedlichen Veranstaltungen, verkündeten, wann es Zeit war ins Bett zu gehen oder aufzustehen"[86]. Die Uhr wurde dann in der Folge vom Kirchturm auf das Rathaus gebracht, von dort kam sie auf den Marktplatz und anschließend in die Küche. Präzisionsuhren waren aber auch im Seehandel vonnöten, um die geographische Lage zu bestimmen. Und in Astronomie und Mechanik erlaubten die Räderuhren, etwa beginnend mit Christian Huygens Modellen im 17. Jahrhundert, eine weitere quantitative Bestimmung von Experimenten. "Mit ihrem Gang- und Schlagwerkmechanismus realisiert sie bisher am vollkommensten die gleichförmige Bewegung", weshalb die Räderuhr den wissenschaftlichen und technischen Fortschritt auch häufig in Metapher darstellt.[87]

Der Externalist schließt nun daraus, daß die "ort-, jahreszeit- und wetterunabhängige Uhr eine Voraussetzung ist für die politische und

---

[83] Krohn, op. cit., p.35.

[84] Cf. P. Janich: Die Prototypik der Zeit, Mannheim 1969, pp. 129 f. und Krohn, loc. cit.

[85] Krohn, loc. cit.

[86] C. Cipolla: Clocks and Culture, New York 1967; wieder abgedruckt in: Ders.: European Culture and Overseas Expansion, Middlesex 1970, p. 114.

[87] Cf. hierzu Ernst Zinner: Die ältesten Räderuhren und modernen Sonnenuhren. Forschungen über den Ursprung der modernen Wissenschaft, Bamberg 1939.

wirtschaftliche Planung in der Produktion und im Handel"[88] und die Uhr somit - und nicht ausschließlich nur die Dampfmaschine - der Schlüssel der modernen industriellen Welt[89] samt ihrer wissenschaftlichen Entwicklungen ist.

Demgegenüber behauptet der Internalist, daß vielmehr die wissenschaftlichen und theoretischen Intentionen in Astronomie und Naturphilosophie den Ausschlag gegeben haben für die Entwicklung der Uhr. Das Interesse an einer Nachahmung der Sternenabläufe und die Simulation der ihr zugrundeliegenden Bewegkräfte, quasi als irdischer Mikrokosmos zum Makrokosmos am Sternenhimmel, gebar die Idee der Uhr. "Die mechanische Uhr war (damit) weniger eine neue Weise der Zeiteinteilung, sondern (vielmehr) eine Vereinfachung jener komplexen künstlichen Universen, die viele Jahrhunderte lang populär gewesen sind"[90] und die sich in dieser häuslichen Maschine lediglich sedimentierten.

Für beide Standpunkte finden sich genügend und - vor allem - nahezu gleich viele empirische Belege, die man zu deren Stützung oder Widerlegung anführen kann. Der interessante Aspekt, den die internalistische Seite in die Wissenschaftsgeschichtsschreibung miteinbringt, ist der spekulative oder intellektuelle. Während nämlich die Externalisten von den als positive Fakten verstandenen Errungenschaften ausgehen, betonen die Internalisten eher die Begriffs- und Ideengeschichte und deren Entwicklung. Diese Entwicklung geht zurück auf die sogenannten "anti-positivistische Schule" in Frankreich, auf Léon Brunschvicg (1869-1944) und Emile Meyerson (1859-1933). Beide betonen den Vorrang der Ideen, i.e. die Philosophie, vor den wissenschaftlichen Gesetzen und empirischen Phänomenen, i.e. die Naturwissenschaften. Meyerson etwa schreibt, daß die naturwissenschaftlichen Gesetze nur ideale Konstruktionen sind, die das Denken der Ordnung der Natur implantiert hat, wodurch wiederum die Wirklichkeit der Natur nur mittelbar zum Ausdruck kommen könne. Bevor nicht das Denken die Natur rationalisiere und theoretisiere, sei sie rational weder

---

88 W. Sombart: Der moderne Kapitalismus, 3 Bde., Berlin 1969, II, 1, pp. 127 f. und Krohn, op. cit., p. 36.
89 Cf. L. Mumford: The Myth of the Machine, The Pentagon of Power II, New York 1970, p. 125.
90 A. Pacey: The Maze of Ingenuity: Ideas and Idealism in the Development of Technology, London 1974, hier: New York 1975, p. 67.

erfahr- noch beschreibbar. Die Wissenschaft, d.h. besonders die Naturwissenschaft, ist nur ein singulärer Ausdruck der zur Philosophie theoretisierten Natur.[91]

Diese Sicht der Geschichte der Natur und ihrer Wissenschaften wird von Alexandre Koyré (1892-1964) weiterverfolgt und konkretisiert: für ihn ist die Welt der Wissenschaft eng verbunden mit der Welt der Wahrnehmung. Wissenschaftsgeschichte ist zugleich Geschichte der Philosophie, der Metaphysik und der Religion.[92] Dies wird besonders deutlich in seinem 1957 erschienenen Werk `From the Closed World to the Infinite Universe´. Koyré beschreibt hier, wie sich die Sicht des endlichen und hierarchisch geordneten Kosmos des Mittelalters im 16. und 17. Jahrhundert zu einer modernen Vorstellung von Raum und Universum ändert, indem er Philosophen und Naturforscher in Originalzitaten präsentiert. Anhand der Theorien von Nicolaus Cusanus, Nicolaus Kopernikus, Giordano Bruno, Galileo Galilei, Johannes Kepler, Rene Descartes, Isaak Newton und Gottfried Wilhelm Leibniz kann er zeigen, daß häufig nicht nur die naturwissenschaftlichen Errungenschaften auf philosophischen Überlegungen beruhten, sondern der Übergang vom oft so hingestellten `dunklen Mittelalter´ zur `lichten Neuzeit´ sich vorrangig und ausschließlich geistesgeschichtlich darstellen und verstehen läßt. Aufgrund dieser Überlegungen schreibt Koyré: "Allgemein herrscht die Ansicht, daß das 17. Jahrhundert eine radikale geistige Revolution erlebt und vollzogen hat, deren Wurzel und zugleich Frucht die moderne Naturwissenschaft ist."[93]

Trotz vielfältiger Weiterentwicklungen, gerade auch in jüngster Zeit, bleibt die Tradition der internalistischen Wissenschaftsgeschichtsschreibung vorwiegend auf Koyré und seinen Ansatz bezogen.

Im Zusammenhang mit der internalistischen Tradition der Wissenschaftsgeschichte wurden bereits verschiedentlich Begriffe wie

---

[91] Cf. E. Meyerson: Identité et réalité, Paris 1908, dtsch.: Identität und Wirklichkeit, Frankfurt/M. 1930. Hierzu auch: L Lichtenstein: Die Philosophie von E. Meyerson, Leipzig 1928.

[92] "The history of science, Koyré claimed, is very closely tied with the history of `idées transscientifiques, philosophiques, métaphysique, religieuses´". Cf. John E. Murdoch: Alexandre Koyré and the History of Science in America: Some Doctrinal and Personal Reflections. In: History and Technology 4/1987, pp. 71-79, hier: p. 77; und Koyré: Etudes d´histoire de la pensée scientifique, Paris 1966, p. 12.

[93] Koyré: Von der geschlossenen Welt zum unendlichen Universum, p. 11.

`Philosophie´, `Idee´, `spekulativ´ oder `philosophisch´ erwähnt und tatsächlich ist es so, daß diese Seite der Wissenschaftshistoriographie die
größte Affinität zu der reflexiven oder kritischen Untersuchung der
Wissenschaften und ihren Forschungstheorien hat. Versteht man
nämlich unter `Philosophie´ - ganz allgemein und ohne Bezug zu tat-
sächlich vorhandenen bzw. als Disziplinensystematik verwandten
`Philosophien´, die als bekannt vorausgesetzt werden können - die
genaue und kritische Untersuchung der Ursache und Prinzipien der
Gründe, i.e. cum grano salis die aristotelische Definition von Philosophie,
dann gibt es auch eine Philosophie der Wissenschaften[94]. Ihre Aufgabe
besteht dann darin zu ergründen, warum und wie eine Wissenschaft
Wissenschaft sein kann und was sie zur Wissenschaft macht. Die Frage
nach der Bedingung der Möglichkeit von Wissenschaft kann man
Wissenschaftsphilosophie (engl. `philosophy of science´), `Wissenschafts-
forschung´ oder - um es ein wenig komplizierter zu machen - `Wissen-
schaftswissenschaft´ (engl. `science of science´; `metascience´) nennen,
wenn und sofern sie sich mit sozialwissenschaftlichen Untersuchungen
bei der Begründung von Wissenschaften beschäftigt.[95] Man wird sie mit
einigem Recht aber auch Wissenschaftstheorie nennen können, sofern
sie sich allgemein und unter systematischen Aspekten mit den Wissenschaften befaßt[96]. "Die Wissenschaftstheorie hat (gerade) in der letzten
Zeit von den Einzelwissenschaften her zunehmend an Interesse
gewonnen. Sie unternimmt zwar keine einzelwissenschaftlichen Forschungen, es werden keine Experimente durchgeführt und keine
Theorien entworfen; ihr Beitrag zur einzelwissenschaftlichen Forschung
besteht aber in der Klärung methodologischer Probleme und in der
Präzisierung von Verfahren der Begriffsbildung, der Theorienkon-
struktion und der Überprüfung von Theorien... (Sie ist die, - Ergänzung
d. Vf.) Theorie wissenschaftlicher Theorien."[97]

---

[94] Cf. hierzu die kritische Untersuchung von Maurice A. Finocchiaro: History of
Science as Explanation, Wayne State University Press, Detroit 1973, bes. pp. 9 ff.
[95] Cf. das Konzept von Paul Weingartner: Wissenschaftstheorie I: Einführung in
die Hauptprobleme, Stuttgart/Bad Cannstatt 1978 und G. Radnitzky, cf. hierzu
Herbert Schnädelbach: Probleme der Wissenschaftstheorie. Eine philosophische
Einführung, Hagen 1980, p. 27.
[96] Cf. Franz von Kutschera: Wissenschaftstheorie I. Grundzüge der allgemeinen
Methodologie der empirischen Wissenschaften, München 1972, p. 11.
[97] Von Kutschera, op. cit., pp. 13 und 11.

Nun ist aber Wissenschaftstheorie keineswegs eine Erfindung des 20. Jahrhunderts. Der Versuch, Wissen und Wissenschaft zu definieren, ist vielmehr so alt wie die Wissenschaften und die Philosophie selbst. Bereits Aristoteles schrieb in seiner Zweiten Analytik: "Wir glauben aber etwas zu wissen, schlechthin, nicht nach der sophistischen, akzidentellen Weise, wenn wir sowohl die Ursache, durch die es ist, als solche zu erkennen glauben, wie auch die Einsicht uns zuschreiben, daß es sich unmöglich anders verhalten kann...Es gibt aber vieles was wahr und wirklich ist, sich aber auch anders verhalten kann. Mit solchem hat es also die Wissenschaft offenbar nicht zu tun."[98] Im 3. Jahrhundert äußert sich der griechische Arzt und Skeptiker Sextus Empiricus ähnlich wie Aristoteles: "Da also ein Widerspruch über das Wahre bei den Lehrphilosophen vorhanden ist, indem einige sagen, es gebe etwas Wahres, einige, es gebe nichts Wahres, so ist es nicht möglich, den Widerspruch zu entscheiden.(...) Unmöglich ist es ... zu erkennen, daß es etwas Wahres gibt."[99] Aus dieser philosophisch-systematischen Unsicherheit heraus schreibt René Descartes im 17. Jahrhundert in seinen `Regulae´: "Man sollte sich nur den Gegenständen zuwenden, zu deren klarer und unzweifelhafter Erkenntnis unser Geist zuzureichen scheint. (...) Wir weisen also (dieser) Regel gemäß alle bloß wahrscheinlichen Erkenntnisse zurück und stellen fest, daß man nur denen Glauben schenken darf, die vollkommen erkannt sind und an denen sich nicht zweifeln läßt."[100] Ebenso auch der Hauptvertreter des Empirismus, der Engländer John Locke: "Da, wie dargelegt, unser Wissen ein sehr beschränktes ist, und wir nicht so glücklich sind, in allem, was wir zu betrachten Gelegenheit haben, sichere Wahrheit aufzufinden, so gehören die meisten Sätze, über die wir nachdenken, Schlüsse ziehen, reden, ja nach welchen wir handeln, zu denen, von deren Wahrheit wir nicht ein Wissen erlangen können, das jeden Zweifel ausschließt."[101] Seine Theorie der Wissenschaften, zur Lösung dieses Dilemmas, basiert auf einer

---

[98] Aristoteles: Anal. post. 71 b 9 und 88 b 30.

[99] Sextus Empiricus: Pyrrhonische Grundzüge, dtsch. von Pappenheim, Leipzig 1877/8, II, 9, 85.

[100] Descartes: Regulae ad directionem ingenii, dtsch.: Regeln zur Ausrichtung der Erkenntniskraft, hgg. von H. Springmeyer/L. Gäbe/H.G. Zekl, Hamburg 1973, II, pp. 6 und 2.

[101] John Locke: An Essay Concerning Human Understanding, dtsch.: Versuch über den menschlichen Verstand, Hamburg 1962, IV, 15, 2, p. 335.

Psychologie, die besagt, daß ohne Sinneseindrücke keine Erkenntnis möglich sei: Nihil est in intellectu, quod non ante fuerit in sensu. Auch der schottische Diplomat und Philosoph David Hume rekurriert auf die Erfahrung als einzig zuverlässiger Quelle für Wissen: "Was die vergangene Erfahrung betrifft, so kann nur eingeräumt werden, daß sie uns unmittelbare und gewisse Belehrung über jene ganz bestimmten Gegenstände und jenen ganz bestimmten Zeitpunkt bietet, die unter ihre Kenntnisnahme fallen. Aber warum diese Erfahrung auf die Zukunft ausgedehnt werden sollte und auf andere Gegenstände, die soviel wir wissen können, nur in der Erscheinung gleichartig sein mögen: dies ist die Hauptfrage, die ich betonen möchte."[102]

An diesen klassischen Empirismus von Locke und Hume schließt nun zu Beginn des 20. Jahrhunderts und mit wissenschaftstheoretischer Konsequenz der sogenannte logische Empirismus an. "Es waren neben Bertrand Russell (1872-1970) insbesondere Forscher des Wiener Kreises, der sich seit 1922 in Wien um Moritz Schlick bildete und dem u.a. Rudolf Carnap, Herbert Feigl, Otto Neurath und Friedrich Waismann angehörten ... und Mitglieder der Gesellschaft für empirische Philosophie in Berlin, wie Hans Reichenbach, Walter Dubislav und Kurt Grelling, sowie Carl G. Hempel, die die ersten grundlegenden Arbeiten auf wissenschafts-theoretischem Gebiet leisteten."[103] Grundsatz ihres Programms ist die These, daß "alle Begriffe, mit denen wir die Welt beschreiben, der Erfahrung entnommen werden, und alle Aussagen über die Welt durch Beobachtungen und nur durch Beobachtungen begründet sind."[104] Neben dem positivistisch-empiristischen Verdikt ist es also besonders die Untersuchung der Wissenschaftssprache, auf die der Logische Empirismus abzielt. Rudolf Carnap formuliert 1928 zum ersten Mal das Programm einer Analytischen Wissenschaftstheorie als besonderer Spielart des Logischen Empirismus[105]. Zu der syntaktischen Analyse, also der Untersuchung der formalen Struktur der

---

[102] David Hume: An Enquiry Concerning Human Understanding, dtsch.: Eine Untersuchung über den menschlichen Verstand, hg. von H. Herring, Hamburg 1967, IV, 2, p. 44.

[103] Von Kutschera, op. cit., p. 15.

[104] Ibid.

[105] Cf. Carnap: Der logische Aufbau der Welt, Berlin 1928 und seine `Logische Syntax der Sprache´, Wien 1934. Cf. hierzu auch Paul Arthur Schilpp (Ed.): The Philosophy of Rudolf Carnap, La Salle/Ill. 1963.

Wissenschaftssprachen, tritt hier die semantische, die die Bedeutung der verwendeten Zeichen analysiert. Die Analytische Wissenschaftstheorie beschäftigt sich also nicht mit dem, "womit sich die Wissenschaften auch beschäftigen, sondern mit deren Sprache, die sie benutzt, wenn sie über ihre Gegenstände spricht..."[106]

Karl Raimund Popper modifizierte im Anschluß an Carnap diese logische Analyse, indem er sie nicht nur auf Wissenschaftssprachen, sondern auch auf die Methoden rationaler Wissenschaften bezog. "Die Tätigkeit des wissenschaftlichen Forschers besteht darin, Sätze oder Systeme von Sätzen aufzustellen und systematisch zu überprüfen... Wir wollen festsetzen, daß die Aufgabe der Forschungslogik oder Erkenntnislogik darin bestehen soll, dieses Verfahren, die empirisch-wissenschaftliche Forschungsmethode, einer logischen Analyse zu unterziehen."[107] Anders als der Logische Empirismus oder Neopositivismus bezweifelt Popper, daß "mittels logischer und mathematischer Verfahren aus singulären Beobachtungssätzen Naturgesetze"[108] abgeleitet werden können. An die Stelle des im Positivismus bekannten Verifikationskriteriums setzt er die Methode der Falsifikation, nach der eine Theorie nur so lange als wahr gilt, bis sie durch neue Erkenntnisse oder neue Hypothesen falsifiziert wird.[109] Die unter dem wissenschaftstheoretischen Lemma `Kritischer Rationalismus´ subsumierten Positionen beruhen auf der Grundannahme, daß das empiristische Induktionsmodell zugunsten eines distanziert rationalistischen Erklärungsansatzes aufgegeben wird. Willard van Orman Quine hat einige Jahre später diese Trennung von Sprachphilosophie und Wissenschaftstheorie endgültig aufgehoben, indem er Einsichten in die Struktur der Sprache mit Einsichten in die Struktur der Wissenschaften gleichsetzte. Dies führte dann in der Folge zu Untersuchungen von natürlichen Sprachen (Quine), von universal-grammatischen Entwürfen

---

106 Schnädelbach, op. cit., p. 33.
107 K.R. Popper: Logik der Forschung, 2. Aufl., Tübingen 1966, p. 3.
108 Reinhard Moceck: Art. Wissenschaftstheorie. In: Europäische Enzyklopädie zu Philosophie und Wissenschaften, hgg. von Hans Jörg Sandkühler u.a., Bd. 4, Hamburg 1990, p. 959.
109 Ausgangspunkt wissenschaftlicher Forschung ist nicht der Weg von der Beobachtungstatsache zum Naturgesetz, sondern der umgekehrte Weg von den über bestimmte Naturzusammenhänge aufgestellten Hypothesen zu der prüfenden Beobachtung. Cf. Moceck, loc. cit.

(Richard Montague), zur Theorie der Sprechakte (J. L. Austin; J. R. Searle), zur formalen Sprachpragmatik (C.F. Gethmann und P. Lorenzen) und zur Formulierung einer neuartigen Kommunikationsphilosophie (J. Habermas).

Nicht nur gegen Popper hat Thomas S. Kuhn 1962 historisch nachweisen können, daß die häufig so schlüssigen wissenschaftstheoretischen Modelle bei weitem nicht so homogen sind, wie sie gerne erscheinen möchten. In seinem Buch `The Structure of Scientific Revolutions´ versuchte er zu zeigen, daß das althergebrachte Bild vom wissenschaftlichen Fortschritt keineswegs dem wirklichen Entwicklungsprozeß entspricht. Nicht ein fest umgrenzter Gegenstands- oder Forschungsbereich oder Forschungsmethode konstituiert eine Wissenschaft, sondern das zum Teil irrational sich begründende `Paradigma´ der `scientific community´ wirkt stabilisierend, sofern es sich um eine Periode normaler Forschung handelt, oder destabilisierend in der Zeit außerordentlicher Entwicklungen. Der wissenschaftliche Fortschritt manifestiert sich dadurch nicht nur nicht durch die größere Kohärenz der neuen Theorie gegenüber der alten, sondern in der Regel und nach Kuhn nicht einmal mehr durch die Validität der Theorie selbst. Damit widerlegt er in wissenschaftstheoretischer Hinsicht aber gleichzeitig sowohl die Vertreter des Verifikationsmodells (Carnap u.a.) als auch Popper mit seinem methodischen Ansatz des Falsifikationismus und stellt die wissenschaftliche Theoriebildung bzw. deren diskontinuierliche Entwicklung als Theoriendynamik[110] in Frage.

Besonders zwischen den beiden Wissenschaftstheoretikern Popper und Kuhn gibt es dann bis Mitte der siebziger Jahre eine ausgedehnte Kontroverse, wie man den Dutzenden von Publikationen zwischen beiden Schulen entnehmen kann.[111]

Aus diesem Theorienstreit ergeben sich - cum grano salis - mindestens sechs verschiedene Strömungen innerhalb der zeitgenössischen Wissenschaftstheorie, die der Vollständigkeit halber hier nur kurz erwähnt werden sollen.

---

110 Cf. Wolfgang Stegmüller: Hauptströmungen der Gegenwartsphilosophie. Eine kritische Einführung, Bd. 2, 6. Aufl. Stuttgart 1979, pp. 726 ff.
111 Cf. als zusammenfassende Darstellungen hierzu u.a. J.D. Sneed: The Logical Structure of Mathematical Physics, Dordrecht 1971 und Wolfgang Stegmüller: Theorienstrukturen und Theoriendynamik, Berlin/Heidelberg/New York 1973.

Da ist zum einen der sogenannte `Wissenschaftsdarwinismus´, wie ihn Stephen Toulmin vertritt, der besagt, daß es zwar ständig Theorienproduktionen gibt, die Gesellschaft aber nur diejenigen aufnimmt und akzeptiert, die ihren sozialen Bedürfnissen entsprechen. Besonders hier erkennt man deutlich die Nähe zu soziologisierenden Ansätzen innerhalb der Wissenschaftsgeschichte, so zu Duhem und Kuhn, die wissenschaftliche Veränderungen als Spiegelungen sozialer Prozesse interpretieren.

In methodischer Nähe zu Popper ergibt sich eine Theorie, die man den `Wissenschaftsanarchismus´ nennen kann und die innerhalb wissenschaftlicher Theoriebildung nach dem Motto `anything goes´ verfährt. Paul Feyerabend, der dieses Konzept vertritt, bringt damit zum Ausdruck, "daß neue Erkenntnisse in der Regel dann entstehen, wenn der Wissenschaftler mit geltenden Vorschriften und Richtlinien bewußt oder unbewußt gebrochen hat"[112] und damit auch die bekannte Forschungstradition verläßt.

Der im Gegensatz hierzu systematisch verfahrende `Konstruktivismus´ intendiert, anhand der Methoden die Struktur und Validität der Einzelwissenschaften zu ermitteln. Jürgen Mittelstraß ist hier im deutschsprachigen Raum derjenige Vertreter, der diese Theorie am weitesten verfolgt hat.

Daneben wird seit Ende der siebziger Jahre das sog. `Finalisierungsmodell´ mit dem Dreiphasenzyklus diskutiert. Dieses Modell beschreibt eine Dialektik von internen und externen Faktoren, die die Wissenschaft beeinflussen. In der ersten Phase bestimmen mythologische oder religiöse Tendenzen die Entwicklung von Wissenschaften, anschließend, in einer zweiten Phase, sind dies überwiegend interne, so besonders in der Zeit vom Spätmittelalter bis ins 19. Jahrhundert. Seit dem Ende des 19. Jahrhunderts wiederum sind es die externen und sozialen Bedürfnisse, die die Modifikation von Wissenschaften dominieren. "Finalisierung bedeutet (hierbei), daß die Entwicklung wissenschaftlicher alternativer Theorien den Weg beschreitet, der durch Interessenmajorität vorgegeben werde."[113] Bestes Beispiel einer solchen

---

112 Moceck, op. cit., p. 962.
113 Moceck, op. cit., p. 963.

Theorie sind die Theorieansätze G. Böhmes und seines Kollegen E. Schramm.[114]

Während der letzten 15 Jahre ist in Deutschland ein philosophischer Disput zwischen analytisch-deskriptiver und normativer Wissenschaftstheorie beobachtbar. Zur deskriptiven Wissenschaftstheorie gehören Philosophen wie Wolfgang Stegmüller, die, ausgehend von der angelsächsischen `philosophy of science´, Wissenschaftstheorie als Ergänzung und Erklärung der einzelwissenschaftlichen Disziplinen ansehen. Sie gehört damit überwiegend in die Tradition von Carnap und Russell.

Ihr gegenüber steht die normative Wissenschaftstheorie der sog. Erlanger Schule um Paul Lorenzen, der das reine Zergliedern von Aussagen oder Begriffen in der Analytischen Wissenschaftstheorie zu wenig ist. Wissenschaftstheorie muß und soll vielmehr zur konstruktiven Wissenschaftskritik fortschreiten, d.h. sie "muß über kritische Normen verfügen und sie rational begründen können"[115].

Beide wissenschaftstheoretische Positionen fanden bisher keine Anwendung bei historischen Interpretationen im Allgemeinen und der Renaissance im Besonderen.

Der amerikanische Wissenschaftstheoretiker und Philosoph Nelson Goodman hat 1955 sein Buch `Fact, Fiction, and Forecast´ wie folgt beendet: "Ich kann Ihre freundliche Aufmerksamkeit nicht mit der tröstlichen Versicherung belohnen, daß alles geleistet sei, oder mit der vielleicht kaum weniger tröstlichen Versicherung, es sei gar nichts zu machen. Ich habe lediglich eine nicht ganz bekannte Möglichkeit der Lösung einiger nur allzu bekannter Probleme untersucht." Das wissenschaftshistorische Analogon dieses wissenschaftstheoretischen Verdikts von Goodman würde für den Kontext der wissenschaftlichen Renaissance heißen können: einige nicht ganz bekannte Positionen, Philosopheme und Entwicklungen innerhalb der Geschichte der Wissenschaften aufzeigen, die als historische Probleme durchaus nicht neu sind, deren Klassifikation jedoch bisher nicht eindeutig und

---

[114] Cf. G. Böhme u.a.: Die gesellschaftliche Orientierung des wissenschaftlichen Fortschritts, Frankfurt/M. 1978 und G. Böhme/E. Schramm: Soziale Naturwissenschaft, Frankfurt/M. 1985.
[115] Schnädelbach, op. cit., p. 35.

zufriedenstellend gelang. Und auch hierbei gilt es, zuerst einmal eine neue Sicht zu wagen jenseits bisher bekannter Ansätze, Methoden oder Untersuchungsbereiche. Die neue Sichtung bereits bekannter wissenschaftshistorischer Probleme aber muß einerseits die wissenschaftsgeschichtswissenschaftlichen und epistemologischen Positionen und Diskussionen als bekannt voraussetzen, ohne sie erneut zusammenzufassen oder zu problematisieren[116] und sie in ihrem Bezug zu den wissenschaftshistorischen Fakten neu bewerten, und andererseits den Zugang zu den im weitesten Sinne wissenschaftshistorischen Einzeldaten in einer Weise sichern, daß sich an ihnen die unterschiedlichen metawissenschaftlichen Betrachtungsweisen messen lassen.

Die wissenschaftstheoretische Grundlage und wissenschaftshistorische Perspektive der vorliegenden Arbeit ist weder einer der genannten Richtungen der Wissenschaftstheorie oder Wissenschaftsgeschichte verpflichtet, noch aus einer spezifischen Schuldogmatik her entstanden. Sie ist vielmehr aus der Diskussion und Interrelation der dort vertretenen Ansätze verstehbar. Wenn etwa Kuhn schreibt, daß "der fortlaufende Übergang von einem Paradigma zu einem anderen auf dem Wege der Revolution das übliche Entwicklungsschema einer reifen Wissenschaft" ist, daß dieses Paradigma aber nicht "das charakteristische Schema der Zeit vor Newton"[117] war, dann stellt sich unmittelbar die Frage nach der Gültigkeit einer solchen Aussage für die Zeit der aufstrebenden Wissenschaften in der Renaissance. Die Beobachtungen von kontinuierlichen Entwicklungen in den Wissenschaften und Künsten dieses Zeitraums wiederum erlaubt nicht nur eine konzisere Charakterisierung der Epoche, sondern revidiert oder relativiert zugleich ein wissenschaftshistorisches Urteil, oder zumindest einen Teil desselben, wie das von Kuhn. Der Kontinuitätsaufweis widerlegt aber unter Umständen nicht nur einen einzelnen Kritiker, sondern sogar eine ganze Schulrichtung, so daß man mittlerweile zu Recht behaupten kann, daß in methodischer und methodologischer Hinsicht von einem wissenschaftsqualitativen Sprung zwischen dem

---

[116] Würden nur diese Positionen erörtert oder neu gegliedert, käme es allerhöchstens zu einer weiteren Untersuchung der historischen oder wissenschaftstheoretischen Untersuchungen konkreter historischer Einzelergebnisse, i.e. ein Forschungsliteraturbericht, ohne jedoch die historischen Fakten in ihrem Zusammenhang zu betrachten und unter Umständen neu zu interpretieren.
[117] Kuhn, op. cit., p. 27.

Paduaner Aristotelismus und Galilei schlechterdings nicht gesprochen werden kann[118] und sich zumindest in dieser Hinsicht die Kennzeichnung `naturwissenschaftliche Revolution´ als Ausdruck des Koyré´schen Diskontinuitätsverdikts auch mit Kuhn verbietet.

Ähnliches wird man auch von den erwähnten externalistischen und internalistischen Standpunkten sagen können: Als aufgrund von historischen Verallgemeinerungen entstandene Hilfskategorien mögen sie von geschichtswissenschaftlichem oder klassifikatorischem Nutzen sein; bei der konkreten Anwendung innerhalb eines konkreten Entwicklungszeitraums verstellen sie womöglich eher die epistemologische oder historiographische Sicht. Sofern sie nur singuläre Aspekte berücksichtigen, beschränkt sich die Erklärungsvalenz lediglich auf unzusammenhängende Einzelanalysen.[119] Solange "man an der Abstraktion festhält, daß eine Epoche nur einen einzigen Stil gehabt hat"[120], verzichtet man zwangsläufig darauf, die Zeit zu charakterisieren. Das Zusammenspiel der unterschiedlichen und einander zum Teil ausschließenden Interpretationsansätze erst ermöglicht die neue Sichtweise der alten Zeit und des alten Problems der wissenschaftlichen Entwicklungen und der wissenschaftskonstituierenden Versuche in der Renaissance. Die ganzheitliche Betrachtung impliziert nicht nur neue Analysen hinsichtlich der einzelnen Wissenschaften und Künste, sondern führt letztlich auch zum Aufweis neuer Entwicklungstendenzen[121] in den Wissenschaften und in der gesamten zu betrachtenden Epoche. Die gemeinsame Analyse und Kritik von Theorie und Geschichte der Wissenschaften in der Renaissance führt damit in letzter Konsequenz zur Geschichte in den Wissenschaften so wie die Wissenschaften und Disziplinen sie schreiben.

---

118 Cf. das Kapitel 12 `Zeitgenössische Methoden, Methodologien und Methodenideale in der Renaissance´ weiter unten.
119 Cf. hierzu besonders die externalistischen Arbeiten von Edgar Zilsel, Joseph Needham und Robert Merton.
120 Max Raphael: Bild-Beschreibung. Natur, Raum und Geschichte der Kunst, Frankfurt/M. 1989, p. 57.
121 "The new mentality is more important even than the new science and the new technology. (...) Perhaps my metaphor of a new color is too strong. What I mean is just that slightest change of tone which yet makes all the difference.", cf. A.N. Whitehead: Science and the Modern World, New York 1954, p. 2.

Zur Konstruktion moderner Wissenschaft

4. Kapitel:
Metaphysische Voraussetzungen neuzeitlicher
Naturwissenschaften: Die mathematischen
Wissenschaften und die Astronomie

> And New Philosophy cals all in doubt,
> The Element of fire is quite put out;
> The Sun is lost, and th´ earth, and no man´s wit
> Can well direct him where to looke for it.
> And freely men confess that this world´s spent,
> When in the Planets, and the Firmament
> They seek so many new; then see that this
> Is crumbled out again to his Atomies.
> ´Tis all in pieces, all cohaerence gone;
> All just supply, and all Relation:
> Prince, Subject, Father, Son, are things forgot,
> For every man alone thinks he hath got
> To be a Phoenix, and that then can be
> None of that kind, of which he is, but he.
> John Donne (1573-1631)

Soll die Nähe zu bestimmten geschichtsphilosophischen Leitideen vermieden werden, die einen unaufhaltsamen und kontinuierlichen geschichtlichen Aufstieg mit einer ebenfalls progredierenden Wertsteigerung verbunden sehen, so definiert man Fortschritt als diejenige Entwicklung in den Wissenschaften und Künsten, die sich durch die Unterscheidung von vorhergehenden und älteren Tendenzen auszeichnet. Diesem Verständnis gemäß ist Fortschritt nicht zugleich schon Fortschritt zum Besseren, sondern zuerst einmal ein grundsätzlich wertneutrales Veränderungsmoment. Die ideen- und begriffsgeschichtliche Betrachtung aber zeigt, daß Fortschritt - so besonders in teleologisch geprägten Theorieansätzen - häufig einen qualitativen oder quantitativen oder sogar einen beide verknüpfenden[122] Zugewinn impli-

---

[122] Diese Verknüpfung etwa findet man, wenn, wie in den Naturwissenschaften, neue, gedanklich-qualitative Kategorien und Theorien zugleich den Anspruch erheben, eine größere Anzahl von wissenschaftlichen Vorhersagen begründen zu können als die ´alten´ oder vorhergehenden Ansätze. Cf. hierzu Paul Feyerabend: Wissenschaft als Kunst, Frankfurt/M. 1984, pp. 89 ff., bes. p. 102.

ziert[123] oder - zugunsten eines neuen Forschungsprogramms - indizieren soll. Damit aber wird das Alte nicht nur zum zeitlich Früheren, sondern zum Überholten und Veralteten gleichermaßen. Dennoch bleibt das Alte für das Neue zugleich stimulierend, insofern nämlich als heuristischer Ausgangspunkt das Bekannte zugrundegelegt wird, und auch maßgeblich, i.S. etwa einer Negativfolie bei der Bewertung epistemischer Veränderungen. Der Verweis auf das Bekannte sollte für den neuen Ansatz aber auch unerläßlich sein: als historische Absicherung und Vergewisserung des eigenen Standortes in der Tradition und damit auch als Nachweis wissenschaftlicher Integrität.

Nikolaus Kopernikus verfährt in genau dieser Hinsicht im Vorfeld seines Hauptwerks `De revolutionibus orbium coelestium libri VI´ aus dem Jahre 1543[124], in dem die grundsätzlich neuen Strukturteile seiner Astronomie, nämlich die Erddrehung und damit verbunden das Verdikt gleichförmiger Kreisbewegungen aller Himmelskörper, noch im Kontext traditioneller, qua allgemein akzeptierter kosmologischer und astronomischer Theoriestücke erörtert und diskutiert werden. Zu Beginn des 1. Buches vertritt er die aristotelisch-ptolemäische Vorstellung der Kugelgestalt des Weltalls[125], der Gestirne und der Erde und zugleich die von Ptolemaeus vehement zurückgewiesene Auffassung, daß "zur Bestimmung der Ursachen der Erscheinungen dem kugelförmigen Erdkörper (wie allen übrigen Himmelskörpern auch, - Ergänzung d.

---

[123] Cf. J. Ritter: Art. `Fortschritt´. In: HWPh, Bd. 2, Basel/Stuttgart 1972, sp. 1032-1059 und J. B. Bury: The Idea of Progress. An Inquiry into its Origin and Growth, 2nd ed. New York 1955.

[124] Die ursprüngliche Verbindung der Beobachtung der Neigung der Sonnenbahn von Aristarch von Samos mit der Vorstellung der Erdrotation um ein imaginäres himmlisches Feuer von Philolaos zur Theorie der Erdbewegung findet sich zuerst in der vorläufigen Fassung seines astronomischen Systems, der Schrift `De hypothesibus motuum coelestium a se constitutis commentariolus´ des Jahres 1514. Dennoch waren seine Forschung und seine astronomischen Thesen bereits um 1515 dem zeitgenössischen wissenschaftlich interessierten und gebildeten Publikum bekannt. Cf. Nicolaus Copernicus Gesamtausgabe, hg. von Heribert M. Nobis, 2 Bde., Berlin/München 1944-1949, bes. II, 30 und Edward Rosen: Copernicus, Nicholas. In: Dictionary of Scientific Biography (im Weiteren mit DSB abgekürzt), ed. by Charles Coulston Gillispie, Bd. 3, New York 1971, pp. 401-411, bes. 402.

[125] Die orbes repräsentieren hier noch nicht die Planeten selbst bzw. deren Umlaufbahnen, sondern kennzeichnen ganz im Sinne von Aristoteles und Eudoxos von Knidos konzentrische Sphärenscheiben, auf denen die Planeten und Sterne fixiert sind. Cf. u.a. Thomas S. Kuhn: The Problem of the Planets. In: Ibid.: The Copernican Revolution. Planetary Astronomy in the Development of Western Thought, Cambridge/Mass. 1957, repr. 1985, pp. 45 ff., bes. 55-59.

Verf.) Kreisbewegungen zugeschrieben werden müssen..."[126] Diese
Vorstellung des bewegungshomogenen kosmologischen Modells aufgrund des Zusammenhangs von Kugelgestalt mit der ihr beigelegten
Kreisbewegung bot im Vergleich zu den bekannten Vorläufermodellen
einige eminente Vorzüge hinsichtlich der Einfachheit der Berechnung
und Bestimmung der Planeten- und Sternenbahnen. Während nämlich
die alexandrinischen und griechischen Astronomen bei der Untersuchung der Planetenbewegung neben exzentrischen und epizyklischen
Bewegungen[127] auch eine sogenannte Ausgleichsbewegung um einen
mathematisch kaum zu bestimmenden punctus aequans[128] annehmen
mußten, um eine Formel für die beobachtete Ungleichheit der Rotationen
zu erhalten, scheint nun das platonische Prinzip der einfachen
Vollkommenheit geometrischer Formen zurückgewonnen. Anders aber
als Platon selber, der die gleichmäßige Rotation kugelförmiger Körper
bekanntlich noch metaphysisch als göttliches Prinzip begründete[129], und
auch im Unterschied zu Aristoteles, dessen Himmelsmechanik mit dem
ätherisierten Kugelschalen-System und seinen 55 Sphären für die
Planeten hoffnungslos überfrachtet war[130], setzte Kopernikus auf die

---

[126] Cf. Georg Joachim Rheticus (1514-1576): Narratio prima. In: Erster Bericht des
Georg Joachim Rheticus über die 6 Bücher des Kopernikus von den Kreis-
bewegungen der Himmelsbahnen, übers. von Karl Zeller, München/Berlin 1943;
Nicolaus Copernicus: De revolutionibus orbium coelestium, lib. I, cap. 4, dtsch.:
Über die Kreisbewegungen der Weltkörper, übers. von C.L. Menzer, Thorn 1879,
ND Leipzig 1939 und Alexandre Koyré: Von der geschlossenen Welt zum
unendlichen Universum, Frankfurt/M. 1980, pp. 36 ff.
[127] Apollonios von Perge (ca. 265-170 v. Chr.) kannte bereits die Grundlagen der
Exzentrizitätslehre und der Epizyklentheorie bewegter Körper. Hipparchos aus
Nikaia bestimmte den Ekliptikkreis mit 360 Grad, fügte den astronomischen
Kenntnissen des zweiten vorchristlichen Jahrhunderts weitere Berechnungen
über kleinere Epizyklen hinzu und machte einige wichtige Entdeckungen wie
etwa die Größe und Entfernungen der Sonne und des Mondes von der Erde, die
Länge des Jahres, die Präzession des Frühlingspunktes und erstellte zugleich eine
Sternentafel mit den Positionen von über 850 Fixsternen. Interessant ist auch, daß
Apollonios eine Vermittlung des von Eudoxos und Aristoteles geprägten
geozentrischen Weltbildes mit dem heliozentrischen des Aristarchos fordert und
so zwar die fünf Planeten um die Erde, diese aber zugleich um die Sonne kreisen
läßt. Cf. E.J. Dijksterhuis: Die Mechanisierung des Weltbildes, übers. von H.
Habicht, Berlin/Göttingen/Heidelberg 1956, ND Berlin/Heidelberg/New York 1983,
pp. 56 ff. und Kuhn, op. cit., pp. 72 f.
[128] Cf. hierzu Dijksterhuis, op. cit., pp. 61-69.
[129] Cf. Platon: Timaios 7, 33b.
[130] Cf. Aristoteles: Metaphysik XII, 8, 1073 b 1ff.

mathematisch-physikalische Annahme[131], daß einer gleichmäßigen geometrischen Form auch nur eine gleichmäßige Bewegung entsprechen könne. Allerdings ist auch dieser Gedanke weder neu[132] noch, bei genauerer Betrachtung, etwa weniger metaphysisch oder transphysisch motiviert als Platons Erklärungsmodell. Gleiches gilt für Kopernikus´ Theorie der irdischen Achsrotation und damit verbunden auch für die Definition der Schwere: Sie werden beide in Auseinandersetzung mit Ptolemaeus und der antiken Tradition eingehend diskutiert und verworfen, sind aber als astronomisch-physikalische Theorien hier weder plausibler oder in ihrer Erklärungsvalenz weitreichender noch gar empirisch besser belegt und legitimiert als ihre ptolemäischen Gegenstücke.[133]

---

131 Die mathematische Tradition zeigt sich etwa in der Anwendung trigono-metrischer Verfahren bei astronomischen Entfernungsbestimmungen, die auf Aristarchos von Samos (ca. 280 v. Chr.) und Hipparchos (ca. 200 v. Chr.) zurück-gehen. Auch Ptolemaeus´ große und umfassende Kompilation mathematisch-astronomischer Kalkulationen (i.e. seine η μεγαλη συνταξις μαθηματικη, bekannter unter der arabischen Bezeichnung Almagest aus dem 9. Jahrhundert) war hinsichtlich ihrer Systematik und auch quantitativen Vollständigkeit himmlischer Bewegungen fortschrittlich und revolutionär: Sie ersetzte nämlich die aristotelisch geprägten homozentrischen und kristallinen Sphären durch ein System erklärungswirksamerer geometrischer Figuren wie etwa Epizyklen, exzentrische Kreise und Deferenten. Daß auch den `De revolutionibus orbium coelestium´ ein umfassendes Konzept einer quantifizierbaren Welt im Sinne der mathesis universalis zugrundeliegt und alle Wissenschaften primär auf Untersuchungen hinsichtlich Relationen und Proportionen verwiesen sind, zeigt allein schon das Verdikt `mathemata mathematicis scribuntur´. Cf. H.W. Arndt: Methodo scientifica pertractatum. Mos geometricus und Kalkülbegriff in der philosophischen Theorienbildung des 17. und 18. Jahrhunderts, Berlin/New York 1971; George Sarton: The Appreciation of Ancient and Medieval Science during the Renaissance (1450-1600), University of Pennsylvania Press 1955, 2nd ed. New York 1958, pp. 144-148; Dijksterhuis, op. cit., p. 331 und G.J. Toomer: Art. `Ptolemy´. In: DSB, vol. 11, pp. 186-206. Hinsichtlich der physikalischen Bedeutung kugel-förmiger Körper knüpft Kopernikus an die antike Tradition der sogenannten isoperimetrischen Bestimmungen an, daß nämlich "von allen geometrischen Körpern die Kugel bei gegebenem Inhalt die kleinste Fläche und bei gegebener Fläche den größten Inhalt besitzt." Die Kennzeichnung des Universums und aller Sterne als kugelförmige Gebilde ermöglichte in der Folge den Astronomen und Physikern, von einem zwar komplizierten, dabei aber mechanistisch einfachen und kinematisch aufwendigen Universum zu sprechen. Cf. u.a. Dijksterhuis, op. cit., p. 87.
132 Dies wurde bereits von dem Pythagoreer Philolaos und von Eudoxos von Knidos beschrieben. Cf. F. Krafft: Art. `Kreis, Kugel´. In: HWPh, Bd. 4, Basel/Stuttgart 1976, sp. 1211-1226, bes. sp. 1218 und ibid.: Johannes Keplers Beitrag zur Himmelsphysik. In: Internationales Kepler-Symposion, hg. von F. Krafft, K. Meyer und B. Sticker, Stuttgart 1973, pp. 55-140, bes. 79-95.
133 Ptolemaeus hatte die Erdrotation wegen der zu großen Zentrifugalkräfte abgelehnt. Kopernikus´ Erdkugelmodell konnte aufgrund innerer Kräfte, die die

Dies ändert sich erst nachhaltig durch die hypothetische Annahme, daß der Erde als kugelförmigem Körper neben der täglichen Achsrotation durchaus noch eine weitere Bewegung zugesprochen werden kann; eine Annahme, die schon Ptolemaeus für die Planeten, die Sonne und den Mond gemacht und mathematisch verifiziert hatte. Eine jährliche, gleichbleibende und gleichförmige Erdbewegung um die Sonne in Verbindung mit einer analogen Bewegung der `übrigen´ Planeten um dasselbe Zentrum des Universums zeigt, "daß ein Weltsystem herauskommt, welches einfacher und harmonischer ist als das ptolemäische, und diese beiden Kennzeichen sind (- zumindest nach dem immer noch gültigen pythagoreischen Grundsatz der Bewegungs-homogeneität -, Ergänzung d. Verf.) eine starke Garantie für seine Wahrheit".[134] Zu einer astronomischen Theorie wird diese kosmologische Behauptung[135] des Heliozentrismus aufgrund des Verdikts der Bewegungsgleichheit von astronomischen Körpern zwar auch durch die empirische und damit objektiv belegende Beobachtung[136]; für Kopernikus allerdings hat die mathematische Kalkulation des Modells die bei weitem größere Beweiskraft.

Masse von Körpern, die kleiner als die gesamte Erde waren, banden, auf zentrifugale Erscheinungen verzichten. Ptolemaios´ Begriff der Schwere fußt auf der Idee des lokalen Weltzentrums, weshalb auch ein schwerer Körper zur Erde fällt. Das kopernikanische Modell hingegen wirkt nach dem Prinzip der Gleichartigkeit von Körpern, so daß auch irdische Körper nach der Vereinigung mit dem Ganzen der Erde streben. Dieser Gedanke gehört etwa seit Nicolaus von Oresmes´ (ca. 1320-1382) Kommentar zu Aristoteles Περι ουρανου aus dem 14. Jahrhundert bis hin zu Galilei, Descartes und Newton zum Repertoire astronomischer Topographien. Cf. Nicole Oresme: Le livre du ciel et du monde, ed. by A.D. Menut und A.J. Denomy. In: Medieval Studies, III-V, Toronto, bes. IV; Dijksterhuis, op. cit., p. 323; Kuhn, op. cit., pp. 115 ff. und Marshall Clagett: The Science of Mechanics in the Middle Ages, Madison/Wisc. 1959.

[134] Dijksterhuis, op. cit., p. 323.

[135] "In der Mitte aber von Allen steht die Sonne. Denn wer möchte in diesem schönsten Tempel diese Leuchte an einen anderen oder besseren Ort setzen, als von wo aus sie das Ganze zugleich erleuchten kann? Wenn anders nicht unpassend Einige sie die Leuchte der Welt, Andere die Seele, noch Andere den Regierer nennen. Trimegistus nennt sie den sichtbaren Gott, Electra des Sophocles den Alles Sehenden. So lenkt in der That die Sonne, auf dem königlichen Throne sitzend, die sie umkreisende Familie der Gestirne." Copernicus, op. cit., cap. X, pp. 26 f.

[136] Etwa bei Tycho Brahe oder Kepler, wie wir noch später sehen werden.

Ausgehend von den astronomisch-mathematischen Erkenntnissen Regiomontanus'[137] unternahm Kopernikus die Begründung seiner heliozentrischen Grundthese. Regiomontanus nämlich hatte herausgefunden, daß alle Planeten sich mehr oder minder in ihren Bewegungen nach der Sonne richten: die beiden Innenplaneten Merkur und Venus, da der Mittelpunkt ihres Epizykles in jeder Phase auf der Linie Erde-Sonne liegt, und die drei Außenplaneten Mars, Jupiter und Saturn, da ihr Epizyklenradius sich parallel zu dieser Ebene befindet[138]. Diese Berechnungen führten zu der sogenannten ersten regiomontanischen Feststellung, die besagt, daß die Epizyklenmittelpunkte der Planeten mit der Sonne als Mittelpunkt des Deferenten zusammenfallen[139]. Hinsichtlich der zweiten Bestimmung konnte Regiomontanus geometrisch nachweisen, daß bei der Annahme gleich großer Radien von Epizykel und Deferent die Bewegung eines Planeten identisch beschreibbar ist, unabhängig davon, ob die Sonne oder auch die Erde den astronomischen und damit den kosmologisch bedeutsamen Beobachtungsmittelpunkt darstellte.[140] Unter Zugrundelegung dieses partiell heliozentrisch beschriebenen Planetensystems[141] konnten nun etliche der bei Ptolemaeus erkennbar gewordenen Ungleichheiten bei den Planetenbewegungen behoben werden, so etwa die Erklärung der Länge der Jahreszeiten, der Sonnenwenden und der Tagundnacht-

---

[137] I.e. Johannes Müller (1436-1476); dieser war zugleich Mathematiker und Astronom und edierte die hinterlassenen `Epitome in Ptolemaei almagestum´ von Georg von Peurbach (1423-1461), dem Lehrer Kopernikus´, sowie die bekannten `Ephemerides astronomicae ab anno 1475 ad annum 1505´ aus dem Jahre 1474. Cf. u.a. E. Zinner: Die Geschichte der Sternenkunde, Berlin 1931; ibid.: Leben und Wirken des Johannes Müller von Königsberg, genannt Regiomontanus, Berlin 1938; ibid.: Geschichte und Bibliographie der astronomischen Literatur in Deutschland zur Zeit der Renaissance, Leipzig 1941 und Alistair Cameron Crombie: Medieval and Early Modern Science, vol. II: Science in the Later Middle Ages and Early Modern Times, XIII-XVII Centuries, Garden City/New York 1959, pp. 104f. et passim.
[138] Cf. Dijksterhuis, op. cit., pp. 306 und 323f.
[139] Dies ist die sogenannte `ägyptische Hypothese´, wie sie bereits bei Heraklit und Aristarchos von Samos zu finden ist. Cf. u.a. Kuhn, op. cit., p. 42 ff. Bei Ptolemaeus koinzidierten bekanntlich die Epizyklenmittelpunkte mit dem Erdmittelpunkt.
[140] Auf eine ausführliche Darstellung der kopernikanischen Berechnung verzichte ich hier und verweise auf die hinreichend umfassenden Kalkulationen und Diagramme bei Dijksterhuis, op. cit., pp. 323 ff. und Crombie, op. cit., pp. 170 ff.
[141] Simon Stevin (1548-1620) hat wenig später in seiner Apologie des Kopernikanischen Systems hervorgehoben, daß die Sonne nicht das astrographische Zentrum des Weltalls sein kann. Cf. Dijksterhuis: Simon Stevin, `S-Gravenhage 1943, pp. 158 ff.

gleichen, sowie die Bestimmung des Perigäums und Apogäums und der retrograden Bewegungen von Sternen. Zugleich erlaubte das so neu geordnete Universum nur noch homogene, gleichgerichtete und konzentrische Planetenbahnen mit Winkelgeschwindigkeiten, die zwar mit zunehmender Entfernung vom Zentrum abnehmen, die aber einander ähnlich, harmonisch und systemgleich[142] sind.

Unter streng astronomisch-pragmatischen Gesichtspunkten aber gilt Kopernikus' Planetensystem als Fehlschlag, da es weder genauere Quantifizierungen von Sternenbewegungen oder -abständen noch etwa astronomische Entdeckungen möglich gemacht hat.[143] Zwar fanden die sechs Bücher über die Bewegung der Himmelskörper nahezu unmittelbar Eingang in die Berechnung neuer Planetentafeln, den sog. Preußischen oder `Prutenischen Tafeln' des Wittenberger Professors Erasmus Reinhold aus dem Jahre 1551[144], und damit auch in die Kalenderreform des Jahres 1582[145] unter Papst Gregor XIII., doch für die Berechnung der Präzession des Äquinoktialpunktes und der Neigung der Planetenbahnen gegen die Ekliptik war Kopernikus gezwungen, die im 1. Buch als unharmonisch verworfenen exzentrischen und epizyklischen Kalkulationen des Ptolemaeus[146] wieder einzuführen. Für den astronomischen Fortschritt der Folgezeit aber bleibt die Kopernikanische Lehre - so schon die Einschätzung Keplers[147] - eher wegen ihrer spekulativen denn astronomisch-mathematischen Neuerungen paradigmatisch und wegweisend oder wie Kuhn schreibt: "For Copernicus' sixteenth-

---

[142] Ptolemaeus' Universum bestand noch aus Planetensphären, "die sich mit abnehmender Winkelgeschwindigkeit ostwärts drehen relativ zu einer Sternensphäre, die sich mit einer sehr viel größeren Winkelgeschwindigkeit westwärts dreht". Cf. Dijksterhuis: Die Mechanisierung, p. 325.

[143] Das erste und bekanntere Buch von Kopernikus' `De revolutionibus' muß eher als programmatische denn als astronomisch ernst zu nehmende Abhandlung gelten.

[144] Reinhold (1511-1553) veröffentlichte sein Werk 1551 unter dem Titel `Prutenicae tabulae coelestium motuum' in Tübingen. Die Preußischen Tafeln ersetzten die Alfonsinischen des Jahres 1272. Cf. u.a. Sarton, op. cit., p. 162.

[145] Cf. Friedrich Becker: Geschichte der Astronomie, Mannheim/Zürich 1968, p. 55; Dijksterhuis, op. cit., pp. 333 f. und Kuhn, op. cit., pp. 11 ff.

[146] Cf. auch das Widmungsvorwort an Papst Paul III. von Andreas Osiander zu Kopernikus' `De revolutionibus'.

[147] Cf. Johannes Kepler: Astronomia nova, seu physica coelestis tradita in commentariis de motibus stellae martis ex observationibus G. V. Tychonis Brahe, cap. 33. In: Gesammelte Werke, Bd. 3, hg. von Walter van Dyck und Max Caspar, München 1937, p. 237 und cf. Dijksterhuis, op. cit., p. 331.

and seventeenth-century followers, the primary importance of the De revolutionibus derived from its single novel concept, the planetary earth, and from the novel astronomical consequences, the new harmonies, which Copernicus had derived from that concept"[148].

Wichtiger als die außer-astronomischen Konsequenzen, die mit der Auflösung des geozentrischen Weltbildes verbunden waren, in den übrigen `artes et scientiae´, der Philosophie, Religion aber auch dem täglichen Leben[149], sind im beschriebenen Kontext die außernaturwissenschaftlichen Voraussetzungen und Implikationen für die Wissenschaften, in diesem Falle: für die Astronomie. Wie bereits gesehen bestand der Kopernikanische Fortschritt kaum in neuen oder exakteren Beobachtungen und Messungen der Himmelserscheinungen. Allein aufgrund der fehlenden technischen Voraussetzungen der prämodernen, i.e. prä-teleskopischen[150] Astronomie waren solche genauen und stabilen Berechnungen auch schlechterdings nicht zu erhalten. Die Konstruktion eines harmonischen Planetensystems mit gleichförmigen und gleichartigen Bewegungen hatte vielmehr zuerst einmal eine kosmologische und später, d.h. etwa mit Kepler, Galileo und Newton, auch eine astronomische Bedeutung. Das kopernikanische System bot zwar eine vereinfachte Erklärung und größere Anschaulichkeit für die seit der Antike beobachtete retrograde Bewegung der Sterne und die unterschiedlichen Zeitintervalle für die Planetenbahnen um die Ekliptik,

---

[148] Kuhn, op. cit., p. 182, Kuhn folgert in historiographischer Konsequenz: "Copernicus is neither an ancient nor a modern but rather a Renaissance astronomer in whose work the two traditions merge" (loc. cit.); zur Novität und Akualität des Kopernikanischen Systems cf. auch I. Bernard Cohen: Revolution in Science, Cambridge/Mass./London 1985, pp. 105 ff.; Becker, op. cit., pp. 51 ff.; Crombie, op. cit., pp. 167; Ernst Zinner: Entstehung und Ausbreitung der copernicanischen Lehre, 1943, neu herausgegeben von Heribert M. Nobis und Felix Schmeidler, München 1988; cf. hierzu auch die Rezension von Richard L. Kremer in: ISIS 82, Nr. 311, 1991, pp. 129 f. und Hans Blumenberg: Eröffnung der Möglichkeit eines Kopernikus. In: Die Genesis der kopernikanischen Welt I, Frankfurt/M. 1981, pp. 147ff.

[149] "By 1585 any scientific audience, mathematical, physical or medical, could be expected to know something of the Copernican theory...the Copernican system, though it had gained few adherents, was widely known; after thirty years of debate and discussion, non-scientists were familiar with the fundamental problems." Marie Boas: The Scientific Renaissance 1450-1630, New York 1962 (= vol. 2 von: A. Rupert Hall: The Rise of Modern Science), pp. 100 f.

[150] Cf. Koyré, op. cit., p. 38. Cf. auch die Bezeichnung der "Astronomie vor dem Fernrohr", die durch die großen neuzeitlichen Astronomen Kopernikus, Brahe und Kepler geprägt ist; Wolfhard Schlosser: Fenster zum All: Instrumente und Beobachtungsmethoden in der Astronomie, Darmstadt 1990, p. 3.

es konnte diese aber aufgrund mangelnder empirischer Ergebnisse weder im Einzelfall quantifizieren noch als für alle Himmelskörper gleichbleibend bestimmen. Das neue, als Programm formulierte heliozentrische System war damit grundsätzlich genauso wenig beweis- und belegbar wie das geozentrische Zwei-Sphären-Modell, jedoch wegen der sparsamen Verwendung von Zusatzhypothesen und aufgrund der mathematischen Einfachheit[151] wahrscheinlicher als das ptolemäische. An jenes zu glauben und als allgemeine Hypothese den weiteren Forschungen zugrundezulegen gebot nicht allein nur die geometrisch wie zugleich auch ästhetisch ansprechendere Form[152], sondern besonders die Simplizität der modellhaft erklärten Erscheinungen samt seiner Komplexitätsreduktion der astronomischen Wirklichkeit. Die alten Hierarchien und Validitäten blieben, auch wenn sie umgedeutet wurden, dabei jedoch grundsätzlich erhalten: Der Zustand der Unbeweglichkeit wird weiterhin für edler und göttlicher gehalten[153], die Erde besitzt keine eigenständige Bewegungskraft[154], der geometrische Mittelpunkt bedeutet zugleich den Wirkungsmittelpunkt des gesamten Planetensystems und die Welt ist schließlich immer noch die abgeschlossene, finite Welt des Seh- und Erlebbaren[155]. Und dennoch, oder gerade deswegen, wurde Kopernikus' `De revolutionibus' in der zweiten Hälfte des 16. Jahrhunderts zum Standardwerk astronomischer Forschung und Lehre, wobei wichtig ist hervorzuheben, daß viele Forscher zwar seine Berechnungen und Diagramme übernahmen, nicht aber die zentrale These der Erdbewegung.[156]

Doch ebenso wie der Glaube an das alte geozentrische System die astronomische Forschung über nahezu 2000 Jahre[157] nur das Bekannte

---

[151] Cf. Copernicus, op. cit., cap. 10.

[152] Wir sprachen bereits weiter oben von dem platonisch-pythagoreischen Verdikt der Bewegungshomogeneität.

[153] Cf. Copernicus, op. cit., I, cap. VIII, p. 22.

[154] Cf. Copernicus, op. cit., cap. 9.

[155] Inter finitum et infinitum non est proportio: Im Vergleich zum mittelalterlichen Universum ist auch das Kopernikanische nicht viel größer. Cf. Koyré, op. cit., p. 41.

[156] "... the success of the De Revolutionibus does not imply the success of its central thesis. The faith of most astronomers in the earth's stability was at first unshaken.", Kuhn, op. cit., p. 186.

[157] Nämlich seit den heliozentrischen Kosmologien des Pythagoras, Heraklits und Aristarchs.

und logisch Mögliche bestätigen ließ, nämlich daß sich die Sonne und die übrigen Planeten um die Erde drehen und die Sterne leuchtende Punkte an einem riesigen und sphärischen Himmel sind, der die Erde - und damit das ganze Universum - umgrenzt, so bildeten auch die affirmative Zustimmung oder, in Übereinstimmung mit dem alten `wissenschaftlichen´ Glauben und seinem Modell, die überzeugte Ablehnung die eigentlichen und wirksamsten Kriterien für bzw. gegen das neue kosmologische System. Insofern treffen auf Kopernikus´ Entwurf dieselben Kriterien zu, die mittlerweile als Inbegriff empirischer Forschung und Fortschritts gelten, nämlich daß "wissenschaftliche Forschung, psychologisch gesehen, ohne einen wissenschaftlich indiskutablen, also, wenn man will, `metaphysischen´ Glauben an (rein spekulative und) manchmal höchst unklare theoretische Ideen wohl gar nicht möglich ist."[158]

Dasselbe gilt auch für die erstmalige Entgrenzung des Universums durch Thomas Digges[159]. Angeregt durch die Beobachtung einer Nova im Sternbild der Kassiopeia im Jahre 1572 veröffentlichte er seine astronomischen und mathematischen Berechnungen in dem Werk `Alae seu scalae mathematicae´ [160]. Anhand trigonometrischer Kalkulationen versuchte Digges, unter der allerdings fehlleitenden Annahme, die Nova sei ein neuer Fixstern, mittels der Bestimmung der stellaren Parallaxe das neue Kopernikanische System zu bestätigen. Im Anhang zu der von ihm herausgegebenen Schrift seines Vaters `A Prognostication Everlasting´ mit dem Elisabethanischen Titel `A Perfit Description of the Caelestiall Orbes according to the most auncient doctrine of the Pythagoreans, lately revised by Copernicus and by Geometricall Demonstrations Approved´ [161] bekennt er denn auch, daß es nicht mehr denkbar sei, daß

---

158 Karl R. Popper: Logik der Forschung, neunte, verbesserte Auflage, Tübingen 1989, p. 13; cf. Max Planck: Positivismus und reale Außenwelt, Leipzig 1931 und Albert Einstein: Die Religiosität der Forschung. In: Mein Weltbild, Amsterdam 1934, ND Frankfurt/M./Berlin/Wien 1981, p. 18 f.
159 Zur Bio-Bibliographie Thomas und seines Vaters Leonard Digges cf. Francis R. Johnson und Sanford V. Larkey: Thomas Digges, the Copernican System and the Idea of the Infinity of the Universe. In: Huntington Library Bulletin 5/1934; Francis R. Johnson: Astronomical Thought in Renaissance England, Baltimore 1937, 164 f.; Arthur O. Lovejoy: The Great Chain of Being, Cambridge/Mass. 1936, p. 116; Koyré, op. cit., pp. 43 ff. und Boas, op. cit., pp. 105 ff.
160 London 1573.
161 Erschienen 1576 zusammen mit dem bereits zwanzig Jahre älteren Werk des Vaters. Neu entdeckt 1934 durch Johnson und Larkey, op. cit. Von Vater und Sohn

astronomische Theorien ptolemäischer Provenienz Verbreitung fänden, nun da "in this our age one rare wit (seeing the continual errors that from time to time more and more have been discovered, besides the infinite absurdities in their Theoricks, which they have been forced to admit that would not confess any mobility in the ball of the Earth) hath by long study, painful practice, and rare invention delivered a new Theorick or model of the world."[162]

Die Digges'sche `Beschreibung der himmlischen Körper´ folgt weitgehend den Erörterungen des 1. Buches von Kopernikus `De revolutionibus´, geht aber in der letzten astronomischen Konsequenz über diese hinaus. Während Kopernikus aufgrund der undurchführbaren Quantifizierung der Sternenparallaxe ein unermeßlich großes aber nicht unendliches Universum annehmen mußte, das "so groß (ist), daß nicht nur die Erde, sondern auch die gesamte Bahn des jährlichen Erdumlaufs um die Sonne im Vergleich zum Firmament `wie ein Punkt´ ist; und daß wir die Grenze, die Abmessung der Welt nicht kennen und nicht kennen können"[163], extendiert Digges den Weltenraum hin auf einen unbegrenzt anzunehmenden theologischen Himmel[164]: "If one could fly through the stars - which are only like our sun - (one) would arrive straight in Paradise."[165] Zwar vertraten auch schon Nicolaus Cusanus, Marcellus Stellatus Palingenius und Giordano Bruno den kosmologisch-metaphysischen Gedanken eines unendlichen Univer-

---

Digges stammt auch das in mehreren Auflagen bekannte arithmetische Werk `Arithmeticall militare treatise called Stratioticos´ aus dem Jahre (London) 1579. Cf. Sarton, op. cit., p. 153.

[162] Einleitende Anmerkung `To the Reader´, cit. nach Boas, op. cit., p. 106. Das Werk erlebte insgesamt sieben Auflagen zwischen 1576 und 1605.

[163] Koyré, op. cit., p. 40.

[164] "For of which lights Celestial it is to be thought that we only behold such as are in the inferior part of the same Orb (i.e. die Sphäre der Fixsterne,- Ergänzung d. Verf.), and as they are higher, so seem they of less and lesser quantity, even till our sight being not able farther to reach or conceive, the greatest part rest by reason of their wonderful distance invisible unto us. And this may well be thought of us to be the glorious court of the great God, whose unsearchable works invisible we may partly by these his visible conjecture, to whose infinite power and majesty such an infinite place surmounting all others both in quantity and quality only is convenient.", cf. Digges: A Perfit Description, sigs N3-4; Johnson/Larkey, op. cit., pp. 88 f.

[165] Boas, op. cit., p. 108.

sums[166], doch erst im Zusammenhang mit originärer und observationaler astronomischer Feldforschung erlangte dieser Gedanke größere Verbreitung und zunehmende Akzeptanz.[167]

Indes bleibt hervorzuheben, daß häufig metaphysische oder kosmologische Modelle als epistemologische oder forschungspsychologische Basis für empirisch-naturwissenschaftliche Theorien gelten, ohne daß notwendig zugleich auch die Umkehrung gilt. Dies bedeutet jedoch nicht, daß metaphysische Konzeptionen "niemals auf Empirie gegründet werden"[168] könnten. "Vielmehr entdeckt die der Tatsache vorauseilende Idee das Detail und macht die Besonderheiten sichtbar. Die Idee sieht das Einzelne in seinem ganzen Reichtum - jenseits der Sinnesempfindung, die bloß das Allgemeine erfaßt"[169]; ein Gedanke, der als heuristisches Prinzip weiter unten bei der Erörterung des Keplerschen Planetenmodells und seinen astronomischen Hypothesen noch genauer untersucht werden soll.

Neben die spekulativ-mystizistische Begründung einer Beschreibung des Universums tritt mit den Untersuchungen Tycho Brahes[170] (1546-1601) eine observational-pragmatische, die sich, wenn auch nicht vollkommen bar jeglicher metaphysischer Wertung, vorwiegend den

---

166 cf. Koyrés Kapitel `Das Firmament und die Himmel´, op. cit., pp. 15 ff. et passim. Zur Diskussion der Originalität des infiniten Universums cf. Koyré, op. cit., pp. 45 ff. und Lovejoy, op. cit., pp. 116 ff.

167 So etwa bei Bruno in seinem `La Cena de le Ceneri´ (1584), bei Galilei, Kepler und Leibniz. Cf. Koyré: Galileo and the Scientific Revolution of the Seventeenth Century. In: The Philosophical Review 52/1943, pp. 333-348 und ibid.: Etudes galileénnes, Paris 1939.

168 Koyré, op. cit., 63.

169 Gaston Bachelard: Etudes sur l´évolution d´un problème de physique: la propagation thermique dans les solides (1927), zit. nach Georges Canguilhem: L´Histoire des sciences dans l´œuvre épistémologique de Gaston Bachelard. In: Annales de l´Université de Paris 1963, pp. 1 ff., dtsch.: Die Geschichte der Wissenschaften im epistemologischen Werk Gaston Bachelards. In: ibid.: Wissenschaftsgeschichte und Epistemologie. Gesammelte Aufsätze, hg. von Wolf Lepenies, Frankfurt/M. 1979, p. 10.

170 Zu bio-bibliographischen Aspekten cf. u.a. C. Doris Hellmann: Brahe, Tycho. In: DSB, vol. 2, pp. 401-416; F. Burckhardt: Zur Erinnerung an Tycho Brahe (1546-1601), Basel 1901; John Christianson: Tycho Brahe´s Cosmology from the `Astrologia´ of 1591. In: Isis 59/1968, pp. 312-318; Christine Schofield: The Geoheliocentric Mathematical Hypothesis in Sixteenth Century Planetary Theory. In: British Journal for the History of Science 2/1965, pp. 291-296; Dijksterhuis, op. cit., pp. 334 ff.; Becker, op. cit., pp. 55 ff.; Boas, op. cit., pp. 109 ff., Kuhn, op. cit., pp. 200 ff.

immanenten und beobachtbaren Erklärungen verpflichtet sieht.[171] Dabei verfolgt Tycho Brahe keineswegs das Ziel der Schaffung eines umfassenden kosmologischen Weltensystems, sondern versucht die Vermittlung der bereits bestehenden und dabei zum Teil inkompatiblen Universa. Dies zeigt sich schon in seinen ersten öffentlichen Vorlesungen über Mathematik des Jahres 1574 an der Universität Kopenhagen[172], in denen er Kopernikus als einen zweiten Ptolemaeus schätzt[173]. Diese Einschätzung beruht besonders auf dessen mathematischen Berechnungen in Zusammenhang mit observationalen Untersuchungen, die zur Aufhebung des `punctum aequantis´ führten. Zugleich aber kritisiert er heftig und fortgesetzt die heliozentrische Hypothese, die, so Tycho, den offensichtlichen und physikalischen Prinzipien widerspreche: würde die Erde sich nämlich von West nach Ost drehen, "so müßte eine nach Westen gerichtete Kanone eine Kugel viel weiter schießen als eine nach Osten gerichtete. Denn im ersten Fall kommt die Erde der Kugel sozusagen entgegen, während diese im zweiten die Erde einholen muß."[174] Weiter bedient sich Tycho bei der Ablehnung der Erddrehung der beiden häufig benutzten aristotelischen Argumente, daß nämlich die angenommene natürliche Bewegung (die der Erde) unmöglich mit der erzwungenen (der durch die Explosion bewegten Kugelbewegung) zusammen existieren könne[175] und die Erde als `corpus pigrum et ignobilius´ grundsätzlich sowieso unbeweglich sei. Zu den traditionellen metaphysisch-astronomischen Grundsätzen kommt der religiös-theologische Glauben und die mit argumentativem Übermaß auftretende Wirkung der Heiligen Schrift, der die Ansicht einer gleichförmigen und

---

[171] Hierzu zählen u.a. die Markierung zweier neuer Ungleichheiten der Mondbewegung, die Verbesserung von Mond- und Sonnentafeln, die Entdeckung von über 1000 neuen Fixsternen und deren Katalogisierung, sowie die extrem genaue Berechnung der Planetenbahnen (bis zu Kopernikus wurden die Positionen der Planeten nur bis auf 10 Bogenminuten genau angegeben, erst mit Tycho ließ sich die auf bloßem Auge beruhende Meßgenauigkeit auf zwei Bogenminuten erhöhen).

[172] Cf. seine `De disciplinis mathematicis oratio´ in seinen `Opera omnia´, 14 Bde., hg. von J.L.E. Dreyer, Kopenhagen 1913-29, I, pp. 149 ff.

[173] Cf. Ann Blair: Tycho Brahe´s Critique of Copernicus and the Copernican System. In: Journal of the History of Ideas 51/1990, pp. 355-377, bes. p. 356. Tycho war bei weitem nicht der Anti-Koperniker, wie ihn Kuhn sieht in seinem Werk `The Copernican Revolution´, p. 200.

[174] Dijksterhuis, op. cit., p. 335.

[175] Die aristotelische Ansicht, daß die Planeten sich auf kristallinen Sphären bewegten, teilte Tycho hingegen nicht. Cf. Boas, op. cit., p. 114 ff.

kontinuierlichen Umdrehung der Erde um die Sonne in exegetischer und eschatologischer Hinsicht entgegensteht.[176] Obgleich Tycho zugibt, daß weder die Heilige Schrift noch wahre Philosophie den Beweis unbeweglicher Himmelssphären erbringen können, sondern lediglich genauere Beobachtung und ein verbessertes Instrumentarium[177], hält er doch an einem wörtlichen Verständnis der Bibel fest. Dieser Auffassung nach finden sich zwar nicht alle physikalisch-wissenschaftlichen Sätze und Gesetze allein in der Heiligen Schrift, doch ist sie neben ihrer heilsgeschichtlichen Bedeutung auch noch von epistemologischem Interesse. Damit steht Tycho ganz in der Tradition der "theologischen Physik"[178] von Francesco Valla[179] und Lambert Daneau[180], für die die Bibel der wissenschaftliche Erkenntnishorizont schlechthin ist, der in nuce die naturwissenschaftlichen Wahrheiten bereits enthält. Die Folge

---

[176] Cf. Tycho Brahe: Opera omnia, III, p. 175; VII, pp. 129 und 199.

[177] Cf. seine `Astronomiae instauratae progymnasmata (quorum haec prima pars de restitutione motuum solis et lunae stellarumque inerrantium tractat et praeterea de admiranda nova stella Anno 1572 exorta luculenter agit)´, Prag 1602, repr. in den Opera omnia, II und III, hier: III, p. 151.

[178] Cf. Blair, op. cit., p. 363. Bis zum Ende des 16. Jahrhunderts hatte die Katholische Kirche die philosophisch-kosmologischen Folgen der Kopernikanischen Weltsicht kaum zur Kenntnis genommen. Sie beschränkte sich vielmehr, teils aus Unkenntnis, teils aus politischer Vorsicht den protegierten Wissenschaftlern gegenüber, auf eine Interpretation in rein mathematischer Hinsicht, etwa für die Kalenderreform des Jahres 1582. Ähnlich verhielt es sich ja bereits zwei Jahrhunderte früher mit Nicole d´Oresme und auch mit Nicolaus Cusanus: beide standen mit ihrer Theorie der Erdbewegung zwar in offensichtlichem Gegensatz zu den Belegstellen der Heiligen Schrift, doch nur insofern die Schrift wörtlich verstanden wurde. Wird sie allerdings allegorisch interpretiert, wie etwa bei Augustinus, markiert sie zwar den allerweitesten Rahmen der vernunfttätigen Seele als Heilslehre, jedoch nicht den Erkenntnisumfang innerhalb der menschlich erfahrbaren Welt. Ganz im Gegensatz etwa zum Protestantismus, dessen Affinität zu einer hermeneutisch sehr engen Bibelexegese auch zu einer in wissenschaftlicher Hinsicht starken Einschränkung an die durch die Heiligen Schrift erlaubten Erkenntnisgrenzen führte. Erst nach 1600 und besonders im Anschluß an den Fall `Bruno´ entwickelte die Inquisition ein besonderes Interesse an Astronomie und Kosmologie. Das Verhältnis der Kirchen zu den neuen astronomischen und kosmologischen Theorien ist durchaus eine gesonderte Untersuchung wert, zumal dies in der Wissenschaftsgeschichte ein bis heute vernachlässigter Bereich ist. Cf. hierzu lediglich Boas, op. cit., pp. 124 ff. und A. D. White: A History of the Warfare of Science with Theology in Christendom, New York 1899.

[179] Cf. sein Werk `De iis quae scripta sunt physice in libris sacris, sive de Sacra Philosophia liber singularis´, Lyon 1588.

[180] Cf. dessen `Physica Christiana, sive de rerum creatarum cognitione et usu, disputatio e Sacrae Scripturae fontibus hausta et decerpta´, Genf 1576; cf. auch die Zitation bei Tycho, op. cit., VI, pp. 181 ff.

tychonischer Forschung ist ein astronomisches Weltbild, das die bisher bekannten Systeme synthetisiert: es beläßt mit Ptolemaeus die Erde in der Mitte des Universums und läßt zugleich, den mathematischen Berechnungen des Kopernikus und den observationalen Erkenntnissen Tychos folgend, die übrigen Planeten um die Sonne kreisen.[181]

Dabei wird klar, daß die observationalen Erkenntnisse zwar bei Tycho eine größere Bedeutung für das gesamte astronomische System haben als bei Kopernikus[182], die szientifischen Hypothesen aber gleichwohl so bestimmend bleiben, daß von einem empirischen oder gar empiristischen Ansatz bei Tycho Brahe schlechterdings nicht die Rede sein kann.[183] Denn nach seinem eigenen Bekunden kann eine hypothesen- und auch empirie-freie Theoriebildung allein nicht zur vollständigen Erklärung himmlischer Phänomene dienen.[184] In Analogie zu der terminologischen Unterscheidung von Christian Wolff könnte man sagen, daß Tychos `cosmologia experimentalis´ i.S.e. primär empirisch-technisch orientierten Theorie zwar methodischen und heuristischen Vorrang besitzt vor dem metaphysischen Konstrukt der allgemeinen

---

[181] Dieses geo-heliozentrische Weltbild erscheint zuerst in der Mitte der 80er Jahre des 16. Jahrhunderts bei Tycho, obgleich es schriftlich in dem Werk `De mundi aetherei recentioribus phaenomenis liber secundus´ aus dem Jahre 1588, cap. 8 niedergelegt wurde. Das umfassende Himmelssystem sollte in der geplanten, jedoch niemals erschienenen Schrift `Theatrum astronomicum´ ausgeführt werden. Die Vorarbeiten hierzu lassen sich aber in der sehr umfangreichen Korrespondenz (u.a. mit Caspar Peucer, Heinrich Brucaeus, Giovanni Antonio Magini, Joseph Justus Scaliger, Thaddaeus Hagecius, Herwart von Hohenburg und Wilhelm IV., Landgraf von Hessen, dessen Observatorium in Kassel zu den bedeutensten Europas gehörte) schon beginnend im Jahre 1571 erkennen. Cf. Blair, op. cit., p. 358.

[182] Tycho gesteht sogar zu, daß, hätte Kopernikus so genaue Instrumente wie er in Uraniborg zur Verfügung gehabt, dieser auch astronomisch befriedigendere Ergebnisse hätte liefern können. Cf. Tycho, op. cit., p. 102.

[183] Cf. zur Diskussion des Empirizismus bei Tycho und seinen astronomischen Nachfolgern etwa Boas, op. cit., p. 110; Kuhn, op. cit., p. 201 und Blair, op. cit., p. 367. Hierzu auch Bruce T. Moran: Christoph Rothmann, the Copernican Theory and Institutional and Technical Influences on the Criticism of Aristotelian Cosmology. In: Sixteenth-Century Journal 13/1982, pp. 90-97.

[184] In einem Brief an den Kasseler Freund und Astronomen Christoph Rothmann, einem überzeugten Kopernikaner übrigens, berichtet Tycho von einem gemein-samen Essen mit Petrus Ramus in Augsburg des Jahres 1571, in dessen Verlauf Ramus von seinem Ansinnen sprach, Astronomie allein durch logische Gründe und ganz ohne Hypothesen konstituieren zu wollen. Doch er, Tycho, hätte ihm aufs heftigste widersprochen, da allein Hypothesen komplexe Phänomene zu konkreten Wissenschaften verdichten könnten (cf. Tycho Brahe, op. cit., VI, p. 88) und obendrein sie es sind, die beobachtete Bewegungsgrößen arithmetisch bestimm- und berechenbar werden lassen (cf. op. cit., p. 89).

`cosmologia scientifica´[185], diese aber als "Theorie über den Aufbau der Welt"[186] den epistemologischen Rahmen aller Einzeluntersuchungen vorbestimmt. In diesem dialektischen Sinne sind kosmologische und metaphysische Ideen und Disziplinen nicht sofort an-empirisch und unwissenschaftlich, sondern vielmehr integraler und notwendiger Bestandteil einer physikalisch-astronomischen Weltsicht.

Dies zeigt sich besonders deutlich in der Einleitung zu der Schrift `En Elementisch oc Jordisch ASTROLOGIA´ über Wettervorhersagen des Assistenten Tychos, Peter Jacobsøn Flemløs, aus dem Jahre 1591[187]. Hier geht es nicht nur um die Bestimmung der drei Grundelemente Erde, Wasser und Luft, sondern auch um die Funktion des `freien Willens´ und um die Einflüsse des Himmels, denen die Erde ausgesetzt ist und die auf die Elemente zurückzuführen sind. Es kommt hierbei zu einer strikten Trennung von Astrologie und Astronomie, unter der Voraussetzung allerdings, daß beide als seriöse und durchaus objektive Wissenschaft verstanden werden, sofern sich die letztere auf die Untersuchung des Laufs der Sterne beschränkt und die erste die Beobachtung und Interpretation von irdischen Zeichen ist.

Die Tendenz, Astronomie und Astrologie als eigenständige Wissenschaften mit je separaten Untersuchungsfeldern darzustellen, deren Analysen aber wiederum zueinander in Beziehung gesetzt werden können und die als wissenschaftliche Betätigungsfelder als kompatibel anzusehen sind, ist weit verbreitet und zeittypisch. Bei allen Versuchen, wissenschaftliche Seriosität und methodologische Sicherheit besonders dem Gebiet der Astrologie zu implementieren, kann die für die Zeit typische und mit der Entwicklung technischer Geräte verbundene zunehmende Hochschätzung der Astronomie nicht übersehen werden.

---

185 Cf. Christian Wolff: Vernünftige Gedanken von Gott, der Welt und der Seele des Menschen, auch allen Dingen überhaupt, Halle 1720. In: Gesammelte Werke, I. Abt., Deutsche Schriften, Bd. 2 und 3, hg. von Ch. A. Corr, Stuttgart 1983, § 4. In der lateinischen Fassung (der Ausgabe von 1731) von Bd. 4 der Lateinischen Schriften heißt es: "Cosmologia generalis scientifica est, quae theoriam generalem de mundo ex Ontologiae principiis demonstrat: Contra experimentalis est, quae theoriam in scientifica stabilitam vel stabiliendam ex observationibus elicit."
186 Jürgen Mittelstrass: Art. `Kosmologie´. In: HWPh Bd. 4, sp. 1153.
187 Flemløs selbst gibt insgesamt 399 Regeln an, mittels derer Wetterveränderungen vorherbestimmt werden können. Hierzu gehören u.a. Beobachtungen von Erscheinungen am Himmel, die Sonne, der Mond und die Sterne, und besonders auffällige Verhaltensformen von Tieren.

Bereits 1566 erstellte Tycho Horoskope für Freunde und Gönner[188] und in der Schrift `Astronomiae instauratae mechanica´ im Jahre 1598 schrieb er, daß die natürliche Astrologie verläßlicher sei, als man gemeinhin annehme, vorausgesetzt Zeitpunkt und Bahn der himmlischen Körper seien korrekt berechnet.[189]

In rein astronomischer Hinsicht stellt das Tychonische System zu den beiden bis dahin bekannten Himmelsmodellen einen fortgeschrittenen Kompromiß dar, da Tycho Sonne und Mond um die im Mittelpunkt der Welt ruhende Erde kreisen läßt, während die übrigen Planeten sich um die Sonne bewegen. Obgleich Tycho damit implizit und auch explizit das Kopernikanische System ablehnt, verhilft er dem Kopernikanismus indirekt dennoch zum Durchbruch[190]. Einerseits weil das Tychonische geoheliozentrische Modell ein weiteres Mal mit den überlieferten Irrtümern der Antike und des Mittelalters u.a. hinsichtlich der Erklärung der Kometenerscheinungen aufräumte[191] und zugleich einige inadäquate moderne Annahmen des Kopernikus berichtigte, wie etwa diejenige unvorstellbar großer Entfernungen der Fixsterne zueinander.

Hinzu kam, daß Tychos reicher Beobachtungsschatz der Planetenorte und ihrer jeweiligen Bahnen eine zutreffendere Beschreibung des Universums aufgrund konkreterer Beobachtungen nachhaltig ermöglichte, die bis zu dieser Zeit nicht gelungen, ja noch nicht einmal versucht worden war. Die Verknüpfung der neuen Beobachtungen mit der neuen kopernikanischen Annahme gelang letztendlich erst einem seiner Mitarbeiter, der die Fakten einem anderen Modell mit anderen Hypothesen implantierte: Johannes Kepler[192].

---

[188] U.a. für Caspar Peucer, in dem er ihm Unglück vorhersagte. Ferner sah er in der Mondfinsternis vom 28. Oktober 1566 den Tod des Sultans Suleiman des Großen voraus und erstellte zugleich Horoskope für die Söhne Friedrich II.
[189] Cf. hierzu auch Hellman, op. cit., p. 410.
[190] "... both his system and his observations forced his successors to repudiate important aspects of the Aristotelian-Ptolemaic universe and thus drove them gradually toward the Copernican camp.", Kuhn, op. cit., p. 205.
[191] So erkannte Tycho etwa, daß die Kometen keineswegs Erscheinungen in der Erdatmosphäre waren, wie noch Aristoteles behauptet hatte.
[192] "Kepler became the first enthusiastic Copernican after Copernicus himself.", Owen Gingerich: Kepler, Johannes. In: DSB 7/1973, pp. 289-312; cf. zu den biobibliographischen Daten auch Edmund Reitlinger: Johannes Kepler, Stuttgart 1868; Christian Frisch: Kepleri vita. In: ders.: Kepleri opera omnia, Bd. VIII, Frankfurt 1871; Owen Gingerich: Johannes Kepler and the New Astronomy. In:

Bereits in den Werken `Prodromus´ und `Mysterium Cosmogra-phicum´ [193] des Jahres 1596[194] formuliert dieser die Grundsätze seiner Astronomie: Seine Hypothesen erscheinen ganz im kopernikanischen Gewand und sind die neoplatonisch-geometrische Homogenität der Himmelserscheinungen, die metaphysische Validität von Bewegungen und die Möglichkeit ihrer deduktiven Ableitung. In den Grundzügen orientiert sich Kepler dabei an dem platonischen Gedanken, daß das Universum, entstanden aus der Güte der Götter, die vollkommenste aller möglichen Welten sein müßte, da es zur Analogie und sogar zur Substitution mit dem oder den Allerhöchsten tauge.[195] Die für die Philosophie und die Wissenschaften der neueren Zeit wohl nachhaltigste Prägung dieser Idee findet sich später - mit Auswirkung auf die Astronomie des 16. Jahrhunderts - bei Nicolaus Cusanus.[196] In der

Quarterly Journal of the Royal Astronomical Society 13/1972, pp. 346-373; Gerald Holton: Johannes Kepler´s Universe: Its Physics and Metaphysics. In: American Journal of Physics 24/1956, pp. 340-351; Fritz Krafft: Keplers Beitrag zur Himmelsphysik. In: Internationales Kepler-Symposium (Weil der Stadt 1971), Hildesheim 1972; W. Gerlach und M. List: Johannes Kepler. Leben und Werk, München 1966, bes. pp. 43-53 und Alexandre Koyré: La révolution astronomique: Copernic, Kepler, Borelli, Paris 1961.

[193] Der vollständige Titel der Abhandlung, eher bekannt unter dem Namen `Mysterium´, lautet: `Prodromus dissertationum cosmographicarum, continens mysterium cosmographicum, de admirabili proportione orbium coelestium, deque causis coelorum numeri, magnitudinis, motuumque periodicorum genuinis et propriis, demonstratum per quinque regularia corpora geometrica´ und erschien in Tübingen. Besonders interessant ist die Ähnlichkeit zum Discours des Descartes, der seine Schrift ebenfalls als vorläufiges aber auch Neues bergendes Produkt und Ausdruck eines Erleuchtungserlebnisses vorstellt. "In beiden lebt das neue Denken als eine alle Erwartungen übertreffende Evidenz, als eine Zukunftsvision von höchster Klarheit und Bedeutung, als eine Einsicht und Durchsicht in und durch das Ganze der Schöpfung. Ferner scheint es nicht zufällig zu sein, daß die Schriften, die Descartes mit dem Discours veröffentlicht hat, sich sehr eng mit den Gegenständen Keplers berühren: Dioptrik (schon dem Namen nach eine Erfindung Keplers), Meteore und Geometrie." Cf. Heinrich Rombach: Substanz, System, Struktur, I, Die Ontologie des Funktionalismus und der philosophische Hintergrund der modernen Wissenschaft, Freiburg/München 1965, p. 294, Anm. Cf. hier auch Dijksterhuis, op. cit., p. 337 ff.

[194] Also schon vier Jahre bevor Kepler Mitarbeiter von Tycho Brahe wurde.

[195] Cf. Platons Timaios, 39e und 40c ff.: "Aber die Reigentänze eben dieser Götter und ihr Vorübergehen aneinander, sowie das Zurückkehren dieser Kreisbahnen im Verhältnis zu sich selbst und ihr Voranschreiten...: darüber ohne genaues Betrachten der bekannten Nachbildungen sprechen zu wollen, wäre ein eitles Bemühen; vielmehr ist das bisher Gesagte ausreichend, und unsere Rede über das Wesen der sichtbaren und entstandenen Götter sei hiermit beschlossen.", cf. ibid., Platon, Sämtliche Werke 5, Hamburg 1980, p. 163.

[196] Cf. u.a. Ernst Cassirer: Das Erkenntnisproblem in der Philosophie und Wissenschaft der neueren Zeit, Bd. 1, Berlin 1906; Hans Blumenberg: Cusaner und

begrifflichen Differenzierung zwischen mens oder ratio als diskursiv verfahrendem Verstandesvermögen und intelligentia im Sinne einer absoluten Seinseinheit, die die ursprüngliche Wahrheit birgt, manifestiert sich der Gegensatz von Vielheit der Erkenntnisobjekte einerseits und der "alles begründenden, denknotwendigen Einheit"[197] des Unendlichen andererseits. In dem Maße aber wie die Vernunft als Einsicht in die absolute Identität zwar denknotwendig, nicht aber zugleich schon denkbar ist, bleibt auch die absolute Wahrheit unerreichbar. "Philosophie kann (dann aber) nur die Andersheit des Nicht-Absoluten denken und sie als Nicht-Identität aufweisen: sie zeigt damit das `Andere´ des Absoluten, der Identität, der Wahrheit - insofern kann auch sie Wahrheit (proportional und relativ - Ergänzung des Vf.) beanspruchen, also wissenschaftsfähig bleiben."[198] In der Konsequenz bedeutet dies für Cusanus´ Kosmologie, daß das Universum als relativer und begrenzter Raum unter Gott weder unendlich[199] noch so konkret bestimmbar ist, daß sein Mittelpunkt präzise angegeben werden könnte. Es ist vielmehr die unvollkommene Entfaltung (explicatio) Gottes, die zwar approximativ erfahren werden kann, jedoch den absoluten Kennzeichnungen von Grund auf widerspricht. So ist der Kosmos weder kugelförmig[200] noch durch die Fixsternsphäre begrenzt[201]. Hierdurch wiederum wird die Erde (wie zugleich auch jeder andere Planet oder

---

Nolaner, Frankfurt a.M. 1975; Klaus Jacobi: Die Methode der cusanischen Philosophie, Freiburg/München 1969 und Gerl, op. cit., pp. 41 ff.

[197] Gerl, op. cit., p. 45.

[198] Ibid.; cf. auch J. Stallmach: Das Absolute und die Dialektik bei Cusanus im Vergleich zu Hegel. In: Scholastik 39/1964, pp. 495-509 und G. Schneider: Gott- das Nichtandere. Untersuchungen zum metaphysischen Grunde bei Nikolaus von Kues, Münster 1970.

[199] Es ist vielmehr unbegrenzt (interminatum), da es durch keine äußere Hülle mehr umfaßt ist. "Obwohl die Welt nicht unendlich ist, so läßt sie sich doch nicht als endlich begreifen, da sie der Grenzen entbehrt, innerhalb deren sie sich einschließen ließe." Cf. De docta ignorantia. In: Opera omnia, Jussu et auctoritate Academiae litterarum Heidelbergensi ad codicum fidem edita, Bd. 1, hg. von E. Hoffmann und R. Klibansky, Leipzig 1932, p. 100; dtsch.: Nikolaus von Kues: Die belehrte Unwissenheit, übers. von Paul Wilpert, Buch II, Hamburg 1967, p. 87. Cf. Koyré, op. cit., pp. 18 ff.

[200] Er ist aber auch nicht definitiv durch eine andere geometrische Figur hinreichend zu beschreiben. In der coincidentia oppositorum im Absoluten verschwimmen sogar die Unterschiede zwischen Geradlinigkeit und Krümmung, wenn "im unendlich großen Kreis der Umfang mit der Tangente und im unendlich kleinen mit dem Durchmesser" koinzidiert. Cf. Koyré, op. cit., p.19.

[201] So bekanntlich das aristotelisch-ptolemäische Weltbild.

Stern) von ihrer hervorgehobenen Stelle als notwendigem Mittelpunkt des Universums gestoßen. Aufgrund der Hypothese relativer Gleichartigkeit aller Himmelskörper zum metaphysisch einzigen Zentrum `Gott´ ist die Erde zu einem Himmelskörper unter mehreren anderen reduziert, die allesamt als bewegt, unzentriert und relativ angenommen und definiert werden.[202]

Während die cusanische Kosmologie zunächst einmal nur mit dem hierarchischen Stufenkosmos mittelalterlichen Philosophierens aufräumte, ohne zugleich schon die kopernikanische Wende einzuleiten[203] oder auch nur die Erdrotation zu bedenken, setzt Kepler mit seinem verfeinerten kopernikanischen Modell neue Maßstäbe: Er entwickelt ein wirksameres astronomisches System als alle bisher bekannten; er reformuliert zugleich die bereits bekannte wenn auch noch nicht zum Durchbruch gereifte kosmologische Variante des Heliozentrismus und schafft damit ein nachhaltig wirksames epistemologisches Paradigma.

Seine Veränderungen und Wirksamkeit allerdings beruhen auf einer geometrischen Typisierung mit einer ontologischen Wertung. Während nämlich unter den gekrümmten Formen die Kugelfläche die vollkommenste ist, so sind im Bereich der Geraden die fünf regulären Körper die homogenen Gebilde schlechthin. Bezogen auf das astronomische System des Kopernikus bedeutet dies, daß die Welt als umschlossen und kugelförmig anzusehen ist und zugleich die fünf regelmäßigen Polyeder mit den fünf Zwischenräumen der sechs Planeten korrelieren. Das wiederum hat zur Folge, daß die Verhältnisse der Abstände zwischen den Planetensphären, in die die Polyeder eingeschrieben werden, erstaunlicherweise genau mit den berechneten Werten der jeweiligen Abstände zur Sonne übereinstimmen.[204] "Die Erde ist das (Grund-)Maß für alle anderen Bahnen. Ihr umschreibe ein Dodekaeder; die diese umspannende Sphäre ist der Mars. Der Marsbahn umschreibe ein Tetraeder; die dieses umspannende Sphäre ist der

---

202 "Die Erde, die nicht Mittelpunkt sein kann, kann also nicht ohne jede Bewegung sein. Denn ihre Bewegung muß auch derartig sein, daß sie ins Unendliche geringer sein könnte. Wie also die Erde nicht der Mittelpunkt der Welt ist, so ist auch die Fixsternsphäre nicht ihr Umkreis, obwohl auch wieder im Vergleich der Erde zum Himmel die Erde dem Mittelpunkt näher zu stehen scheint und der Himmel dem Umkreis." Nikolaus von Kues, loc. cit.
203 Cf. Koyré, op. cit., pp. 27 ff.
204 Cf. zur Illustration hierzu die Diagramme in Kuhn, op. cit., p. 218 und Gingerich: Kepler: In: DSB, op. cit., p. 292.

Jupiter. Der Jupiterbahn umschreibe einen Würfel; die diesen umspannende Sphäre ist der Saturn. Nun lege in die Erdbahn ein Ikosaeder; die diesem einbeschriebene Sphäre ist die Venus. In die Venusbahn lege ein Oktaeder; die diesem einbeschriebene Sphäre ist der Merkur. Da hast du den Grund für die Anzahl der Planeten."[205]

Mit dieser Übereinstimmung unterstreicht Kepler nicht nur die Richtigkeit des kopernikanischen Planetensystems[206], sondern auch die grundsätzlich harmonische Struktur des Welten- und Himmelsgebildes. Das ursprüngliche und platonische Homogenitätsverdikt der Sternenbewegung wird dabei aufgegeben zugunsten eines mit den Beobachtungen kompatiblen geometrisch-homogenen Modells und der anschließenden gesetzmäßigen Festlegung der durch Beobachtung gewonnenen Erscheinungen. In diesem Sinne konstatiert Kepler schon im `Prodromus´, daß das Weltzentrum kein leerer geometrischer Ort ist[207] und deshalb die feststellbare Position der Sonne als Maßstab der Entfernungsberechnungen dienen könne und müsse[208].

Insofern sich der Harmoniegedanke aber nicht nur in der Modellhaftigkeit der astronomischen Beobachtungen manifestiert[209], sondern "die ganze Natur und alle himmlische Zieligkeit (sic !) in der Geometrie symbolisiert" ist, ist die Methode der Geometrie "einzig und ewig, ein Widerschein aus dem Geiste Gottes. Daß die Menschen an ihr Teil haben, ist eine Ursache dafür, daß der Mensch nichts anderes ist als ein Ebenbild Gottes."

Das um die geometrische Nachprüfbarkeit erweiterte Harmonieprinzip repräsentiert somit gleichermaßen den epistemologischen Prüfstein für die Glaubhaftigkeit und Kohärenz der astronomischen

---

[205] Johannes Kepler: Prodromus in: Gesammelte Werke, hg. von M. Caspar und W. van Dyck, München 1937 ff., hier: Bd. 1, p. 9 (Vorrede an den Leser).

[206] "Quixotic or chimerical as Kepler´s polyhedrons may appear today, we must remember the revolutionary context in which they were proposed. The *Mysterium cosmographicum* was essentially the first unabashedly Copernican treatise since *De revolutionibus* itself;..." Cf. Gingerich, op. cit., p. 291.

[207] Wie etwa noch bei Kopernikus, in dessen System die Sonne exzentrisch zum Kreismittelpunkt der einzelnen Planetenbahnen stand und ihr kein fester astronomischer Ort zugewiesen werden konnte.

[208] Cf. cap. 15 des Prodromus.

[209] Die Weltsicht zu Zeiten Keplers beschränkte sich auf den Fixsternhimmel und die inneren Planeten. Aus diesem Grunde versteht sich die geometrisch passende Erklärung der Planetenbahnen bereits als umfassende Entschlüsselung des gesamten Weltgeheimnisses. Cf. Rombach, op. cit., p. 293.

Hypothesen und zugleich für die philosophisch-ontologische Deutung der Welt als erweiterter Erdenwelt[210]: "Die Natur liebt die harmonischen Verhältnisse in allem und über alles. Es liebt sie auch der Verstand des Menschen, der ein Ebenbild des Schöpfers ist"[211]. Der Harmoniegedanke ist aber systembildende und hermeneutische Grundlage nicht nur im Bereich der Naturwissenschaften, sondern zugleich allumfassendes Weltengesetz. Die geometrische Konsonanz der Planeten und ihrer Umlaufzeiten bildet "nur das markanteste Beispiel (dieses) allgemeinen Grundgesetzes"[212]. Denn die Harmonie der Winkelgeschwindigkeiten folgt - und dies weist Kepler in komplizierten Berechnungen nach - den musikalischen Konsonanzen von Oktav, Quint, Quart, großer Terz, kleiner Terz, großer Sext und kleiner Sext. "So verbindet sich also die Harmonie der Körper mit der Harmonie der Flächen, die Harmonie der Welt mit der Harmonie der Musik, und alles löst sich in eine ungeheure Konsonanz auf."[213]

Die Unbegrenztheit dieses Gedankens geht weit über instrumentale Modellhaftigkeit hinaus. Insofern unendliche Harmonie nämlich nicht nur als Verstehens- und Erklärungsprinzip nun aller Erkenntnisobjekte auch jenseits der Erde angesehen wird, sondern nach Keplers Verständ-

---

210 "Es liegt im Wesen der Sache, daß die Wissenschaftshistorie sich vornehmlich und fast ausschließlich an die theoretischen Leistungen Keplers für die Entwicklung der Astronomie und Physik gehalten hat. Mit gutem Recht, denn in ihnen vollendet sich dieses Denken zur Teilhabe an der Wahrheit... Dennoch wird es notwendig sein, alle Schritte der Theorie Keplers unter dem Gesichtspunkt des philosophischen Ganzen zu sehen, mit einem Blick, der für den allgemeinen, die Architektonik dieses Forschens tragenden Sinn offen ist." Cf. J. Ritter: Zur neuen Ausgabe der Werke Johann Keplers. In: Blätter für deutsche Philosophie, 13/1927, p. 284.
211 Joannis Keppleri Harmonices mundi libri V (1618). Cf. Johannes Kepler, Gesammelte Werke, hg. von W. v. Dyck und M. Caspar, Bd. 6, München 1940, p. 65, zit. nach Rombach, op. cit., p. 294, Anm. 95.
212 Cassirer, op. cit., p. 330.
213 Rombach, op. cit., p. 295. Aus diesen Berechnungen heraus entstand später das sogenannte `Dritte Keplersche Gesetz´: Die Quadrate der Umlaufzeiten verhalten sich wie die dritten Potenzen der mittleren Abstände. Cf. hierzu H. Apelt: Die Epochen der Geschichte der Menschheit, 2 Bde., Jena 1845 ff. und ders.: Johann Keplers astronomische Weltsicht, Leipzig 1849. In den `Harmonices mundi libri V´ aus dem Jahre 1619 unterscheidet er im 4. Buch ausdrücklich zwischen einer `bloßen´ Harmonie des Sinnenbereichs qua Zusammenklang von Tönen, Strahlen usw. und einer `reinen´ des Ideenbereichs. Dieses ist das Urvorbild aller harmonischen Beziehungen und läßt sich nicht in den Phänomenen nachweisen. Es ist gleichsam die Idee des Weltentwurfs, der anamnetisch geborgen werden muß. Cf. F. Warrain: Essai sur l´ `Harmonices mundi´ ou `Musique du monde´ de J. Kepler, 2 Bde., Paris 1942.

nis das ursprüngliche Konstruktionsparadigma schlechthin repräsentiert, kommt seinem Entdecker[214] eine Kongenialität mit dem Weltenschöpfer zu.[215] Geometrie avanciert damit aber auch zu der Leitwissenschaft schlechthin und obendrein zum christologischen Heilsprinzip, das allein die Nähe zu Gott herstellt.[216] Bei genauer Lektüre aber stellt sich heraus, daß nicht Gott die Geometrie qua Konstruktionsprinzip schuf, sondern sich deren Urbilder bei der Schöpfung bediente.[217] Die Geometrie, oder mit anderen Worten: die mathematischen Paradigmata[218] bilden die szientifische Grundhypothese für jede Forschung schlechthin, unabhängig von dem natürlichen und damit auch metaphysischen Ort ihres Untersuchungsobjektes. Insofern sie aber relationale Beziehungen beschreiben und nicht nur absolute und metaphysisch fest verankerte Objekte oder Substanzen, erhalten sie mit und nach Kepler die besondere methodologische Wertschätzung und damit verbunden auch eine neue ontologische Validität. Während die Harmonie im Sinnenbereich ausschließlich methodologisch fundiert ist und heuristische Bedeutung hat, ist sie im Ideenbereich nichts anderes als die Idee selbst. "Alle mathematischen Ideen und Beweise erzeugt die Seele aus sich selbst. Sonst könnten sie nicht diesen hohen Grad von Gewißheit und Bestimmtheit haben."[219]

Keplers mathematische Hypothesenkonstruktion markiert in epistemologischer Hinsicht sowohl Grund als auch Bedingung allen Forschens. Oder wie Rombach es ausdrückt: "Im Hypothesenbegriff

---

[214] Und als dieser wähnt sich Kepler in seiner "heiligen Raserei". Cf. seine Äußerungen der "unsagbaren Verzückung" in: Ges. Werke, VI, pp. 290 und 480.

[215] "In der Schöpfung greif ich Gott gleichsam mit Händen, die Astronomie hat die Verherrlichung des weisesten Schöpfers zum Gegenstand." Cf. die Betrachtungen über die Weisheit des Schöpfers bei Erschaffung der Welt, zitiert nach Rombach, op. cit., p. 295.

[216] Die analogen scientifisch-theologischen Gedanken Cusanus´ und Giordano Brunos klingen hier an. Beide werden bei Kepler aber auch explizit genannt. Cf. etwa seine Dissertatio cum nuntio sidereo. Opera, II, pp. 490 et passim.

[217] Besonders im Vorwort zu Buch 5. Dieser Gedanke der Urbildhaftigkeit, die aber zugleich mit Göttlichkeit "realidentisch" ist, findet sich bereits ausführlich erörtert im Mittelalter, so etwa bei Heinrich von Gent. Cf. u.a. J. P. Beckmann: Art. `Idee´ 9. In: HWPh Bd. 4, Basel/Stuttgart 1976, sp. 93 f.

[218] Und als solche sind auch seine astronomisch-mathematischen Gesetze zu verstehen, die als die ersten naturwissenschaftlichen Gesetze überhaupt betrachtet werden müssen.

[219] Cf. die Einleitung zu `Bericht von den Kometen´, zit. nach R. Eucken: Einführung in die Philosophie des Geisteslebens, Leipzig 1908, p. 46.

realisiert sich die Erkenntnislehre des Funktionalismus. Die Hypothese beinhaltet den mathematisch-geometrischen, d.h. den relationalistischen Grund der Welt. Darum ist die Hypothese rein aus dem Geiste "erzeugt", d.h. nicht aus der Zufälligkeit der Sinneserkenntnis genommen."[220] Diese Hypothesenmethode ist aber keineswegs anempirisch. Sie trifft vielmehr nur eine Vorauswahl bei der Bewertung der Phänomene, ohne diese zugleich schon unbewußt der Theorie zu implantieren oder gar zu manipulieren.[221] Und bei einer "aequipollentia hypothesium" entscheidet die sinnliche Erfahrung über Eindeutigkeit und Notwendigkeit der Naturgesetzlichkeit und der adäquaten Weltdeutung[222].

Die Kombination von apriorischer Theorie qua Hypothese und aposteriorischer Erfahrung und Beobachtung führt dabei zu einer Astronomie, in der Mystik, Mathematik und Physik fruchtbar miteinander verwoben werden. Anders als Giovanni Pico della Mirandolas unbelebt schemenhafte Sicht der Sterne und Planeten[223] oder Petrus Ramus´ anmaßende und verdammende Interpretation der Euklidischen Mathematik als bloße Meßkunst[224] hält Kepler an einer

---

[220] Rombach, op. cit., p. 298.

[221] Dies zeigt sich denn auch in Keplers minutiös genauer Forschung, wie etwa bei den Tabulae Rudolphinae des Jahres 1627, die die Vorausberechnung der Planetenbahnen erlaubte. Eine seiner ersten Leistungen war es gewesen, bestimmte Variationen und Unstetigkeiten der Planetenpositionen im Jahresrhythmus zu erklären, die durch die schräge Lage der Bahnebenen von Erde und Planet entstehen. Diese Vervollständigung der Kopernikanischen Theorie aber war nur möglich geworden aufgrund verbesserter Beobachtungsergebnisse. Cf. Andreas Kamlah: Kepler im Lichte der modernen Wissenschaftstheorie. In: Hans Lenk (Ed.): Neue Aspekte der Wissenschaftstheorie. Beiträge zur wissenschaftlichen Tagung des Engeren Kreises der Allgemeinen Gesellschaft für Philosophie in Deutschland, Karlsruhe 1970, pp. 205-220, bes. p. 213 f. und Ernst Cassirer: Individuum und Kosmos in der Philosophie der Renaissance, 1. Auflage Berlin 1927, 3. Auflage Darmstadt 1969.

[222] Cf. Zabarellas `Opera Logica´ in der Ausgabe Venetiis1578, lib. 1, cap. 2 und Keplers `Apologia Tychonis contra Ursum´, Opera I, 242 f. Zur resolutiv-kompositiven Methode in Logik und Naturphilosophie cf. das Kapitel 13 zur koinzidenten und koätanen Transformation von Logik und Methode im 16. und 17. Jahrhundert weiter unten und Cassirer, op. cit., p. 346.

[223] Bei aller positiven Wendung, die diese Sichtweise durch die Betonung von menschlicher Eigenverantwortlichkeit und Selbstbestimmtheit unter Gott bekam, gehört diese Theorie der `Disputationes adversus astrologos´ der Jahre nach 1492 zu den Deanimismen, die Kepler bewußt bekämpfte.

[224] Zumindest der Ramus der späten `Dialectica´ des Jahres 1554 verwarf die pythagoreisch-metaphysischen Reminiszenzen der früheren `Dialecticae Institutiones´. Cf. Gerl, op. cit., p. 123 f. und Wilhelm Schmidt-Biggemann: Topica Universalis. Eine Modellgeschichte humanistischer und barocker Wissenschaft, Hamburg 1983, pp. 50 et passim.

eher mythischen Kennzeichnung der Wirkkraft der Sterne auf den Menschen und ihrer mathematischen Größenbestimmbarkeit fest, ohne sich dabei jedoch in theosophischen Zahlenmystizismen zu ergehen, wie dies bei dem `geistigen Zahlenpropheten´ und Rosenkreuzer Robert Fludd zu beobachten war.[225] Seine pythagoreisch-platonische und zugleich spekulativ-metaphysische Grundhaltung führte ihn vielmehr von der mathematischen Vollkommenheit des Kreises[226] zur approximativen Bestimmung elliptischer Planetenbahnen, von der mystischen `Weltseele´ zur astronomischen und geometrischen Topologisierung der Sonne als Zentrum und von der allgemeinen Wirksamkeit der Himmelskörper zur Erkenntnis, daß die Bewegung des Mondes tatsächlich Ebbe und Flut auf der Erde beeinflußt.

Anders als Francesco Patrizi, der die Geometrisierung der Methode in den physikalischen Fächern wohl am weitesten vorangetrieben hat und Mathematik als allgemeine mediale Disziplin, vergleichbar etwa mit der Logik im Paduaner Aristotelismus, verstand[227], gibt es für Kepler keinen - zumindest nicht methodenbedingten - Hiatus zwischen Theorie und Praxis. Während Patrizi noch darüber spekuliert hatte, "ob die tatsächlichen Bahnen der Planeten in mannigfachen ungeordneten Krümmungen verlaufen, oder aber durchaus bestimmte und einförmige Linien sind, die nur der unvollkommenen sinnlichen Auffassung

---

[225] Robert Fludds (1574-1637) Zahlenmystik - durch Athanasius Kircher und John Dee in der Folge weiterentwickelt - bezog sich unter den mathematischen Wissenschaften besonders auf Astronomie und Astrologie und evozierte damit bei Kepler eine besonders heftige Reaktion. "Auch ich spiele mit Symbolen und Zahlen, und habe übrigens ein kleines Werk in Vorbereitung über geometrische Cabala, in dem es um die Idee der natürlichen Dinge in der Geometrie gehen wird; aber ich spiele in einer Weise, daß ich nicht vergesse, daß ich spiele." Cf. den Brief Keplers an Joachim Tanck vom 12. Mai 1608, Opera I, p. 378 und hierzu auch Brian Vickers: Analogy versus Identity: the Rejection of Occult Symbolism, 1580-1680. In: Brian Vickers (Ed.): Occult and Scientific Mentalities in the Renaissance, Cambridge 1984, bes. pp. 155 f.; Robert S. Westman: Nature, Art, and Psyche: Jung, Pauli and the Kepler-Fludd Polemic. In: Brian Vickers, op. cit., pp. 179 ff. und Wayne Shumaker: Natural Magic and Modern Science. Four Treatises. 1590-1657, Binghampton/New York 1989, bes. cap. I.: The Limits of Natural Magic, pp. 3-40, bes. p. 23.

[226] Die bekanntlich schon Ptolemaeus postulierte, ohne sie allerdings mit den tatsächlichen Beobachtungen in Übereinstimmung bringen zu können.

[227] Cf. Gerl, op. cit., pp. 140 ff.; B. Brinckmann: An Introduction to Franceso Patrizi´s `Nova de universi philosophia´, New York 1941; F.A. Yates: Giordano Bruno e la tradizione ermetica, Bari 1969 und besonders Charles B. Schmitt: Art. Patrizi, Francesco. In: DSB 5, pp. 416 f. und W. Gent: Die Philosophie des Raumes und der Zeit, 2. Auflage Hildesheim 1962, bes. pp. 81-3.

verworren und regellos erscheinen"[228], kann in einer streng mathematisch geordneten Welt eines Kepler die Beweis- oder Bestätigungslast nicht der Sinnlichkeit obliegen, sondern nur dem Intellekt, der die oberste Vernunftforderung qua Naturgesetz aus den Phänomenen hebt.[229] Dieser Standpunkt wird im Laufe der Kontroverse zwischen Kepler und Fabricius deutlich, in der Fabricius lediglich den empirischen Beweis qua Anschauung als Bestätigung der Ellipsen-Hypothese gelten lassen will und Kepler auf die Konstanten rekurriert, die er seiner Theorie zugrunde gelegt hat und die die Gleichförmigkeit seiner theoretisch-homogenen Natur stützen: Einwirkung der anziehenden Kraft der Sterne, magnetische Wirkung der Sonne und Gleichförmigkeit der Bewegung.

Rombach hat hierbei zu Recht darauf hingewiesen, daß der Gedanke der Naturgesetzlichkeit nicht das Naturgesetz schlechthin impliziert, sondern ein Naturgesetz, aufgrund dessen weitere Gesetzmäßigkeiten in der Natur - in unserem besprochenen Kontext die drei Keplerschen Gesetze - gefunden werden können. Dieses erste und oberste Naturgesetz wird manifest, "indem ein altes metaphysisches Prinzip (Vollkommenheit, Kreisbewegung als vollkommene Bewegung) durch ein neues metaphysisches Prinzip (Stringenz, Einheit des hypothetischen Zugangs bei weitgehender Varietät der Folgen) ersetzt wird.

Die neue Metaphysik der mathematischen Wissenschaften der Renaissance ist die Relationsmetaphysik des Funktionalismus"[230] und ersetzt die alte Metaphysik der Absolutheit des epistemologischen und ontologischen Standpunktes einer starren Welt.

---

[228] Zit nach Cassirer, op. cit., p. 340.
[229] Cf. Rombach, op. cit., pp. 304 f.
[230] Rombach, loc. cit.

5. Kapitel:
Der Aufbau der Welt im 16. Jahrhundert zwischen physischen, metaphysischen und transphysischen Begründungsversuchen

> Denn Alles betrachtet,
> wer weise ist.
> Tommaso Campanella

Die Veränderung des szientifischen Verweis- und Bezugssystems zu Beginn der durch wissenschaftliche Neuerungen gekennzeichneten Renaissance verdichtet sich auch sprachlich und bleibt nicht allein auf Methodologien beschränkt.

Bei Kepler drückt sich dies terminologisch in dem Übergang von einem metaphysisch-philosophischen Begriff zu einem quantifizierbar-naturphilosophischen Terminus aus. Im 20. Kapitel der ersten Ausgabe seines Mysterium Cosmographicum aus dem Jahre 1596 beschreibt er die Relation zwischen zunehmender Entfernung eines Planeten von der Sonne und der Degression der linearen Geschwindigkeit wie folgt: "Wir müssen also eine der beiden Tatsachen feststellen: entweder sind die *bewegenden Seelen* [231] (der Planeten) desto schwächer, je weiter sie von der Sonne entfernt sind, oder es gibt nur eine bewegende Seele im Zentrum aller Bahnen, d.h. in der Sonne, die einen Körper desto heftiger antreibt, je näher er ihr ist, die aber bei den weiter entfernten wegen dem Abstand und der Abschwächung des Vermögens kraftlos wird."[232] In der zweiten Auflage 1631 fügt er an obiger Stelle folgenden Satz hinzu: "Wenn man anstatt *Seele* (anima) das Wort *Kraft* (vis) setzt, hat man genau das Prinzip, worauf die Physik des Himmels in den Marskommentaren (d.h. in der Astronomia Nova) aufgebaut ist."[233]

Fraglos entstammt die frühere Fassung einem pantheistischen Weltverständnis, das die allgemeine Natur als göttliches und beseeltes Wesen sieht und die Planeten und Gestirne als animistische Entitäten

---

[231] Hervorhebung von mir.
[232] J. Kepler: Mysterium Cosmographicum. Dtsch.: Das Weltgeheimnis, übers. und eingeleitet von Max Caspar, München/Berlin 1936, p. 126.
[233] Bei dieser Ausgabe ist es p. 129. Die Ergänzungen stammen von Dijksterhuis, op. cit., p. 345.

begreift.[234] Unzweifelhaft aber ist auch, daß der Begriffswechsel von der `bewegenden Seele´ zur `bewegenden Kraft´ allein noch keinen Erkenntniszuwachs bedingen konnte: Die neue Bezeichnung selber vermochte keineswegs die Formel zu liefern für den beobachteten Zusammenhang von Bahngeschwindigkeit und Sonnenabstand. Was der Kraftbegriff aber leisten konnte, war die Veränderung des paradigmatischen Zugriffs auf das Phänomen quasi als heuristische Annäherung an ein altbekanntes Problem mit einer neuen Hypothese. Allein die sprachliche "Objektivierung der Fähigkeit, eine Wirkung auszuüben"[235], die die Bedeutung des Kraftbegriffs ausmacht, im Gegensatz zu dem genuin metaphysischen und entelechischen Begriff der Seele, kennzeichnet ihn als Inbegriff einer mathematisierbaren oder mechanistischen Welt.

Die Umbenennung des Phänomens verdeutlicht zugleich die generelle Zurückweisung des aristotelischen Bewegungsgesetzes. Als gesetzmäßig wurde nämlich bei Aristoteles die Proportionalität von Geschwindigkeit eines Körpers zu Kraft und Widerstand verstanden, wobei fernwirkende Kräfte per se als undenkbar angenommen wurden. Der bis zur Renaisssance als klassisch empfundene Kraftbegriff der `Physik´ blieb damit in seiner Bedeutung allein auf Stoßkräfte beschränkt und manifestierte sich in der Konstruktion der aus festen Sphären bestehenden kosmologischen Welt.

Erst mit einem der frühesten Versuche einer mathematischen Modellfindung für die Naturphilosophie, bei Thomas Bradwardine im 14. Jahrhundert, wird dieser maßgebliche Kraftbegriff modifiziert. In dem `Tractatus proportionum seu de proprietatibus velocitatum in motibus´ diskutiert Bradwardine zunächst die Eigenschaften von Proportionen anhand verschiedener Beispiele einschließlich der Kreisbewegung. Im Laufe des Traktates lehnt er die aristotelische Formel mit der Begründung ab, daß aus ihr auch dann eine Geschwindigkeit folgen müsse, wenn die Kraft der Bewegung kleiner sei als der Widerstand. Er verwirft die aristotelische Proportionalität und schließt stattdessen, daß die Geschwindigkeit vom Quotienten aus der Kraft zum Widerstand

---

234 Cf. etwa den Hinweis Dijksterhuis´, daß Kepler in seiner Jugend die Exercitationes Exotericae des Julius Caesar Scaliger (1484-1558) gelesen und bewundert habe.

235 M. Jammer: Art. `Kraft´. In: HWPh, Bd. 4, sp. 1177-1180.

abhängt. Die Prämisse der Bradwardineschen Verhältnisformel liegt dabei in der Annahme, daß die Geschwindigkeit Null werden muß, wenn die Kraft gleich dem Widerstand ist. Ist sie jedoch kleiner, dann ergibt sich ein negativer Wert für die Geschwindigkeit, was die Unmöglichkeit von Bewegung überhaupt bedeutet.

Trotz der mathematisch-mechanischen Inadäquatheit dieser Feststellung ist der Ansatz schon deshalb interessant und in unserem Zusammenhang erwähnenswert, weil zum einen die aristotelische Physik an einem schwachen und sensiblen Punkt angegriffen wurde und zum anderen eine bis zu dieser Zeit noch nicht unternommene funktionale und, damit auch inverse, exponentielle Abhängigkeit in Form einer logarithmischen Formel der Physik empfohlen und implantiert wurde.

Kepler erweitert diese formelhafte Konstantenbestimmung mechanischer Kräfte nun in zweifacher Hinsicht: zum einen nutzt er empirische Beobachtungen und Berechnungen astronomischer Regularitäten, zum anderen astralisiert er die gewonnenen Regeln zur physica coelestis und behauptet damit deren Gültigkeit in einem für die Physik vollkommen neuen Bereich. In Bezug auf den Kraftbegriff führte dies zu einer Größe, die umgekehrt proportional zur Entfernung ist, und die zugleich auf Fernwirkung, allerdings nur sofern sie beobachtbar ist, rekurriert. Dieser physikalische Grundsatz, "aus sichtbaren Bewegungsänderungen auf die Existenz und Größe unsichtbarer Kräfte" zu schließen, wurde mit und nach Kepler zum Inbegriff physikalischer Kraft, unabhängig davon, ob es sich nun im engeren Sinne um mechanische, magnetische oder astronomische Phänomene handelte.

Wenngleich Keplers Begriffsänderung physikalisch-astronomischen Ursprungs ist und auch induktivistisch wirkt, so darf doch nicht übersehen werden, daß bestimmte astrologische bzw. metaphysische Präokkupationen weiterhin bestehen bleiben. Die Sonne ist für Kepler nicht nur Kraftquelle der Sternenbewegung, sondern auch Licht- und Lebensquelle der Erde und der Menschen. Sämtliche Bewegung findet somit `in ihrem Lichte´ und zugleich durch ihr Zutun statt und so ist sie die causa efficiens aller planetarischen und sublunaren Läufe. Die Erhabenheit und Harmonie der interstellaren Zusammenhänge motiviert Kepler sogar dazu, die Trias von Sonne, Sternensphäre und dem Weltenraum mit der göttlichen Dreifaltigkeit zu vergleichen. "Dabei entspricht die Sonne als ruhendes Zentrum und Kraftquelle dem Vater, die Sphäre der Fixsterne, die durch die Ruhe den Planetenbewegungen Raum gibt, dem Sohn, der ja auch die Schöpfung erzeugt und erhält, und die bewegende Kraft der Sonne, die sich im Innern des Weltraumes ausbreitet, dem Heiligen Geist."[236]

Ein Planetensystem und Universum, das durch - bereits gefunden oder noch zum Teil unentdeckte - physikalische Gesetze erklär- und verstehbar gemacht werden konnte, war damit zwar noch Gottes Schöpfung[237], aber nicht mehr sein Geheimnis. Das gesamte Naturgebilde war nunmehr zunehmend mechanistisch qua *instar horologii* interpretiert und nicht mehr ausschließlich pantheistisch oder eschatologisch qua *instar divini animalis.*[238]

Mit der sukzessiven Aufgabe der These von der Beseeltheit der Welt und deren Erfahrbarkeit durch den Menschen geht auch eine grundlegende Veränderung des Erkenntnissystems einher. Gemäß der mittelalterlichen und aristotelischen Physik verweisen alle empirischen Elemente (also auch die Beobachtungen von natürlichen Phänomenen) auf die Zwecke, die die Naturabläufe bestimmen.[239] Die Physik, neben Metaphysik und Geometrie resp. Mathematik eine der drei theoretischen Lehren, unterscheidet sich gegenüber den praktisch-poietischen Techniken bekanntlich dadurch, daß sie es mit natürlichen - im Gegensatz zu den künstlichen, da durch Menschen hergestellten - Phänomenen zu tun hat und in der Lage ist, deren Gründe zu bestimmen.[240] Die Annahme einer physikalischen, teleologischen Gerichtetheit bindet Erkenntnis immer an die Frage nach dem Zweck oder den Zwecken, die als oberstes Ziel des Verstehens, Handelns und Forschens angesehen werden können.[241] Oder anders ausgedrückt: Die als bindend formulierten szientifischen Voraussetzungen[242] im Sinne

---

236 Dijksterhuis, op. cit., p. 340.
237 Und daran zweifelt Kepler im Grunde durchgehend nicht.
238 Cf. Keplers Opera, II, p. 84.
239 Der Zweck ist damit durchaus nicht der "Fremdling in der Naturwissenschaft", als den ihn Kant in seiner Kritik der Urteilskraft sah; cf. KdU § 72, p. 320.
240 Cf. Aristoteles, Met. VI 1 1026 a und Physik II 3 194 b.
241 Cf. R. Specht: Art. `Causa finalis´. In: HWPh, I, sp. 974 und W. Bröcker: Aristoteles, 4. Aufl. Frankfurt/M. 1974, pp. 250 ff.
242 Im Aristotelismus etwa die Postulierung der Causa finalis als teleologisch naturwissenschaftliches Basisprinzip.

metaphysischer Prämissen schaffen einen Erkenntnisrahmen, der innerhalb des bestehenden Systems nicht zu überschreiten ist und der dabei Erfahrungen und Beobachtungen auf diesen Rahmen hin transzendiert. Die Zulässigkeit neuer Beobachtungs- und Forschungsergebnisse ist so ursächlich und zugleich notwendig mit der paradigmatischen Veränderung des metaphysischen Rahmens verbunden[243]. Dies trifft auf Aristoteles ebenso zu wie auf den Modernus Kepler. Daß nun wissenschaftliche Ergebnisse neu sind, beruht zwar auch auf innovativen Theorien oder neuen Entdeckungen, häufiger aber auf der vorgängigen Veränderung des metaphysischen Bezugssystems, aufgrund dessen Theorien zu formulieren und Beobachtungen zu erkennen sind.[244]

Die bewußte Ersetzung des pantheistischen Erkenntnisrahmens mit seinen metaphysischen Begriffen und ebenso gewerteten und zu deutenden Untersuchungsobjekten durch einen mechanistischen mit kausaler und zunehmend quantifizierender Terminologie bei Kepler befindet sich in epistemologischer und wissenschaftshistoriographischer Hinsicht durchaus noch in demselben metaphysischen Rahmen wie das Spätmittelalter. Der Fortschritt besteht nun nicht in den ausgewechselten Begriffen, sondern sedimentiert sich in ihnen höchstens: "...

---

[243] In Kuhn´scher Terminologie ließe sich der immanisierte metaphysische Rahmen auch als Paradigma fassen, da bekanntlich Paradigmata "Vorbilder abgeben, aus denen bestimmte festgefügte Traditionen wissenschaftlicher Forschung erwachsen". Cf. Kuhn: The Structure of Scientific Revolutions, University of Chicago Press 1962; dtsch.: Die Struktur wissenschaftlicher Revolutionen, 2. Aufl. Frankfurt/M. 1969, p. 25. Nach diesem Verständnis wäre o.g. Ausspruch eine Tautologie. Faßt man die Kuhn´schen Paradigmata aber innerweltlich (er würde sagen: methodologisch; cf. Kuhn, op. cit., p. 55), so stellen die metaphysischen Veränderungen deren Voraussetzung dar.

[244] "It (i.e. the function of philosophy in unserem Verständnis als metaphysischer Rahmen) builds cathedrals before the workmen have moved a stone, and it destroys them before the elements have worn down their arches. It is the architect of the buildings of the spirit, and it is also their solvent: - and the spiritual precedes the material (...). Thus the ideas...lie very remote from any notions which can be immediately derived by perception through the senses; (...)." Alfred North Whitehead: Science and the Modern World. Lowell Lectures, 1925, 5th. ed. New York 1954, p. xiii f., p. 20. Auch die Annahme der Unendlichkeit des himmlischen und damit leeren Raumes durch Kepler war durchaus eine metaphysische Annahme oder Setzung. Diese (recht willkürliche und hypothetische) Annahme ermöglichte ihm aber, ein Modell seines Fixsternraumes zu entwerfen, das nach neueren Messungen mit Hilfe seines verbesserten Fernrohrs kaum modifiziert zu werden brauchte. Cf. hierzu sein Epitome astronomiae Copernicanae. In: Opera, vol. 6, lib. I, pars II, p. 137 und Koyré: Von der geschlossenen Welt zum unendlichen Universum, p. 80 f.

es wäre irrig, zu glauben, daß die Konstituierung des neuen Erkenntnisbegriffs, der nur die Gesetzmäßigkeiten in der Abfolge der Phänomene und die Zusammenhänge zwischen solchen Gesetzen zu ermitteln sucht, allein ausgereicht hätte, um den ständigen Fortschritt der exakten empirischen Erkenntnis zu bewirken. Was wir beobachten und messen können, ist allein nicht ausreichend zur Erkenntnis von Gesetzen..."[245] und - so mag man ergänzen - ermöglicht keinesfalls die Veränderung der transphysischen Bezüge.

Nun bestimmt sich Metaphysik aber nicht nur durch die Kennzeichnung der Welt und des Seienden von dem Wesen des Erkennbaren her, sondern auch durch die Bestimmung des Erkennenden und seiner Zugangsberechtigung zur Welt. Die erkenntnistheoretischen Grundpositionen der Renaissance orientieren sich nicht nur an der Vorfindlichkeit der Dinge und deren hierarchischer Ordnung in der Welt und als Welt, sondern zunehmend an ihrer Bezüglichkeit zu und für den Menschen. Die Endlichkeitsmetaphysik aristotelischen Philosophierens weicht der modifizierten Unendlichkeitsmetaphysik einer auf Funktionalität angelegten Weltsicht, die sich, wie bei Nicolaus Cusanus, einerseits an der dem Menschen innewohnenden Möglichkeit der Welterkenntnis, der mens, bemißt, und andererseits in den unterschiedlichen `Versichtbarungsgestalten´ der species versucht, diese Erkenntnis intellektual werden zu lassen. Im Zuge dieser Unendlichkeitsmetaphysik erhält der menschliche Geist die Möglichkeit der Erfassung von Unendlichkeit und wird damit quasi selbst unendlich. Die Frage wahrer Welterkenntnis, bei Thomas noch mit der `adaequatio intellectus et rei´ beantwortet, wird zu Beginn des 16. Jahrhunderts zur Frage der Strukturierung der Welt und des Denkens für das Denken und die Wissenschaft.

Neben die Potenz Gottes als schöpferische Kraft und dem Verständnis, daß das Sein Gottes die Seiendheit ist und "das Erkennen Gottes bedeutet, daß die göttliche Seiendheit in jedem Seienden ist"[246], tritt bei Cusanus zunehmend der Gedanke des dem göttlichen

---

245 Béla Juhos: Absolutbegriffe als metaphysische Voraussetzungen empirischer Theorien und ihre Relativierung. In: Grundfragen der Wissenschaften und ihre Wurzeln in der Metaphysik. 5. Forschungsgespräch des Internationalen Forschungszentrums für Grundfragen der Wissenschaften Salzburg, hg. von Paul Weingartner, Salzburg/München 1967, pp. 120-135, pp. 121 f.
246 Nicolaus Cusanus: De ludo globi, liber II.

Schöpfungsakt entsprechenden menschlichen Erkenntnisaktes. Während der absolute Geist das Seiende kraft der Urbilder aus sich heraus schöpft und schafft, erkennt und begreift der endliche Geist alles Seiende durch eben diese Urbilder. Die vollständige Erkenntnis der Welt aber ist nicht lediglich ihre Widerspiegelung im menschlichen Geist, sondern ihre approximative und prinzipiell uneingeschränkte Aneignung durch den Geist[247], der durch diese Aneignung erst die Welt bemißt. Insofern sind es nicht die in ihrer Anzahl unbegrenzten Dinge, die die Unendlichkeit der Welt ausmachen, sondern die unendlichen Verweisungszusammenhänge der als infinitas finita verstandenen Welt für den Menschen.

Erst dieser für den menschlichen Geist verfügbare Verweisungscharakter von Dingen auf Dinge brach mit der klassischen Dingontologie und schuf eine metaphysische Zugangsberechtigung, die eine an Hypothesen bzw. an mathematischen Modellen orientierte Untersuchung von Welt erlaubte.

Die Geistmetaphysik, die hinsichtlich ihres Geltungsbereiches bei Cusanus auch Unendlichkeitsmetaphysik und aufgrund des Primats menschlicher Erkenntnis auch Erkenntnismetaphysik genannt werden kann, geht zwar nicht ausschließlich den naturerforschenden Bestrebungen voraus, sie bereitet aber das epistemologische Feld, auf dem die neu entstehenden Naturwissenschaften und konkret die Entwürfe von Campanella, Galilei und Bruno aufbauen konnten.

Dies ist auch erkennbar in der Geistphilosophie des Marsilio Ficino, die in der Konzeption der Selbstreflexion Cusanus folgt. Der Geist (bei Ficino `anima´), als Mittler zwischen unsterblichen und sterblichen Geistern, versichtbart sich die Welt mittels eines von ihm geschaffenen Modells, der sog. Versichtbarungsgestalt[248]. "Die Versichtbarungsgestalt oder der Verstandesgrund, die wir als vom Stoff abgelöst und somit als ewig dauernd erkannt haben, ist eben nichts anderes als der Strahl des Intellekts in seiner Reflexion auf sich selbst, der jetzt mühelos sich

---

[247] "Der Geist setzt von sich voraus, daß er alles umfassen, erforschen und begreifen kann. Daraus schließt er, er sei in allem und alles auf solche Weise in ihm, daß es zugleich außer ihm sei, und er behauptet, daß nichts sein könne, das seinem Blick entzogen wäre.", cf. De conjecturis, Teil 1, Kap. 6.
[248] Cf. Ficinos `Theologia platonica´, Buch XI, Kap. 2. In: Opera omnia, 2 Bde., Basel 1576, Nachdr. mit Bibliographie und Einleitung von P.O. Kristeller, Turin 1959-1960.

selber wahrnimmt, wenn er sich auf Bilder richtet...".[249] Wissen von Sein ist wiederum nicht lediglich die Abbildung des wahren Seienden, sondern die Erzeugung von Dingstrukturen in Versichtbarungsgestalten, die der Geist hervorgebracht hat. Es ist der Geist, der die Welt, und bei Kepler, auch die translunaren Verhältnisse und Harmonien bestimmt, indem er sie auf die Welt appliziert und diese somit aus sich heraus versteht.

Auch Bovillus´ Konzeption des Menschen als Seiendes in der Welt, das die Welt allein zu denken vermag, versteht sich als die Überwindung der aristotelischen Erkenntnislehre in der Tradition der cusanischen Metaphysik. "Von allen Dingen ist keines der Mensch. Außerhalb von allem hat ihn die Natur hervorgebracht und erschaffen, damit er vielsichtig werde, ein Ausdruck aller Dinge und ihr natürlicher Spiegel, der getrennt und geschieden ist von der Ordnung des Universums, allem fern, allem gegenüber aufgestellt als Mittelpunkt von allem. Des Spiegels Natur ist nämlich, demjenigen zugewandt und gegenübergestellt zu sein, dessen Nachbild er in sich tragen soll. (...) Folglich ist der Mensch die höchste und vornehmste Kreatur in der sinnlich wahrnehmbaren Welt, außerhalb von allem gestellt als Vermöglichkeit zu allem und als Schnittpunkt von allem, als natürliche Abschattung überdies des Lichtes und der Bewegung der Welt und somit gewissermaßen als Mitte der Welt."[250] Anstelle des intellectus passibilis tritt der aktiv formende und schöpferische Geist, dessen Verstandesleistung aus Sein Bewußtsein schafft, ohne lediglich Abdruck der Dinge zu sein. Dieser Geist reflektiert als Mikrokosmos den Makrokosmos, dem eine solche mentale Aneignungsleistung versagt ist, und schafft dadurch eine Weltsicht und Naturkonzeption, die ohne geistiges Band haltlos wäre: "Allein die Vernunft ist die erwachsene und vollkommene Tochter der Natur."[251]

Die Versichtbarungsmetaphorik der Renaissance und die Unendlichkeitsmetaphysik von Cusanus bis Bruno definieren die Welt und das sie betrachtende Subjekt neu. Die Auflösung des traditionellen Gegensatzes von Sein und Bewußtsein, ein Prozeß, den Cassirer als das

---

[249] Ibid.
[250] Carolus Bovillus: Liber de sapiente. In: Quae in hoc volumine continentur: Liber de intellectu et varia, Paris 1510, ND Stuttgart-Bad Cannstatt 1970, Kap. 26.
[251] Bovillus, op. cit., Kap. 5.

Hineinziehen des unendlichen Alls in das Ich und dessen Erweiterung zu ihm hin beschrieben hat[252], und die Zumutbarkeit dieses unendlichen Universums an das Individuum war die notwendige philosophische Vorstufe für eine physikalisch-mathematisch zugängliche Welt - auch wenn die Einzelbestrebungen dies nicht ausdrücklich vor Augen gehabt haben mögen.

Die Metaphorik allein aber kennzeichnet nicht die Neuartigkeit der Renaissance und ihrer wissenschaftlichen Versuche, sondern indiziert sie lediglich. Die Veränderungen in Betrachtung und Wertigkeit sind subtiler und lassen sich von ihren philosophischen Implikationen her verstehen.

Verstünde man nun unter metaphysischen Aussagen Sätze, in denen "gewisse, in ihnen auftretende Zeichen keine Bedeutung haben"[253], so gäbe es hinsichtlich metaphysischer Prädisposition nicht nur keinen Unterschied zwischen dem frühen, metaphysisch-pantheistischen Kepler und dem späten der modernen Himmels-mechanik und Sternenharmonie[254], sondern darüber hinaus wäre jeder Versuch der Naturphilosophien oder -wissenschaften, Sätze aufzustellen, die grundsätzlich nicht nachprüfbar sind, bereits metaphysisch motiviert. Anders ausgedrückt bedeutet das, daß "metaphysische Begriffe, Annahmen und Voraussetzungen...den (naturerforschenden und) exakten empirischen Theorien immer zugrunde(liegen), ja noch mehr, sie sind es oft, die in ausschlaggebender Weise die erkenntnis-logische Form der Theorien und ihre allgemeinen Sätze mitbe-stimmen."[255] Die erkenntnis- und begriffsanalytische Kritik der metaphysischen Voraussetzungen in den empirischen Wissenschaften zeigt denn durchgängig auch deutlich, daß die metaphysischen Notationen trotz methodologischer und terminologischer Veränderungen konstant geblieben sind: ob `Substanz´ oder `Masse´, ob klassischer Kausalbegriff oder der empirische der modernen Physik, ob `Raum und

---

252 Ernst Cassirer: Individuum und Kosmos, p. 200.
253 Ludwig Wittgenstein: Tractatus Logico-philosophicus, London 1922, 6.53 und Rudolf Haller: Metaphysik und Sprache. In: Weingartner, op. cit., pp. 13-26, p. 14.
254 Es gäbe damit sogar keinen Unterschied mehr zwischen aristotelischer und Newtonscher Physik.
255 Juhos, op. cit., p. 122.

Zeit´ bei Newton oder bei Einstein; die Absolutbegriffe verweisen immer auf einen unaufgebbaren transphysischen Bezugsrahmen, der Erkenntnis bedingt und diese innerhalb des bestehenden Systems allererst konstituiert. Die Modifikationen in den Methoden und Theorien mögen zwar wissenschaftlichen Fortschritt und Veränderung indizieren, sie bleiben aber hinsichtlich ihrer metaphysischen Verwiesenheit und Validität grundsätzlich gleich und den transszientifischen Strukturen nachgeordnet.[256] Insofern ist auch diejenige Sicht verkürzt, die wissenschaftlichen Theorien und philosophischen Systemen lediglich zubilligt, eigene Ontologien zu entwerfen zur Absicherung ihrer wissenschaftlichen Ziele. Vielmehr gehen diese immer schon der Forschung voraus und bestimmen den allgemeinen Rahmen ihrer Entwicklung.

Unter Ontologien wird gemeinhin ein Spektrum von unterschiedlichen Wahrheitskriterien für Existenzsätze verstanden, die jeweils als gültig zugelassen werden.[257] Durch die Gleichsetzung von sogenannten `objektiven bzw. intersubjektiven Existenzkriterien´ mit Ontologie wird davon ausgegangen, daß "Naturwissenschaft nur möglich ist auf Grund einer Reihe zum Teil stillschweigender Übereinkünfte."[258] Eine solche Interpretation beschreibt zwar den realen und immanenten Zustand empirischer Wissenschaft ganz im Sinne des Kuhnschen Begriffs der `normalen Wissenschaft´, sie übersieht dabei jedoch das Bedingungsgefüge zwischen außerwissenschaftlichen Determinanten und den wissenschaftsimmanenten Auswirkungen sowohl in der zeitlichen als auch logischen Abfolge. Hinsichtlich der zeitlichen Sukzession geriert die durch die Wissenschaften manifest gewordene Ontologie später als die Wissenschaft oder Forschung selbst, sofern bestimmte Forschungs-

---

[256] Juhos, op. cit., p. 135.

[257] Cf. Gerhard Frey: Können die Naturwissenschaften ontologische Aussagen machen? In: Grundfragen der Wissenschaften und ihre Wurzeln in der Metaphysik. 5. Forschungsgespräch des Internationalen Forschungszentrums für Grundfragen der Wissenschaften Salzburg, hg. von Paul Weingartner, Salzburg/München 1967, pp. 103-119, bes. pp. 105 ff. und ders.: Sprache - Ausdruck des Bewußtseins, Stuttgart 1965, cap. II und III, pp. 63 ff.

[258] Frey, op. cit., p. 106. Diese "Existenzformen in den Naturwissenschaften" sind teils definitorische Übereinkünfte (so etwa das empiristische, rationalistische oder objektivistische Postulat), teils Annahmen oder Behauptungen, wie die These "das hier und jetzt Aufweisbare erscheint als das Wirkliche schlechthin" (ibid., p. 107) oder diejenige, daß die Wissenschaften Theorien entwerfen, "die als Bilder oder Modelle der Erfahrungswirklichkeit aufgefaßt werden" (p. 108).

hypothesen nur aufgrund vorgängiger ontologischer oder metaphysischer Veränderungen möglich wurden. Und die Metaphysik, nicht als philosophische Grunddisziplin, wohl aber als vollständiger Begründungszusammenhang und funktionalistisches Gebilde, ist dann die Bedingung jeglicher Wissenschaft. Die diachronische Sicht folgt dabei der logischen und epistemologischen Hierarchie. Denn die Frage (oder auch Feststellung), ob es Ontisches, An-sich-Seiendes und damit eine ontologische Untersuchungsperspektive überhaupt gibt, bedarf einer metaphysischen Vorentscheidung, "die nicht beweisbar und von der auch nicht sicher ist, ob es eine sinnvolle Behauptung ist..."[259], die aber per se für jede Wissenschaft vorausgesetzt werden muß.

Nun ist fraglos, daß unter verschiedenen Umständen auch verschiedene ontologische oder metaphysische Systeme nebeneinander bestehen können und zugleich Gültigkeit besitzen. Aus diesem Grunde und mit Bezug auf den beschriebenen Keplerschen Begriffswechsel wird auch nicht gesagt werden können, daß wissenschaftlicher Fortschritt immer an einen ontologischen oder metaphysischen Bezugswechsel gebunden ist, wenngleich er sich durchaus in einem solchen sedimentieren kann. Würde hingegen angenommen, daß sich szientifische Entwicklungen nur mit einem Wechsel der metaphysischen Bezugsebene realisieren ließen, dann läge die Vermutung nahe, daß das An-sich-Seiende wieder als Maßstab menschlicher Forschung und Erkenntnis gesehen und die Rückkehr zu einer prä-cusanischen Dingontologie propagiert würde. Doch so lange weder das An-sich-Seiende als Orientierungsgröße bestimmbar ist, indem es nämlich zuvor in den Blick genommen wurde, ist auch die Approximation der Forschung an dieses schlechterdings nicht zu definieren. Hinzukommt, daß kein noch so vollkommenes Modell der Wirklichkeit diese in ihrer ganzen Komplexität erfassen kann und Wissenschaft immer nur Wahrheitsanspruch auf einen Teil des Ganzen besitzt.

Bezogen auf die Zeit der Kopernikanischen Wende, während der alles Aristotelische, und im Besonderen alle Arten von Metaphysik und Ideenlehre in Verruf gerieten, gibt es nur zwei `neue´ metaphysische Systemversuche, die eine allgemeine Seinswissenschaft intendierten.

---

259 Frey, op. cit., p. 118 und cf. H. Bouasse: De la méthode dans les sciences, 4. Aufl. Paris 1915.

Da ist zum einen Tommaso Campanellas `La città del sole´ aus dem Jahre 1602, dessen `Metaphysik´ als universale Wissenschaft diejenigen Gründe und Zwecke zum Gegenstand hat, die die Einzelwissenschaften aufgrund ihrer Partikularität nicht berücksichtigen können. Denn keine der Wissenschaften handelt "über die Dinge, insofern sie sind, sondern nur insofern sie uns erscheinen und für uns sind. Da die Einzelwissenschaften außerdem laufend allgemeine Begriffe gebrauchen, wie das Seiende, das Ganze, der Teil, das Eine, Liebe, Weisheit usw., die sie selbst als solche nicht erklären können, bedarf es nach Campanella einer Wissenschaft, die all dieses eigens thematisiert."[260]

Demgegenüber orientieren sich die als propädeutisches Lehrbuch verstandenen `Disputationes Metaphysicae´[261] des Francisco Suárez aus dem Jahre 1597 äußerlich durchaus noch an dem Aristotelischen Metaphysikverdikt, in wesentlichen Punkten aber gehen sie doch über dieses hinaus bzw. unterwerfen es einer rigiden Immanisierung. In den 54 Disputationen finden sich sowohl Themen der natürlichen Theologie als auch Fragen der Aristotelischen Metaphysiksystematik behandelt, die interpretatorisch auf den Sinn und die Applikation möglicher Bedeutung untersucht, dabei allerdings nicht länger dogmatisch als feststehendes Denk- und Erkenntiskonstrukt disponiert sind. Metaphysik als Wissenschaft vom Seienden wird hier erschöpfend und systematisch behandelt, ausgehend von der Definition ihrer Natur und ihres Namens, über den Begriff des Seienden überhaupt bis hin zu den verschiedenen Variationen des Gottesbeweises.[262]

---

[260] Th. Kobusch: Art. `Metaphysik 3´. In: HWPh, Bd. 5, sp. 1233. Cf. hier auch Campanellas `Universalis philosophiae seu metaphysicarum rerum iuxta propria dogmata´, Paris 1638. Zu Campanella cf. auch Bernardino M. Bonansea: Tommaso Campanella. Renaissance Pioneer of Modern Thought, Chicago 1969; ders.: Campanella´s Defense of Galileo. In: William A. Wallace (Ed.): Reinterpreting Galileo, Catholic University of America Press 1986, pp. 205-239 (= Studies in Philosophy and the History of Philosophie, vol. 15); Rosemarie Ahrbeck: Morus, Campanella, Bacon. Frühe Utopisten, Köln 1977; S. Femiano: La Metafisica di Tommaso Campanella, Milano 1968 und Gisela Bock: Thomas Campanella. Politisches Interesse und philosophische Spekulation, Tübingen 1974 .

[261] Der Titel lautet: `Metaphysicarum disputationum in quibus et universa naturalis theologia ordinate traditur, et quaestiones omnes ad duodecim Aristotelis libros pertinentes accurate disputantur Tomus Prior, Tomus Posterior´ erschienen zuerst in Salamanca.

[262] Zu Suárez cf. u.a. K. Werner: F. Suárez und die Scholastik der letzten Jahrhunderte, Leipzig 1881; Martin Grabmann: Die Disputationes metaphysicae des F. Suárez in ihrer methodischen Eigenart und Fortwirkung. In: ders.: Mittelalterliches Geistesleben, Bd. 1, Stuttgart 1926; p. 125 ff.

Wichtiger aber als die an Surarez orientierten Modifikationen von Metaphysik im 17. Jahrhundert und die daran anknüpfende Herausbildung der sogenannten Schulmetaphysik oder `Schulphilosophie´[263] der Folgezeit ist für den Kontext der Wissenschafts- und Methodenentwicklung der Renaissance der Bezug bzw. die Distanz zu der als Realität verstandenen Gegenstandskonzeptionen. Denn beide neuen Metaphysikentwürfe von Campanella und Suarez sind nichts anderes als philosophische Restitutionsversuche eines bereits verloren gegangenen Metaphysikverständnisses.

Die klassische Metaphysik als Ideenlehre mit Bezug auf die ihr zugrundeliegenden transphysischen Realitäten bedeutete zwangsläufig und immer schon die Etablierung einer Zweiweltentheorie. Dieser Theorie gemäß liegt hinter der natürlichen und diesseitigen Welt die der transzendenten Realität, die die immanente Realität bemißt und beeinflußt. In der gemeinen Vorstellung ließ sich die transzendente Welt leicht assoziieren mit der Unerreichbarkeit und Verborgenheit der translunaren Welt. Diese Äquipollenz mußte jedoch in dem Moment zusammenbrechen, in dem menschliche, d.h. immanente Wissenschaft begann, den translunaren und transphysischen Raum zu erforschen und zu vermessen.

Das Problem des Verhältnisses von Metaphysik und Physik bzw. die Relevanz von `Metaphysizität´ für naturerforschende Disziplinen überhaupt ist zuallererst einmal ein Problem der angemessenen Unterscheidung einer Metaphysik als Ideenlehre und einer Metaphysik als einer erkenntnisrelevanten Bezugsgröße. Die Bestimmung des Fortschritts in der Astronomie mit und durch Kepler korreliert deshalb auch nicht mit der Krise der `metaphysica specialis´ oder mit der so oft proklamierten Auflösung der Metaphysik, die auch eher in den logischen und philosophischen Wissenschaften als in den naturerforschenden Disziplinen diskutiert und proklamiert wurde. Es sind vielmehr die durch und in Metaphysik formulierten Zwecke, die innerweltliches Handeln bestimmen und die am Ende des 16. Jahrhunderts eine Umdeutung erfahren haben. Die Zwecke der zeitgenössischen `artes et scientiae´ wurden die praktisch zu nutzenden

---

[263] Cf. hier auch Th. Kobusch: Art. `Metaphysik´ 4 und 5. In: HWPh, Bd. 5. sp. 1233-1238.

Erkenntnisse und Handlungsformen für den Menschen und waren nicht länger die ausschließlich transzendental anmutenden und zum Teil eschatologisch verkleideten Handlungsanweisungen für die Erkenntnissubjekte.

Die Metaphysik des 16. und frühen 17. Jahrhunderts erfährt eine ähnliche Behandlung wie etwa auch die Logik: beide werden immanisiert. Die Metaphysik wird partiell zum wissenschaftlichen Paradigma neuzeitlicher Forschung, die Logik hingegen wird zu ihrer Methodologie.

Diese Immanisierung mit explizitem Bezug zu einem meta- oder transphysischen Ordnungssystem innerhalb der Wissenschaften und Künsten ist besonders in der Renaissance von Interesse durch eine Vorentscheidung zugunsten dieser philosophischen Disziplinen.

Das Bestreben, metaphysische Aussagen über die Natur zu machen, und die Metaphysik als Fundus von methodologischen bzw. heuristischen Verfahrensweisen für den systematischen Naturzugang schlechthin zu verstehen, ist - auch wenn es im 16. und frühen 17. Jahrhundert besonders heftig diskutiert wurde - dabei keineswegs eine Invention der Renaissance. Die Strukturierung der Schnittstelle von Metaphysik und Physik ist vielmehr so alt wie die abendländische Philosophie selbst und kulminiert mit und seit Aristoteles in der Frage, ob es außer dem sinnlichen Stoff auch noch einen nicht-sinnlichen, transzendenten Stoff gibt. Die philosophische Beantwortung dieser Frage korreliert seit dieser Zeit zudem mit der Schwierigkeit, die Problemexplikation entweder der Metaphysik oder der Physik zu übertragen, "... denn eigentlich ist die Untersuchung über die sinnlichen Wesen Aufgabe der Physik und des zweiten Teiles der Philosophie; (...) Inwiefern hinsichtlich der Wesensdefinition das im Begriff Enthaltene Teil ist und wodurch die Wesensdefinition ein einheitlicher Begriff ist (offenbar nämlich, weil die Sache *eine* ist; aber wodurch ist die Sache *eine*, da sie ja Teile hat?), diese Fragen sind später der (metaphysischen,- Ergänzung d. Vf.) Untersuchung zu unterwerfen."[264] Der philosophische Versuch der Vereinheitlichung des Natürlichen und Disparaten gründete auf den physischen Erscheinungen und transzendierte diese zugleich auf die ihnen zugrundeliegenden nicht-materiellen Naturen und Metaphysiken.

---

[264] Aristoteles: Metaphysik Buch VII, 1037 a 15.

Aufgrund dieser unvermeidbaren Trennunschärfe wurden Theorien und Modelle dieser Art sowohl in philosophiehistorischer als auch disziplinenorientierter Hinsicht als `Naturphilosophie´ oder `φιλοσοφια φυσικη´[265] gekennzeichnet und verortet.

Naturphilosophische Theorien seit dem frühen Mittelalter beinhalten aber gleichwohl nicht nur unterschiedliche Expositionen der Zwei-Welten-Theorie von `physis´ und `metaphysis´, sondern entwickeln - wenngleich häufig an den aristotelischen Schriften orientiert - Methoden- und Erkenntnistheorien mit einer auch für naturwissenschaftliche Problematiken zuträglichen Erklärungsvalenz. Adelard von Baths naturwissenschaftliche Methode für die Lebenswissenschaften und Thierry von Chartres oder Wilhelm von Conches mechanistische Erklärungsmodelle sind zwar eher philosophische und kosmologische Spekulation als naturwissenschaftliche Methode, implizieren aber zumindest eine Kompatibilität von materieller Stofflichkeit und immaterieller Versteh- und Handhabbarkeit der physischen Elemente in innovativer Weise.[266]

Im 13. Jahrhundert manifestiert sich unter dem Einfluß der euklidischen Mathematik eine erste Annäherung von Mathematik und Naturphilosophie und damit eine größere Berücksichtigung experimenteller Modelle und Traktate. Roger Bacon teilt die Naturphilosophie ein in: `perspectiva´, `astronomia iudicaria et operativa´, `scientia ponderum´, `alkimia´, `agricultura´, `medicina´ und `scientia experimentalis´.[267] Bei Albert dem Großen kommt es nicht nur zu einer besonderen Betonung der naturwissenschaftlichen Aspekte der Naturphilosophie, sondern auch zu einem frühen Ansatz ihrer methodologischen Fundierung: "Ein logischer Schluß (conclusio), der zur Sinneswahrnehmung (sensus) in Widerspruch steht, ist unannehmbar; ein Prinzip, das mit der auf Erfahrung bezogenen Sinneswahrnehmung

---

[265] Cf. zu Aristoteles: A. Mansion: Introduction à la Physique aristotelienne, Louvain/Paris 1946, pp. 38 ff. und S. Lorenz/B. Mojsisch/W. Schröder: Art. `Naturphilosophie´. In: HWPh, Bd. 6, Basel/Stuttgart 1984, sp. 535 ff.

[266] "Philosophus igitur tanquam physicus de naturis corporum tractans, simplas illarum et minimas particulas elementa quasi prima principia vocavit." Guilelmus de Conchis: Philosophia I. Migne Patrologia Latina 90, 1133 CD.

[267] Roger Bacon: Communia naturalia I, pars 1, dist. 1, cap. 2. In: Opera, ed. by H.G. Steele, vol. 2, Oxford 1979, pp. 5 ff.

(experimentalis cognitio in sensu) nicht übereinstimmt, steht zu sich selbst in Gegensatz."[268]

Von den naturphilosophischen Bemühungen der Folgezeit zeichnet sich die Konstruktion Dietrich von Freibergs besonders aufgrund ihres naturwissenschaftlichen Versuchs zur Licht- und Farbentheorie aus, und die `via nominalium´ Wilhelm von Ockhams aufgrund der Problemexposition von Quantität und Qualität hinsichtlich der Möglichkeit realer Referenzobjekte[269], berührt einen Bereich, der wenig später naturwissenschaftliche Brisanz in den Naturphilosophen der sog. `Merton School´, zu der die Mathematiker und Philosophen Thomas Bradwardine, William Heytesbury und Richard Swineshead gehörten, bekommen sollte.

Während für die Zeit des sogenannten Mittelalters kosmologische Implikationen innerhalb der naturphilosophischen Theorien grundsätzlich nachweisbar waren, jedoch kaum expliziert bzw. nicht als konstitutiv verstanden wurden, gilt für die Renaissance ein Übergewicht transzendenter Erklärungskriterien und zugleich das Empfinden, daß die transphysischen Substanzen menschliches Leben und Leid unmittelbar beeinflussen. So ist für Pico della Mirandola die höchste Vollendung der Naturphilosophie (naturalis philosophiae absoluta consummatio) die natürliche, weiße Magie als Ausdruck göttlicher Stärke und zugleich humaner Bewunderung.[270] Pantheistische und magische Theoriebestandteile finden sich bei allen Naturphilosophen der Renaissance, so u.a. bei Pietro Pomponazzi, Bernardino Telesio, Francesco Patrizzi, Mario Nizolius aber auch bei Giordano Bruno und Martin Delrio.

Die Aussage, daß die magischen oder okkulten Wissenschaften einen direkten Bezug zu den frühen Entwicklungen der Naturphilosophie bzw. den Naturwissenschaften aufweisen, ist somit nicht weiter problematisch und findet sich in den meisten Philosophie- und

---

[268] S. Lorenz/B. Mojsisch/W. Schröder, op. cit., p. 539.
[269] Cf. John E. Murdoch: Mathesis in philosophiam scholasticam introducta: The Rise and Development of the Application of Mathematics in Fourteenth-Century Philosophy and Theology. In: Arts libéraux et philosophie au moyen âge; Actes du qutrième congrès internationale de philosophie médiévale, Montreal/Canada 1967, Montreal/Paris 1969, pp. 215-254.
[270] Cf. S. Lorenz/B. Mojsisch/W. Schröder, op. cit., p. 545.

Wissenschaftsgeschichtsbüchern über diese Zeit[271]. Sofern man aber die Beziehung von Magie zur Wissenschaft dezidierter betrachtet, fällt unmittelbar auf, daß einerseits diese Interdependenz lange Zeit gründlich ignoriert wurde und andererseits es sich hier - beginnend mit dem 20. Jahrhundert - zunehmend um eine Frage höchster wissenschaftsgeschichtlicher und wissenschaftstheoretischer Brisanz handelt. Beide Beobachtungen hängen dabei eng miteinander zusammen und haben dieselbe philosophiehistorische Ursache: die Mißachtung und übertriebene "Unterschätzung der Renaissancephilosophie"[272].

Die Geringschätzung der philosophischen Strömungen der Renaissance - und hier besonders auch der Naturphilosophie - aufgrund der Identifizierung von neuhumanistischen und neuplatonischen Tendenzen mit Nichtwissenschaftlichkeit oder Irrationalität findet sich nicht nur zuerst im Idealismus, sondern nimmt von hier ihren Ausgang und läßt sich bis in die Gegenwart verfolgen.[273]

Bereits Hegel monierte an der Philosophie der Renaissance und des Humanismus: "Alle diese Philosophien wurden neben dem kirchlichen Glauben und ihm unbeschadet, nicht im Sinne der Alten getrieben: eine große Literatur, die eine Menge von Namen von Philosophen in sich faßt, aber vergangen ist, nicht die Frischheit der Eigentümlichkeit höherer Prinzipien hat, - sie ist eigentlich nicht wahrhafte Philosophie. Ich lasse mich daher nicht näher darauf ein."[274]

---

[271] Die Topologisierung dieses Aspekts in den Lehrbüchern wäre wiederum eine eigene und bisher noch nicht geleistete Untersuchung wert. Allein in den letzten drei Jahren erschienen vier neue Werke unterschiedlicher Qualität, die sich die Herausarbeitung der Interferenzen von Magie und Wissenschaften zum Ziel setzten. Diese sind: Richard Kieckhefer: Magic in the Middle Ages, Cambridge University Press, Cambridge/New York 1989; Wayne Shumaker: Natural Magic and Modern Science: Four Treatises, 1590-1657, Binghampton, N.Y. 1989; Stanley Jeyaraja Tambiah: Magic, Science, Religion, and the Scope of Rationality, Cambridge University Press, Cambridge/New York 1990 und John S. Mebane: Renaissance Magic and the Return of the Golden Age: The Occult Tradition and Marlowe, Jonson, and Shakespeare, University of Nebraska Press, Lincoln 1989.
[272] Cf. Gerl, op. cit., p. 11.
[273] "Naturphilosophie als Fach ist aus dem akademischen Betrieb praktisch verschwunden. (...) Da es also zur Zeit kein etabliertes Fach Naturphilosophie gibt, sind wir relativ frei, dasjenige unter diesem Namen zu behandeln, was wir an philosophischen Überlegungen zum Thema Natur für betrachtenswert halten." Michael Drieschner: Einführung in die Naturphilosophie, 2. unveränderte Auflage, Darmstadt 1991, p. 1.
[274] G.W.F. Hegel: Vorlesungen über die Geschichte der Philosophie III. Theorie Werkausgabe, Frankfurt/M. 1971, Bd. 20, p. 15.

Diesem Irrationalitätsverdikt durch die klassisch rationalistische Philosophietradition folgen Wissenschafts- wie Philosophiehistoriker bis heute: so etwa Ernest Renan[275], Giovanni Gentile[276], Wilhelm Windelband[277], Ernst Cassirer[278], Herbert Butterfield[279], Paolo Rossi[280], Etienne Gilson[281], Bertrand Russell[282], Paul Oskar Kristeller[283], Karl-Otto Apel[284] und C. Menze[285]. In dieser Tradition wurde die Tendenz zum Okkulten und Magischen in den naturphilosophisch relevanten Arbeiten von Ficino, Pico della Mirandola, Giordano Bruno, John Dee und Robert Fludd entweder mißachtet, oder, insofern die Philosophen und ihre wissenschaftlichen Leistungen selber nicht einfach ignoriert werden konnten, als kryptogen deklariert und damit gänzlich abgetan.[286]

Eine Betrachtung und dezidiertere Untersuchung von `occulta´ in den Wissenschaften und Naturphilosophien - dabei dogmatische an der

[275] Cf. sein Werk `Averroes et l´Averroisme´, 3. Aufl. Paris 1866.

[276] In `La Filosofia´, Milano 1904 ff., p. 213 et passim.

[277] Cf. sein `Lehrbuch der Geschichte der Philosophie´, hg. von Heinz Heimsoeth, 17. Aufl. Tübingen 1980, p. 301.

[278] Cf. die ersten Seiten seines Buchs `Individuum und Kosmos in der Philosophie der Renaissance´, Leipzig/Berlin 1927.

[279] `The Origins of Modern Science, 1300-1800, New York 1949, 2. Aufl. London 1957. Hier heißt es etwa: "Van Helmont, we are told, made one or two significant discoveries, but these are buried in so much fancifulness - including the view that all bodies can ultimately be resolved into water - that even twentieth-century commentators on Van Helmont are fabulous creatures themselves, and the strangest things in Bacon seem rationalistic and modern in comparison. Concerning alchemy it is more difficult to discover the actual state of things, in that the historians who specialise in this field seem sometimes to be under the wrath of God themselves; for, like those who write on the Bacon-Shakespeare controversy or on Spanish politics, they seem to become tinctured with the kind of lunacy they set out to describe." (p. 141 et passim)

[280] `Philosophy, Technology, and the Arts in the Early Modern Era´, New York 1972 und seinen Aufsatz `Hermeticism, Rationality and the Scientifc Revolution. In: M.L. Righini-Bonelli/William R. Shea (Eds.): Reason, Experiment, and Mysticism in the Scientific Revolution, New York 1975, pp. 247-273.

[281] Cf. seine Schrift `L´Humanisme médiéval´. In: Ders.: Les Idées et les lettres, 2. Aufl. Paris 1955, pp.

[282] `Philosophie des Abendlandes. Ihr Zusammenhang mit der politischen und sozialen Entwicklung´, Darmstadt 1951, cf. hier p. 414.

[283] Cf. sein `Humanismus und Renaissance I. Die antiken und mittelalterlichen Quellen´, München 1974, p. 17 et passim.

[284] `Transformation der Philosophie I. Sprachanalytik, Semiotik, Hermeneutik´, Frankfurt/M. 1976, p. 154.

[285] Cf. den ersten Teil des Artikels `Humanismus´ im HWPh, Bd. 3, Darmstadt/Stuttgart 1974, sp. 1217 ff.

[286] Zu diesem Kreis gehören auch Walter Pagel, John Read, E.J. Holmyard, Joseph Needham und J.R. Partington.

Präponderanz des Okkulten orientiert wie vergleichbar etwa der Idealismus am Primat des Rationalen festhielt - findet sich erst in den 20er und 30er Jahren unseres Jahrhunderts. Ausgehend von dem achtbändigen Werk `A History of Magic and Experimental Science´ des Historikers Lynn Thorndike manifestiert sich zunehmend eine Richtung innerhalb der Wissenschaftsgeschichte, die Magie oder Okkultismus als die vorwiegend und zum Teil allein bestimmenden Kräfte der Renaissance zu etablieren trachtet. Neben Thorndike gehören hierzu u.a. die Florentiner Schule mit Eugenio Garin[287], Paolo Rossi und Cesare Vasoli, D.P. Walker und Frances Yates vom Londoner Warburg Institute, Walter Pagel sowie Paola Zambelli, P.M. Rattansi[288], A.G. Debus[289], P.J. French[290] und nicht zuletzt Charles Webster[291].

Diese Diskussion hatte in den 50er und 60er Jahren ihren Höhepunkt und verschaffte den sogenannten `okkulten Wissenschaften´ einen wissenschaftsrelevanten Status, der sie zu einer notwendigen Vorstufe zur `naturwissenschaftlichen Revolution´ machte. Dieser Standpunkt allerdings wurde nicht von solchen Wissenschaftshistorikern vertreten, die sich vorwiegend mit der Geschichte der mathematisch-experimentellen Wissenschaftsbereiche beschäftigten, wie z.B. Alexandre Koyré, Otto Neugebauer, E.J. Dijksterhuis, Anneliese Maier, Marshall Clagett, Edward Rosen, I.B. Cohen, Owen Gingerich und Edward Grant.

---

[287] Cf. besonders sein Werk `Astrology in the Renaissance. The Zodiac of Live´, übers. von C. Jackson, J. Allen und C. Robertson, London 1983.

[288] `The Intellectual Origins of the Royal Society´. In: Notes and Records of the Royal Society 23/1968, pp. 129-43 und `Some Evaluations of Reason in Sixteenth- and Seventeenth-Century Natural Philosophy´. In: Changing Perspectives in the History of Science, ed. by M. Teich und R. Young, London 1973, pp. 148-66.

[289] Cf. seine Rezension von Yates´ `Giordano Bruno´. In: ISIS 55/1964, pp. 389-91; `Renaissance Chemistry and the Work of Robert Fludd´. In: Ambix 14/1967, pp. 42-59 und `Mathematics and Nature in the Chemical Texts of the Renaissance´. In: Ambix 15/1968, pp. 1-28.

[290] `The World of an Elizabethan Magus´, London 1972.

[291] Cf. hierzu auch allgemein Brian Vickers: Kritische Reaktionen auf die okkulten Wissenschaften in der Renaissance. In: Zwischen Wahn, Glaube und Wissenschaft. Magie, Astrologie, Alchemie und Wissenschaftsgeschichte, hg. von Jean-Francois Bergier, Zürich 1988, pp. 167-239; Ders.: Introduction. In: Ders.: Occult and Scientific Mentalities in the Renaissance, Cambridge 1984, pp. 1-55 und ders.: Frances Yates and the Writing of History. In: Journal of Modern History 51/1979, pp. 287-316.

Vielmehr findet sich ein solcher Ansatz z.B. in den Schriften von Frances Yates[292], die die Ansicht vertritt, daß die "Kultur der Renaissance quasi von der Magie beherrscht worden (sei), und Kritik an der Magie zu üben wäre demnach nichts anderes als ein Zeichen des krassen Positivismus im Geist des 19. Jahrhunderts, gleichsam die `Whig´- Auffassung von Geschichte als ein Triumphzug von Erfindungen und Entdeckungen"[293].

Die Wahrheit oder besser: die zutreffende Beschreibung des Zusammenhangs von Magie und Wissenschaften in der Renaissance liegt zwischen Rationalismus und Okkultismus. Es reicht weder aus, zu beschreiben, wann okkulte Theorien oder Magien in den wissenschaftlichen Bemühungen der Renaissance nachweisbar waren und wann sie endgültig obsolet wurden[294], noch ist es von weitreichendem Interesse aufzuzeigen, daß es auch bereits in der Renaissance Bestrebungen gab, okkultistische Tendenzen und Interpretationen in naturwissenschaftlichen Kontexten zu diskreditieren[295]. Vielmehr wird im Weiteren gezeigt werden müssen, daß und wo es Affinitäten zwischen beiden Bereichen gab, wo ferner grenzüberschreitende Kontinuitäten manifest wurden und die Unschärfe der Disziplinen so stark geriet, daß die Wissenschaftsbereiche damit oftmals changierten und ineinander übergingen.

Insofern wird es auch um die begrifflichen Modifikationen von Magie, Philosophie und Wissenschaft im 16. und 17. Jahrhundert gehen, die zeigen, daß mit zunehmender Empirisierung und Quantifizierung der Wissenschaften und Künste Magie zwar einerseits ihre Dämonie und damit ihre Bedrohlichkeit verliert und sie leicht zum Synonym für `scientia naturalis´ hätte werden können, wenn sie nicht andererseits bis hin zur verklärenden Romantik zum arbiträren Wahrnehmungsmodus verkommen wäre[296], der die im eigentlichen Sinne `naturwissen-

---

292 So u.a. `The Hermetic Tradition in Renaissance Science´. In: Art, Science, and History in the Renaissance, ed. by Charles S. Singleton, Baltimore 1967, pp. 255-74; zuerst abgedruckt 1937.
293 Vickers, op. cit., p. 169;
294 Cf. hierzu etwa Keith Thomas: Religion and the Decline of Magic, Harmondsworth 1973.
295 Cf. Vickers, op. cit., bes. p. 169.
296 Cf. Novalis, der Magie als die "Kunst, die Sinnenwelt willkürlich zu gebrauchen" definiert und Friedrich Schlegel, für den Magie ein Religionsersatz ist, um "das sinnlich sichtbare Reich Gottes herzustellen". Zu Novalis cf. seine

104

schaftlichen´ und auch technischen Implikationen in magischen Schriften und Theorien verdeckte.

Zwar gibt es keine wissenschaftshistorische Linearität oder Monokausalität zwischen der Bedeutung magischer Künste und der Seriosität naturwissenschaftlicher Forschung - von einigen Ausnahmen vielleicht abgesehen -, doch läßt sich durchaus auch nicht sagen, daß es nicht diverse und besonders fruchtbare Interrelationen zwischen physischen und trans-physischen Disziplinen, ob diese nun Metaphysik oder Magie heißen, gegeben hätte.

Erst gegen Ende des 17. und zu Beginn des 18. Jahrhunderts ist so etwas bemerkbar wie eine umgekehrte Proportionalität zwischen Magie und Physik. Für die Zeit davor jedoch gilt - wie im Folgenden gezeigt werden soll -: `magia physica foecunda´.[297]

`Schriften´, hg. von P. Kluckhohn/R. Samuel, Bd. 2, 2. Aufl. Leipzig 1965, pp. 546 f.; zu Schlegel cf. `Kritische Ausgabe´, hg. von E. Behler, München 1958 ff., Bd. 12, p. 105 und allgemein K. Goldammer: Art. Magie. In: HWPh, Bd. 5, sp. 631-636.
[297] Cf. den gleichlautenden Titel des 1639 in Venedig erschienenen Werkes von Valerius Martinus.

6. Kapitel:
Zu den historischen Interferenzen von Technologie und Magie

> The world has been so long befooled by hypotheses
> in all parts of philosophy, that it is of the utmost
> consequence ... for progress in real knowledge
> to treat them with just contempt ...
> Thomas Reid (1785)

Zu Beginn des 17. Jahrhunderts faßt Tommaso Campanella die für die Zeit typische Verbindung von technischen Künsten und Magie wie folgt zusammen: Alles, was Forscher unternehmen, um die Natur nachzuahmen oder ihr auf die Sprünge zu helfen, wird gemeinhin magisches Schaffen genannt, und nicht nur vom gemeinen Volke sondern von der Menschheit schlechthin.[298] Diese Aussage ist hinsichtlich der grundsätzlichen Bewertung magischer Betätigung nicht nur vollkommen neutral, sondern verweist auch auf ein Verständnis von Magie, das im realistisch-weltlichen Diesseits menschlicher Erfahrung begründet liegt und häufig schlicht übersehen wurde. Gemeint ist hiermit der banale Hinweis, daß `magisch´ lange Zeit synonym verwendet wurde zu `unverständlich´ oder `nicht einsichtig´ für Zuschauer und Beteiligte gleichermaßen.

Neben die vorausgesetzt objektive und somit als `vorhanden´ nachweisbare Magie als schwer zu definierende und obskure Disziplin gesellte sich immer schon eine hermeneutische Verschlossenheit von Phänomenen, die magisch genannt werden kann und so auch interpretiert wurde.

Das Verhältnis von innerweltlichen Fertigkeiten und Künsten, spät-neuzeitlich: `Wissenschaft´ oder `Technik´ genannt, und Magie ist damit zugleich eines der umgekehrten Proportionalität, so mag man annehmen: je weiter die Kenntnisse in den technologischen und wissenschaftlichen Bereichen voranschreiten, desto seltener wird man die Adjektivierung `magisch´ verwenden und vice versa. Nach einem

---

298 "Tutto quello che si fa dalli scienziati imitando la natura o aiutandola con l´arte ignota, non solo alla plebe bassa, ma alla communità degli uomini, si dici opera magica...", cf. seine Schrift `Del senso delle cose e della magia´, ed. by Antonio Bruers, Bari 1925, p. 241.

solchen Verständnis kann Magie lediglich noch die ungesicherte Vorstufe wissenschaftlicher Erkenntnis genannt werden[299]. In der letzten Instanz von Wissenschaftlichkeit ist eine solchermaßen begriffene Magie mit wissenschaftlicher Erkenntnis - so mag man meinen - jedoch vollends inkompatibel.

Während des späten Mittelalters und der frühen Renaissance findet man bei genauerer Betrachtung exakt das Gegenteil des zu Erwartenden: Einerseits zeigt sich zwischen dem späten 13. Jahrhundert und der Mitte des 17. Jahrhunderts eine signifikante Zunahme von naturwissenschaftlichen und technischen Erfindungen und eine zunehmend weiter verbreitete Annahme und Anwendung dieser praktischen Innovationen im täglichen Leben. Dies geht obendrein einher mit einer Modifizierung des Wissenschaftlertypus mit der Tendenz, daß Wissenschaft, und mehr noch Natur-Wissenschaft zunehmend außerhalb des klerikalen Rahmens stattfindet[300] und die Wissenschaft selbst damit zugleich laisiert wird. Dieses Phänomen fördert die Popularisierung von bis dato für die Allgemeinheit verschlossen gehaltenen Wissenszweigen und Kenntnissen, die zuvor leicht als magische Künste bezeichnet werden konnten.

Zeitgleich dazu erlebten die magischen Wissenschaften und Künste eine wahre Renaissance[301], sowohl durch neuplatonische und

---

[299] Cf. hierzu noch einmal Campanella: "Magia fu d´Archita fare una columba che volasse come l´altre naturali, e a tempo di Ferdinando Imperatore in Germania, fece un tedesco un´aquila artificiosa e una mosca volare de se stesse; ma, finche non s´intende l´arte, sempre dicesi magia: dope è volgare scienza. L´invenzione della polvere dell´archibugio e delle stampe fu cosa magica, e cosi l´uso della calamità; ma oggi che tutti sanno l´arte è cosa volgare. Cosi ancora quella delli orologi e l´arti mecaniche facilmente perdono la riverenza, chè volte se divulgano; però in queste gli antichi ritararo l´arte."; cf. op. cit., pp. 241 ff.

[300] Cf. hierzu Gerl, op. cit., pp. 24 ff; Alfred von Martin: Soziologie der Renaissance, München 3. Aufl. 1974; L. Martines: The Social World of the Florentine Humanists, 1390-1460, Princeton University Press 1963; Alex Keller: Mathematical Technologies and the Growth of the Idea of Technical Progress in the Sixteenth Century. In: Science, Medicine and Society in the Renaissance. Essays to Honor Walter Pagel, ed. by Allen G. Debus, New York 1972, I, pp. 11-27; Edgar Zilsel: The Genesis of the Concept of Scientific Progress. In: Journal of the History of Ideas 6/1945, pp. 325-49 und Rudolf Wittkower: Individualism in Art and Artist. A Renaissance Problem. In: Journal of the History of Ideas 22/1961, pp. 291-302.

[301] "Particularly in the sixteenth century, magic occupied a place of distinction in intellectual life that would have brought shudders to any self-respecting scholastic.", cf. William Eamon: Technology as Magic in the Late Middle Ages and

humanistische Einflüsse bedingt und dabei auch und gerade als Ergänzung zu den wissenschaftlichen und technischen Fertigkeiten.[302]

Diese Ergänzung aber ist nicht nur die prinzipielle und strukturell bedingte Kompatibilität von Magie und Naturwissenschaft hinsichtlich des gemeinsamen Strukturmoments der Beherrschung und Manipulierung der Natur[303] aufgrund oberster Prinzipien[304], die sie in die Nähe von naturwissenschaftlichen Versuchen und Theorien bringt, sondern birgt obendrein den Gedanken des Stimulus. Wenn nämlich schon religiöse oder kosmologische Ideen in der Lage sind, die technologischen und szientifischen Entwicklungen zu initiieren, um wieviel mehr muß dies dann für die doch unorthodoxeren und dabei an der Natur und ihren Kräfte orientierten magischen Wissenschaften gelten.[305]

Bestes Beispiel sind hier die mechanischen Gebilde oder `automata´, die in ihrer artifiziellen Perfektion so wundersam die Natur nachahmten, daß sie als Werke magischer Kunst angesehen wurden. Die frühesten Beschreibungen finden sich bereits im 12. Jahrhundert in den Volksweisen der *Pèlerinage de Charlemagne* und im *Tristan* Epos, sowie im 13. Jahrhundert im *Parlesvans*, in dem geschildert wird, wie zwei mechanische Männer, "fez par l´art de nigromancie"[306], den Eingang des

---

the Renaissance. In: Janus. Revue internationale de l´histoire des sciences, de la médicine, de la pharmacie et de la technique 70/1983, pp. 171-212, hier: p. 172.

[302] Cf. hierzu besonders D.P. Walker: Spiritual and Demonic Magic from Ficino to Campanella, repr. ed. Notre Dame University Press 1975, bes. pp. 206-9, William Newman: Technology and Alchemical Debate in the Late Middle Ages. In: ISIS 80/1989, pp. 423-445 und Frances A. Yates: Giordano Bruno and the Hermetic Tradition, Chicago 1964, bes. pp. 360-97.

[303] So etwa schreibt Mircea Eliade: "To make something means knowing the magical formula which will allow it to be invented or to `make it appear´ spontaneously. (...) The artisan is a connoisseur of secrets, a magician." In: The Forge and the Crucible, trans. by S. Corrin, New York 1962, pp. 101 f.; in dieser Sicht ist Magie immer schon natürliche Magie, "die nichts anderes lehrt `wie wunderbare Werke unter Vermittlung der natürlichen Eigenschaften der Dinge und ihrer Anwendung zu vollbringen sind´, und die deshalb nicht nur erlaubt, sondern sogar der vornehmste Teil der scientia naturalis ist ...". Cf. Giovanni Pico della Mirandola: Opera omnia, Basel 1557-73, I, pp. 168 ff. und 104 ff. und K. Goldammer: Art. `Magie´. In: HWPh Bd. 5, sp. 631-636, hier: sp. 633.

[304] Aristoteles etwa rechnet die magoi zum Teil zu den Dichtern, zum Teil zu den Philosophen, die alles aus obersten Prinzipien ableiten. Cf. Metaphysik xiii, 4, 1091 b 10.

[305] Cf. hier meine Ausführungen oben und Lynn White Jr.: Cultural Climates and Technological Advance in the Middle Ages. In: Viator 2/1971, pp. 171-201 und ders.: Medical Astrologers and Late-Medieval Technology. In: Viator 6/1975, pp. 295-308.

[306] Zitiert nach J. Douglas Bruce: Human Automata in Classical Tradition and Medieval Romance. In: Modern Philology 10/1913, hier: p. 11.

Schlosses bewachen, und gleichsam über Fertigkeiten verfügen, die den menschlichen verblüffend ähneln.[307] Zugleich werden diese eher fiktiven Beschreibungen mit tatsächlichen Erfindungen und Modellen kombiniert und dabei Naturphilosophen oder Handwerkern zugeschrieben, deren Werke zwischen Realität und Mystik zu changieren scheinen. Mechanische Genialität und magische Kraft lagen somit eng beieinander und wurden Roger Bacon[308] ebenso unterstellt wie Gerbert von Aurillac, Albertus Magnus und Virgil.[309]

Das Motiv, so wird man sagen müssen, ist weit verbreitet und entbehrte einer gewissen Faszination nicht, allein schon durch die Nähe von Nekromantie und (halb-) menschlicher Schöpfung zur göttlichen Genesis. Es entstammt als spezifisches Phänomen von praktischer Machbarkeit und transphysischer Begründbarkeit jedoch nicht dem christlichen oder mystischen Mittelalter, sondern ist erheblich älter und bereits nachweisbar in orientalischen Märchen und mythologischen Geschichten. Die ausführlichste Kennzeichnung eines solcherart mechanisch-magischen Gebildes, nämlich des Salomonischen Throns in Konstantinopel, findet sich bei Liudprand von Cremona[310] gegen Ende des ersten Jahrtausend.

---

[307] Cf. ibid. und Gerard Brett: The Automata in the Byzantine `Throne of Solomon´. In: Speculum 29/1954, pp. 477-87; Arthur Dickson: Valentine and Orson. A Study in Late Medieval Romance, New York 1929; W.A. Clouston: On the Magical Elements in Chaucer´s Squire´s Tale, with Analogues. In: Chaucer Society Publications, ser. 2, 26/1889, pp. 263-476; Otto Söhring: Werke Bildender Kunst in altfranzösischen Epen. In: Romanische Forschungen 13/1900, pp. 491-640; bes. 580-98; H.S.V. Jones: The Cléomadès and Related Folktales. In: Publications of the Modern Language Association, n.s. 23/ 1908, pp. 557-98; Paul Franklin Baum: The Young Man betrothed to a Statue. In: Publications of the Modern Language Association, n.s. 27/1919, pp. 523-79 und Eamon, op. cit., pp. 174 ff.

[308] A.G. Molland: Roger Bacon as a Magician. In: Traditio 30/1974, pp. 445-60.

[309] Domenico Comparetti: Virgilio nel medio evo, 2 Bde., 2. Aufl. Firenze 1896; John Webster Spargo: Virgil the Necromancer, Cambridge/MA 1934 und K. L. Roth: Über den Zauberer Virgilius. In: Germania 4/1859, pp. 257-98.

[310] "Before the emperor´s seat stood a tree, made of bronze gilded over, whose branches were filled with birds, also made of gilded bronze, which uttered different cries, each according to its varying species. The throne itself was so marvellously fashioned that at one moment it seemed a low structure, and at another it rose high into the air. It was of immense size and was guarded by lions, made either of bronze or of wood covered over with gold, who beat the ground with their tails and gave a dreadful roar with open mouth and quivering tongue. Leaning upon the shoulders of two eunuchs, I was brought into the emperor´s presence. At my approach the lions began to roar and the birds to cry out, each according to its kind. After I had three times made obeisance to the emperor with my face upon the ground, I lifted my head, and behold ! the man whom just before

Die Beschreibung der sich wiederholenden Topoi, der Laut gebenden und sich bewegenden `automata´, der magischen Springbrunnen und sonstiger Tricks, sind dabei auch als literarische Gattung wesentlich älter[311], erleben jedoch im lateinischen Mittelalter eine neue und verstärktere Beachtung. Zuerst werden sie an den Höfen der Adligen und Könige gezeigt und erregen Aufsehen, gegen Mitte des 15. Jahrhunderts aber kann jeder in Europa diese "travelling mechanical peepshows"[312] bewundern.

Bei allen Dokumenten über Automaten und Wundermaschinen fällt auf, daß die dezidierte und häufig sogar illustrierte Kennzeichnung der mechanischen Abläufe mit der Einschätzung dieser Geräte als magische Maschinen einhergeht.[313] Das Magische oder Wundersame ist demnach weder die Ursache noch die Wirkung der Maschine, die beide natürlicher Art sind, sondern vielmehr die Unkenntnis ihrer Wirkweisen und der komplizierten mechanischen Abläufe.

In diesem Sinne scheint die Definition von Magie analog zu der von Wunder zu sein, `denn ein Wunder geschieht nicht entgegen der Natur,

---

I had seen sitting on a moderately elevated seat had now changed his raiment and was sitting on the level of the ceiling. How it was done I could not imagine, unless perhaps he was lifted up by some sort of device as we use for raising the timbers of a wine press.", zit. nach The Works of Liudprand of Cremona, transl. by F.A. Wright, London 1930. pp. 207 f.

311 Die ersten mir bekannten Beschreibungen sind die des Philo von Byzanz im zweiten vorchristlichen Jahrhundert und die des Hero von Alexandria im 1. Jahrhundert unserer Zeitrechnung. Eine ungebrochene Tradition zeigt sich im arabischen Kulturraum etwa seit dem 8. Jahrhundert mit Qusta ibn Luqa, der die Mechanik von Hero ins Arabische übersetzte, mit Musa ibn Shakir (ca. 850), Al-Jazari und Haroun al-Rashid. Cf. hierzu Eamon, op. cit., pp. 175 ff. und B. Carra de Vaux: Les Mécaniques ou l´ Elévateur de Héron d´Alexandrie sur la Version arabe de Qosta ibn Luqa. In: Journal asiatique, 9. ser., 1/1893, pp. 386-472 und 2/1893, pp. 152-269 und 420-514 und ders.: Le livre des appareils pneumatiques et des machines hydrauliques, par Philon de Byzance, Notices et extraits des manuscripts de la Bibliothèque Nationale 38/1903, pp. 27-235.

312 Eamon, op. cit., p. 179.

313 Cf. etwa Söhring, op. cit., pp. 583, wo es heißt: "Par nigromance i fait le vent entre / Encontremont par le tuel monter; / Quant li vanz sofle, les oisiax fet changer." Oder an anderer Stelle heißt es: "Inde a moecho dicitur mechanica ars, ingeniosa atque subtilissima et panene quomodo facta vel administrata sit invisibilis in tantum, ut etiam visum conspicientium quodam modo furetur, dum noc facile penetratur eius ingeniositas.", so der irische Mönch Martin von Laon, cf. M.L.W. Laistner: Notes on Greek from the Lecturers of a Ninth Century Monastery Teacher. In: Bulletin of the John Rylans Library 7/1922/23, p. 439.

sondern entgegen der bekannten Natur´[314]. Hinzu kommt zu diesem Aspekt der anthropologischen Konstante der Furcht vor dem Unbekannten oder Faszination durch das noch Verborgene die seit der Patristik als theologisch anmaßend empfundene und eschatologisch für gefährlich angesehene Nähe zum Schöpfungsgedanken.

So geraten mit dem 5. Jahrhundert Nekromantie und Magie zum ersten Mal unter das Verdikt der moralischen und religiösen Anstößigkeit, jedoch nicht primär aufgrund von Praktiken, die die Kräfte des Bösen motivierten und von ihnen herrührten - was außerhalb eines festen religiösen Rahmens auch kaum zu beweisen oder zu widerlegen war -, sondern wegen der Bewunderung und Verehrung eigener, menschlicher Kenntnisse und Künste, die die Einmaligkeit und Göttlichkeit der Schöpfung durch ihre Taten in Frage stellten: Verum et factum convertuntur.

Die Parallelisierung von göttlichem mit menschlichem Wissen ist hier das perfide Laster einer neuen Generation mit einem veränderten Selbstbewußtsein, das erst nach Descartes offen und unbestraft ausgesprochen wird: Das göttliche und einzigartige Wissen wird durch die kontemplative Idee zum menschlichen Eigentum.[315] In der weiteren Konsequenz führt dies zur Demetaphysizierung des ganzen Universums, mit dem Effekt, daß die Entgöttlichung in eschatologischer Hinsicht gleichbedeutend wird mit der Mechanisierung des menschlich erfahrbaren Kosmos und vice versa. Die Welt wird zu einer Maschine[316] mit immer gleichen Abläufen und der Mensch schließlich zu ihrem Konstrukteur.

---

[314] Cf. Isidor von Sevilla, so gezeigt von Ernest Brehaut: An Encyclopedist of the Dark Ages: Isidore of Seville, New York 1912, p. 69, der andererseits aber Magie verwarf als "vanitas magicarum artium", die Weissagungen, Orakelsprüche und Totenbeschwörungen umfasse. (Cf. Etymologiae, hg. von W.M. Lindsay, Oxford 1911, VIII, 9, p. 3).

[315] Cf. Amos Funkenstein: Theology and the Scientific Imagination from the Middle Ages to the Seventeenth Century, Princeton/N.J. Princeton University Press 1986, pp. 291 f.

[316] Der lateinische Begriff `machina´ bedeutet ein simples Artefakt wie ein Wagen- oder Wasserrad, aber auch den Ablauf des Weltalls. Chalcidius etwa übersetzte Timaios 32c ("του κοσμου ξυστασις") und 41d ("ξυστησας δε το παν") mit "istam machinam visibilem" resp. mit "coagmentataque mox universae rei machina". Cf. hierzu Plato latinus, hg. von Klibansky, Bd. 4, 25,7 und 36,18, zit. nach Funkenstein, op. cit., p. 317.

Dies zeigt sich in einer sehr frühen Form schon besonders deutlich bei William von Malmesburys Beschreibung des Lebens von Gerbert von Aurillac[317] und auch in Augustinus´ `De civitate dei´, in der dieser die lebensechten Statuen in Ägypten erwähnt und beschreibt, die wiederum in neoplatonischem Kontext von Hermes Trismegistus erörtert wurden[318].

Mit der heilsgeschichtlichen und religiösen Verurteilung von Magie beginnend mit der Patristik, - die bis hin zu theologisch-philosophischen Traktaten des Barock vorfindbar ist[319] -, geht bis zum Ende des 13. Jahrhunderts noch eine weitere Entwicklung einher, die ursächlich für die wissenschaftlichen und technologischen Neuerungen der Renaissance wirksam werden sollte.

Die Verbesserung des Zugangs zu arabischen Quellen fördert die Beschäftigung mit Geheimlehren, Wunderbüchern und magischen Versuchen, die geheim nur für den Nichteingeweihten, den `vulgus´, waren, und führte zugleich aufgrund der Praxisorientiertheit zu den ersten experimentellen Versuchen. Die enzyklopädische Form der pseudo-Aristotelischen Schrift `Secreta secretorum´, Sammelsurium von medizinischen Analysen, Rezepturen gegen Krankheiten, physiognomische Studien und philosophischen Erörterungen okkulter Phänomene[320], und besonders ihre Rezeption durch Roger Bacon zeigt dies

---

317 Cf. `De gestis regum anglorum´, ed. by William Stubbs. In: Rerum Britannicarum Medii Aevi Scriptores, London 1887, I, pp. 202 f. und cf. hierzu auch Roland Allen: Gerbert, Pope Silvester II. In: English Historical Review 7/1892, pp. 625-68.
318 Cf. besonders Buch VIII, cap. 23 der Ausgabe Leipzig 1928/29, hg. von B. Dombart und A. Kalb, 2 Bde., hier: 5. Aufl. 1938/39 und W. Kamlah: Christentum und Geschichtlichkeit, Stuttgart 5. Aufl. 1951 sowie E. Gilson: Les métamorphoses de la `Cité de Dieu´, Leuven 1952.
319 Cf. etwa das bekannte Disputationsblatt von Martin Meurisse (1584-1644). In: Deutsche Illustrierte Flugblätter des 16. und 17. Jahrhunderts, hg. von Wolfgang Harms, Bd. 1, Tübingen 1985, pp. 4 und 5.
320 "Causa quidem subest quare tibi figurative revelo secretum meum, loquens tecum exemplis enigmaticis atque signis, quia timeo nimium ne liber presencium ad manus deveniat infidelium et ad potestatem arrogancium, et sic perveniat ad illos ultimum bonum et archanum divinum, ad quod summus Deus illis judicavit immeritos et indignos. Ego sane transgressor essem tunc divine gracie et fractor celestis secreti et occulte revelacionis. Eapropter tibi, sub attestacione divini judicii, istud detego sacramentum eo modo quo mihi est revelatum. Scias igitur quod qui occulta detegit et archana revelat indignis, ipsum in proximo infortunia secuntur, unde securus esse not poterit a contingentibus et malis futuris." Cf. Opera hactenus inedita Rogeri Baconi, fasc. V: Secretum secretorum cum glossis et notulis, ed. by Robert Steele, Oxford 1920, p. 41.

denn auch deutlich[321]. Doch trotz der bekannten Wissenschafts-
klassifikationen des Dominicus Gundissalinus oder Wilhelm von
Conches[322], die allesamt Nekromantie oder Magie als probaten Teil der
`divisio philosophiae´ ansahen, kommt es ab Mitte des 12. Jahrhunderts
zu einer weiteren Veränderung des Magie-Begriffs.

Einerseits nämlich wird die Welt zunehmend als einheitliches und
geordnetes Gebilde verstanden, dessen innerweltliche Rationalität
keiner transphysischen Erklärungskategorien mehr bedarf[323], andererseits ist sie als einzigartige Schöpfung Gottes gütiges Werk und in jeder
Hinsicht von ihrer Erkennbarkeit her prädisponiert. Jeder Eingriff von
außen in diesen stabilen Kosmos ist demnach obsolet geworden und
läuft dem damit einhergehenden Naturbegriff zuwider.

Hugo von St. Viktor subordiniert daher folgerichtig die mechanischen Künste der Philosophie und stellt Technologie anderen Formen
menschlichen Wissens an die Seite.[324]

Roger Bacon beschreibt die Trennung von magischen und
natürlichen Kräften noch ausdrücklicher. In seiner `Epistola de secretis
operibus artis et naturae´ aus dem Jahre 1260 macht er die Unterscheidung zwischen durch die Hilfe dämonischer oder magischer Kräfte
(spiritus maligni) bewirkten Wundern und solchen, die durch die Natur
entstanden sind. Jene sind zwar möglich, doch zugleich sündige und
gefährliche Eingriffe in die Gesetze der Philosophie, diese aber sind
wundersam und beeindruckend, besonders und gerade wenn sie von
Menschen angeregt und durchgeführt wurden.[325] Allein das Experiment,

---

321 Cf. hierzu Stewart C. Easton: Roger Bacon and His Search for a Universal
Science, New York 1952, pp. 78-86 und Eamon, op. cit., pp. 182 ff.
322 Cf. Dominicus Gundissalinus: De divisione philosophiae, hg. von Ludwig Baur.
In: Beiträge zur Geschichte der Philosophie des Mittelalters Band 4, Heft 2-3,
Münster 1903, 4, pp. 20 ff. und G. Ottaviano: Un brano inedito dell `Philosophia´ di
Guglielmo di Conches, pp. 35 f.
323 Cf. das Didascalion des Hugo von St. Viktor und hierzu besonders das Buch von
Jerome Taylor, New York 1961, bes. pp. 154 ff. und M.D. Chenu: Nature and Man:
The Renaissance of the Twelfth-Century. In: Nature, Man and Society in the
Twelfth Century, ed. and transl. by J. Taylor and LK. Little, Chicago 1968, pp. 1-48.
324 Cf. Didascalion, Buch 2, bes. pp. 60-82 und L.M. de Rijk: Some Notes on the
Twelfth Century Topic of the Three (Four) Human Evils and of Science, Virtue, and
Techniques as Their Remedies. In: Vivarium 5/1967, pp. 8-15.
325 Cf. hierzu Roger Bacon: Epistola Fratris Rogerii Baconis de secretis operibus
artis et naturae, et de nullitate magiae, ed. J.S. Brewer: Opera hactenus inedita
Rogeri Baconi, vol. 1, London 1859, zitiert nach Eamon, op. cit., p. 184 und Tenney

so Bacon, sei in der Lage, das Wahre qua Natur und Naturgesetz vom Falschen, also Magischen oder Dämonischen, zu unterscheiden.[326]

Trotz dieser unmißverständlichen Klarheit hinsichtlich der Beschreibung dieses Unterschieds gerät Bacon in der Folgezeit immer wieder in den Grenzbereich zwischen Magie und Wissenschaft.[327] Seine eigene Technikbegeisterung und diejenige seiner Zeitgenossen sind hieran unmittelbar beteiligt. Denn wie Lynn White zu Recht beschrieben hat, "without such fantasy, such soaring imagination, the power technology of the Western World would not have been developed"[328].

Doch der ungebändigte Glaube an technische Realisierungen und deren `natur´-getreue Darstellung schlägt zuweilen literarische Kapriolen, denen schwer zu entnehmen ist, ob die so dargestellten Geräte, Mechanismen oder Gestalten belletristische Erfindungen oder realistische Beschreibungen sind. So ist bei der Bewertung der Erfindungen von Conrad Kyeser[329] ebenso Vorsicht geboten, wie bei Albertus Magnus´ `De mirabilibus mundi´ und den Beschreibungen von Giovanni da Fontana[330], die allesamt zugleich technische Baumuster, astrologische Einschätzungen, Phantasiegebilde und literarische Fiktion sind.

L. Davis: Roger Bacon´s Letter Concerning the Marvelous Power of Art and of Nature and Concerning the Nullity of Magic, Easton/Pennsylvania 1923, p. 15.

[326] Cf. Lynn Thorndike, op. cit., pp. 659-663.

[327] Cf. etwa das Schauspiel `Friar Bacon and Friar Bongay´ von Robert Greene aus dem Jahre 1589, das sich auf den anonym erschienenen Roman `The Famous Historie of Fryer Bacon´ bezog. Hier heißt es u.a.: "With seuen yeares tossing nigromanticke charmes,/ Poring vpon darke Hecats principles,/ I have framd out a monstrous head of brasse,/ That, by the inchaunting forces of the deuill,/ Shall tell out strange and uncoth Aphorismes,/ And girt faire England with a wall of brasse." Etwas weiter erklärt Bacon seinem Freund Bungay, "That euer Bacon medled in this art./ The houres I haue spent in piromanticke spels,/ The fearefull tossing in the latest night/ Of papers full of Nigromanticke charmes,/ Coniuring and adiuring diuels and friends,/ With stole and albe and strange Pentageron." Cf. The Honorable Historie of Frier Bacon, and Frier Bongay. In: The Plays and Poems of Robert Greene, ed. by J. Churton Collins, 2 vols., Oxford 1935, II, pp. 61 und 70.

[328] Lynn White: Medieval Technology and Social Change, Oxford 1962, p. 134.

[329] Cf. seinen Militärtechniktraktat `Bellifortis´ aus dem Jahre 1405, hg. von Götz Quarg, Band 1: Faksimile-Ausgabe der Pergamenthandschrift, Cod. Ms. philos. 63 der Universitätsbibliothek Göttingen; Band 2: Umschrift und Übersetzung nebst Erläuterungen, Düsseldorf 1967. Cf. die wiederabgedruckten Zeichnungen und Drucke bei Eamon, op. cit., pp. 187 ff.

[330] Der Naturphilosoph, Alchemist und Mediziner Fontana wurde ca. 1395 in Venedig geboren und war lange Jahre Stadtarzt in Udine. Cf. hierzu Lynn Thorndike, op. cit., IV, pp. 150-182; Alexander Birkenmayer: Zur Lebensgeschichte und wissenschaftlichen Tätigkeit von Giovanni Fontana (1395?-1455?). In: ISIS 17/1932, pp. 34-53.

Interessant dabei ist, daß die Genannten sich und ihre Arbeit durchaus als magisch beeinflußt ansahen, da die Erfahrung der scheinbaren Unbegrenztheit technischer Erfindungen und Nachahmungen der Natur - und ingenium maß sich noch immer eher an Nachahmung denn an der Beherrschung oder Manipulation von natürlichen Vorgängen - die Idee barg, daß das bisher Erlebte und Bewältigte keineswegs der Weisheit letzter Schluß war und die Welt noch unendlich viele Geheimnisse berge. Diese Sichtweise ist demnach nichts anderes als die Extrapolation des menschlich-technischen Fortschritts in die Zukunft und zugleich jenseits des Alltäglichen und bereits Bekannten.

Und um diesem Gefühl Ausdruck zu geben, schien Magie der entsprechende Begriff zu sein. Leonardo da Vinci, und so auch die zeitgenössischen Künstler-Ingenieure, Maler, Bildhauer und Architekten wie Brunelleschi, Ghiberti, Alberti, Benvenuto Cellini und Albrecht Dürer, bezeichnen deshalb auch in überschwenglichen `Hymnen an die Kraft´ die technische, wissenschaftliche Kraft als ein spirituelles, geistiges Vermögen, eine unsichtbare Energie, die geschaffen wurde und immer noch in Verbindung steht mit belebten und unbelebten Körpern, vergleichbar mit dem Leben selbst, auf wundersame Weise.[331]

Magie ist in der Renaissance und besonders im Kontext naturwissenschaftlich-technischer Entwicklungen zugleich Programm und Anspruch. Sie ist Programm, insofern die praktischen Entwicklungen oder Modelle nicht bloße "Wahrsagerei über zukünftige technische Entwicklungen, sondern als ein Ausdruck von der Vision der eigenen

---

[331] Sinngemäß nach Friedrich Klemm: A History of Western Technology, transl. by D.W. Singer, Cambridge/MA 1964, p. 126. Cf. hier auch Marco Cianchi: Die Maschinen Leonardo da Vincis. Mit einer Einführung von Carlo Pedretti, Firenze 1984 und Paolo Rossi: I Filosofi e le macchine (1400-1700), Milano 1971. Diese Sprachverwendung findet sich so auch bei Marcantonio Zimara (1470-1532) in dessen Schrift `Antrum Magico-Medicum´ (1625). Bei Leonardo findet sich verschiedentlich der Entwurf der Welt als einer großen Maschinerie, die von geistigen Kräften bewegt und angetrieben wird. Leonardo hat dabei keineswegs irgendein Interesse an rein spirituellen Phänomenen, sondern nur eines an den Phänomenen der Natur. Lediglich in der experimentellen Erfahrung, der Mutter aller Gewißheiten, und mit ihr zusammen in der Mathematik, findet er einen möglichen Weg, einen Zugang zur grenzenlosen Vernunft (infiniti ragioni) des Universums. In den Einzelversuchen und -mechanismen spiegelt sich quasi als Mikrokosmos der Makrokosmos Natur. Mit der Beobachtung des Vogelfluges und der menschlichen Anatomie begreift er nicht nur, daß alles untereinander zusammenhängt, sondern zugleich die Natur der Mechanik, dieser alle Dinge bewegenden Kraft.

Zeit"[332] zu sehen sind. Der Magie ist der Anspruch inhärent, wirksam werden zu wollen in guter handwerklicher, pragmatischer und weniger spekulativ-akademischer noch gar hermetischer Tradition.

In diesem Sinne verändern sich im 16. Jahrhundert - wie wir weiter unten noch sehen werden - auch die mathematischen Wissenschaften. Sie werden nicht mehr allein als Disziplinen des Quadriviums verstanden, die neben denen des Triviums die höhere Erziehung humanistischer Provenienz ausmachen.[333] Sie verlieren vielmehr die Überbetonung ihrer abstrakten und theoretischen Aspekte und konzentrieren zunehmend auf Mechanik und mechanische Techniken.[334] Dies zeigt sich in Guidobaldo dal Montes `Mechanicorum liber´[335] ebenso wie bei Augustino Ramelli[336] und auch noch bei dem Jesuiten Caspar Schott im 17. Jahrhundert[337].

Magie wird bis weit ins 17. Jahrhundert hinein häufig schlechthin zum Synonym für Technologie, insofern, wie bei dem Naturphilosophen Giambattista della Porta, die natürliche Magie als derjenige praktische Teil der Naturphilosophie angesehen wird, der Wirkungen erzielt durch die ausgewogene Anwendung eines natürlichen Dinges (oder Kraft) auf ein anderes.[338] Diese Diversifizierung hatte zur Folge, daß neben die

---

[332] Marco Cianchi, op. cit., p. 5.

[333] Cf. den pädagogischen Brief Aeneas Sylvius Piccolominis an den Fürsten Ladislav von Ungarn, der besonders die lernpsychologische Bedeutung der Geometrie betont, da sie, in früher Jugend gelehrt, den Intellekt schärfe und die Auffassungsgabe vergrößere. Cf. hierzu u.a. Paul Lawrence Rose: The Italian Renaissance of Mathematics, Genf 1975 (= Travaux d´humanisme et Renaissance, 145), p. 14.

[334] Dies zeigt sich besonders deutlich in Francis Bacons `Novum Organum´ von 1620, in dem die Mathematik als Bestandteil des Quadriviums der `natura operativa´ bzw. der `mechanica´ untergeordnet wird. Erst in d´Alemberts `Discours préliminaire´ des Jahres 1751 wird die Naturphilosophie einheitlich und geordnet als `les mathématiques´ verstanden. Hier ist dann der Mathematisierungsprozeß der Natur endgültig abgeschlossen.

[335] Cf. die Ausgabe Pesaro 1577, übers. von Stillman Drake und I.E. Drabkin in: Mechanics in Sixteenth Century Italy, Madison/WI 1969, pp. 243 f.

[336] In `Le diverse et artificiose machine´, übers. von M.T. Gnudi, Baltimore/Maryland 1979.

[337] In `Cursus mathematicus, sive absoluta omnium mathematicarum disciplinarum encyclopaedia, in libros XXVIII digestur´, Herbipoli 1661.

[338] Cf. Giambattista della Porta: Magia Naturalis Libri Viginti, Padua 1658 und Amsterdam 1664 (New York 1957) und Tommaso Campanella: Magia e grazia, hg. von Romano Amerio, Roma 1957 (= Edizione nazionale dei classici del pensiero Italiano, ser. II, 5), pp. 164.

bereits bekannte Unterscheidung von `magia naturalis´ und `magia diabolica´ die neue `magia artificialis´ gestellt wurde.[339]

Bei Campanella findet sich - neuplatonisch geprägt - die mathematische Mechanik als real künstliche Magie beschrieben, wenngleich er sie von den praktisch-pragmatischen Abhandlungen über Rezepte zum Weinbrennen, der Gartenkunst und Parfumherstellung abgrenzt und damit ebenfalls die Unterscheidung von seriöser natürlicher Magie und unseriös diabolischer Magie festschreibt. Die real künstliche Magie greift mit ihren innerweltlichen Mitteln in die Natur ein und schafft damit reale Wirkungen, wie Archytas fliegende hölzerne Taube, oder der Nürnberger künstliche Adler und die magische Fliegen. Ihre Faszination erhält diese Kunst der Magie aber nicht nur durch die verborgene Mechanik von Bewegungen, Gewichten, Luft und Vakuum, sondern durch deren ausgewogene und berechnete Mischung von Beschaffenheit und Größe des Materials und ihrer Verbindung untereinander.[340]

Renaissance-Magie und technische Wissenschaften sind damit keineswegs die unvermittelbaren Gegensätze, deren letztendliche Überwindung den Beginn der modernen Naturwissenschaft einläutet. Die supponierte Überwindung ist vielmehr eine sukzessive Durchmischung der metaphysischen und substantiellen mit quantitativen bzw. zumindest quantifizierbaren Strukturanteilen, die in alle Wissenschaften

---

[339] Die `magia naturalis´ ist, anders die `magia infamis´, die allein zur Neugierde führt, derjenige Versuch, die verborgenen Kräfte innerhalb des Naturzusammenhangs zu entziffern. Die Kenntnisse des Forschers oder `magus´ basieren demnach zuerst einmal auf den Wirkungsweisen innerhalb der Natur, da diese wiederum auf die transphysischen Kräfte verweisen. Neben einigen Rezepturen und Anweisungen zu `chymica experimenta´ gehören hierin auch die bekannten Versuche und Abhandlungen etwa zu optischen Experimenten, magnetischen Phänomenen und Tierzuchtaspekten. Cf. William Eamon: Science and Popular Culture in Sixteenth Century Italy: The `Professors of Secrets´ and Their Books. In: The Sixteenth Century Journal 16/1985, pp. 471-485 und Wolf-Dieter Müller-Jahncke: Die Renaissance-Magie zwischen Wissenschaft und Dämonologie. In: Zwischen Wahn, Glaube und Wissenschaft. Magie, Astrologie, Alchemie und Wissenschaftsgeschichte, hg. von Jean-Francois Bergier, Zürich 1988, pp. 127-140, bes. pp. 135 f.

[340] "Artificialis realis magia reales producit effectus, ut cum Architus columbam ligneam volantim facit, et nuper Norimberger aquilam et muscam, ... fecerunt istiusmodi. Archimedes speculo comburit classem longe distantem. Statuas ponderibus vel argento vivo mobiles facit Deadalus... Ars enim non nisi per locales motus et pondera et tractus et ratione vacui, ut in spiritalibus et hydraulicis, mirifica facit, aut applicando activa passivis, quae nulla esse possunt tantae talisque temperiei, quae animam humanam allicere queant." Campanella, op. cit., p. 180.

und Künste implantiert werden. In historiographischer Hinsicht ist diese Veränderung hinsichtlich der Akzeptanz technischer oder mathematischer Beschreibungen weniger ein revolutionäres und genau datierbares Ereignis, als vielmehr eine graduelle Transition, die man als Zeitgeist-Erscheinung formulieren kann. Im eigentlichen und wissenschaftstheoretischen und -geschichtlichen Sinne ist die Erklärungsvalenz einer solchermaßen globalen Einschätzung, daß die moderne, naturwissenschaftlich-mechanistische Betrachtungsweise gerade die Eliminierung magisch-okkulter Ansichten bedinge und voraussetze, für die Renaissance gleichermaßen unpräzise und unzutreffend.[341] Zwar gibt es eine besondere und ausgeprägte Affinität von neuplatonischen und hermetischen Strömungen zur Magie, die den Rückgang des Neuplatonismus und das Erstarken naturwissenschaftlich-mathematischer Theorien als einander bedingend erscheinen lassen mag. Doch ist allen, auch hermetischen Denkern als tertium comparationis ihrer Theorie mit der Natur die technische Applikation von bestimmten Praktiken inhärent und von besonderer Bedeutung. Die Hervorhebung technischer Konstruktionen oder einfacher Rezepturen in Magie-Traktaten geboten nicht nur die strengen Handlungsanweisungen der Inquisition, quasi als externalistischer Grund in wissenschaftshistorischer Hinsicht, sondern auch der in wissenschaftstheoretischer Perspektive unverzichtbare Forscheranspruch der `Magoi´ oder Künstler selbst, zur Erklärung und Veränderung der Welt lediglich immanente Kräfte und Wirkungen zuzulassen. Dies zeigt sich deutlich in Heinrich Cornelius Agrippa von Nettesheims `De occulta philosophia´ aus dem Jahre 1510, wobei die Lesart gewählt werden muß, `mathematische Magie´ als mathematische Mechanik zu verstehen, die der hölzernen Taube Archytas ebenso zugrundeliegt wie den Figuren des Daedalus oder Bacons sprechendem Haupt.[342]

Ähnlich formuliert John Dee in dem Vorwort zu Sir Henry Billingleys englischer Übersetzung der `Elements of Geometry´ des Euklid. Gott schaffe als ´Number Numbrying´ die Welt durch Zählen und

---

341 Cf. etwa Wolfgang Röd: Die Philosophie der Neuzeit 1: Von Francis Bacon bis Spinoza, München 1978, pp. 13 f.; E.J. Dijksterhuis: Die Mechanisierung des Weltbildes, Berlin/Heidelberg/New York 1983, p. 266 et passim; W. Eamon, op. cit. und Heinz Paetzold in der Überarbeitung von Karl Vorländer: Geschichte der Philosophie, Bd. II: Mittelalter und Renaissance, Teil II: Renaissance, p. 374.
342 Cf. die Neuausgabe erl. und hg. von Karl Anton Nowotny, Graz 1967.

Rechnen. Die magische Kraft des Magus allerdings basiere auf der Verbindung rechnerischer Verfahren innerhalb eines von Gott bereits vorher festgesetzten Rahmens. Mögen die Zahlen noch so immateriell und leicht mit magischen Kräften in Zusammenhang zu bringen sein, so können sie doch letztlich auch für die Bestimmung der einfachsten und konkretesten Dinge benutzt werden und haben so neben ihrer geistig-magischen (spirituell) Verwendung auch einen Unterhaltungswert und sind zugleich von praktischem Nutzen.[343]

In dieser Tradition von Magie, die durch Transzendenz und Immanenz gleichermaßen bestimmt ist, war John Dee derjenige, der die Rehabilitation Roger Bacons betrieb und in einem allerdings verloren gegangenen Werk zu zeigen versuchte, daß Bacons Versuche nicht auf dämonischer Magie sondern auf natürlichen Kräften beruhten.[344]

Die Wieder- bzw. Neuaufnahme Roger Bacons in den Kreis der `Natur-Wissenschaftler´ - ein Prozeß, der sich über 55 Jahre erstreckte[345] - bedeutete zugleich eine partielle Rehabilitation der Magie und eine Anerkennung ihrer wissenschafts-applikativen Teilbereiche, zumal einige ihrer Methoden von anderen Wissenschaften und Diszi-

---

[343] "Artificiall Methods and easy wayes are made, by which the zealous Philosopher, may wyn nere this Riuerish Ida, this Mountayne of Contemplation: and more then Contemplation. And also, though Number, be a thyng so Immateriall, so diuine, and aeternall: yet the degrees, by litle and litle, stretchying forth, and applying some likeness of it, as first, so thinges Spirituall: and then, bryngyng it lower, to thynges sensyblyy perceiued: as of a momentayne founde iterated: then to the least thynges that my be seen, numerable: And at length, (most grossely) to a multitude of any corporall thynges seen, or felt: and so, of these grosse and sensible thynges, we are trayned to learne a certaine Image or likeness of numbers: and to vse Arte in them to our pleasure and profit." John Dee: The Mathematicall Praeface to the Elements of Geometrie of Euclid Megara (1570), ed. with introd. by Allen G. Debus, New York 1975, sig. i.v., zit. nach Eamon, op. cit., p. 199.
[344] Cf. C. H. Josten: A Translation of John Dee´s `Monas Hieroglyphica´ (Antwerpen 1564) with introduction and annotations. In: Ambix 12/1964, pp. 84-221 und N.H. Clulee: John Dee´s Mathematics and the Grading of Compound Qualities. In: Ambix 18/1971, pp. 178-211.
[345] 1625 schrieb Gabriel Naudé eine ausführliche Verteidigung Bacons und verteidigte ihn gegen die Vorwürfe, Magie zu treiben. 1679, im selben Jahr, in dem Huygens die Wellentheorie des Lichts formulierte und Leibniz Newton über seine Infinitesimalrechnung berichtete, erklärte die Royal Society in London ihr ausdrückliches Interesse, die Werke Roger Bacons gedruckt sehen zu wollen. Cf. hier G. Naudé: Apologie pour tous les Grands Personnages qui ont esté faussement soupconnez de Magie, Paris 1625, repr. London 1972, pp. 488 ff.; T. Birch: The History of the Royal Society of London, London 1756-7, bes. III, pp. 470 ff. und A.G. Molland: Roger Bacon as Magician. In: Traditio 30/1974, pp. 445-460.

plinen adaptiert und modifiziert wurden, wie wir später noch sehen werden.

Hinsichtlich der Einschätzung der natürlichen Magie wird man wohl deshalb mit Hönigswald sagen können: "Das Bekenntnis zur ˋnatürlichen Magie´ wird bei allen seinen Schwächen zum Träger einer zwar unzulänglichen, aber im ganzen doch fruchtbaren methodologischen Idee (...): als ein zwar animistisch gemeinter aber dabei methodologisch wirksamer Ausdruck für die Einheit und Ganzheit des Naturzusammenhangs."[346]

In diesem Kontext des neuzeitlich-modernen und neuen Naturverständnisses, der durch Grobkategorisierungen wie ˋMagie´ und ˋMystik´ nur unzutreffend beschrieben wird, steht der Begriff ˋokkulte Qualität´ oder ˋqualitas occulta´ als terminologische Verdichtung einer Krisensituation.

Die Krisensituation manifestiert sich nicht so sehr in der Auffassung, daß die Renaissance als Epoche des Übergangs eine globalen Krise für die Wissenschaften und Künste darstelle oder daß die Renaissance selber die Krise sei. Ein solches Verständnis liegt der Metapher der ˋwissenschaftlichen Revolution´ zugrunde, die für die historische und historiographische Beschreibung der Renaissance immer noch nicht an Beliebheit eingebüßt hat.

Die Krise ist vielmehr eine philosophisch-philologische im Kontext der immanenten Aristoteles-Interpretation und wird im Anschluß daran eine von umfassender epistemologisch-szientifischer Tragweite.

Im Anschluß an die aristotelische Reduktion der Elemente und Qualitäten auf die Anzahl vier und aufgrund der postulierten Kausalbeziehung von himmlischer und irdischer Bewegung in ˋDe caelo´[347] gab es durchgehend einen mehr oder weniger klar definierten ˋRest´ an Phänomenen und Naturzuständen, der mit den vier Qualitäten nicht zureichend beschrieben werden konnte. Astrologische oder naturphilosophische Erklärungen boten hier als substitutive Kategorien Abhilfe und vermochten somit Magnetismus ebenso wie pflanzliche und

---

346 Richard Hönigswald: Denker der italienischen Renaissance. Gestalten und Probleme, Basel 1938, p. 103.
347 Cf. cap. II, 3, cf. auch S. Blasche: Art. ˋQualität´. In: HWPh Bd. 7, sp. 1748-1752.

mineralische Substanzen oder Antiperistasis und Antipyrese[348] in mehr oder minder zutreffender Form zu `erklären´ und zu deuten. Wenngleich die Begriffe `Qualität´ oder `okkulte Qualität´ nicht durchgängig verwendet werden, so finden sich doch bei allen (Natur-) Philosophen Begriffe, die das Unbegreifliche griffig machen sollen: bei Galen ist es der Term `Dynamis´, der die Charaktereigenschaften solcher unbekannten Kräfte umschreibt[349], bei Alexander von Aphrodisias hingegen heißt er `ιδιοτητες αρρητοι´.

In erkenntnistheoretischer Hinsicht hatte dies zur Folge, daß nach der Unterscheidung von Ursache und Wirkung zwar die Wirkungen okkulter Tugenden oder Kräfte durch die Sinne erfahren werden konnten, nicht aber die Ursachen, die nach wie vor jenseits der menschlichen Erfahrbarkeit lagen. Nach aristotelischem Wissenschaftsverdikt bedeutet dies wiederum, daß zwar die okkulten Qualitäten experimentell beschrieben werden konnten, nicht aber Gegenstand einer wissenschaftlichen Untersuchung sein durften, da scientia nur qua Wissen der Ursachen Gültigkeit besaß. Diese epistemologische Verklammerung von `Erfahrbarkeit durch die Sinne´ und `Wissen als Wissen aufgrund von Ursachen´ bewirkte, daß die Ursachen der okkulten Erscheinungen gar nicht erst in die Reichweite von ernsthaften naturerkundenden Untersuchungen gerieten bzw. schlechterdings als Mystizismus oder Dämonismus abgetan wurden und sich wissenschaftlich - im entsprechenden wissenschaftlich-akademischen Kontext der Akademien - von selbst disqualifizierten.

Dies hatte zur Folge, daß einerseits grundsätzlich Wahrnehmbarkeit von Nicht-Wahrnehmbarkeit getrennt wurde und zu einer eigenständigen Kategorie avancierte, so bei Marsilius von Inghen, der zwischen `qualitates sensibiles´ und `insensibiles´ unterschied[350], und andererseits die Präponderanz des Wahrnehmbaren gleichsam zu einer eigenständigen ontologischen und epistemologischen Kategorie wurde, so

---

[348] Cf. Paul R. Blum: Art. `Qualitas occulta´. In: HWPh Bd. 7, sp. 1743-1748

[349] "και μεχρι γ αν αγνοωμεν την ουσιαν της ενεργουσης αιτιας, δυναμιν αυτην ονομαζομεν", cf. Galen: De simpl. medicamentorum temp. ac. facultate V, 1. Opera, hg. von C.G. Kühn, Leipzig 1821-1833, 11, p. 705 .

[350] Cf. `Questiones... Marsilius Inguenin prefatos libros de generatione. Item questiones...Alberti de Saxonia in eosdem libros de generatione..., Venedig 1505, ND 1970, lib. 2, q. 4, dubitatio, fol. 149 rb et passim.

bei Thomas von Aquin, der Nicht-Wahrnehmbarkeit mit Nicht-Existenz gleichsetzte.[351]

Daneben gab es in den Aristoteles-Kommentaren christlicher Provenienz die zusätzliche Variante, daß nicht-wahrnehmbares Seiendes seine Nicht-Wahrnehmbarkeit besaß aufgrund des göttlichen Heilsplans. Diese Sichtweise komplettiert die Bibelstelle Genesis 2, 19-20, nach der Adam lediglich die ihm vorgeführten Tiere benannt hatte; alle nicht-benannten respektive nicht-bekannten Tiere aber keine Existenz erhalten hatten; dies führt zu dem kosmologischen Konzept, daß Gott das Universum nur mit Dingen und Lebewesen erfüllt habe, die vom Menschen wahrgenommen werden können. Die logische Umkehrung, daß alles, was für den Menschen nicht unmittelbar wahrnehmbar war, auch von Gott nicht geschaffen sein konnte oder für den Menschen erfahrbar sein sollte, besaß damit dieselbe gnoseologische und eschatologische Gültigkeit.[352]

Die Denkmöglichkeit, daß es Existenzen oder Phänomene gibt, die von den menschlichen Sinnen bisher noch nicht erfahren worden seien, aber als denk- und erkennbar gesetzt sind, ist die moderne kosmo-logische Fassung des unbegrenzten Universums, die sich jedoch erst mit bzw. nach Galileo durchsetzen konnte und dabei latent Gefahr lief, mit dem göttlichen Heilsplan und Schöpfungsakt zu kollidieren.

Gemäß der peripatetischen Auffassung waren `sinnliche Wahrnehmbarkeit´ und Intelligibilität durchaus kompatibel und aufeinander verwiesen. Da die Seele ohne sinnliche Vorstellungen nicht denken kann, und die allgemeine Wahrnehmung der Form das tertium comparationis von Subjekt und Objekt darstellt, kommt es zu der Unterscheidung zwischen manifesten und okkulten Qualitäten. Sofern ein Objekt wahrgenommen wird, ähneln die Formen der Vorstellung den durch die Sinne wahrgenommenen Objekten und es erhält qua Sinneswahrnehmung eine manifeste Qualität. Das Fehlen einer solchen Wahrnehmung hatte hingegen deprivativen Charakter und führte gemäß

---

351 Cf. `Sententia in librum Physicae´. In: Opera omnia, Bd. II, Roma 1884, lib. 1, 1.
352 "With the accomodation of Aristotelian realism in the thirteenth century, the demarcation between reason and revelation was established around the level of sense perception: if an entity could not be sensed, then it was unlikely that God wished ordinary men to understand that entity.", cf. Keith Hutchinson: What happened to Occult Qualities in the Scientific Revolution? In: ISIS 73/1982, pp. 233-253, hier: p. 236.

der zugrundeliegenden Erkenntnistheorie zu einer okkulten Qualität und war damit a fortiori unabhängig von menschlicher Wahrnehmung und Wahrnehmbarkeit.[353]

Bedingt durch die Krise der aristotelischen Philosophie hinsichtlich ihrer Erklärungsvalenz von naturphilosophischen Phänomenen wird der Begriff `qualitas occulta´ frühestens mit Nicole d´Oresme und spätestens mit Galileo zum Inbegriff eines epistemologischen und philosophischen Dogmatismus. Die Versuche, bei zunehmender Kenntnis der Natur den Gebrauch der Erklärungskategorie `okkulte Qualitäten´ einzuschränken, ihn als erkenntnistheoretisch unzeitgemäß darzustellen oder ihn ganz zu vermeiden, schlugen zum Teil seltsame Kapriolen.

Galileo geht bei der Verurteilung dieses naturphilosophischen Dogmatismus sogar so weit, "in der Theorie der Gezeiten alle bekannten Einflußweisen des Himmels"[354] zu ignorieren, da die okkulten Qualitäten, i.e. die Wirkweise der Sterne auf die sublunare Welt, nichts anderes seien als ein Ausdruck des `non lo so´, d.h. eines `asylum ignorantiae´[355].

Unter dem Einfluß zunehmend genauer werdender naturphilosophischer Forschung und der kritischen Sichtung aristotelischer Topoi innerhalb der Renaissance beginnt auch eine Umorientierung hinsichtlich der Idee `okkulter Qualitäten´, die gerade wegen ihrer nicht unmittelbaren Wahrnehmbarkeit als Erklärungshypothesen Verwendung fanden. Damit ändert sich einerseits der Begriff der `Qualität´, der fortan weniger den kategorialen Wesensbegriff meint als vielmehr eine definitorische Merkmalsbestimmung von Objekten, und andererseits auch die attributive Kennzeichnung `okkult´. Okkult ist in der Folge nicht allein mehr die Kennzeichnung der erkenntnistheoretisch `verborgenen´ Qualität, die als Sammelsurium diejenigen Kennzeichnungen umfaßt, die jenseits der vier Qualitäten `Haltung´, `Veranlagung´, `Sinnesqualität´ und `Figur´ bzw. `Form´ liegen, sondern die phänomen-orientierte Bestimmung von Wirkkräften und ihren Ursachen, die als Unbekannte, zugleich aber als epistemologische Konstante naturerklärenden Theorien innewohnt.

---

[353] Cf. Hutchinson, op. cit., p. 238 und Thomas von Aquin: Sententia de librum De anima, p. 456 und ders.: Summa theologia 1a, 2ae, 91, 4.
[354] Blum, op. cit., sp. 1745.
[355] Cf. J.C. Scaliger: Exotericarum exercitationum... de subtilitate, Paris 1557, exerc. 344, dist. 8.

Der Arzt und Chemiker Daniel Sennert (1572-1637) aus Wittenberg benutzt den Begriff `okkulte Qualität´ in diesem Sinne. Qualitäten sind mit Bezug auf menschliches Wissen und Verstand unterteilt in manifeste und okkulte. Die manifesten sind diejenigen, die leicht einsehbar und durch und mit Hilfe der Sinne sofort erfahrbar sind, so das Licht in den Sternen, Schwere, Leichte u.s.w.

Okkulte oder verborgene Qualitäten hingegen sind solche, die nicht unmittelbar durch die Sinne erfahren werden, sondern deren Kraft sich durch ihre mittelbare Wirkung zeigt, während ihre (wesenhafte) Wirkkraft unbekannt ist. Demnach sehen wir zwar, so Sennert, wie der Magnetstein Eisen anzieht, doch die Anziehungskraft selbst bleibt uns verborgen und vermag nicht durch die Sinne wahrgenommen zu werden. (...) In demselben Maße nehmen wir die Symptome mit unseren Sinnen wahr, die Gifte in unseren Körpern hervorrufen; doch die Qualitäten, wodurch sie die besagten Symptome bewirken, sind unseren Sinnen verborgen. Durch unsere Sinne empfinden wir die Hitze im Feuer dadurch, daß es heizt; doch dieses geschieht so nicht bei den Verfahren, die durch okkulte Qualitäten veranlaßt sind. Wir erfahren lediglich die Wirkungen, nicht aber die Qualitäten oder Ursachen, durch die sie veranlaßt wurden.[356]

In diesem Sinne sind in der Renaissance planetarische Einflüsse, magnetische Eigenschaften oder chemische, pflanzliche oder mineralische Ingredienzien in bestimmten Rezepturen angenommene und noch unpräzisierte Hypothesen innerhalb methodisch strukturierter Erklärungsverfahren. Die metaphorische Kennzeichnung dieser Hypothesen als `spiritus´, `Gott´, `sympathia´ oder `antipathia´ oder `archeus´ verführen dazu, die Untersuchungsverfahren als Mystizismen oder magische Traktate zu sehen, während für die Zeitgenossen im 16. und 17. Jahrhundert tatsächlich auch der naturwissenschaftliche Mehrwert zählte, allerdings in Verbindung mit der sprachlichen und logischen Permanenz aristotelischer Terminologie.

Dabei existierte die Bedeutung des göttlichen oder magischen Geheimnisses weiter, das in allen okkulten Handlungen mitschwang. Die Überwindung der unauslöschlichen Differenz zwischen der Menschen-

---

356 Cf. Daniel Sennert: Epitome naturalis scientiae, Wittenberg 1618, zit. nach der Ausgabe D.S.: Thirteen Books of Natural Philosophy, übers. von N. Culpepper und A. Cole, London 1631, pp. 29 und 431.

sprache, die nur beschreibt und erkennt, und der göttlichen Sprache, die schafft, blieb der zentrale Wunsch der Magoi. Der existentielle Sprung vom Nicht-Sein der Welt und der Natur zum Sein, der kabbalistisch durch `Zim-Zum´, durch die Einschränkung der göttlichen Unbegrenztheit geschieht, und der sowohl christologisch wie auch eschatologisch als das `Fleisch gewordene Wort Gottes´ bekannt war, war der Wunsch und das Richtmaß der magischen Handlungen und ihrer technischen Inventionen.

Bei Michel de Montaigne und auch bei William Gilbert zeigt sich, daß die Verwendung des Begriffs `okkulte Qualität´ neben praktisch-experimentellen Versuchen verwendet wurde, quasi "als Begriff für ein Forschungsdesiderat"[357], als eine Leerstelle, die die endgültige und abschließende Formulierung des Naturphänomens hätte leisten können oder sollen, aber formelhaft oder begrifflich nicht zur Verfügung stand. Erst mit der Weiterentwicklung methodisch-induktiver Theorien im späten 16. und 17. Jahrhundert konnten sowohl die ontologischen Kategorien benannt werden, um die Natur als kohärentes und zugleich intelligibles Gebilde zu verstehen, als auch die logischen Prüfverfahren entwickelt werden, um die Aussagen über die Natur zu bestätigen.

In der Kritik an der aristotelischen Schulphilosophie wurden diese methodischen und methodologisch wertvollen Konzepte für den modernen, naturwissenschaftlichen Erklärungsansatz leicht übersehen[358] bzw. als Ausdruck negativer Kontinuität und als scholastische Versatzstücke gewertet und abgetan. Daß die Begriffe und Konzeptionen der `magischen´ oder `okkulten´ Qualitäten damit ganze Forschungszweige und ihre Entdeckungen diskreditieren konnten, zeigt besonders deutlich der Wandel von der noch magisch bestimmten Alchimie zur naturwissenschaftlichen Chemie in der Renaissance.

---

[357] Blum, op. cit., sp. 1746.
[358] Cf. hierzu etwa die kritischen Ansätze von Descartes, Charleton oder Hobbes, der im `Leviathan´ schrieb: "... in many occasions (the Aristotelians,- Anm. d. Vf.) put for cause of Naturall events, their own Ignorance; but disguised in other words ... as when they attribute many Effects to occult qualities; that is, qualities not known to them; and therefore also (as they thinke) to no Man else. And to Sympathy, Antipathy, Antiperistasis Specificall Qualities, and other like Termes, which signifie neither the Agent that produceth them, nor the Operation by which they are produced.", cf. ibid., London 1973, pp. 371-372.

7. Kapitel:
Geheimnis und Praxis: der Übergang von `al-kimiya´ zu Chemie

Quintia Essentia, Das ist die Hoechste subtilitet
Krafft und wirckung beyder der fuertrefflichsten
und menschlichen geschlecht am nuetzlichsten
Kuensten der Medicin und Alchemy.
Leonhard Thurneisser zum Thurn (1531-1596)

Die Einheitlichkeit der Naturentschlüsselung geht einher mit der supponierten Gleichförmigkeit der Natur. Dies zeigt sich besonders in dem Teil der Geschichte der Chemie, der gemeinhin Alchimie genannt wird und etwa im 12. Jahrhundert beginnt und mit der Experimentalisierung der Wissenschaft mit Robert Boyle (1627-1691), Georg Ernst Stahl (1660-1734) und Antoine Laurent Lavoisier (1743-1794) endet.[359]

Sofern die vorausgesetzte Homogenität der Natur deren analoge Erfahrbarkeit impliziert, kann man durchaus von der `geschlossenen Welt´ der Renaissance reden, und zurecht behaupten, daß astrologische Studien, alchimistische Geheim- und Lehrbücher, okkulte Medizintraktate und mystisch-philosophische Abhandlungen grundsätzlich demselben Wahrnehmungs- und Denkmuster verpflichtet waren wie physiognomische Studien oder medizinische Untersuchungen. Dies impliziert ein Verständnis- und Darstellungsmuster, dem die "wirklichkeitsverändernde Symbolik von Buchstaben, Wörtern und Zahlen"[360] damit ebenso zugrundeliegt wie die Allbeseelung der Natur und des Menschen und damit die Parallelisierung beider im philosophisch-animistischen Sinne von Makroskosmos und Mikrokosmos.

Insofern drängt sich hier der Schluß auf: "Je stärker die Neigung zur Gesamterklärung, zur Rückbindung in den *einen* Grund des Ganzen sich durchsetzt, je stärker die Verwandtschaft von Seinsbereichen, ja ihre letztliche Unität bei schwindender Differenzierung das Denken beherrscht, desto deutlicher die mystische Richtung, desto deutlicher in

---

[359] Cf. Paul Walden: Geschichte der Chemie, 2. Aufl. Bonn 1950.
[360] Gerl, op. cit., p. 73.

praxi auch die magischen Versuche."[361] Daß und wie die mystisch-magischen Welterklärungsmodelle auf die experimentell-induktiven vorausdeuten und dabei mit diesen durchaus kompatibel sind, soll im Folgenden für die chemischen Wissenschaften und Künste gezeigt werden.

Die Anwendung chemischer Verfahren - so wird man leicht in jedem chemiehistorischen Lehrbuch[362] nachlesen können - beginnt nachweisbar in Ägypten und war häufig mit religiösen Handlungen verknüpft. Das Einbalsamieren der Toten war in chemisch-technischer Hinsicht zwar lediglich die Konservierung des menschlichen Körpers durch die Verwendung von Räuchermitteln und Harzen, die Wirkung jedoch war religiös-mythisch interpretierbar als die Überwindung menschlicher Endlichkeit und Verwesung. Die Substanz des Mekka- oder Gilead-Balsam (i.e. Commiphora balsamum) wurde nicht nur als Salbe und Heilmittel benutzt, sondern als Opfergabe und Wundermittel verwendet. In mythologischer Hinsicht war Thoth, der ibis-köpfige Gott der Weisheit, die Personifizierung chemischen Wissens. Durch die Adaptation der Griechen an das Wissen und die Mythologien der Ägypter wurde jedoch in der ionischen Philosophie Hermes zum Hüter chemischer Weisheit. Dies führte in griechischer Tradition dazu, daß naturphilosophische und neuplatonische Lehren identifiziert und die Kunst der Chemie mit Religion assoziiert wurden und "das gemeine Volk die Ausübenden dieser Kunst als Meister einer Geheimkunst und als Beherrscher eines gefährlichen Wissens (fürchteten) ...".[363]

---

[361] Gerl, op. cit., p. 71.

[362] Cf. u.a. Johann Friedrich Gmelin: Geschichte der Chemie. Seit dem Wieder-aufleben der Wissenschaften bis an das Ende des 18. Jahrhunderts, Göttingen 1797, repr. Hildesheim 1965; Isaac Asimow: Kleine Geschichte der Chemie. Vom Feuerstein bis zur Kernspaltung, München 1969; Paul Walden, op. cit.; Wilhelm Strube: Der historische Weg der Chemie, Bd. 1: Von der Urzeit bis zur industriellen Revolution, 4. Aufl. Leipzig 1984; Eberhard Schmauderer (Hg.): Der Chemiker im Wandel der Zeiten, Weinheim 1973 und Christoph Meinel (Hg.): Die Alchemie in der europäischen Kultur- und Wissenschaftsgeschichte, Wiesbaden 1986 (= Wolfenbütteler Forschungen, 32).

[363] Georg Schwedt: Chemie zwischen Magie und Wissenschaft. Ex Bibliotheca Chymica 1500-1800, Weinheim 1991, p. 16 und cf. Asimow, op. cit. Hier heißt es weiter: "... der Astrologe mit seiner gefürchteten Kenntnis der Zukunft, der Chemiker mit seiner furchterregenden Gabe, Substanzen umzuwandeln, sogar der Priester mit seinen verborgenen Geheimnissen um die Versöhnung der Götter und seine Fähigkeit, Flüche auszusprechen - sie alle dienten als Vorbilder für die Volkssagen von Magiern, Hexenmeistern und Zauberern."

Die Furcht der laienhaften Öffentlichkeit bedingte wiederum die Macht der Eingeweihten, die obendrein ihre Kenntnisse mit Symbolen und Hermetismen[364] chiffrierten und damit - bewußt oder unbewußt - zweierlei bewirkten: Ein Austausch unter den `Chemikern´ hinsichtlich ihrer Ergebnisse konnte aufgrund dieser Geheimniskrämereien nicht stattfinden, so daß die `magic community´ nur isoliert und individualistisch arbeiten konnte. Zum anderen war damit auch eine ernsthafte Unterscheidung zwischen Gauklern und Forschern nicht möglich, was auch zur Abwertung des ganzen, auch technisch-wissenschaftlichen Unterfangens führte.

Im 7. Jahrhundert wurde der griechische Begriff dann arabisiert zu al-kimiya[365], den wiederum die Europäer als Alchimie übernahmen und bis zum Jahre 1600 stellvertretend für chemische Versuche und die Herstellung von unterschiedlichen Rezepturen verwandten.

Bis zum ersten Jahrtausend war die Alchimie jedoch arabisch dominiert. Der damals namhafteste Alchimist war Dschabir ibn-Hayyan ibn-Abdallah (ca. 760-815), auch bekannt unter dem Namen `Geber´, der zahlreiche Schriften verfaßte und als erster die Herstellung der anorganischen Verbindungen Ammoniumchlorid, Bleiweiß und Weinessig beschrieb.[366] Wichtiger noch als diese chemischen Inventionen sind seine Studien zur Metallumwandlung, die auf den beiden Annahmen beruhen, daß Quecksilber das reinste Metall sei, da es aufgrund seiner Flüssigkeitsstruktur am wenigsten mit anderen Elementen vermischt sei, und Schwefel das magischste Element darstelle aufgrund seiner leichten Brennbarkeit und seiner goldenen Farbe. Eine Mischung von beiden Substanzen, die jedem Metall in unterschiedlicher Zusammensetzung zugrundeliegen, so Geber, müsse demnach auch in der Lage sein, Gold synthetisch entstehen zu lassen. Gemäß alter

---

364 Hierzu gehören u.a. der Ouroboros, die sich in den Schwanz beißende Schlange, der Androgyn und auch das Ei, als Zeichen der Vereinigkeit. Cf. hier auch den unzureichenden Artikel von G. Kerstein: Art. `Alchemie´. In: HWPh Bd. 1, sp. 148-150.

365 Arabische Begriffe sind auch alembic (engl. Destillierkolben), Alkali, Alkohol, carboy (engl. Glasballon), Naphta u.a.

366 Cf. die Renaissance-Ausgaben `Das buoch geberi Des hoch berümpten Phylosophy vonn der verborgenheyt der Alchimia/ kürtzlich in dreyer bücher getheylt/ und geschicklicher weiß eröffnet/ dise kunst wie sye zu ergründenn oder zu fynden sy´, Straßburg 1515 und `Geberi Philosophi ac Alchistae, Maximi, de Alchimia. Libri tres´, Argentorati 1529

Überlieferungen mußte die dafür notwendige Essenz ein trockenes Pulver sein, das die Griechen ξηρός nannten und das zu arabisch al-iksir und schließlich zu `Elixier´[367] wurde. Aufgrund seiner trockenen und erdigen Substanz wurde es in der Folge auch als Philosophen-Stein bezeichnet und stand nunmehr als Synonym für Panazee, i.e. das Allheilmittel schlechthin, und für `aurum potabile´, d.h. für alle verfügbaren Rezepturen für Verjüngung und Unsterblichkeit[368].

In der Tradition Gebers kann man bis kurz nach der Jahrtausendwende zwei parallel verlaufende alchimistische Richtungen verfolgen. Zum einen die der mineralogischen oder anorganischen Alchimie, die weiterhin mit dem Auffinden des Steins der Weisen beschäftigt war, und die der Medizin, die jedoch nach wie vor noch die Suche nach dem Allheilmittel meinte und erstrebte. Dieser Richtung gehören u.a. der persische Alchimist Al-Razi (ca. 850-925) und auch Ibn-Sina (979-1037), besser bekannt als Avicenna[369], mit ihren Versuchen an.

Bis 1500 zeigt sich, daß die praktischen Aspekte der Herstellung von Legierungen, der Gewinnung von Metallen und Metallfarben zunehmend an Bedeutung gewinnen. Dies meint allerdings nicht, daß in den meisten alchimistischen Werken nicht weiterhin okkulte und hermetische Formeln und Sequenzen auftreten, wie bekanntlich in den einschlägigen Traktaten bei Albertus Magnus[370], Raimundus Lullus[371]

---

[367] Neben dem `großen´ Elixier, mit dem man Gold herstellen konnte, gab es auch das `kleine´, das Silber synthetisieren sollte.

[368] Cf. P. Diepgen: Das Elixier, Frankfurt/M. 1951, p. 11 ff.

[369] Cf. hier `Artis chemicae principes, Avicenna atque Geber, hoc Volumine Continentur. Quorum alter unquam hactenus in lucem prodijt: alter vero vetustis exem platibus collatus, atq elegantioribus et pluribus figuris quam antehac illustratus, doctrinae huius profeßoribus, hac nostra editione tum iucundior, tum utilior uuasit´, Basel 1572.

[370] `Liber Minerali/ um Domini Alberti Magni/ Alemanni/ ex Laugingen oriundis, Ratisponensis Ecclesie Episcopus, Virin Duinis scripturis Doctissimus, et in Secularis Philosophia Scia Peretissimus Sequitur´, Oppenheym 1518 mit Traktate über De Lapidu Geman, Materia, Accidentibis, Causis, Locis, Coloribus, Virtutibus, Ymaginibus, Sigillis, De Alchemicis Speciebus/ Operantionibus et Utilitatibus, De Metallorum. Origine et Inuentione, Generatione, et Causis, Congelatione, Liquefactione, Ductibilitate, Cremabilitate, Colore, et Sapore, Operatione, Virtute, Transmutatione. Cf. hier auch G. Schwedt: Zum 700. Todestag von Albertus Magnus. Sein Wirken und Wissen als Naturforscher des Mittelalters. In: Naturwissenschaftliche Rundschau 34/1981, pp. 181-187.

[371] `Raimundi Lulli Maiorici Philosophi acutissimi, mediciae, celeberrimi, De secretis naturae siue Quinta essentia libri duo, His accesserunt, Alberti Magni

Roger Bacon[372] und Arnaldus de Villa Nova[373]. Man kann vielmehr beobachten, daß mit Zunahme einer eher technisch-praktischen Chemie, wie sie sich zu Beginn des 16. Jahrhunderts entwickelt, die alchimistischen Traktate an Obskurität zunehmen. Dies drückt sich in der Folge dann auch in der Bezeichnung des Tätigkeitsfeldes aus, das ab 1528 eher mit `Chemy´ als mit Alchimie gekennzeichnet wird.[374]

Die schillerndste Figur im 16. Jahrhundert ist hier zweifelsohne der Naturphilosoph Philippus Aureolus Paracelsus Theophrastus Bombastus von Hohenheim, kurz: Paracelsus von Hohenheim (1493/4-1541) genannt. Die Schriften des Arztes und Philosophen zeigen in nuce die Spannung und Oszillation der chemischen Naturforschung, die sich zwischen Mystik und Wissenschaft bewegt. Paracelsus gründet seine iatrochemische Heilkunst auf einem kosmologischen Entwurf, der die

---

Summi Philosophi, De Mineralibus et rebus metallicis Libri quinqe´, Argentinensem 1541 und Köln 1567.

[372] `Sanioris medicin et Magistri D. Rogeri Baconis Angli, De Arte Chymiae scripta. Cui Acesserunt opuscula alia eiusdem Authoris´, Frankfurt/M. 1603.

[373] Chymische Schriften, Frankfurt/Hamburg 1633, ND Stockholm 1973. In dem `Rosarius Philosophorum´ heißt es: "So habt derowegen Achtung auf die Wort/ und merket die Geheimnuß mit Fleiß/ dann in diesem Werck wird erkläret/ welches der Stein sey/ alldieweil der Anfang seiner Arbeit und Wirckung seine Aufflösung ist. Derohalben muß man ihn sublimiren/ figiren/ und calciniren/ damit er endlich ein Argentum vivum solviret und aufgelöst werde/ welches dann bey den Philosophen das Widerspiel ist und heisset. Daher dann auch die Philosophen sprechen: Wofern die Cörper nicht unleiblich oder flüchtig werden/ also daß sie keine Cörper mehr seynd/ und also herwider/ so richtet ihr in eurem Werck nichts aus. So ist derowegen der wahre Anfang unseres Wercks die Cissolution und Aufflösung des Steins: Dann wann die Cörper solvieret sind/ so seynd sie in die Natur der Geister gebracht/ wofern sie nicht allezit fix seynd/ dann sonst sublimiret sich der Geist damit/ alldieweil die Solution des Cörpers mit der Congelation des Geistes geschieht/ und die Congelation des Geistes ist zugleich bey der Solution des Cörpers/ dann zu der Zeit vermischet er sich mit den Geistern/ oder mit ihm/ ein Cörper/ also daß sie nimmermehr widerum von einander geschieden werden können/ gleichwie ein Wasser/ welches mit Wasser vermischet wird/ sich nicht widerum von einander scheiden lässet. Alsdann seynd sie alle widerum in ihre erste Homogeneische oder einerlei Geschlechs Natur bebracht. Die erste Homogeneitas aber der Metalle ist das argentum vivum. Wann sie derowegen in dierselbigen Homogeneität soviret werden/ so werden sie zugleich miteinander zusammen gefüget und dermaßen vereinbaret/ daß sie nicht wieder von einander geschieden werden können/ sintemal alsdann ihrer jegliches in seinen Gesellen wircket: Un der Ursach wegen spricht Aristoteles, daß die Alchimisten nit wahrhaftig die Cörper der Metallen verwandeln können/ es sey dann/ daß sie zuvor widerum in ihre primam Materiam gebracht werden/ dann auf solche Weise könen sie wohl eine andere Form/ als sie vor dessen gehat/ An sich nehmen...", ibid. p. 16.

[374] Die endgültige Diskreditierung des Begriffs `Alchimie´ ist erst mehr als 250 Jahre später festzumachen und liegt in der Zeit zwischen 1780 und 1810.

Welt als audrücklichen Willensakt Gottes versteht. Aus der mütterlichen Urmaterie, dem Yliaster oder Chaos, entwachsen durch Gottes Willen und als Befruchtung die Elemente, der Makrokosmos und die Einzelgeschöpfe. Durch `separatio´ entstehen aus dem Urstoff nachgeordnete und kleinere Welten qua `mysteria specialis´, die in ihrer Struktur jedoch dem `mysterium magnum´ vollkommen gleichen. In diesem Gebilde sind alle Einzelgeschöpfe aus dem ausdrücklichen Willen Gottes entstanden und Spiegelungen der siderischen Kräfte, die sich in der Bewegung der Gestirne zeigen. In der vereinigenden Sicht beider Welten aber erst zeigt sich das ganze Universum. Ebenso wie sich die translunare Welt in der sublunaren Sphäre `spiegelt´, entspricht der Mikrokosmos `Mensch´ dem universalen Makrokosmos. "Ausgezeichnet vor allen Wesen, hat Gott den Menschen aus einer `massa´ geschaffen, einem Konzentrat aus allen Elementen, Gestirnen und sonstigen Kräften: `alle der Welt Eigenschaft´ prägt sich an ihm aus, zugleich aber Gott selbst. Der Mensch ist Quintessenz der Schöpfung, `Mittel´ und `Zentrum der ganzen Welt´, in der Mitte zwischen Himmel und Erde, die `große Komposition´, an der alle Konkordanzen ablesbar sind."[375]

Nicht nur die Strukturen von Mikro- und Makrokosmos sind identisch, sondern auch die Elemente, die beiden K o s m e n zugrundeliegen. Wie nämlich die drei Urstoffe Schwefel, Quecksilber und Salz aus dem gestaltlosen Yliaster entstehen und sich aus deren Verbindung wiederum die Elemente Wasser, Feuer, Erde und Luft bilden, so gilt gleiches für den Mikrokosmos Mensch, der aus den Grundlementen Sulphur (Brennbarkeit), Mercurius (Beweglichkeit und Flüchtigkeit) und Sal (Feuerbeständigkeit und Feste) besteht. Die Harmonie, d.h. die abgestimmte `Temperatur´ der drei Substanzen, ist der Leben sichernde Zustand; dessen Ende qua Unausgewogenheit oder Disharmonie ist hingegen die sicherste aller möglichen Todesursachen.[376]

---

[375] Gerl, loc. cit.
[376] Cf. besonders das 2. Buch von Paracelsus´ `Das Buch Paramirum, dess ehrwirdigen hocherfarenen Avreoli Theophrasti von Hohenheym, darinn die ware ursachen der Kranckheyten, und volkomne cur in kürtze erkleret wird, allen artzten nützlich, unnd notwendig´, entstanden vor 1531, postum erschienen Mühlhausen 1562, hg. von A. von Bodenstein; cf. auch Walter Pagel: Paracelsus, An Introduction to Philosophical Medicine in the Era of the Renaissance, Basel/New York 1958, p. 85 ff.

Der Kosmogonie entspricht damit eine Ätiologie, die nicht von außen heilt, sondern von innen, aufgrund und durch das der Welt innewohnende Lebensprinzip `archeus´, das auch im Mikrokosmos `Mensch´ vorfindbar ist: "Aus der Natur kommt die Krankheit, und die Arznei, aus dem Arzt nit."

Medizin ist somit für Paracelsus und seine wissenschaftliche Generation der Bereich, in dem physikalische und transphysische Kräfte ineinandergreifen und sich bedingen.

In der ersten größeren Traktatsammlung `Das Buch Paragranum Aureoli Theophrasti Paracelsi, Darinn die vier Columnae, als da ist, Philosophia, Astronomia, Alchimia, unnd Virtus, Auff welche Theophrasti Medicin fundiert ist, Tractirt werden´[377], verfaßt um 1530, bricht Paracelsus mit den alten Autoritäten Aristoteles und Galen und proklamiert die `neue Monarchie´. Dieser gemäß markieren Philosophie, die den Ursprung der natürlichen Dinge behandelt, Astronomie, i.e. Astrologie im engeren Sinne, Alchimie und Tugend, `ohne die alles Wissen eitel ist´, diejenigen Wissenschaftsbereiche, die dem Menschen erlauben, die Schöpfung Gottes zum Abschluß zu bringen.

Neben dieser zum Teil vitalistisch und animistisch anmutenden Weltsicht, die Paracelsus zumindest in philosophischer Hinsicht in die unmittelbare Nähe zu den deutschen Renaissancephilosophen und Mystikern Johannes Reuchlin (1455-1522), Agrippa von Nettesheim (1486-1535) und Jacob Böhme (1575-1624) rücken läßt[378], zeigt sich eine experimentell-praktische Tendenz, die es erlaubt, Paracelsus der Gruppe der Naturforscher oder besser: den `naturforschenden Philosophen´ zuzuordnen. Hiermit ist nun nicht die Alchimie oder Magie gemeint, die "Zauberkräfte der Natur, so auf den Nutzen, und die Belustigung angewandt"[379] kannte und eher auf Jahrmärkten und an

---

377 Postum erschienen Frankfurt/M. 1565, hg. von A. von Bodenstein; neu abgedruckt in: Sämtliche Werke. Abt. 1: Medizinische, naturwissenschaftliche und philosophische Schriften, hg. von Karl Sudhoff, Berlin 1922-1933, und von Kurt Goldammer, Wiesbaden 1955, repr. 1985.

378 Cf. etwa die Kapiteleinteilung bei Gerl, op. cit., die, anders als Vorländer (Geschichte der Philosophie, Bd. 2, Teil 2, pp. 317 ff.), sogar nicht einmal mehr zwischen `Mystik´ und `Naturphilosophie´ unterscheidet.

379 Cf. Johann Samuel Halle: Magie oder die Zauberkräfte der Natur, so auf den Nutzen, und die Belustigung angewandt worden, von Johann Samuel Halle, Professoren des Königlich-Preußischen Corps des Cadets zu Berlin, 17 Bde., Berlin 1788 ff.

Fürstenhöfen anzutreffen war als in `wissenschaftlich´ zu nennenden und experimentell arbeitenden Werkstätten. Vielmehr sind dies die Experimentatoren, die entweder als Ärzte, Pharmazeuten oder als Lehrer der `Naturwissenschaften´ tätig waren und in ihren Lehrbüchern diejenigen Techniken veröffentlichen, die in Schmieden oder Praxen und Laboratorien täglich angewandt wurden[380].

Bei Hieronymus Brunschwygk (1430-1512/3), einem praktizierenden Arzt und geschickten Medikamentenhersteller, finden sich die ersten dezidierten Beschreibungen chemischer Apparate, die für die Destillation benötigt wurden.[381] Georg Agricola (1494-1555) benennt in seinem Hauptwerk `De re metallica, libri XII´, gedruckt 1556, die wichtigsten Methoden der Metallgewinnung und die verschiedenen, damals noch kaum bekannten chemischen Verbindungen. In der Schrift `Rechter Gebrauch d Alchimei´ beschreibt er aphoristisch die Bereiche der Alchimie und stellt ihre Symbole und gängigsten Begriffe zusammen.[382]

In diesen literarisch-praktischen Kontext gehört auch der Arzt und Philosoph Andreas Libavius (ca. 1550-1616), der das erste Lehrbuch der Chemie 1597 schrieb[383], eines der ersten Labors besaß und dessen

---

[380] Cf. auch Nancy G. Siraisi: Medieval and Early Renaissance Medicine. An Introduction to Knowledge and Practice, The University of Chicago Press, Chicago/London 1990, bes. pp. 17 ff. und 153 ff.

[381] Cf. seine Schrift `Das nüwe distilier buoch der rechte kunst zu distilieren und auch dar zu die wasser zu brennen/ mit figuren angezöget Erstmals von meyster Iheronimo Brunschweick zusamen coligiert/ und dabei von Marsilio ficino des langen gesunden lebens/ als er an jm selbt bewert/ hundert un sechszehen jar rüiglich gelebt hat/ und mit vil guter stück Dere aber so vil/ das mancher nicht acht/ Hon doch etlich gerombt vil versucht die jn zu nutz kummen sein/ hierumb ist es ietzt wider neuw getruckt zu gut allen menschen´, Straßburg 1528.

[382] `Rechter Gebrauch d Alchimei/ Mitt vil bißher verborgenen/ nutzbaren unnd lustigen Künsten/ Nit allein den für witzigen Alchimis=misten/ Sonder allen kunstbaren Werckleutten/ in und ausserhalb feurs. Auch sunst aller menglichen inn vil wege zugebrauchen. Die Character/ Figürliche bedeuttungen/ und namen der Metall/ Corpus und Spiritus. Der Alchimistischen verlateineten woerter außlegung. Register am volgenden blat.´, o.O. 1531. Agricola studierte von 1514 bis 1517 an der Universität Leipzig Theologie, danach Philosophie, wurde Schulmeister und anschließend Rektor in Zwickau, studierte danach erneut in Leipzig die Naturwissenschaften und Medizin und war ab 1531 Stadtarzt und Bürgermeister in Chemnitz. In den 20er Jahren führten ihn einige Studienreisen nach Bologna, Padua, Rom und Venedig. Cf. auch Schwedt, op. cit.. p. 43 f.

[383] `D.O.M.A. Alchemia Andreae Libavii Med. D. Poet. Physici Rotemburg. opera E Dispersis passim optimorum autorum, veterum et recentium exemplis potissimum, tum etiam praeceptis quibusdam operosé collecta, adhibitisq; ratione et experientia, quanta potuit esse, methodo accurata explicata, et c. In integrum

alchimistische Werke mehrere Auflagen erlebten. Zwölf Jahre später kam es aufgrund seiner Anregung auch zur Gründung des ersten Lehrstuhls für Chemie an der Universität Marburg.

Unter den gelehrten, wenngleich in der Regel nicht akademisch wirkenden Forschern finden sich jedoch auch einige changierende Gestalten, wie etwa Leonhard Thurneisser zum Thurn (1531-1596), der gleichermaßen mit der Herstellung und Produktion von chemischen Erzeugnissen beschäftigt waren und doch - oder gerade deswegen - der Scharlatanerei bezichtigt wurde.[384] Als Gründer eines Versuchslabors in Berlin befaßte er sich mit Mineralwasseranalysen und der Salpeter- und Alaunproduktion, nachdem er zuvor in England und Frankreich als Goldschmied und Arzt gearbeitet hatte, Aufseher eines Bergwerks war und später Leibarzt des brandenburgischen Kurfürsten und Leiter eines Manufakturbetriebes für pharmazeutisch-kosmetische Erzeugnisse wurde.[385]

Im Kontext zwischen Magie und Wissenschaft findet man auch den Salzfabrikanten und Kämmerer Johann Thoelde aus Frankenhausen[386], der 1602 verschiedene Schriften eines gewissen Valentinus Basilius´, Benediktinermönch in Erfurt im 15. Jahrhundert, herausgab, dessen

---

corpus redacta´, Frankfurt 1597, zusammen abgedruckt mit `Commentationum metallicarum libri quatuor de natura metallorum, Mercurio philosophorum, Azotho, et lapide seu tinctira a physicorum conficienda, è rerum natura, experientia, et autorum praestantium fide. Studio et Labore´.

384 Cf. `Quinta Essentia Das ist die Hoechste Subtilitet/ Krafft/ und Wirkung/ beider der Furtrefelichisten (und menschlichem geschlecht den nutzlichisten) Koensten der Medicina/ und Alchemia, auch wie nahe dise beide/ mit Sibschafft/ Gefrint/ Verwant. Und das eine On beystant der andren/ Kein nutz sey/ und in Menschlichen Coerpern/ zu wircken kein Krafft hab. Vergleichung der Alten und Newen Medicin, undwie alle Subtiliteten Aufgezogen/ die Element gescheiden/ alle Corpora Gemutiert/ unnd das die Minerischen corpora allen anderen Simplicibus, es seyen Kreiter/ Wurtzen/ Confecten/ Steinen/ etc. Nit allein gleich/ sonder an Kreften (auß unnd Innerhalb Menschlichs Coerpels) uberlegen syen. Zu Sondrer Dancksagunge/ auch Ehr/ und Wolgefallen/ dem Edlen/ Vesten/ Hern Johan von der Berswort/ auch allen Kunstlibenden/ Durch Leonhart Turneisser zum Thurn/ in dreyzehen Bücheren Reymenwyess an tag gebn´, Münster 1570.
385 Cf. Rudolf Schmitz: Medizin und Pharmazie in der Kosmologie Leonhard Thurnheissers zum Thurn. In: Zwischen Wahn, Glaube und Wissenschaft. Magie, Astrologie, Alchemie und Wissenschaftsgeschichte, hg. von Jean-Francois Bergier, Zürich 1988, pp. 141-166.
386 `Haligraphia, das ist/ Gründliche und eigentliche Beschreibung aller Saltz Mineralien. Darin von deß Saltzes erster Materia/ Ursprung/ Geschlecht/ Unterscheid/ Eigenschafft/ Wie man auch die Saltzwasser probiren/ Die Saltzsol durch vielerley Art künstlich zu gut sieden...´, Leipzig 1603.

Identität historisch bislang aber nicht verifiziert werden konnte[387]. Diese Schriften beinhalten sowohl die Erörterung des "Chymischen Schlüssel, Das ist: Kurtzer Bericht/ wie man aller Metallen und Mineralien Natur und Eigenschafft auff das leichteste erkundigen und erforschen solle"[388] wie auch die "Geheimen Bücher oder das letzte Testament. Vom grossen Stein der Vralten Weisen vnd andern verborgenen Geheimnussen der Natur"[389].

Bis zum Ende des 17. Jahrhunderts nimmt, so kann man die weitere Entwicklung zusammenfassen, die Anzahl derjenigen Schriften zu, die sich mit konkreten `observationes´, `acta laboratorii´ und `institutiones chemiae dogmaticae et experimentalis´ beschäftigen. Alle diese Schriften rekurrieren weniger auf universale und kosmologische Erklärungsformen, als daß sie die konkreten Wirkungen und Verbindungen einzelner Substanzen untersuchen und zu Bestandskatalogen zusammenfassen. Die zunehmende Empirisierung bei gleichzeitigem Abnehmen der Bedeutung kosmologischer Entwürfe zeigt sich besonders deutlich bei den Technik-Wissenschaftlern Johann Kunckel (1630-1703), der als Direktor des Dresdner Laboratoriums am sächsischen Hof das Rubinglas entdeckte und herstellte, und bei Johann Joachim Becher (1635-1682), dem Erfinder des gleichnamigen Laborofens und Entwickler von neuen Metall- und Kohleverarbeitungstechniken.

Wenngleich also die eigentliche `Grundlegung der klassischen Chemie´ erst im 18. Jahrundert erfolgt und hier besonders durch die

---

[387] Cf. W. Müller: Basilius Valentinus. In: Lexikon bedeutender Chemiker, Frankfurt/M. 1989 und Claus Priesner: Johann Thoelde und die Schriften des Basilius Valentinus. In: Die Alchemie in der europäischen Kultur- und Wissenschaftsgeschichte, hg. von Christoph Meinel, Wiesbaden 1986; hierzu auch Schwedt, op. cit., pp. 58 ff.

[388] Cf. den Anhang zu Valentin Basilius´: Benedictiner Ordens Letztes Testament/ Darinnen die Geheime Bücher vom grossen Stein der uralten Weisen/ und anderen verborgenen Geheimnissen der Natur..., Straßburg 1712.

[389] Straßburg 1645. Darin: `Ander Theil/ Geheimer Bücher oder Testament/ Darinnen mit wenig Worten/vnnd auff das kürtzest widerholet werden etliche der fürnembsten Wissenschafte des Ersten Buchs/ doch nicht allein wie es die Natur vnder der Erden hält/ sondern auch wie die Metalla bubnehr generirt/ gebohren werden/ vnd an Tag kommen; Als Gold/ Solber/ Kupffer/ Eysen/ Zinn/ Bley/ Quecksilber vnd andere mineralia. Deßgleichen auch wie Edel=Gestein/ so wol die Metall Arten gefärbet/ erkandt/ vnnd mit GOTTES heylwertigem Wort verglichen werden. - Dritte Buch oder Theil/ Von dem Vniversal dieser ganzten Welt/ sampt vollkomener Erklärung der Zwölff Schlüssel/ vnd von den wahren außerdrücklichen Namen der Materien.

Diskussion zwischen Phlogistontheorie und antiphlogistischer Chemie manifest und theoretisch wird, und das `Zeitalter der wissenschaftlichen Chemie´ historiographisch sogar erst mit den Versuchen Priestleys und Lavoisiers beginnt[390], kann man sagen, daß die magisch-okkulten Praktiken sowohl die technischen Standards als auch die motivationalen Gründe, nach einheitlichen Methoden und Methodologien zu suchen, vorangetrieben haben, auch wenn die mystisch-vitalistischen Darstellungen die Lektüre der einschlägigen Schriften dieser Zeit nicht nur erschweren, sondern häufig nahezu unmöglich machen. Von den einzelwissenschaftlichen Ergebnissen her gesehen, die von den magischen Kontexten schlechterdings nicht zu trennen sind, besitzt die Alchimie des 16. Jahrhunderts bereits wissenschaftliches Niveau. "Die Alchemie ist (also) niemals etwas anderes als die Chemie gewesen; ihre beständige Verwechselung mit der Goldmacherei des 16. und 17. Jahrhunderts ist die größte Ungerechtigkeit. Unter den Alchemisten befand sich stets ein Kern echter Naturforscher, die sich in ihren theoretischen Ansichten häufig selbst täuschten, während die fahrenden Goldköche sich und andere betrogen. Die Alchemie war die Wissenschaft, sie schloß alle technisch-chemischen Gewerbezweige in sich ein. Was Glauber[391], Böttger[392], Kunckel in dieser Richtung leisteten, kann kühn den größten Entdeckungen unseres Jahrhunderts an die Seite gestellt werden."[393]

---

390 Cf. hierzu Hans Wußing (Hg.): Geschichte der Naturwissenschaften, Köln 1983 und Elisabeth Ströker: Theoriewandel in der Wissenschaftsgeschichte, Chemie im 18. Jahrhundert, Frankfurt/M. 1982, sowie Schwedt, op. cit., pp. 93 ff.

391 Johann Rudolph Glauber (1604-1670) war der bedeutendste Vertreter der angewandten und technischen Chemie des 17. Jahrhunderts und Entdecker des sog. Glauber-Salzes, i.e. Natriumsulfat.

392 Johann Friedrich Böttger (1682-1719), der bereits gegen Ende des 17. Jahrhunderts Versuche mit großen Brennlinsen machte, stellte eine verbesserte Form des weißen Hartporzellans her und war Leiter der Porzellanmanufaktur in Meißen von 1710 bis zu seinem Tode.

393 Justus von Liebig: Chemische Briefe, Leipzig/Heidelberg 1878, repr. Hildesheim 1967, p. 123.

8. Kapitel:
Die Grenzen der Magie und die `neue´ Metaphysik der Natur als Naturphilosophie

Bedenke stets: die Worte sind der Dinge
wegen, nicht die Dinge wegen der Worte.

Girolamo Cardano

Vor wenigen Jahren erst wurde das vollständige Werk des französischen Philosophen Jacques Lefèvre D´Etaples entdeckt, das, zwei Jahre nach seinem Tod herausgegeben, in nuce den humanistischen Magie- und Naturphilosophie-Gedanken seiner Zeit formuliert.[394] Die Schrift `Jacobi fabri Stapulensis Magici naturalis Liber primus ad clarissimum virum Germanum Ganaium regium senatorem´ ist eines der frühesten Werke Lefèvres und entstand zeitgleich zu seinen Kommentaren zu Jordanus Nemorarius´ Arithmetik, zu den `argumenta´ als Anhang zu Ficinos `Pimander´ und zu Sacroboscos `De sphaera´.[395] Der `Liber primus´ zeigt sehr deutlich das zeitgenössische Konzept von Magie, das zwischen natürlicher und dämonischer unterscheidet. Lefèvre beschränkt sich in seinen Ausführungen auf die Darstellung der natürlichen Magie, die in ihrer Konstruktion der Giovanni Pico della Mirandolas ähnelt[396] und immer auch naturimmanente Wirkungen impliziert quasi als praktischer Teilbereich der Naturphilosophie. So schreibt er, daß die aramäische Stammesgruppe der Chaldäer, deren Gelehrte sich besonders mit Astronomie und Astrologie befaßten, diejenigen `magi´ nannten, die von den Griechen `Philosophen´ geheißen

---

[394] Entdeckt von Paul Oskar Kristeller zu Beginn der 70er Jahre in der Universitätsbibliothek der Universität Krakau, Olomouc ms. M I 119 ff.

[395] Cf. `Mercurij Trismegisti Liber de Potestate et Sapientia Dei per Marsilium Ficinum traductus ad Cosmum Medicem´, Paris 1494 und hierzu Eugene F. Rice: The Prefatory Epistles of Jacques Lefèvre d´Etaples and Related Texts, New York, Columbia University Press 1972 und ders.: The `De Magia naturali´ of Jacques Lefèvre d´Etaples. In: Philosophy and Humanism. Renaissance Essays in Honor of Paul Oskar Kristeller, ed. by Edward Mahoney, Leiden 1976, pp. 19-29.

[396] Die Schrift ist zum Teil beeinflußt worden durch den persönlichen Kontakt Lefèvres mit Pico. Anders aber als etwa das `Heptaplus de septiformi sex dierum geneseos´ entwirft Lefèvre keine Kosmologie und Anthropologie mit christlicher Intention und kabbalistischer Interpretation. Cf. hier als Gegenbeispiel auch das ekklektische Werk Picos `Conclusiones philosophicae, cabbalisticae et theologicae´ des Jahres 1486.

wurden. Denn der Unterschied zwischen Magiern und Philosophen ist der, daß diese sich des verinnerlichten und spekulativen Denkens widmen, jene aber die geheimen Wirkungen oder Wunder der Natur untersuchen. Somit hat die Naturphilosophie, die die Natur und ihre Phänomene in allen Hinsichten untersucht, zwei Teildisziplinen: einen theoretischen und damit nach Aristotelischem Anspruch reinen und wissenschaftlichen Bereich und einen praktischen, natürlich-magisch zu nennenden.[397]

Der an die Naturkräfte und ihre Wirkungsweisen gebundene, praktisch arbeitende Magier mag Astronom, Astrologe, Arzt oder Alchemist sein, die Grundprinzipien seines Handelns entsprechen den Wirkungsprinzipien sowohl der trans- als auch sublunaren Natur. Und diese sind von zweierlei Art: zum einen stehen alle Naturelemente in einem direkten und permanenten Bezug zueinander, da sie sich entweder anziehen oder abstoßen, und zum zweiten lassen sich grundsätzlich alle Naturobjekte, so Lefèvre, in jeweils Objekte anderer Struktur und Art transformieren.[398]

Das sympathetische Verhältnis ist nach Lefèvre auch und besonders ein Verhältnis zwischen Himmel und Erde. Insofern die Himmelskörper die männlichen Kräfte repräsentieren, die die irdisch-weiblichen beeinflussen, bleiben mundus inferior und mundus superior denselben Relationen verpflichtet, die bereits das Mittelalter kannte und als Standard natürlicher Magie angesehen werden können. Dieses Verständnis Lefèvres ist nichts anderes als die Wiederholung des

---

[397] In `De Magia`, p. 174 heißt es: "Apud Chaldaeos magi dicti sunt fere qui apud Graecos philosophi. Hoc tamen discrimen esse videtur quod philosophi magis contemplationi speculationique addicti, minus ad philosophiae secretos effectus probandos sese committunt. Magi vero contra naturae miracula tentant, ita ut bono iure Chaldaeorum orientalumque magia nihil nisi quaedam naturalis philosophiae practica, operis executiva disciplina fuisse videatur. Quo fit ut magia potissimum ea contempletur quae nos ad occultos naturae eventus perducunt." In Picos `Apologia` heißt es hier vergleichbar: "Vocabulum enim hoc Magus, nec Latinum nec Graecum sed Persicum, et idem lingua Persica significat quod apud nos sapiens. Sapientes autem apud Persas idem sunt qui apud Graecos philosophi dicuntur." Cf. Opera, Basel 1601, p. 112.

[398] "Occulti enim sunt rerum attractus qui per amicitiam fiunt, occultae rerum fugae quae sunt per odia. Occultae inquam et rerum transmutationes, quas naturales magiae beneficio et solerti quadam indagine perficiunt. De mutuo caelestium et terrenorum consensu, caelo quidem agente, terrenis vero patientibus. Caput secundum. Proinde magi aut astronomi, aut medici, aut transmutatores, aut haec olim simul fuere.", cf. p. 174.

zentralen Topos natürlicher Magie, nach der es eine direkte Beziehung und konstante Verbindung gibt zwischen den astralen Phänomenen und den irdischen Erscheinungen.

Die imperativische Wirkung des Himmels auf die Erde zeigt sich schematisch und besonders symbolträchtig[399] in den Analogien von Dreieck und schöpferischer Genesis oder der von den horoskopischen Zeichen und den physiologischen Teilen oder Organen des Menschen.[400] Dieses Verständnis von Magie impliziert ein enzyklopädisches und zugleich wirksames Naturwissen, da natürlich-magisches Handeln

---

[399] Dieser schematische oder symbolische Vergleich entspricht der Benutzung von Modellen in den Wissenschaften, die der besonderen Kennzeichnung von Theoriebestandteilen dient oder als heuristisches Verfahren verwandt wird. Der Typus des `Analogiemodells´ kann entweder abbildhaft sein, insofern das Modell ein Abbild des realen Untersuchungsobjekts ist, oder es ist schematisch-relativ, insofern ein anderes, neben dem untersuchten (oder angenommenen) Gegenstand real existierendes Objekt, das ihm hinsichtlich einiger bestimmter Eigenschaften oder struktureller Besonderheiten ähnlich ist, als Vergleich oder als Erklärung herangezogen wird. Der Kantianer Hans Vaihinger (1852-1933) bezeichnete den letztgenannten Modelltyp als "`schematische Fiktion´, welche zwar das Wesentliche des Wirklichen enthält, aber in einer viel einfacheren und reineren Form" (cf. H. Vaihinger: Die Philosophie des Als Ob, Leipzig 1911, pp. 36 f.) und das damit die zentralen Theoriestücke konzis erfaßt. Vaihinger verstand diese `schematische Fiktion´ nicht nur als das Modell der angewandten Wissenschaften schlechthin, sondern sah diese `schematische Fiktion´ auch in ethischen und moralphilosophischen Zusammenhängen am Werke, da, um Denkziele zu erreichen, Annahmen oder Fiktionen gemacht werden müssen. Vaihingers Verständnis der Modelle als `schematische Fiktionen´ basiert auf der Kantischen Unterscheidung zwischen der schematischen und der symbolischen Weise des Darstellens, eine Unterscheidung, die in der Kritik der Urteilskraft, genauer gesagt: in der Dialektik der ästhetischen Urteilskraft, unternommen wird. Danach ist das Bild des Kreises eine direkte Darstellung des Begriffes vom Kreis und ist schematisch, "da einem Begriffe", so Kant, "den der Verstand faßt, die korrespondierende Anschauung a priori gegeben wird" (cf. Kant, KU B 255). Sofern aber das Bild des Kreises zur Darstellung der Idee der Vollkommenheit genommen wird, so ist dieses Verhältnis eines aufgrund der indirekten Darstellung, die wiederum symbolischen Charakter hat. In der Kantischen Diktion heißt es wie folgt: Die Hypotypose (i.e. Darstellung) als Versinnlichung ist "symbolisch, da einem Begriffe, den nur die Vernunft denken, und dem keine sinnliche Anschauung angemessen sein kann, eine solche (also Anschauung, - Anm. d. Vf.) unterlegt wird, mit welcher das Verfahren der Urteilskraft demjenigen, was sie im Schematisieren beobachtet, bloß analogisch ist, d.i. mit ihm *bloß der Regel dieses Verfahrens, nicht der Anschauung selbst* (Hervorhebung von d. Vf.), mithin bloß der Form der Reflexion, nicht dem Inhalte nach übereinkommt." (loc. cit.) Zwischen dem Kreis und der Vollkommenheit gibt es zwar keine inhaltliche Übereinstimmung, wohl aber eine formelle, nämlich die der Reflexion. Insofern ist der Kreis - gemäß dieser formellen Übereinstimmung - das Modell der Vollkommenheit. Die Beispiele aus den magischen Wissenschaften entsprechen dieser formalen Analogie.
[400] Cf. p. 178v von `De Magia´.

bekanntlich nicht nur auf die Analysen oder die Lesarten hermetischer und neuplatonischer Schriften beschränkt blieb, sondern immer auch Rezepturen und Wirkungen meinte und auf diese rekurrierte. Zu wissen, daß bestimmte Tiere wie zum Beispiel der Hirsch mit den Kräften Saturns in Einklang stehen und dessen Rezepturen ein `langes Leben´ garantieren, ist nichts anderes als eine präsumtive Deutung. Die Umsetzung dieses Wissens aber in eine Rezeptur für den Menschen, die einem frühen Tod entgegenwirken soll, indem man den anderen Substanzen einen Anteil frischen Hirschherzens beimischt, ist praktische und natürliche Magie. Unter der weiteren Annahme, daß die Magier bestrebt waren, die gleiche Wirkung unter verschiedenen natürlichen Umständen zu erzielen, wird diese Suche nach der Gleichförmigkeit der Erscheinung bestimmter natürlicher Wirkungen vermeintlich zu einem `naturerforschenden´ Interesse neuzeitlicher Proto-Wissenschaften, das den Handlungen Heilkundiger entspricht. Denn "die Arzneimittel der Heilkundigen werden genauso gekocht wie die Medizinen der Magier und über beiden werden Sprüche gesprochen."[401]

In beiden Fällen wird die Handlung verbunden mit dem Glauben und der Hoffnung, daß eine bestimmte Wunschvorstellung in Verbindung mit einem rituellen Akt ausreiche, um eine bestimmte Wirkung zu erzielen. Besonders die natur-magischen Handlungen basieren dabei auf zwei Annahmen, daß "erstens die gewünschte Wirkung durch deren Nachahmung hervorgebracht werden kann, und daß, zweitens, Dinge, die einmal in Berührung miteinander gestanden haben, einander beeinflussen können, wenn sie getrennt sind, so als ob die Berührung noch weiterbestünde"[402]. Aufgrund dieser Kohärenz von Glaube, ritueller Handlung und supponierter Wirkung unter den Magiern und Gläubigen gleichermaßen, ist Magie wenn nicht selbst Kosmologie, so doch zentraler Bestandteil eines umfassenden kosmologischen Weltverständnisses, das den kausalen Zusammenhang von Ursache und Wirkung spezifisch definiert. Das Konzept von Magie als kosmologischer Entwurf und im Sinne einer "vollständigen Theorie über das Universum" erklärt ihre anhaltende persuasive Kraft unter ihren Gläubigen und Anhängern über Jahrhunderte hinweg und verdeutlicht

401 E.E. Evans-Pritchard: Witchcraft, Oracles and Magic among the Azande, Oxford 1937; dtsch: Hexerei, Orakel und Magie bei den Zande, Frankfurt/M. 1978, p. 499.
402 Sir James Frazer: The Golden Bough, 3. Aufl., London 1936, vol. 13, p. 1.

zugleich eine in metaphysischer und ontologischer Hinsicht verblüffende Nähe zu wissenschaftlichen Weltauffassungen. Untersuchungen zu den Interferenzen von Magie, Religion und Wissenschaft haben etwa gezeigt, daß "der Glaube an Magie dem Glauben an Wissenschaft seltsamerweise näher ist als dem an Religion und weniger irrational ist als der letztere"[403]. Hinsichtlich hermeneutischer Kohärenz und prädiktiver Aussagefähigkeit intendiert Magie, ähnlich wie die Wissenschaft, ein kohärentes und voraussagbares System, das nach gleichen Regeln immer gleiche Phänomene hervorbringen soll.

Trotz dieser analogen Konzeption und Denkweise von Natur und ihren Vorgängen hinsichtlich ihrer Gültigkeit und Anwendbarkeit gibt es einige wichtige Merkmale hinsichtlich der Form und Bedeutung magischer und naturwissenschaftlicher Akte. Magische Handlungen sind hinsichtlich ihrer verbalen und manipulativen Struktur nach performative Akte mit einer angeblich direkten Wirkung einer Eigenschaft auf eine Person oder einen Gegenstand. Ein solcher ritueller oder performativer Akt, wie das bereits oben genannte Beispiel der Hirsch-Rezeptur, die astrologische Beeinflussung durch Tierkreiszeichen oder gar die Wasserentgiftung durch Weihwasser, kann nach den bekannten wissenschaftlichen Kriterien in seiner Wirkung und Gültigkeit nicht verifiziert werden. Dies bedeutet zwar nicht seine vollkommene und grundsätzliche Unmöglichkeit, widerspricht aber dem spätneuzeitlichen wissenschaftlichen Paradigma von phänomenologischer Sicherheit und der Möglichkeit seiner Wiederholung unter denselben Bedingungen, das bekanntlich nicht erst seit dem späten 17. Jahrhundert gilt.

Wissenschaftliches Wissen ist demnach nicht das absolute Wissen gemäß eines kosmologischen Grundentwurfes, der alle Einzelerscheinungen diesem Konzept zu subsumieren trachtet, sondern lediglich die unendliche Iteration und permanente Sukzession von zu kombinierenden Einzelerkenntnissen. Die Wissenschaft als System von Vorhersagen über ein bestimmtes Explikandum geht von Axiomen und Hypothesen aus und führt zu mehr oder minder gesicherten Urteilen über das Problemphänomen und die applizierten Methoden; sie intendiert aber, anders als die Magie, keine "allgemeinen Formu-

---

[403] I.C. Jarvie/Joseph Agassi: Das Problem der Rationalität von Magie. In: Hans G. Kippenberg/Brigitte Luchesi (Hgg.): Magie. Die sozialwissenschaftliche Kontroverse über das Verstehen fremden Denkens, Frankfurt/M. 1987. pp. 120 ff.

lierungen" und kommt "zu keinem summarischen Gesamtwissen über die Ganzheit der Welt"[404].

Die Bereiche zwischen magischen Erscheinungen und wissenschaftlichen Erkenntnissen sind nun aber zugegebenermaßen nicht immer genau zu unterscheiden, wovon in der Tradition die magia naturalis profitieren konnte; sehr zum Nachteil der philosophia naturalis im 17. und 18. Jahrhundert. Ein diese Unterscheidung dabei zwingend machender Faktor ist die vis imaginativa, die allen Arten der Magia inhärent und zugleich dem Funktionsgedanken der Wissenschaft fremd ist. So läßt sich ein Bild oder eine Statue sowohl als Talisman oder Amulett mit übersinnlichen Kräften interpretieren, als auch als immanentes Kunstwerk und ästhetische Schöpfung eines Individuums verstehen. Ähnliches gilt für die vires verborum, die durch einen bestimmten Bedeutungskontext und unter Verwendung ihrer alten, oft jüdisch-kabbalistischen Namen, eine übersinnliche Kraft erhielten, die, immanisiert, auch als poetisches Werk oder Redekunst hätten verstanden werden können. Dies betraf etwa auch die Harmonielehre sowie die übrigen vires musices, die leicht imaginative Bedeutung für magische Praxis bekommen konnten; vergleichbar mit der vis rerum, die als manifeste und okkulte Qualität gleichermaßen interpretierbar blieb.[405]

Die Implementierung dieser Indifferenzen in die magischen und okkulten Wissenschaften im späten 15. Jahrhundert ging einher mit der Wiederentdeckung philosophischer und theologischer Traditionen und deren mannigfaltigen Verbindungen zu dem bekannten und spezifischen Renaissance-Okkultismus. Allein bei Ficino sind bekanntlich Platonismen, Neoplatonismen, aristotelische Logik und Physik, christliche Theologie und pythagoreische Numerologie schwerlich voneinander zu trennen. "Die okkulte Tradition ist immer ekklektisch gewesen, und in Renaissance-Okkultisten wie Heinrich Cornelius Agrippa, Paracelsus, Giambattista della Porta, Oswald Croll, John Dee, Robert Fludd und Athanasius Kircher verschmolzen vielerlei frühere Traditionen. Die Renaissance-Okkultisten diskutierten und weiteten aus, was sie vorfanden, bis das ganze okkulte System mit seiner Verschwiegenheit

---

[404] Rombach, op. cit., p. 319.
[405] Cf. D. P. Walker: Spiritual and Demonic Magic. From Ficino to Campanella, London 1958, pp. 76 ff.

und Verdunkelung, seinem Analogiedenken und anthropomorphen Symbolismus, den `Korrespondenzen´ und Ähnlichkeiten nochmals aufblühte und in neue Gebiete hineinwuchs."[406] Die neuen Gebiete waren Fächer und Disziplinen, die dem Gedanken der unendlichen kosmologischen Verflechtung aller Dinge und Geschehnisse Rechnung tragend, die Analogie von Makrokosmos und Mikrokosmos untermauern sollten. Cardanos Metoposcopia, d.i. die Zuordnung der Planeten auf das menschliche Antlitz, Coclitus´ Chiromantia und della Portas Phytognomonica als pflanzliche Signaturenlehre, die aus der Farbe und Form der Pflanzen ihre Wirksamkeit zu bestimmen sucht, sind Ausdruck dieses Korrespondenzgeflechts von Symbol und Wirkung in den okkulten Traditionen der Renaissance.

Die zunehmende Kritik der okkulten Wissenschaften am Übergang vom 16. zum 17. Jahrhundert, die letztlich zur Überwindung der magia naturalis führte, entstammt aber keineswegs nur den neu entstehenden naturwissenschaftlichen Strömungen, sondern gleichsam dem Geist der Renaissance selbst. So gab es die unter wissenschaftshistorischen Gesichtspunkten externalistischen Einflüsse, wie etwa die durch die Gegenreformation sich verstärkenden Bestrebungen, die mit dem katholischen Glauben und dem kanonischen Recht nicht kompatiblen Tendenzen streng zu verfolgen. Wer die Zukunft der Menschheit aus den Sternen deuten wollte, machte sich der curiositas schuldig und verstieß zugleich gegen den göttlichen Willen und die eschatologischen Heilsprinzipien, die die göttliche und nicht die menschliche Vorsehung allein für bestimmend und erlösend begreifen. Hinzu kam, und dies quasi als traditioneller und bereits seit der Antike bekannter Vorwurf an die Astrologen, durch ihre Vorhersagen politisch und sozial destabilisierend zu wirken.

Doch wichtiger als die externalistischen Faktoren sind die internalistischen, die darauf hinausliefen nachzuweisen, daß die magischen Theorien und Systeme inhomogen und in sich brüchig waren. "Sie warfen ihr vor, nicht wirklich zu funktionieren: ihre Vorhersagen, wann immer überprüfbar, seien falsch; die empirischen Beobachtungen, die ihren wissenschaftlichen Anspruch stützen sollten, würden entweder

---

[406] Brian Vickers: Kritische Reaktionen auf die okkulten Wissenschaften in der Renaissance. In: Bergier (Hg.): Zwischen Wahn, Glaube und Wissenschaft, pp. 167 ff.

nicht gemacht - oder sie genügten nicht für exakte Berechnungen und wichtige Schlüsse, die davon abhingen."[407]

Allen voran formulierte Giovanni Pico della Mirandola in seinen `Disputationes adversus astrologiam divinatricem´ den Vorwurf der logischen Konsistenzlosigkeit, indem er, ganz neuzeitlich, die Schriften von über dreißig Astrologen untersuchte und auf ihren Aussagewert hin überprüfte. Als humanistischer Philosoph und ganz im Sinne aristotelischer Kosmologie und Physik leugnet er zwar nicht den Einfluß von Sonne und Mond, gesteht ihnen aber lediglich natürliche Ursachen zu. Da Wandel nur in der sublunaren Welt möglich ist, die Planeten sich aber oberhalb des Mondes befinden, können sie nicht instabil sein, wie es die Astrologie behauptet.[408] Picos Argumente beziehen sich einerseits auf die mangelnde Wahrheit durch Erfahrung und Nachprüfbarkeit, andererseits auf die offensichtlich fehlende Übereinstimmung mit logischen und rationalen Grundsätzen. So seien die Almanache voll von falschen Aussagen, die Vorhersagen würden nur in 6 von 130 Fällen eintreffen und die objektiven Berechnungen von Planetenörtern seien für eine weitere Verwendung schlechterdings untauglich. Ferner, daß die Astrologen behaupteten, die Stellung der Sterne wiederhole sich nie, was den beobachtbaren astronomischen Gebilden ebenfalls widerspreche. Sofern man sich auf das Richtmaß der Augen verlasse, könne man die Sicherheit der Aussage durch die Wiederholung des Phänomens erhöhen (saepius iterata observatio faciet experimentum).

Er kritisiert die sogenannte `Häuser-Lehre´ zur Berechnung von Horoskopen und weist nach, daß es nicht einmal eine feste Bestimmung gebe, wo ein solches Haus anfängt oder aufhört.[409] Ihre astronomischen Dogmen würden so weder auf Beobachtung noch auf Erfahrung, sondern lediglich auf Vermutung, Ungewißheit und willkürlichen, individuellen Aussagen beruhen. "Wenn man die Astrologie durch Vernunft begründen könnte, dürfte sie als Wissenschaft gelten; wenn durch Erfahrung, als Kunst; wenn weder durch Vernunft noch Erfahrung, ist sie weder Kunst noch Wissenschaft, sondern eine Anmaßung, eine

---

407 Vickers, op. cit., p. 202.
408 Cf. die Ausgabe von Eugenio Garin, 2 Bde., Firenze 1946, II, p. 18 et passim.
409 Cf. op. cit., p. 34

unkontrollierbare Täuschung, ein illusorisches Gespinst von Betrügern."[410]

Auch den Zusammenhang von Symbolen oder Zeichen und der mit diesen angeblich zusammenhängenden Wirkungen verwirft er, da die Zeichen von den Menschen gemacht seien und somit keinen Einfluß auf die Realität hätten. Sie gründen "auf einer gewissen Ähnlichkeit mit menschlichem Leben, widersprechen somit der Natur und der Würde der Himmelskörper; nicht philosophische Vernunft, sondern dichterische Freiheit, Fabulierlust und willkürliche Fiktionen haben sie geschaffen."[411] Wer die magischen Systeme betrachte, sei über das homogene und anmutige Gewebe erstaunt und fasziniert, bei näherer Betrachtung allerdings, und sofern es angefaßt würde, zerreiße es.

Vickers bemerkt folgerichtig, daß wenn die Welt und auch die Renaissance rein rational wären, Picos Disputation die Astrologie "total erledigt"[412] hätte. Doch da es zu Beginn des 17. Jahrhunderts keine andere Theorie einer umfassenden Naturkausalität gab, wurde zwar der Einfluß der magischen und okkulten Wissenschaften vermindert, jedoch noch nicht gänzlich aufgehoben.[413]

In der Nachfolge Picos kommt es dann gegen Mitte des 16. Jahrhunderts zu verschiedenen Schriften gegen die Astrologie, die allesamt als zentrales Argument anführen, die okkulten Wissenschaften widersprächen der Vernunft und der objektivierbaren Erfahrung.

William Funke, einer der führenden englischen Theologen, schreibt um 1560: "... this is common to all sciences, that they may bee demonstrated. For although the principles and grounds in every arte be of such nature, that they cannot bee showed and confyrmed by things more general, and therefore it is said, that they can not be proved, yet by demonstration or induction they maye be so playnly sette before our eies, that no man neede to doubte, but that they are most true and certain. (...) But by no waie is it possible, that the principles of this arte

---

[410] Op. cit., p. 358 und 130, wo es heißt: "Vanissima igitur dogmata astrologorum, quae nec rationibus firmant, nec experimentis, quando in illis nugantur, in istis non concordant."

[411] Op. cit., p. 78.

[412] Vickers, op. cit., p. 212.

[413] Cf. John D. North: Astrology and the Fortunes of Churches: In: Centaurus 24/1980, pp. 181-211, bes. pp. 202 ff. und Pierre Duhem: Le Système du Monde, p. 42.

of Astrologie, may be either demonstrated or proved."[414] Ähnliche Argumente benutzt Pierre Gassendi noch beinahe 100 Jahre später in seiner in London erschienenen Schrift `The Vanity of Judiciary Astrology. Or Divination by the Stars´.[415]

Die anti-astrologischen Streitschriften polemisieren gegen die Signaturenlehren der Pflanzen aus der neu entstehenden Botanik heraus, so bei John Ray in dem Werk `Catalogus Plantarum circa Cantabrigiam nascentium´[416]; sie attackieren die astrologische Medizin mit ihren wörtlich genommenen Analogien, wie in Jean Forgets Medizintraktat `Medicus Lotharingus´[417], und verwerfen, wie der Kritiker Paracelsus´ Johann Baptist Van Helmont es tat, die Vorstellung eines Mikrokosmos als "poetisch, heidnisch und metaphorisch, aber unnatürlich und unwahr".[418]

Die supponierte Gleichförmigkeit der Naturerscheinungen[419], die in den hier auffindbaren Traktaten vorwiegend naturphilosophischen und nicht schon naturwissenschaftlichen Ursprungs ist und sein sollte, markiert eine erste und wohl deren wichtigste Stufe bei der Überwindung okkulter bzw. renaissance-kosmologischer Naturvorstellungen, die ihrerseits von einer ontologisch gestuften Welthierarchie ausgingen. An ihre Stelle tritt nun in der Renaissance zunehmend der Versuch der Homogenisierung der Naturzusammenhänge in einem Gesamtrahmen, der auf die strengen aristotelischen Hierarchisierungen verzichtet und der sich nicht zuletzt bei Lefèvre zeigt, wenn er tierische

---

414 William Funke: Antiprognosticon, that is to saye, an Invective agaynst the vayne and unprofitable predictions of the Astrologians..., London ca. 1560, B ii r - iiii r.

415 1658, in: Opera omnia, Paris 1658.

416 Cambridge, 1660..

417 `Artes signatae designata fallacia´, Nancy 1633.

418 `Oriatrike or Physick Refined´, Übersetzung aus `Ortus Medicinae´ by John Chandler, London 1662, p. 323.

419 Unter naturgesetzlicher Hinsicht ist jede Gleichförmigkeit bei natürlichen Bewegungen oder Abläufen eine notwendige Prämisse, ohne die seit der `naturwissenschaftlichen Revolution´ die Naturwissenschaften meinen nicht mehr auskommen zu können. Cf. u.a. David Hume: An Enquiry Concerning Human Understanding, cap. X `Of Miracles´, aus: English Philosophers of the Seventeenth and Eighteenth Centuries, The Harvard Classics, ed. by Charles W. Eliot, New York 1910, pp. 396 ff. und Alfred N. Whitehead: Science in the Modern World, und hier bes. das Kapitel über `Science and Philosophy´, pp. 138 ff.

Ingredienzen bei Menschen anwendet und ihre Wirksamkeit allein der translunaren Welt zuschreibt.

Es formieren sich zu Beginn des 16. Jahrhunderts verschiedene Naturkonzeptionen, die die Welt und ihre Phänomene als autonome Wirklichkeit mit eigenen Gesetzen sehen und deren Erfahrbarkeit durch den Menschen sicherstellen wollen. Die Wissenschaftshistoriographie subsumiert diese Versuche gemeinhin unter die Überschrift `Natur-philosophie´ in der Renaissance[420] und übersieht dabei zweierlei: daß es sich zum einen um eine Vielzahl von verschiedenen naturerforschenden Versuchen und Teildisziplinen handelt, die zwar allesamt den Übergang vom Wissenschaftsideal der Sprache und Rhetorik zum Wissenschafts-ideal der Naturwissenschaft[421] markieren, deren gnoseologische und logische Konzepte häufig aber vollkommen unvergleichbar und inhomo-gen erscheinen. Daß es zum anderen innerhalb der Naturphilosophie zu Versuchen kam, peripatetische Philosophie und Wissenschaftslogik für obsolet zu erklären, rechtfertigt keineswegs die Sicht, in der Natur-philosophie selbst die Überwindung des Aristotelismus zu sehen. Insofern kam es zu der so oft beschworenen Überwindung aristo-telischer Logik und Wissenschaftstheorie weder allein aufgrund mangelnder innerer und philosophischer Kohärenz, noch aufgrund eines äußeren historischen Wechsels, wie Gabriel Naudé im 17. Jahrhundert annahm[422]. Die zunehmende Säkularisierung und Selbstbehauptung der Wissenschaft geht vielmehr einher mit einem primär theologisch und religiös motivierten erkenntnistheoretischen Skeptizismus in nomina-listischer Tradition, der in der "Subjektivität der Perspektive schließlich die Kriterienfrage nach der Gewißheit (certitudo) ... über das kontingente

---

[420] Cf. hierzu exemplarisch etwa Richard Hönigswald: Denker der italienischen Renaissance, op. cit., pp. 91 ff.

[421] Alexandre Koyré schreibt, daß "the ideal of civilization of the age correctly called the Renaissance of letters and arts is in no way an ideal of science but an ideal of rhetoric". Cf. Ders.: L´ apport scientifique de la Renaissance. In: Études d´ histoire de la pensée scientifique, Paris 1966, pp. 38-47, hier: p. 38.

[422] "... toutes ces veritez naturelles qu´il dit luy avoir esté cognues sont aujourd´ huy rendues grandement suspectes et douteuses par un essain de novateurs qui se grossit de jour à autre sous la conduite de Telesius, Patrice, Campanella, Verulamio, Iordan Brun et Basson, qui n´ont veritablement autre dessein que de donner du coude à cette philosophie et ruiner ce grand bastiment qu´Aristote et plus de douze mil qui l´ont interpreté se sont efforcez de bastir par une si longue suite d´annees." Gabriel Naudé: Apologie pour tous les grands personnages qui ont esté faussement soupçonnez de magie, Paris 1625, p. 331.

Fürwahrhalten und über den Befund des Gemeinsinns (sensus communis)"[423] stellt. Erst diese subjektive und fordernde Weltsicht erlaubte es, in einem Denkzug die Idee und den Glaubenssatz der Unsterblichkeit der Seele innerhalb der Grenzen natürlicher Vernunft für unhaltbar zu erklären und, logisch und moralisch zugleich, Tugend, Ethik und die theologische `doppelte Wahrheit´ als Bestandteile ein und desselben praktischen Lebensvollzugs anzuerkennen.[424]

Der für die Neuzeit festzustellende `neugierige Enzyklopädismus´[425] führt in wissenschaftstheoretischer Hinsicht somit unmittelbar zur Überwindung der maßlosen Leichtgläubigkeit vorhergehender Generationen hinsichtlich der generellen Verläßlichkeit antiker Quellen und letztendlich zu einem `everything is possible´[426] von Methode und Forschung in den neu entstehenden Wissenschaften.

In Hinblick auf die wissenschaftshistorische Perspektive dieses Entwicklungsprozesses kann man feststellen, daß gerade die externalistischen Faktoren wie der Einfluß der Kirche, technische Machbarkeiten und die Veränderung kultureller Akzeptanz, diesen Prozeß der Grundlegung des neuzeitlichen Denkens begleitet und ergänzt haben, der, ganz in cusanischer Tradition, die Ordnung des Mannigfaltigen zunehmend im Erkennen des individuellen Einzigartigen und seiner spezifischen Funktionen sieht und zugleich den sich darin ausdrückenden Rückbezug in und für das Ganze mitbedenkt.

---

[423] Gerl, op. cit., p. 35.

[424] Cf. hierzu Pietro Pomponazzi: Tractatus de immortalitate animae, Bologna 1516 und sein `De naturalium effectuum causis sive de incantationibus´ aus dem Jahre 1520 (gedruckt 1556).

[425] Cf. Wilhelm Kamlah: Von der Sprache zur Vernunft. Philosophie und Wissenschaften in der neuzeitlichen Profanität, Mannheim 1975, p. 11.

[426] Koyré, loc. cit.

9. Kapitel:
Die `Naturphilosophie´ der Renaissance: szientifisches Projekt und historiographischer Problemfall

Durch Alchymisten wird nichts gefördert. Nun bietet sich die Betrachtung dar, daß jemehr die Menschen selbstthätig werden, und neue Naturverhältnisse entdecken, das Überlieferte an seiner Gültigkeit verliere, und seine Autorität nach und nach unscheinbar werde. Die theoretischen und praktischen Bemühungen des Telesius, Cardanus, Porta für die Naturlehre werden gerühmt. Der menschliche Geist wird immer freier, unduldsamer ... und ein solches Bestreben geht so weit, daß Baco von Verulam sich erkühnt, über alles was bisher auf der Tafel des Wissens verzeichnet gestanden, mit dem Schwamme hinzufahren.

Johann Wolfgang von Goethe[427]

Die verallgemeinernde Bezeichnung `Naturphilosophie´ findet sich in einer ihrer frühesten Formen als systematische Kennzeichnung bei Hegel, wenn er schreibt: "Das, wodurch sich die Naturphilosophie von der Physik unterscheidet, ist näher die Weise der Metaphysik, deren sich beide bedienen; denn Metaphysik heißt nichts anderes als der Umfang der allgemeinen Denkbestimmungen, gleichsam das diamantene Netz, in das wir allen Stoff bringen und dadurch erst verständlich machen."[428]

Die Gedanken, wiewohl deutbar und bedeutsam im konkreten Kontext, d.h. einerseits als Zeugnis Hegels eigener Sicht der Renaissance, andererseits als Urteil des Idealismus über die prä-aufgeklärte kopernikanische Wende in der Philosophie und den Wissenschaften, verweisen zugleich auf ein historisch weit verbreitetes und historiographisch obendrein extrem langlebiges Phänomen, nämlich die Renaissance-Naturphilosophie in ihrer epistemologischen und szientifischen Wirksamkeit nachhaltig zu unterschätzen.[429]

---

[427] Cf. `Zur Farbenlehre´. In: Goethes Naturwissenschaftliche Schriften, Goethes Werke, II. Abteilung, 4. Band, Weimar 1894, p. 400.

[428] G.W.F. Hegel: Enzyklopaedie der philosophischen Wissenschaften im Grundrisse (1830), Zweiter Teil: Die Naturphilosophie. Mit den mündlichen Zusätzen, in: Ders.: Werke Bd. 9, Frankfurt/M. 1970, p. 20.

[429] Faßt man diese Haltung allgemeiner, so kann man sie auch das klassische "Selbstgefälligkeits-Paradigma der Gegenwart" nennen. Diesem Paradigma zufolge ist die Vergangenheit immer dunkel und tumb, antiquiertes und zufälliges Produkt der Geschichte, die eigene Zeit jedoch, und damit zwangsläufig verbunden auch das eigene urteilende Tun und Lassen, von der 'ultima ratio' erleuchtet und

Und das obgleich die sog. `Naturphilosophie´ auch im Hinblick auf ihre philosophischen und ontologisch-magischen Implikationen, oder man kann auch sagen: aufgrund ihrer positivistischen Leutseligkeit und metaphysischen Unvoreingenommenheit, eigentlich die "Rüstkammer aller derjenigen Hypothesen (darstellt), aus welchen nachher (d.h. bei Galileo oder Harvey, - Anm. d. Vf.) in der Erfahrung die Erklärungen gelingen"[430].

Die naturerforschenden Versuche, mathematischen Arbeiten, philosophischen Kommentare, medizinischen Traktate und technischen Inventionen und Innovationen der Naturphilosophie des 16. und frühen 17. Jahrhunderts[431] werden als mehr oder minder unbedeutende Vorläufer einer Übergangszeit betrachtet, "da sie gleichsam in symbolischer Form und Sprache auf allgemeine gedankliche Prozesse (vorausdeuten), die sich im Aufbau der Wissenschaft wiederholen werden"[432] und daß sie noch nicht einmal die unumgängliche und notwendige Vorstufe der `Emanzipation der Wissenschaften´ selbst darstellen, sondern als bloß metaphysisches Relikt zu betrachten seien.[433]

Die Einsicht hingegen, daß die Naturkonzeptionen und kosmologischen Entwürfe der Naturphilosophen viel eher die Wege zu den neuzeitlich-exakten Naturwissenschaften gebahnt haben und die Natur ohne die ihr zugrundeliegende Metaphysik schlechterdings nicht vor-

---

der Weisheit zumindest teleologisch letzter Schluß. Für die Zeit Galileos und die der sog. `wissenschaftlichen Revolution´ gilt dieses Paradigma ebenso wie u.a. für Hegel und den Deutschen Idealismus.

430 J.F.Fries: Die mathematische Naturphilosophie nach philosophischer Methode bearbeitet (1822). In: Ders.: Sämtl. Schriften 13, nach der Ausgabe letzter Hand zusammengestellt von Gert König und Lutz Geldsetzer, Aalen 1967 ff., 1979, p. 10.

431 Für die demnach der Begriff `Naturphilosophie´ eine ebenso hilflose wie bezeichnende Charakterisierung ist wie etwa der Begriff `Mittelalter´. Diese Periodisierung aber scheint mittlerweile auch für Standardwerke Bestand zu haben und bleibt hier häufig unhinterfragt. Cf. The Cambridge History of Renaissance Philosophy, ed. by Charles B. Schmitt, Quentin Skinner, Eckhardt Kessler und Jill Kraye, Cambridge University Press 1988, Abschnitt VI, pp. 199 ff.

432 So z.B. Ernst Cassirer in seinem Werk `Das Erkenntnisproblem in der Philosophie und Wissenschaft der neueren Zeit´ aus dem Jahre 1906, 2. Auflage Berlin 1911, p. 205.

433 Ganz entgegengesetzt zu Crombies These, daß die Naturphilosophie noch zu den metaphysischen Spekulationen der Renaissance gehöre. Cf. Alistair Cameron Crombie: Augustine to Galilei: The History of Science A.D. 400-1650, New York/London 1953, passim.

gestellt und gedacht werden kann, setzt sich zögerlich erst in der zweiten Hälfte des 19. Jahrhunderts durch.

Insofern ist zu vermuten, daß die Naturphilosophie der Renaissance, bei aller Unzulänglichkeit dieser Klassifizierung, zwar nicht selbst der Übergang zur modernen Naturwissenschaft ist, diesen aber zumindest bedingt und damit in der Lage ist, diesen Übergang hinreichend zu charakterisieren.

Der gelehrte und hochgeschätzte Girolamo Fracastoro (1483-1553) aus Verona[434], gleichermaßen berühmt für seine astronomischen Arbeiten wie für den ersten wissenschaftlich ernst zu nehmenden Erklärungsversuch der Lehre von der Ansteckung, war einer der ersten in der Renaissance, der mit der Tradition der ontologisch gestuften Welthierarchie des Mittelalters brach und eine homogene Natur und deren methodische Erfahrbarkeit forderte.

Bereits in seinem frühen Gedicht `Syphilis sive morbus Gallicus´, geschrieben 1521 in zwei Büchern und zuerst erschienen im Jahre 1530[435], schreibt Fracastoro in 1300 lateinischen Hexametern die mythische Erzählung des jungen Schafhirten Sifilo, dessen Untreue gegenüber dem Sonnengott mit einem eitrigem Geschwür bestraft wird. Die Tat jedoch wird bereut und es entsteht ein Baum mit dem Namen

---

[434] Fracastoro wurde 1478 als der sechste unter sieben Geschwistern einer Veroneser Patrizierfamilie geboren und erhielt seine wissenschaftliche Ausbildung an der Akademie in Padua in Philosophie unter anderem von Pietro Pomponazzi und Nicolò Leonico Tomeo und in Medizin von Girolamo della Torre und Alessandro Benedetti. Sein mathematischer Lehrer war Pietro Bembo in Padua bis zu seinem Hochschulabschluß im Jahre 1502. Zu dieser Zeit stand er in engem Kontakt zu Nicolaus Kopernikus. Sechs Jahre später wurde er an die Accademia Friulana berufen, gründete aber nach knapp zwei Jahren, wieder zurück in Verona, eine medizinische Praxis und nahm aktiv an dem Veroneser collegio dei fisici teil. Seine Vertrautheit mit der Kirche führte dazu, daß er 1545 zum medicus conductus et stipendiatus von Papst Paul III. wurde. Fracastoro wurde bereits zwei Jahre nach seinem Tod (6. August 1553) ein Denkmal in Verona errichtet. Zu den spärlichen biographischen Angaben verweise ich hier auf Bruno Zanobios Artikel in: DSB 3, pp. 104-107; die Edition des `Naugerius, Sive de poetica dialogus´, hg. von Murray W. Bundy und übers. von Ruth Kelso, ersch. als Vol. IX der University of Illinois Studies in Language and Literature, August 1924; R. Hönigswald, op. cit., pp. 91-97; F. Pellegrini: Vita di G. Fracastoro con la versione di alcuni suoi canti, Verona 1952 und L. Premuda: Pensiero e dottrina di G. Fracastoro a quatrocento anni dalla suo morte. In: Minerva medica 46/1955, pp. 775-781.
[435] Zur deutschen Übersetzung des Gedichts cf. Georg Wohrle (Hg.): Lehrgedicht über die Syphilis. In: Gratia. Bamberger Schriften zur Renaissanceforschung, Heft 18, Bamberg 1988.

`guaiacum´, so die Erzählung Fracastoros, dessen Frucht die Heilung der Krankheit bewirkt. Dieses Medikament - und es handelt sich hier um Guajakol bzw. um aromatischen Alkohol, der als Antiseptikum verwendet und aus dem Harz des Guajakbaumes gewonnen wird - heilt aber nicht nur die Syphilis, sondern auch andere luetische Krankheiten.[436]

Interessanter als die mit pathologischen Einzelheiten angereicherte mythologische Beschreibung in klassischen Hexametern überragender Qualität oder als die dezidierte Berichterstattung sozial- und kulturgeschichtlicher Besonderheiten in Verona und Brescia, die Fracastoro ausführlich erwähnt, sind für uns die epistemologischen Implikationen, die sich hier bereits andeuten. So beschreibt der Naturphilosoph Fracastoro im ersten Buch verschiedene Mutationen von Elementen innerhalb der Natur und die damit verbundene unterschiedliche Wirkung auch in therapeutischer Hinsicht.

Fracastoro unterscheidet explizit zwischen einer prädisponierten Natur, die entstehen oder vergehen läßt, und der Wissenschaft über sie, die allein zu Veränderungen führt, aber nur aufgrund der greif- und erlebbaren Natur tätig werden kann.

In diesem Sinne beschreibt er in seiner Schrift `Homocentrica sive de stellis´ (1538) Methode und methodische Erfahrbarkeit, die auf Experimenten beruhen müssen. Unter Experimenten versteht Fracastoro aber nicht naturwissenschaftliche Versuche mit quantitativen Meßverfahren wie später Descartes oder Galileo, sondern die Beobachtung von Naturerscheinungen und deren umfassende Erklärung und Katalogisierung. Seine `Homocentrica´ beinhaltet demnach zwar auch einige Problemstellungen himmlischer und irdischer Physik, rekurriert aber zumeist auf observationale Charakterisierungen von vergrößerten oder verkleinerten Erscheinungen von Natur- und Himmelskörpern, sofern diese durch Linsen betrachtet werden, und vergleicht dieses Phänomen analog mit der Lichtbrechung von Objekten im Wasser, ohne dabei aber

---

436 Die mythische Erzählung basiert auf der kulturhistorischen Begebenheit, daß Francesco Oviedo y Valdes 1514 das Lignum Guajaci von seiner Reise nach Mittelamerika mitbrachte, wo es als Syphilisheilmittel bereits bekannt war. Von Spanien aus wurde es allmählich als Medikament bekannt und in ganz Europa angewandt. N. Poll, kaiserlicher Leibarzt und Naturphilosoph beschrieb schon 1517 die Wirkung des Medikaments und ein Jahr nach ihm auch Ulrich von Hutten, der sich selbst einer Kur mit Guaiacan unterzogen hatte. Cf. hierzu E. Gilg/P.N. Schürhoff: Aus dem Reiche der Drogen, Berlin 1926.

eine wissenschaftlich-physikalische Erklärung dieses Problems anbieten zu können.

Das Postulat von auf Beobachtung gegründeter Erfahrung verfolgt Fracastoro auch in `De causis criticorum dierum libellus´ des Jahres 1538. Anhand des zu beobachtenden pathologischen Phänomens, daß es im Verlauf von Krankheiten zu sogenannten `kritischen Tagen´ und damit zu Veränderungen des Krankheitsbildes kommt, diskutiert er mögliche Interferenzen, die in dem Einfluß astraler Erscheinungen oder magischer Verbindungen zu suchen sind. Der eigentliche Grund für diese medizinischen Unstetigkeiten liegt, so Fracastoro, in der Natur der Krankheit selbst und ist unabhängig von möglichen rätselhaften, magischen oder sonstigen nicht-natürlichen Einflußnahmen. Für den Krankheitsverlauf verantwortlich sind die humoralen Einflüsse und Modifikationen innerhalb des Körpers selbst, d.h. die dort stattfindenden quantitativen und qualitativen Veränderungen und die damit variierenden Verhältnisse zwischen den `humores´, die die Krankheit ausmachen und ihren unsteten Verlauf bestimmen. Fracastoro verzichtet in diesen als allgemeine Methodenlehre zu verstehenden Passagen auf die Darstellung universaler Erklärungsformen der Natur (wie den `innumera intacta´ und andere Einflüsse `non plana discussa´ oder `occulta´), die jenseits konkreter Erfahrungen liegen und betont vielmehr die Bedeutung konkreter Erscheinungen und ihrer genauen und deskriptiven Beobachtung.

Die Wiederaufnahme der Humoralpathologie unter modifizierten Bedingungen führt ihn einige Jahre später zu einer allgemein gehaltenen Abhandlung über die anziehenden und abstoßenden Kräfte als Struktur- und Bedingungsgefüge innerhalb der Natur und im Menschen. In `De sympathia et antipathia rerum´ aus dem Jahre 1546[437] zeigt sich eine Abwandlung der humanistisch geprägten Sympathie-Lehre durch die Idee der `species spiritualis´. Diese Spezies nämlich garantiert die Homogenität der Natur wie auch die ihrer Erfahrbarkeit durch den Menschen, der wiederum an ihr teilhat und demnach naturphilosophische Versuche oder Beobachtungen anstellen kann ohne den philosophischen oder epistemologischen Bezugsrahmen wechseln zu

---

[437] Hieronymi Fracastorii Veronensis De sympathia et antipathia rerum liber unus. De contagione et contagiosis morbis et curatione libri III, Venetiis 1546.

müssen. Die bis dahin gültige Unterscheidung von mundus intelligibilis und mundus sensibilis und damit einhergehend die Trennung von sinnlichem und intellektuellem Erkennen wird hinfällig. "`Theorie´ und `Wirklichkeit´, `Hypothese´ und `Phänomen´ sind keine ontologisch verschiedenen Naturen, sondern sind die Seiten einer einzigen ontologischen Natur."[438] Aus dem ursprünglich rein kosmologischen naturerklärenden Prinzip wird eine Epistemologie immanenter Zwecke, die grundsätzlich alle Untersuchungsobjekte miteinschließt, für den Menschen erfahrbar macht und die Natur und ihre Phänomene immanisiert und damit enthierarchisiert.[439]

Daneben finden wir bei Fracastoro einige Jahre später Ansätze einer transzendental-philosophisch anmutenden Objektrepräsentation, wonach die Naturdinge nicht mehr als externe Dinge außer uns, sondern als innere `Daten für das Bewußtsein´ angesehen werden müßen.[440] Anders als die aristotelische `species´-Lehre der intellektualen Formung der Materie durch den `intellectus agens´, faßt Fracastoro `species´ als intellektuelle Versichtbarung des Objekts für den Verstand.[441] Das zergliedernde und analytische Vermögen des Verstandes, von Fracastoro `subnotio´ genannt, garantiert jedoch nicht nur die Reproduktion der ursprünglichen Empfindung, sondern ist für das Zustandekommen des Wahrnehmungsinhalts überhaupt zuständig.

Erkenntnistheoretisch gesprochen wird das Ding durch den Intellekt zum Phänomen, ontologisch jedoch ist das rational-intellektuale Strukturmoment am Ding, genannt 'species', apriorische Bedingung jeglicher Naturerkenntnis und in methodologischer Hinsicht ist die `subnotio´ alleiniger Garant nicht nur sicherer, sondern wahrer wissenschaftlicher Kenntnis.

---

[438] Rombach, op. cit., p. 325.

[439] So finden sich denn in der Ausgabe Lyon 1550 auch in den Kapiteln Bezüge zu allen Wissenschaftsbereichen, Natur- und Geisteswissenschaften, Humanwissenschaften und Astronomie eingeschlossen: `De sympathiis elementorum ad loca propria´ (cap. III), `De animae sympathiis et antipathiis´ (cap. XII), `De consensibus et dissensibus phantasiae´ (cap. XVI), `De gaudio et appetitu´ (cap. XVII) etc.

[440] In seiner posthum erschienenen Schrift `Turrius sive de intellectione´ (1555).

[441] Damit ist die aristotelische Abstraktionslehre endgültig überwunden: "Intellectio igitur...non aliud certe videtur esse, quam repraesentatio objecti, quae animae interiori fit per receptam objecti speciem... Habet autem dubitationem quandam, utrum quod dicimus intellegere, sit actio quaedam animae, an passio tantum...mihi autem videtur, nisi fallor, tantum pati animam intelligendo, et nihil praeterea agere.", cf. `Turrius sive de intellectione´, lib. 1, p. 166 f.

Auch die Naturkonzeption Girolamo Cardanos[442] basiert auf der Annahme eines homogenen und beharrenden Veränderungsprinzips. Dieses "Gesetz des Antagonismus"[443], d.h. die alleinige Bewegung des Weltalls durch Sympathie oder Antipathie, ist integraler Bestandteil einer natürlichen Magie, die den Naturzusammenhang zu erforschen sucht, dabei aber zwei Zentralbereiche klassischer, natürlicher Magie überflüssig werden läßt. Dabei findet sich bei Cardano noch eine Trennung von himmlischer und sublunarer Welt dergestalt, daß die Gestirne das Geschehen auf der Erde bestimmen: "So wird der Himmel zur Quelle der Wärme, das Irdische hingegen zum Ort des absolut Kalten und Feuchten. Die drei Elemente, Erde, Wasser, Luft, - das Feuer als der `Nahrung´ bedürftig, habe keinen Anspruch darauf, Element zu heißen - lassen aus ihrer wechselseitigen Durchdringung im Erdinnern als lebende und wachsende Substanzen die Metalle, "begrabene Pflanzen", hervorgehen; auch das Gestein erfreue sich des Wachstums und der Reife."[444] Doch zeigt im ausdrücklichen Bekenntnis zur `natürlichen Magie´ der Philosoph, Arzt und Traumdeuter Cardano eine Abkehr von der reinen Wortmagie, deren Symbolträchtigkeit Naturkausalitäten postulierte und herstellte, wo lediglich sprachlicher Sinn und Bedeutung gemeint sein konnten. Sprache und (Natur-)Kausalität werden zu zwei getrennten Wirklichkeits- und Objektbereichen mit der Konsequenz der "kausalen Impotenz des Wortes"[445] auf die Wirklichkeit. Die implizierte Eigengesetzlichkeit der Natur in der `natürlichen Magie´ qua `Sympathie und Antipathie´ erlaubt eine Analogie von (subjektiven) Erkenntnis-strukturen und (natürlich-objektiven) Mitteilungsstrukturen. Subjekt und Objekt unterliegen damit denselben Naturprinzipien bzw. natür-lichen Wirkungsweisen, und sogar Gott ist in seiner Schöpfung diesem antagonistischen Prinzip verpflichtet und untergeordnet. "Durch das

---

[442] (24. September 1501-21. September 1576) Zur Biographie cf. Goethe: Farbenlehre, op. cit., p. 218; Mario Gliozzis Artikel in: DSB 12 pp. 64-67; Angelo Bellini: Girolamo Cardano e il suo tempo, Milano 1947; Henry Morley: The Life of Girolamo Cardano of Milan, 2 vols., London 1854; Lynn Thorndike, op. cit. vol. V, pp. 563-579; Otto, op. cit., pp. 225; Michel Foucault: Les mots et les choses, Paris 1966, pp. 39 ff. und Hönigswald, op. cit., pp. 89 ff.

[443] Cf. Otto, op. cit., p. 225.

[444] Hönigswald, op. cit., p. 89, zitiert nach Hieronymi Cardani, Mediolanensis medici De subtilitate libri XXI, Basileae 1554.

[445] Hönigswald, op. cit., p. 102.

Zusammentreffen von `Aktivem´ und `Passivem´, des himmlischen Lichtes und der träge-feuchten `Materie´, entstehen alle einzelnen Dinge, d.h. auf jene `natürliche Weise, die ihm die bedingungslos-allgemeine Geltung der Naturgesetze vertritt."[446]

Gemäß der kosmologischen Prämisse einer alles füllenden Urmaterie, die erst durch die antagonistischen Kräfte von Sympathie und Antipathie bewegt wird, lehnt er in `De rerum varietate´ (1557) Aristoteles´ horror vacui ab und erklärt `scheinbar´ leere Räume mittels einer Theorie der Verdünnung von Materie: die demnach verdünnte Materie ist zwar faktisch noch vorhanden, jedoch für die Wahrnehmung unter normalen Bedingungen nicht mehr erfahrbar.[447] Das Vakuum ist deshalb keine ontologische Unmöglichkeit, sondern in physikalischer Hinsicht lediglich ein Wahrnehmungsdefizit aufgrund der Unangemessenheit von subjektivem Betrachter und objektiver Realität.

Besonderen Ruhm hat dem `rudis et amens fabulator´[448] die astronomische Behauptung eingebracht, es gebe keine fortwährende Bewegung außer bei den Himmelskörpern.[449]

Cardanos `Opus novum de proportionibus numerorum, motuum, ponderum, sonorum, aliarumque rerum mensurandarum...Item de aliza regula liber´[450] ist in methodischer und epistemologischer Hinsicht die Applikation seiner mathematischen Theorien[451] auf die Naturphilosophie und damit - ex post betrachtet - ihre beginnende Wandlung zur

---

446 Hönigswald, op. cit., p. 104.

447 Demgegenüber hatte Julius Caesar Scaliger (1484-1558) die `Leere´ der antiken Atomistik reformuliert und metaphysische Kennzeichnungen durch geometrische ersetzt. Cf. seine `Exotericarum exercitationum Liber: ad Hieronymum Cardanum, Lutetiae 1557, bes. exerc. 5 und 352. Cf. zu dem Horror-vacui-Streit zwischen Cardano und Scaliger auch den Aufsatz von Ian Maclean: The Interpretation of Natural Signs: Cardano´s De subtilitate versus Scaliger´s Exercitationes. In: Brian Vickers (Ed.): Occult and Scientific Mentalities in the Renaissance, Cambridge University Press, Cambridge/London/New York/New Rochelle/Melbourne/Sydney 1984, pp. 231-252.

448 So Giordano Bruno in seiner Schrift `De Immenso´ über Cardano.

449 Cf. Raffaelo Caverni: Storia del metodo sperimentale in Italia, I, Florenz 1891, pp. 47-50 und Pierre Duhem: Les origines de la statique, I, Paris 1895, pp. 237 ff.

450 Basileae 1570.

451 Formuliert in seinen Werken `Practica arithmetice et mensurandi singularis´, Mailand 1539 und `Hieronymi Cardani, praestantissimi mathematici, philosophi, ac medici Artis magnae, sive, de regulis algebraicis, liber unus: qui et totius operis de arithmetica, quod opus perfectum inscripsit, est in ordine decimus...´, Norimbergae 1545. Cf. hier auch G.C.: Des Girolamo Cardano von Mailand (Bürgers von Bologna) eigene Lebensbeschreibung, Jena 1914.

neuen Naturwissenschaft. Bei der Beschreibung mechanischer Probleme postuliert Cardano zum ersten Mal die Verwendung quantitativer Messungen. Das Verhältnis der Dichte von Luft und Wasser bestimmt er aufgrund von experimentellen Versuchen zwar noch ungenau mit 1:50[452], "but it is the first deduction to be based on the experimental method and on the hypothesis that the ratio of the distances traveled by bullets shot from the same ballistic instrument, through air and through water, is the inverse of the ratio between the densities of air and water"[453].

Auch bei Bernardino Telesio (1508-1588)[454] gibt es noch die magisch-kosmologische Konzeption der Naturpotenzen in Form des manichäistischen Antagonismus `Wärme-Kälte´, die alles Werden und alle Veränderungen der Urmaterie bestimmt. Das Grundprinzip der Veränderung ist Bewegung der beiden `primae activae qualitates´, die sowohl die feste Materie qua Verdünnung oder Verdichtung modifizieren als auch deren Erfahrung oder Empfindung. Anders als bei Aristoteles, von dem sich Telesio explizit distanziert[455], berührt der νοῦς seine Objekte in der Empfindung mehr physikalisch-mechanisch als metaphysisch oder gar gnoseologisch.[456] Das zentrale und einzig zuverlässige "Organ aller Naturerkenntnis ist für ihn der *sensus*, die *eine* sinnliche Anschauung als Grundform *allen* Naturwissens"[457]. Nun ist aber der Telesische Renaissance-Sensualismus ein kosmologischer Entwurf, der den Naturstoff als beseelt ansieht und der als Analogon zur

---

[452] Tatsächlich beträgt die Dichte von Luft in Meereshöhe 0,00129 g/cm^3 und von Wasser 1,0 g/cm^3, d.h. sie entspricht einem Verhältnis von 1:750.

[453] Mario Gliozzi, op. cit., p. 66.

[454] Zur Biographie cf. Francesco Fiorentino: Bernardino Telesio, 2 Bde., Florenz 1872-74; Roberto Almagià: Le dottrine geofisiche di Bernardino Telesio. In: Ders.: Scritti geografici, Rom 1961, pp. 151-178; Ernst Cassirer: Das Erkenntnisproblem, pp. 212-218; Neal W. Gilbert: Art. B.T.: In: DSB 13, pp. 277-280; Otto, op. cit., pp. 222 ff. und Hönigswald, op. cit., pp. 108 ff.

[455] Seine Schrift `De rerum natura iuxta propria principia´ ist im Ganzen als anti-aristotelisches Programm zu verstehen. Dies ist ein Grund für die verschiedenen Ausgaben, die dieses Werk erlebt hat: Rom 1565; 2. Aufl. Neapel 1570; 3. Aufl. Neapel 1586 und eine moderne, dreibändige Ausgabe, hg. von V. Spampanato, 1. Bd. Modena 1910; 2. Bd. Genua 1913 und Bd. 3 Rom 1923.

[456] "Nor, finally, was he a mechanist, in spite of the fact that he rejected action at a distance as being the result of an `occult´ quality and in spite of his insistence upon the role of matter as a principle of nature.", cf. Gilbert, op. cit., p. 278.

[457] Otto, op. cit., p. 223.

materiellen und geistigen Natur ein menschliches Erkenntnisorgan denken muß, soll Empfindung und Wahrnehmung denk- und vorstellbar sein.[458] Diese erkenntnislogische Einheit drückt Telesio programmatisch aus als "intellectio longe est sensu imperfectior"[459]. Dieser Gedanke basiert auf der Idee des Vorrangs der Wahrnehmung vor dem Denken[460] und beabsichtigt nicht zugleich schon die Diskreditierung des Intellekts, sondern ist zuerst einmal eine methodologische und erkenntnistheoretische Denkprämisse: Erkenntnis beginnt zwar mit der beobachtbaren Erfahrung der warmen Sonne und der kalten, unbewegten Erde[461], beruht aber auf der hypothetischen Setzung der (Bewegungs-)Homogenität des Naturganzen.[462] Gemäß dieser `iuxta propria principia´ ist Mathematik vorrangig Geometrie mit `anschaulichen´ Definitionen[463], aber zugleich mit der unwandelbaren und allgemein anwendbaren Gültigkeit ihrer Gesetze.

---

458 Tommaso Campanella wird hier später noch einen Schritt weiter gehen, indem er die Naturphilosophie in eine `Philosophie des Bewußtseins´ umwandelt, denn die Frage war und ist ja, wie sich sinnliche Erfahrung zu Erkenntnis modifiziert, die selber nicht nur aus Erfahrung bestimmt ist. In der `Philosophia sensibus demonstrata´ heißt es deshalb, daß "sinnliche Wahrnehmung nicht aus dem Nichts geboren wird". Cf. die Ausgabe des Jahres 1591, p. 61 und im Vergleich zu Galileo auch Bernardino M. Bonansea: Campanella´s Defense of Galileo. In: William A. Wallace (Ed.): Reinterpreting Galileo, The Catholic University of America Press 1986, pp. 205-239 (Studies in Philosophy and the History of Philosophy, 15). Aufgrund seines eher universalphilosophischen und erkenntniskritischen Ansatzes und wegen des Fehlens praktischer Versuche findet Campanella an dieser Stelle keine intensivere Berücksichtigung.

459 Telesio, op. cit., cap. VIII, p. 3.

460 "ου δυνατον εννοειν η εκ τινος αισθησεως " loc. cit.

461 Telesio war alles andere als ein Kopernikaner. Cf. hierzu auch Neil C. Van Deusen: Telesio. The First of the Moderns, New York 1932, pp. 27 ff.

462 "Ihm (Telesio, Anm. d.V.) handelte es sich darum, die gegenständliche, über die Augenblicksgeltung des Sinnlichen hinausgreifende Ordnung zu sichern. Das aber gelang nur, wenn das Vehikel dieser Ordnung, der `Intellekt´, oder konkreter: der Begriff als funktioneller Träger jener Ordnung, der Sache nach jedem Nebeneinander von Sinneseindrücken vorangestellt wurden. Und das wiederum durfte nicht einem Verzicht auf die methodologische Valenz der Sinnlichkeit gleichkommen.", cf. Hönigswald, op. cit., p. 117. Hierzu schreibt Gilbert, daß, "as a first crude hypothesis this is perhaps not unpromising... We might note that in making the sun fiery or `igneous´, Telesio was, unwittingly, helping to contribute to the breakdown of the barrier that Aristotle had set up between celestial and sublunary physics, the breakdown triumphantly announced by Galileo in his Dialogue concerning the two chief world systems"., cf. op. cit., p. 279.

463 Ein Kreis ist für ihn etwa die sinnliche Darstellung des Kreisbogens mit seinen wahrnehmbaren Eigenschaften.

158

Die unabänderliche Gültigkeit von naturgesetz-ähnlichen Bestimmungen zeigt sich auch in Telesios Verständnis des Begriffs vom Raum. Während in der Tradition der peripatetischen Philosophie Raum oder Ort immer der konkret-jeweilige Raum mit bestimmten physischen und metaphysischen Valenzen war, so daß auch die sich in diesem Raum, als dem Ganzen aller Örter, befindlichen Dinge immer `ihren´ natürlichen Ort hatten, der "die Grenze des umschließenden Körpers gegen den umschlossenen"[464] ausmacht, entsteht bei Telesio zum ersten Mal in der Geschichte der Naturphilosophie die Idee des abstrakten und absoluten Raumes mit der `Fähigkeit der Körperaufnahme´[465]. Der Raum stellt damit die grundsätzliche und flexible Ordnungsbeziehung her, aufgrund dessen die Sinneseindrücke als Einprägungen des `sensus´ eine Orientierung erfahren und der Naturstoff geordnet werden kann.

Im Kontext dieser innovativen Raumprägung zählt nicht mehr die absolute Wertigkeit mit der Kennzeichnung der Körper und ihrer Örter durch den Raum, sondern die relative Setzung durch das erkennende Individuum im Raum. Diese epistemologische Setzung des abstrakten und relativen Raumes beruht auf praktischen Experimenten: "The chief evidence for Telesian space was observation of vacuums in waterclocks, smoke-filled jars, and so on, while common sense seemed to indicate that time was metaphysically independent of motion although clearly bound up with it."[466] Aufgrund dieser experimentell-praktischen Versuche und der mit ihnen verknüpften erkenntnis-theoretischen Konstruktionen nannte Bacon Telesio auch den `novorum hominum primum´.

Die Bestimmung des Verhältnisses von Telesio und seiner Schule, der Telesischen oder Cosentinischen, zu den neu entstehenden Naturwissenschaften bei Galileo, Newton und Harvey ist bis heute noch nicht geleistet und harrt weitgehend noch einer intensiven wissenschaftshistorischen und epistemologischen Untersuchung[467]. Diese aber kann nur an anderer Stelle geleistet werden.

---

[464] Aristoteles, Physik Δ, Kap. 5, 212 a.

[465] Telesio nennt dies `aptitudo ad corpora suscipienda´, cf. `De rerum natura´, lib. 1, cap. 25).

[466] Van Deusen, op. cit., p. 91.

[467] Den einzige Versuch, die originären Gedanken Telesios aktualisiert darzustellen, unternahm das Centro di studi del pensiero filosofico del Cinquecento e del Seicento in relazione ai problemi della scienza del Consiglio nazionale delle

Innerhalb der Behelfsperiodisierung `Naturphilosophie der Renaissance´ gelangen diejenigen epistemologischen und methodologischen Probleme zu besonderer Beachtung, die die Klärung der Vermittlung von Konkretem und Abstraktem bzw. von Ursache und Wirkung intendieren. So finden sich auch bei Francesco Patrizi (1529-1597)[468] diejenigen Topoi wieder, die uns bereits bei Telesio begegneten, jedoch werden diese hier vorwiegend quantitativ-methodisch erörtert.

Zwar formuliert auch Patrizi die Idee des abstrakten und absoluten Raumes als physikalisch-kosmologisches Grund- und Ordnungsprinzip, jedoch konzipiert er diesen ganz im Gegensatz zu Telesio als Denkprinzip und apriorische Erkenntnisbedingung. `Raum´ ist bei ihm die intellektuelle oder hypostasierte Denkbestimmung, die die Erforschung der empirisch-räumlichen Dinge oder Seienden ermöglicht: "Spatium ergo extensio est hypostatica per se substans, nulli inhaerens. Non est quantitas. Et si quantitas est, non est illa categoriarum, sed ante eam, eiusque fons et origo."[469] Etwas weiter heißt es: "Neque enim individua substantia est, quia non est ex materia et forma composita. Neque est genus, neque enim de speciebus neque de singularibus praedicatur. Sed alia quaedam extra categoriam substantia est. Quid igitur, corpusne est an incorporea substantia? Neutrum sed medium utriusque ... corpus incorporeum est et non corpus corporeum. Atque utrumque per se substans, per se existens, in se existens." Die Vermittlung des Anspruchs der Nicht-Körperlichkeit und der dennoch vorhandenen räumlich-körperlichen Verbundenheit überwindet damit endgültig den traditionellen Begriff des Raums bzw. des Ortes in seiner peripatetischen und scholastischen Bedeutung als ontische Prädis-

---

ricerche in Florenz mit der Neuausgabe des `De rerum natura, liber VII, VIII und IX´ 1976 und der `Varii de naturalibus rebus libelli´ im Jahre 1981. Die `Varii de naturalibus rebus libell´ in der Ausgabe Venetiis 1590 erschien als Nachdruck, hg. von Cesare Vasoli, 1971 bei Georg Olms, Hildesheim/New York.

[468] Cf. zur Vita u.a. B. Brickmann: An Introduction to F. Patrizi´s `Nova de Universis Philosophia´, New York 1941; L.A. Crespi: La vita e le opere di F. Patrizi, Milano 1931; Paul Oskar Kristeller: Acht Philosophen der Renaissance, Weinheim 1986; F. Lamprecht: Zur Theorie der humanistischen Geschichtsschreibung. Mensch und Geschichte bei Francesco Patrizi, Diss. Zürich/Winterthur 1950; H.-B. Gerl, op. cit., pp. 140 ff. und Vorländer, op. cit., pp. 307 ff.

[469] Cf. seine `Nova de universis philosophia, libris quinquaginta comprehensa´, Ferrara 1591, hier pars III `Pancosmia´, cap. De spatio physico, p. 65 f.

position und bewegt sich zugleich hin auf eine unifizierende Methode. Während nämlich noch Kälte und Wärme die antagonistischen Kräfte der bewegten Materie bei Telesio waren, ist es hier das Licht, genauer gesagt: der Reflex des göttlichen Lichts in der Welt, der die Einheit zwischen Gott und Mensch, zwischen Sinn und Welt und allgemein zwischen Objekt und Erfahrung herstellt. "Der Lichtschein, zugleich unkörperlich und körperlich, überträgt diese mediale Qualität auf den unkörperlich-körperlichen Raum, der seinerseits damit vermittelndes Prinzip zur Körperwelt, gerade in seiner Dreidimensionalität (i.e. Natur, Gott und Unviversum, Ergänzung d. Vf.), wird."[470]

Die Konzeption des dreidimensionalen, unifizierenden Raums als `Ermöglichungsgrund des Seienden´ korreliert mit einer Methode, die qua Lichtgestalt Früheres und Späteres, Bekanntes und Nichtbekanntes verbindet durch `Abstieg´ und `Aufstieg´, d.h. durch die Methodenkombination von Resolution und Komposition. "Philosophie ist Streben nach Weisheit, Weisheit aber ist Erkenntnis des Alls, das All aber besteht durch Ordnung, Ordnung aber besteht durch Früheres und Späteres, ... demnach muß die Philosophie mit dem früher Erkannten anfangen."[471] Dies also ist die `propria methodus´, die zu formulieren sich Patrizi zum Ziel gemacht hat und die die Überwindung der aristotelischen und platonischen Methodenansätze bedeutet. Während bekanntlich Aristoteles die empirischen Daten nicht systematisieren konnte, und Platon zwar deduzierte, ohne aber diese konkreten Beobachtungen wiederum unter die Axiome oder Ideen subsumieren zu können, konzipiert Patrizi eine einheitliche Methode für alle naturerforschenden und philosophischen Anwendungsbereiche, die 1. auf der vorangesetzten Wesensdefinition gründet, die 2. aufgrund der zugrundegelegten Axiome oder Hypothesen die akzidentellen Eigenheiten aufzeigt und 3. Wirkungen aus den per Wesensdefinition bekannten Ursachen deduziert. Dieser bei Patrizi vorfindbare Begriff der Wesensdefinition entspricht damit der geometrischen bzw. axiomatisch-deduktiven Methode des Proklus, die im logisch-methodischen Kontext averroistischen Philosophierens und besonders bei Zabarella weiterentwickelt wird und bei Telesio lediglich als szientifisches Programm

---

[470] Gerl, op. cit., p. 143.

[471] Übersetzung der `Nova de universis philosophia´ nach dem Nachdruck Zagreb 1979, pars. II `Panaugia´, cap. 1, p. 1, zitiert nach Gerl, loc. cit.

vorformuliert wird. Damit beginnt die Trennung der "Frage nach der Formalität der Methode des Denkens" von den jeweiligen wissenschaftlichen Aufgabenstellungen und es kommt zu einem ersten einheitlichen Methodenansatz, der "die komplexen Inhaltsbereiche der `Philosophie´ und der `Wissenschaft´ "[472] übergreift und einzeln sichert.

Die Fokussierung auf Geometrie als dieses unifizierende methodische principium primum und als methodologisches Minimum im Sinne Brunos[473] verweist zwar bereits auf die neuen und neuzeitlichen Naturwissenschaften, ist aber in ihrer epistemologischen Valenz mit der Mathematik als Protomethode der Wissenschaften schlechterdings unvergleichbar. Die Ontologie, die Struktur und Charakterisierung der Seinsordnung als lichtdurchflossene Materie, trennt Patrizi noch von der quantifizierenden Natur eines Galilei. Die methodische Bewegung von Resolution und Komposition und vice versa klingt zwar neuzeitlich,

---

[472] Otto, op. cit., p. 228.

[473] Cf. dessen Schrift `De minimo´, die den Problemkreis des methodischen Minimums erörtert und als Horizontalisierung des Untersuchungsfeldes verstanden werden kann. Cf. hierzu auch Otto, op. cit., p. 230 und mein Aufweis der Parallelität der Wirkungsweise von Forschungshypothesen und der Horizontalisierung des zu betrachtenden und zu untersuchenden Gegenstandfeldes. Nichts anderes meint Kant wenn er schreibt: "Als Galilei seine Kugeln die schiefe Fläche mit einer von ihm selbst gewählten Schwere herabrollen oder Torricelli die Luft ein Gewicht, was er sich zum voraus dem einer ihm bekannten Wassersäule gleich gedacht hatte, tragen ließ ... , so ging allen Naturforschern ein Licht auf. Sie begriffen, daß die Vernunft nur das einsieht, was sie selbst nach ihrem Entwurfe hervorbringt, daß sie im Prinzip ihrer Urteile nach beständigen Gesetzen vorangehen und die Natur nötigen müsse, auf ihre Fragen zu antworten, nicht aber sich von ihr allein gleichsam am Leitbande gängeln lassen müsse; denn sonst hängen zufällige, nach keinem vorher entworfenen Plane gemachte Beobachtungen gar nicht in einem notwendigen Gesetz zusammen, welches doch die Vernunft sucht und bedarf. (...) Und so hat sogar die Physik die so vorteilhafte Revolution der Denkart lediglich dem Einfalle zu verdanken, demjenigen, was die Vernunft selbst in die Natur hineinlegt gemäß, dasjenige in ihr zu suchen (nicht ihr anzudichten), was sie von dieser lernen muß, und wovon sie für sich selbst nicht wissen würde. Hierdurch ist die Naturwissenschaft allererst in den sicheren Gang einer Wissenschaft gebracht worden, da sie so viel Jahrhunderte durch nichts weiter als ein bloßes Herumtappen gewesen war.", I. Kant: KrV, Vorrede zur Auflage III, p. 23 f. Cf. hierzu auch Rombach, op. cit., p. 320 ff. und Peter Joachim Opitz: Aufbruch in die Moderne. Zur Entstehung des neuzeitlich-wissenschaftlichen Denkens. In: Kulturelle Konfrontation oder interkulturelles Lernen, hg. von der Otto Benecke Stiftung, Baden Baden 1987, pp. 57-80. Über die trans-, prä- oder postphysischen Strukturgebilde Aufschluß zu geben heißt demnach nichts anderes, als die Voraussetzungen naturwissenschaftlichen Forschens zu bestimmen und offenzulegen. Insofern sind Ontologie und Metaphysik in epistemologisch-immanenter Hinsicht nicht Derivate der Empirie, sondern Desiderate der Wissenschaften.

gerade auch in Hinblick auf den nachgerade antihumanistisch klingenden Versuch, die logische Allgemeingültigkeit, methodische Nachprüfbarkeit und Wiederholbarkeit natürlicher Phänomene zu garantieren, der metaphysische Bezugsrahmen hingegen ist noch - sofern man diese Bruchmetaphorik für die Renaissance für angemessen hält und benutzen will - `vorrevolutionär´.

Hinzu kommt, daß die Modifikationen von Naturphilosophie während der Renaissance zwar vielfältig waren und durchaus ihre unterschiedliche historische und szientifische Reputation besaßen, die Mehrzahl der Schul- und Lehrmeinungen aber weiterhin aristotelisch geprägt blieb. Zu derselben Zeit als Patrizi in Ferrara in einem Kreis philosophischer und naturforschender Freunde und Kollegen die Universalisierung der geometrischen Methode diskutierte und publizierte, lehrte der Philosophieprofessor Girolamo Borro (1512-1592)[474] traditionell Philosophie und Logik in Pisa und Perugia und vertrat dabei einen eher konservativen Aristotelismus, der als scharfer Kontrast zu den innovativen naturphilosophischen Ansätzen der Renaissance erscheint. In seinen beiden Schriften über `Methode´ gibt sich Borro ganz als dogmatischer Aristoteliker und überzeugter Averroist: "Huius Methodi ignoratio et negligentia monstrorum omne genus omnemque multitudinem generat, necessariamque rerum omnium ignorationem parit. (...) ... quia nostri instituti non est exponere quid alii vel bene vel male fecerint, sed quid Aristoteles docuerit ac servaverit".[475] Die allein gültige und wahrheitsuchende Methode ist das aus Notwendigem folgernde Schlußverfahren, die auch in der peripatetisch experimentellen Naturphilosophie die einzig angemessene ist, während mathematische Kalkulationen oder Messungen demgegenüber kaum erwähnt und für wissenschaftliche Schlüsse als nicht gültig angesehen werden. Dieses traditionelle Methodenverständnis kommt noch deutlicher zum Ausdruck in Borros Werk `Multae sunt nostrarum

---

[474] Zu biographischen Daten cf. G. Stabile und sein Artikel in Dizionario Biografico degli Italiani, Bd. 13, 1971, pp. 13-17; U. Viviani: Medici, fisici e cerusici della provincia aretina vissuti dal V al XVII secolo d. C., Arezzo 1923; G. Ermini: Storia della Università di Perugia, Florenz 1947, bes. pp. 580 ff. und Charles B. Schmitt: Girolamo Borro´s Multae sunt nostrarum ignorationum causae (Ms. Vat. Ross. 1009). In: Philosophy and Humanism. Renaissance Essays in Honor of Paul Oskar Kristeller, ed. by Edward P. Mahoney, Leiden 1976, pp. 462-476.
[475] Hiernomymus Borrius Arretinus de peripatetica docendi atque addiscendi methodo, Florenz 1584, pp. 105 und 39, zit. nach Schmitt, op. cit., p. 465 ff.

ignorationum causae´, in dem die zehn Gründe wissenschaftlichen Nichtwissens aufgelistet werden.[476] Der zweite Grund, "brevis et negligens in naturalibus exercitatio", betont unter Berufung auf drei Belegstellen in den aristotelischen Schriften `De caelo´, der Nikomachischen Ethik und `De generatione et corruptione´ erneut, daß theoretische mathematische Methoden bei der Erforschung der Natur weniger hilfreich sind als eine breit gefächerte Erfahrung auf dem Gebiet der aristotelischen philosophia naturalis. Um in den wissenschaftlichen Urteilen sicher zu sein, bedarf es damit weniger einer zuverlässigen und allgemein anwendbaren Methode - und Borro unterscheidet weder nach unterschiedlichen Anwendungsgebieten noch fordert er gar eine einheitliche Form des methodischen Zugriffs in Form von Regeln oder Axiomen - als vielmehr polymathischer Kenntnisse.

Obgleich Borro mit Pietro Aretino, Michel de Montaigne und auch Galileo Galilei in Kontakt stand, sieht man an seinen Arbeiten stellvertretend für die der meisten seiner Zeitgenossen weder eine ernsthafte und kritisch-literarische Auseinandersetzung mit Aristoteles und seinen methodologischen demonstrationes, wie sie in der auslaufenden Tradition des Paduaner Averroismus u.a. bei Jacopo Zabarella zu beobachten ist, noch epistemologische oder kosmologische Systemversuche, die den naturkundlichen und -erforschenden Disziplinen und ihren Ergebnissen Rechnung getragen hätten und die bei den eigentlichen `Naturphilosophen´ der Renaissance zumindest in Ansätzen erkennbar waren.

Zwischen der Sinnlichkeit und dem Unendlichen ist mit und durch den Aristotelismus keine methodisch sichere `Proportion´ herzustellen: denn die Wahrnehmung vermag die Dinge immer nur in ihrer begrenzten Einzelgestaltung wahrzunehmen und darzustellen. Je ener-

---

476 "Prima: ignorantia logicae.
Secunda: brevis et negligens in naturalibus exercitatio.
Tertia: bonorum doctorum et librorum negligentia.
Quarta: sophistarum subtilitas.
Quinta: varius defectus naturae.
Sexta: pessima consuetudo.
Septima: negligentia textuum.
Octava: permistio doctrinarum.
Nona: imperitia.
Decima: amor et odium." Der Text ist wiederabgedruckt als Anhang zu Schmitts Artikel, op. cit., pp. 472 ff.

gischer und lebendiger sich die neue Anschauung und Erforschung der Natur entfaltet, um so schärfer macht sich deshalb die Forderung einer neuen Fassung der Erkenntnis- und Methodenlehre geltend, die für das veränderte Bild der objektiven Wirklichkeit das zureichende logische und szientifische Korrelat schafft.

In entwicklungsgeschichtlicher Tradition mit einer Fokussierung auf den Entwicklungen in der Historiographie und Epistemologie des späten 16. Jahrhunderts muß ein dogmatisch starrer und deshalb auch den klassischen Aristotelismus auflösender Ansatz, wie wir ihn bei Girolamo Borro gesehen haben, als ein für die weitere Methodologie der Neuzeit entwicklungsgeschichtlich toter Ast angesehen werden. In philosophiehistorischer oder philologischer Hinsicht mag sich hierbei eine Einschätzung ganz anderer Art ergeben. Insofern gilt für unsere Untersuchung ebenso wie für die betrachtete Epoche: Der wissenschaftshistorische Horizont bestimmt die Perspektive bei der Bewertung innovativer wissenschaftlicher Verfahren.

Die Naturphilosophie der Renaissance, so läßt sich zusammenfassend urteilen, sagt nicht so sehr über die Dinge aus, sondern "über unser Wissen von den Dingen"[477]. Insofern die axiomatisch-deduktive, d.h. die mathematisch-geometrische Methode die Erkennbarkeit der Natur leitet und bestimmt, ist das neue Naturwissen der Neuzeit zunehmend antisubstantialistisch und damit anti-aristotelisch, und umgekehrt insofern die Natur und die Materie selbst mathematisch und die Erfahrung auch in ihrem sinnlichen Teil mathematisierbar ist, ist die Physik als die neue Wissenschaft vom Seienden eine mathematisch verfahrende. In diesem Sinne ist der berühmte Satz des Galilei zu verstehen: Philosophie ist im Buche der Natur mit mathematischen Lettern geschrieben. Die naturphilosophisch neue Grundordnung in Form einer einheitlichen Methode des Zugangs und in Form der einheitlichen Strukturiertheit des Objekts `Natur´ ist zwar von der Geometrie und Mathematik nicht zu trennen, jedoch besteht die Wandlung des naturwissenschaftlichen Denkens selbst nicht in der Verwendung der Mathematik in der Natur, sondern in der neuen Bestimmung des

---

477 Rombach, op. cit., p. 335.

Wissens und des Wißbaren. Das Sein der Dinge in Raum und Zeit ändert sich und "wird verstanden als Gesetz, dieses gibt vor, was immer und notwendig zu ihm gehört und somit an ihnen wißbar ist".[478] Das Gesetz der Natur wandelt sich in der Renaissance vom alles bestimmenden und ewig feststehenden ontologischen Gesetz des Seins zum auf Relation und Funktionalität ausgerichteten allgemeingültigen jedoch hergestellten Naturgesetz.

---

[478] Karl Ulmer: Die Wandlung des naturwissenschaftlichen Denkens, Tübingen 1963, p. 343.

10. Kapitel:
Das Naturgesetz als metaphysische Grundordnung

Nature and Nature´s laws lay hid in night;
God said, `Let Newton be´, and all was light.
Alexander Pope

Rombachs emphatisches Bemühen, die `neue´ Metaphysik als eine nicht mehr absolute, sondern relative und raum-ordnende Vergleichsgröße darzustellen, entspringt seiner Intention, die Neuheit der Neuzeit durch die "Entwicklung einer eigenständigen Ontologie der Funktion" zu beschreiben. Dieser Sichtweise gemäß eliminieren die naturforschenden und wissenschaftlichen Ansätze gegen Ende des 16. Jahrhunderts die alte Ontologie der Vollkommen- und Wesenheiten und führen zu einer "Negation der Vorwegbestimmtheit", indem sie das "quasi Seiende so in die Funktion freigeben, daß an ihm nichts ist und nichts bleibt, was es nicht aus der Relation auf anderes empfangen würde"[479]. Die Veränderungen bis auf Galilei hin wird als die "Umgestaltung der Ontologie in Dynamik" gefaßt und zum "Grundinteresse des modernen Denkens"[480] in der Neuzeit erhoben.

Die Untersuchung der Ursprünge moderner Wissenschaft in der Renaissance muß bei der Kennzeichnung der wissenschaftlichen Leistungen des 16. und 17. Jahrhunderts solche paradigmatischen Etikettierungen vermeiden, wenn sie den genuin szientifischen Wert und innovativen Charakter auch in Hinblick auf Traditionen und Kontinuitäten herausarbeiten will. Es geht somit weniger um den wiederum perioden-festigenden Aufweis des Neuen an der Neuzeit anhand des "Gedankens der Ordnung und Gesetzlichkeit des Ungleichförmigen"[481], der sich obendrein vor Rombach bereits bei Ernst Cassirer formuliert findet, als vielmehr um die Beschreibung der Kontinuität der "Vorstellung einer allem Sein immanenten Gesetzlichkeit"[482], die den konkreten Forschungshypothesen oder Theorien vorausgeht und die als aller Forschung zugrundeliegende Ontologie verstanden werden mag.

---

479 Rombach, op. cit., p. 290.
480 Rombach, op. cit., pp. 291 und 290.
481 Ernst Cassirer: Das Erkenntnisproblem, op. cit., p. 371.
482 G. Frey: Art. `Naturgesetzlichkeit, Naturgesetz´. In: HWPh Bd. 6, sp. 528-531.

Die nähere Betrachtung des Topos `Naturgesetzlichkeit´ zeigt nämlich, daß unabhängig von den jeweils verwendeten Begriffen - diese mögen `forma substantialis´, `mondo ordinatissimo´, `proportio´, `ratio´ oder Theorem heißen - der Gedanke einer "empirisch beobachtbaren Regelmäßigkeit der Natur"[483] für alle naturerforschenden Versuche der Renaissance existierte und bestimmend war.

Damit ist nicht schon der universale metaphysische Entwurf gemeint, den Rombach als `Ontologie der Funktion´ bei Cusanus und Kepler nachweist und der als Paradigma der Neuzeit den Wechsel der universalen und allgemein gültigen Wahrnehmungshypothesen ankündigt. Dies nämlich würde nichts anderes bedeuten als die Identifizierung von Naturgesetz und Metaphysik, womit in der Folge unterschiedliche ontologische Geltungsansprüche ebenso verwischt würden wie die Differenzierungen innerhalb der Metaphysik, so etwa der zwischen metaphysica specialis und metaphysica generalis[484]. Eine solche Gleichsetzung würde dem Aufweis der iterativen Grundspannung von Philosophie oder Metaphysik und Naturwissenschaft[485] auch kaum gerecht werden können.

Andererseits wäre die Einschränkung der Naturgesetzlichkeit auf die Hypothesenstruktur der Erfahrung oder Theorie zu eng. Sofern von naturphilosophischen oder -wissenschaftlichen Konstanten in Theorien gesprochen wird, ist immer mehr gemeint als die bloß singuläre Bedingung eines Phänomens oder Versuchs. Hypothesen fungieren in der Regel im Verbund mit anderen Annahmen oder Axiomen und bilden damit ein System, das "den Charakter des Horizontes (hat - Anm. d. Vf.), innerhalb dessen erst die Phänomene der Erfahrung als das, woraufhin sie überhaupt eine Erfahrung genannt werden dürfen, zu erscheinen vermögen"[486]. Die Naturgesetzlichkeit erschöpft sich nicht in der Summe der nachweisbaren Einzelhypothesen oder Theoreme, sondern instrumentalisiert die Natur aufgrund dieser Summe aller der für die jeweilige

---

483 Wolfgang Krohn: Zur soziologischen Interpretation der neuzeitlichen Wissenschaft. In: Edgar Zilsel: Die sozialen Ursprünge der neuzeitlichen Wissenschaft, 2. Aufl. Frankfurt/M. 1985, pp. 8 f.
484 So etwa bei Christian Wolff; cf. hierzu auch generell Gottfried Martin: Einleitung in die allgemeine Metaphysik, Stuttgart 1974.
485 Cf. hierzu Kants `Metaphysische Anfangsgründe der Naturwissenschaft´. In: Gesammelte Schriften, Akademie-Ausgabe, Bd. IV, ND Berlin 1968.
486 Rombach, op. cit., p. 321.

Theorie notwendigen Hypothesen. Sie mag damit als die grundsätzliche Erschlossenheit einer Objektwelt zum Zwecke der Anwendung der sie deutenden und bedeutenden Naturgesetze verstanden werden.

Vorsichtig formuliert könnte man sagen, daß die Naturgesetze diejenigen Prinzipien sind, die aufgrund bewährter Hypothesen und durch die Anwendung einer für alle Naturphänomene einheitlichen Methode konstituiert werden konnten und die zusammengenommen zu einer umfassenden Weltsicht führen, die wiederum durch die Anwendung der Hypothesen und der Prinzipien bestätigt wird, ohne daß die Praktikabilität dabei eine notwendige Bedingung darstellt. Sie sind damit zugleich "Einschränkungen, die wir unter Leitung der Erfahrung unserer Erwartung vorschreiben", und die "aus einer Reihe für die Anwendung bereit liegender, für diesen Gebrauch zweckmäßig gewählter Lehrsätze"[487] bestehen, die obendrein "eine gewisse Homogenität und Reproduzierbarkeit der Natur"[488] unterstellen.

Gemäß dieser vorläufigen Bestimmung läßt sich sowohl ein objektiver Anspruch an dem Gedanken des Naturgesetzes ausmachen, den Carl Friedrich von Weizsäcker die konstruktive Aufgabe der modernen Naturwissenschaft[489] nennt und der den Beweis der Gleichförmigkeit beinhaltet, als auch ein subjektives Moment im Sinne einer biologischen Bedeutung[490] des Naturgesetzes. K. Pearson beschreibt diesen Aspekt in strikter Analogie zum Rechtsgesetz wie folgt: "The civil law involves a command and a duty; the scientific law is a description, not a prescription. The civil law is valid only for a special community at a special time; the scientific law is valid for all normal human beings, and is unchangeable so long as their perceptive faculties remain at the same stage of development. For Austin[491], however, and for many other philosophers too, the law of nature was not the mental formula, but the repeated sequence of perceptions. This repeated sequence of percep-

---

[487] Ernst Mach: Erkenntnis und Irrtum. Skizzen zur Psychologie der Forschung, unveränd. ND der 5. Auflage, Leipzig 1926, Darmstadt 1991, pp. 449 und 455.
[488] Krohn, op. cit., p. 9 und cf. G. Böhme (Hg.): Protophysik. Für und wider eine konstruktive Wissenschaftstheorie der Physik, Frankfurt/M. 1976, hier bes. die Einleitung.
[489] Carl Friedrich von Weizsäcker: Die Einheit der Natur - Studien, München 1971, p. 183.
[490] Cf. Mach, op. cit., p. 450.
[491] i.e. John Austin (1790-1859), englischer Rechtsgelehrter und Lehrer John Stuart Mills.

tions they projected out of themselves, and considered as a part of an external world unconditioned by and independent of man. In this sense of the word, a sense unfortunately far too common today, natural law could exist before it was recognised by man."[492]

Ob aber nun als apriorisch-subjektive Wahrnehmungshypothese oder als objektiv-heuristisches Prinzip: `Naturgesetz´ ist - im durchschnittlichen Sprachgebrauch - nichts anderes als ein häufig vielleicht eher metaphorischer Begriff für die Vorstellung nicht-empirischer Voraussetzungen für empirisch Beobachtbares. Der Unterschied zwischen der frühen Neuzeit und der wissenschaftstheoretischen Jetztzeit besteht lediglich darin, daß mittlerweile "die Vorstellung von den Naturgesetzen als quasi-erlassene Vorschriften mit ewiger und notwendiger Geltung der Vorstellung einer bloßen Regelmäßigkeit (gewichen ist, - Ergänzung d. Vf.), die weder immer noch notwendig gelten muß."[493]

Doch auch mit Beginn der Neuzeit gibt es mehrere Verschiebungen in Bezug auf die Idee der `Naturgesetzlichkeit´, die nur mit Mühe begriffshistorisch festzumachen sind.[494]

Da in Antike und Mittelalter[495] die nomologischen Festlegungen von natürlichen Normalzuständen durchgängig metaphysisch bzw. theologisch begründet war und der Welt und Natur zugleich eine teleologische Ausrichtung gab, die die Vorstellung vermittelte, daß "physische Prozesse von Gott oder Göttern wie von Richtern überwacht und erzwungen werden"[496], war der Begriff `Natur´ zugleich Inbegriff des göttlichen Heilsplans und des determinierten Weltlaufes und der Terminus `Gesetz´ metaphorischer Ausdruck für die Notwendigkeit göttlicher Regeln. Dieses Verständnis, das den immanenten und menschlichen Tätigkeitsbereich vom transzendenten, jedoch innerhalb und auf die

---

492 K. Pearson: The Grammar of Science, 2nd ed. London 1900, p. 87.
493 Krohn, op. cit., p. 15.
494 Cf. den Artikel von G. Frey im HWPh, loc. cit.
495 Auf eine ausführliche historische Untersuchung wurde hier verzichtet. Cf. aber zu Begriffs- und Ideengeschichte Georges Gurvitsch: Art. `Natural Law´. In: Encyclopaedia of the Social Sciences, New York 1933, Bd. XI, pp. 284 f.; Franz Borkenau: Der Übergang vom feudalen zum bürgerlichen Weltbild, Paris 1934; H. Kelsen: Vergeltung und Kausalität, Amsterdam 1941; ders.: Die Entstehung des Kausalgesetzes aus dem Vergeltungsprinzip. In: Erkenntnis 5/1940, pp. 69 ff. und Zilsel, op. cit., pp. 66 ff.
496 Zilsel, op. cit., p. 70.

Natur einwirkenden Bereich trennt, findet sich noch bis zu Descartes. Damit waren Mechanik und Naturgesetz, nach heutigem Physikverständnis kaum nachzuvollziehen, zwei völlig getrennte Seinsbereiche mit ebenfalls zwei voneinander getrennten Objektbereichen: "Quondaquidem quodcumque fabris, architectis, ... repugnantis naturae legibus opitulatur, id omne mechanicum est imperium."[497]

Infolge der theologischen und teleologischen Implikationen kam den Konzeptionen von Naturgesetzlichkeit aber auch eine Anthropozentrik zu, die nicht zugleich schon die Erkennbarkeit der Gesetzlichkeit für und durch den Menschen meinte. In Anlehnung an Thomas von Aquin und an das Corpus Juris wurden kaum Unterschiede gemacht zwischen belebten und unbelebten Körpern oder zwischen beseelter oder nicht-beseelter Substanz: jede Substanz strebt nach Erhaltung ihres Daseins[498] und alle sind gleichermaßen Werk des göttlichen Schöpfers und existieren gemäß seines eschatologischen Entwurfs. Die Naturgesetzlichkeit ist hier, ganz teleologisch, nichts anderes als das hierarchische und prädisponierte Verhältnis von Schöpfer und Werk und nicht schon das neuzeitliche zwischen passivem Objekt und reflexiv-aktivem Betrachter. Sie ist das System der natürlichen und von Gott erlassenen Gesetze, deren Unwandelbarkeit und Unabänderlichkeit in der Schöpfung festgelegt waren.

Die ausschließliche Applikation des Naturgesetzes auf vernunftbegabte Wesen findet sich erst in der Spätrenaissance und auch dort vorwiegend in theologischen wie auch politischen Traktaten. Christopher Saint Germain, und etwas später auch Richard Hooker, trennen die Naturgesetze für vernunftbegabte Wesen von denen, die "unwissentlich von den Himmeln und den Elementen" befolgt werden, und räumen trotz dieser ontologischen Trennung doch ein, daß diese natürlichen Ordnungen (i.e. die regelmäßige Bewegung von Sphären, Sonne und Mond u.a.) dem Menschen zugedacht sind: Denn "was würde

---

[497] Guidobaldi E Marchionibus Montis mechanicorum liber, Pesaro 1577, zit. nach H. Schimank: Der Aspekt der Naturgesetzlichkeit im Wandel der Zeiten. In: Ders.: Das Problem der Gesetzlichkeit, Hamburg 1949, 2, p. 180.
[498] Thomas von Aquin: Summa theologica, II, I, qu. 94, art. 2.

aus dem Menschen werden, (wenn all dies zerstört würde, - Ergänzung d. Vf.) dem all diese Dinge dienen?"[499]

Ebenso auch Francesco Suarez, der schreibt, daß die "Dinge, die der Vernunft entbehren, sind eigentlich weder des Gesetzes noch des Gehorsams fähig. Bei ihnen werden die Wirksamkeit göttlicher Macht und die Notwendigkeit der Natur nur vermittels einer Metapher ein Gesetz genannt. (...) Das wahre Naturgesetz gehört allein dem menschlichen Geist an."[500]

Die unifizierende Betrachtung der Natur in den naturphilosophischen Traktaten von John Dee und Francis Bacon bis hin zu Galileo Galilei weist demgegenüber zwar noch eine rudimentär teleologisch motivierte Verwendung der Gesetzesmetapher auf, doch wichtiger als die metaphysische Intention ist dabei die grundsätzliche Orientierung an sich wiederholenden Grundformen von Naturphänomenen und deren Klassifizierung. John Dees kosmologisches `gewöhnliches Gesetz´ der Unmöglichkeit eines leeren Raumes, Francis Bacons antagonistische Grundqualitäten `Hitze´ und `Kälte´[501] und auch Galileo Galileis Naturregeln oder Proportionen[502] drücken diese Homogenität aus, auch wenn sie nicht ausdrücklich die Gesetzesmetapher benutzen.

Diese `Regeln der Gleichheit´[503], formuliert in Theoremen, Axiomata, Propositionen oder Korollarien, dienen in epistemologischer Hinsicht zwei konkreten Zielen: Sie sind einerseits Hypothesen der Forschung im Sinne eines Modells[504], dem die empirischen Beobachtungen am besten entsprechen unter den Bedingungen, die als bekannt vorausgesetzt werden können. "In Zeiten geringer Schärfe der

---

499 Zit. nach S.E. Thorne: St. Germain´s Doctor und Student. In: The Library, 4th Series, vol. X, 1930, pp. 421 ff. und Hooker: `The Laws of Ecclesiastical Polity´. In: Works, ed. by F. Kehle, 7. Aufl. Oxford 1888, p. 207.
500 F. Suarez: Tractatus de legibus ac Deo legislatore, Coimbra 1612, I, 1, § 2 und 3 § 8; cf. auch Ausgewählte Texte zum Völkerrecht, hg. von J. de Vries und J. Soder, Heidelberg 1965.
501 "Wenn wir von Formen sprechen, meinen wir nichts als diejenigen Gesetze und Bestimmungen des reinen Aktus, die eine einfache Natur ordnen und aufbauen ... die Form der Hitze und das Gesetz der Hitze sind dasselbe.", cf. Instauratio Magna, Bd. II, Novum Organum sive indica vera de interpretatione naturae, London 1620, II, 17, p. 389 et passim.
502 In `Le Mecaniche´. In: Opere, edizione nationale, II, 147 ff. et passim.
503 So etwa William Gilbert in `De Magnete´ im Jahre 1600.
504 Cf. hierzu `Das sichtbare Denken. Modelle und Modellhaftigkeit in der Philosophie und den Wissenschaften´, hg. von J.F. Maas, Amsterdam/Atlanta, GA 1993.

erkenntnistheoretischen Kritik (werden) die psychologischen Motive (i.e. Leichtigkeit, Einfachheit, Kontinuität und Schönheit, - Ergänzung d. Vf.) in die Natur projiziert und dieser selbst zugeschrieben"[505], um sie damit zugänglich zu machen. Sie manifestieren damit ein heuristisches Prinzip, das als Initialmoment von Theorienbildungen dient. Keplers Formulierung der elliptischen Bahnbewegung der Planeten ist ein solches innovatives Modell im Dienste der astronomischen Wissenschaften; im Gegenteil etwa zu Fabricius' Forderung, daß eine neue Hypothese, auch wenn sie günstig scheinen mag, die alte nicht ersetzen dürfe, da weder alle beobachtbaren Planetenörter subsumierbar seien, noch das Ellipsenmodell den vollkommenen Kreisbewegungen entspräche[506].

Andererseits sind diese Gleichheitsregeln auch die komplexitätsreduzierte Handhabung der bis dahin bekannten und beobachteten Phänomene. "Die vielfache, möglichst allgemeine Anwendbarkeit der Naturgesetze auf konkrete tatsächliche Fälle wird nur möglich durch Abstraktion, durch Vereinfachung, Schematisierung, Idealisierung der Tatsachen, durch gedankliche Zerlegung derselben in solche einfachen Elemente, daß aus diesen die gegebenen Tatsachen mit zureichender Genauigkeit sich wieder gedanklich aufbauen und zusammensetzen lassen. Solche elementaren idealisierten Tatsachenelemente, wie sie in der Wirklichkeit nie in Vollkommenheit angetroffen werden, sind die gleichförmige und die gleichförmig beschleunigte Massenbewegung, die stationäre (unveränderliche) thermische und elektrische Strömung und die Strömung von gleichmäßig wachsender und abnehmender Stärke u.a."[507]

Neben die Funktion der modell- oder hypothesenhaften Darstellung und die Vorstellung einer komplexitätsreduzierenden Wirkung tritt in der Renaissance und besonders bei Kepler die Beziehungs-

---

[505] Mach, op. cit., p. 454. Cf. auch den Physiker Fresnel, der hierzu schreibt: "La première hypothèse a l'avantage de conduire à ses conséquences plus évidentes, parce que l'analyse mécanique s'y applique plus aisément: la seconde, au contraire, présente sous ce rapport de grandes difficultés. Mais dans le choix d'un système, on ne doit avoir égard qu'a la simplicité des hypothèses; celle des calculs ne peut-être d'aucun poids dans la balance des probabilités. La nature ne s'est pas embarassée des difficultés d'analyse; elle n'a évité que la complication des moyens. Elle paraît s'être proposé de faire beaucoup avec peu: c'est un principe que le perfectionnement des sciences physique appuie sans cesse de preuves nouvelles." In: Mémoire couronné sur la diffraction. In: Oeuvres, tom. I, Paris 1866, p. 248.

[506] Cf. Cassirer, op. cit., pp. 371 ff.

[507] Mach, op. cit., p. 455.

unendlichkeit und Mathematisierbarkeit als Teil des Begriffs des Naturgesetzes. Gegen Petrus Ramus´ Kritik an Euklids Elementen betont Kepler gerade die Notwendigkeit begrifflicher Deduktionen zu Beginn wissenschaftlicher Abhandlungen. Nur hätten die Gegner Euklids es nicht verstanden, unter den vorangesetzten Hypothesen, Definitionen und Axiomata die Genialität der unendlichen Verknüpfung von Möglichkeiten zu sehen, sondern hätten jene als beziehungslose Ansammlung von Begriffen und Ideen verstanden.[508] Für Kepler bleibt deshalb die Geometrie das logische Fundament jeglicher Wissenschaft und jeder begrifflichen Deduktion. In seinem `Mysterium Cosmographicum´ ist dieser Primat der Geometrie vorherrschend, wenn er versucht, die Struktur des Universums auf die regulären Körper der Geometrie zu reduzieren. Hinzu kommt, daß die algebraische Analysis (doctrina analytica ab Arabe Gebri denominata Algebra, Italico vocabula cossa), sogar noch mehr als die Geometrie, in der Lage ist, mathematische Probleme adäquat zu lösen, wie etwa einen gegebenen Kreis durch ein polygones Vieleck in sieben gleiche Teile zu zerlegen. Doch obgleich die Definition möglich ist, gäbe es doch keine Anschauung dieser Lösung. Die essentia scientialis ist lediglich durch die geometrische Beschreibung zu sichern; fehlt diese, können wir allerhöchstens von einer hypothetischen Lösung sprechen: scientiae possibilitatem praecedit descriptionis possibilitas.[509]

Im Zusammenhang mit den drei Keplerschen Grundregeln wird dieses (geometrische) Anschauungsverdikt erweitert, da die formelhaft zu bestimmende Regelmäßigkeit der Planetenradien ihrer tatsächlich beobachtbaren Bahn entsprechen müsse und nicht lediglich dem Idealbild des Kreises zugesprochen werden könne. Die Bestimmung der Bahn müsse unumstößlich, allgemeingültig und aufgrund mathematischer Gesetze geschehen: "Hanc (secundam inaequalitatem planetarum) pertinacissimis laboribus tantisper tractavi, ut denique sese naturae legibus accomodet, itaque, quod hanc attinet, de astronomia sine hypothesibus constituta gloriari possim."[510]

Oder anders ausgedrückt: Die neue Naturgesetzlichkeit der Renaissance ist der komprimierte Ausdruck für die methodische

---

[508] Kepler: Harmonice mundi, op. cit., lib. 1, op. V, p. 83.
[509] Ibid., p. 107.
[510] Kepler in einem Brief vom Mai 1605, in: Opera III, p. 37.

Erschlossenheit und methodologische Reflexion[511] eines als erfahrbar gedachten Naturzusammenhangs, dessen Gleichförmigkeit durch die Methoden der Geometrie und Arithmetik per se gesichert ist. Die Erfahrbarkeit kann dabei sowohl von einem umfassenden und methodisch geleiteten Zugriff abhängen, wie etwa, wie wir noch sehen werden, in der aristotelischen Logik des 16. Jahrhundert bei Jacopo Zabarella, oder auch von einem mechanischen oder mathematischen Funktionsbegriff, wie ihn auch Pascal, Stevin und Galilei benutzten und im Vergleich zu Kepler erweiterten. Als Naturgesetz ist sie lediglich die kontinuierliche Approximation an die vorgestellte Vollkommenheit der Natur zum Zwecke ihrer erschöpfenden Klassifikation unter prädefinierten Bedingungen, dabei aber mit absoluter Gültigkeit. Insofern kann man zwar mit Stegmüller von einer `Legalität der Natur´ sprechen und damit die durchgängige Determiniertheit von Naturprozessen meinen; die Vorstellung von der Vollkommenheit der Natur aber kann nur wiederum eine metaphysisch-szientifische Forderung sein, die sich empirisch letztlich nicht beweisen wird. "Die absolute Exaktheit, die vollkommen genaue eindeutige Bestimmung der Folgen einer Voraussetzung besteht in der Naturwissenschaft (ebenso wie in der Geometrie) nicht in der sinnlichen Wirklichkeit, sondern nur in der Theorie"[512] und da mit angemessener Legitimität, wenn auch lediglich als heuristisches Prinzip.

Während für unser Jahrhundert nur noch das Goodman-Paradoxon und die Frage bleibt, ob der Begriff der Gesetzartigkeit überhaupt sinnvoll zu definieren ist, gehört die nomologische Setzung von unwandelbaren Prinzipien bei Naturvorgängen und wissenschaftlichen Theoremen gerade zum innovativen und die Neuzeit bestimmenden Theoriebestandteil der Renaissance und begründet einen wesentlichen Teil des Ursprungs moderner Wissenschaft. Die logische und methodische Erschlossenheit unterstützt dabei den Gedanken der Naturgesetzlichkeit, wie im Folgenden gezeigt werden soll.

---

511 Abstraktion und Modell sind nichts anderes als Induktion oder Deduktion im modernen Sinne. Cf. mein Kapitel über die Veränderung von Logik und Methode, unten pp. 157 ff.
512 Mach, op. cit., p. 456.

Wissenschaftlicher Fortschritt als strukturierte Methodenwirklichkeit

11. Kapitel:
Zwischen Logik und Geometrie: Zur Vor- und Begriffsgeschichte von `Methode´ in der Renaissance

> Nichts tut dem Manne der Wissenschaft mehr not,
> als etwas über ihre Geschichte zu wissen und über
> die Logik der Forschung: ... über den Weg, Irrtümer
> zu entdecken; über die Rolle, die die Hypothesen spielen
> und die Einbildungskraft; und über die Methode der Nachprüfung.
> Lord (John Emerich Edward Dalberg-)Acton

Trotz der Uneinheitlichkeit hinsichtlich der als konstitutiv erachteten Aspekte des Begriffs `Methode´[513] und der offensichtlichen Kontinuitätsbrüche bei seiner Verwendung muß eines auffallen: daß nämlich die Methodendiskussion immer dann an Bedeutung gewinnt, wenn die szientifische Stellung der Leitwissenschaft einer Epoche, die die Methode für sich reklamiert, verändert wird, sei es nun bei ihrer Inaugurierung oder auch bei ihrer letztlichen Desavouierung[514]. Dies zeigt sich durchgängig in der Methodengeschichte, bei der geometrischen Methode platonischen Philosophierens, in der aristotelischen `apodeixis´, der vermeintlich scholastischen Methode der `doppelten Wahrheit´ und der cartesischen `mathesis universalis´ ebenso wie im `synthetischen Philosophieren´ im Anschluß an die `Kritik der reinen Vernunft´, in der hermeneutischen Methode der philologischen und neu entstehenden geisteswissenschaftlichen Fächer des 19. Jahrhunderts bis hin zu konstruktivistischen Ansätzen in "Logik, Ethik und Wissenschafts-

---

[513] Cf. u.a. den umfangreichen Artikel `Methode´. In: HWPh, Bd. 5, Basel/Stuttgart 1980, sp. 1304 ff.

[514] Unter Leitwissenschaft verstehen wir nicht nur die Funktion einer Wissenschaft als Metawissenschaft, etwa im Aristotelischen Sinne, wonach "unter den Wissenschaften immer diejenige die leitende Stelle einnimmt..., welche erkennt, um welches Zweckes willen alles einzelne zu verrichten ist" (Met. 982 b 4), sondern auch ihre Bedeutung im Anwendungszusammenhang ihres Faches. In diesem Sinne wird eine Disziplin zur Leitwissenschaft durch ihre Beziehung zu gesellschaftspolitischen und kulturellen Bedürfnissen und nicht allein durch ihr Objekt oder ihre Methode.

theorie" der jüngsten Zeit[515]. Eine Bestandsaufnahme der Methodenwirklichkeit im Sinne einer Erörterung und Konstituierung von Methoden und Methodologien kann somit als Indikator für ein bestimmtes Wissenschaftsverständnis oder eine konkrete Forschungstradition und deren Veränderung dienen.

Methode ist damit weder nur die theoretische Zusammenstellung pragmatischer Lebensregeln[516] noch die "funktionale, also eher äußere Ordnung des Wissensstoffes"[517], sondern Kern jeden wissenschaftlichen Begründungswissens und Inbegriff erkenntnistheoretisch abgesicherter Wahrheitssuche.

Im Vorfeld der Entstehung neuzeitlicher Wissenschaften, in dem epistemische Umbrüche obendrein mit kosmologischen, astronomischen, politisch-gesellschaftlichen, und ästhetischen Erneuerungen einhergehen, avanciert die Untersuchung des programmatisch besetzten Titel- und Leitbegriffs `Methode´[518] zur Fokussierung "einer der bedeutsamsten Perioden der Geistesgeschichte"[519]. Nicht so sehr die `Neuzeit´ als Epoche, die mehr ein "Glaubensartikel des Fortschritts"[520] als ein periodologisch und methodologisch fest umgrenzter Zeitabschnitt ist, sondern allein der nahezu 100 Jahre dauernde Versuch einer

---

[515] Paul Lorenzen/Oswald Schwemmer: Konstruktive Logik, Ethik und Wissenschaftstheorie, Frankfurt/M. 1973.

[516] "Je n´ai jamais fait beaucoup d´état des choses qui venaient de mon esprit, et pendant que je n´ai recueilli d´autres fruits de la méthode dont je me sers, sinon que je me suis satisfait, touchant quelques difficultés qui appartiennent aux sciences spéculatives, ou bien que j´ai tâché de régler mes mœurs par les raisons qu´elle m´enseignait, je n´ai point cru être obligé d´en rien écrire.", cf. Descartes im 6. Teil des Discours de la Méthode, Leyden 1637, hg. und übers. von Lüder Gäbe, Hamburg 1960, p. 98f.

[517] H.-B. Gerl: Einführung in die Philosophie der Renaissance, p. 37.

[518] Zur Zusammenstellung von Abhandlungen mit ausdrücklich methodischem Bezug im Titel während des 16. und 17. Jahrhunderts cf. die Kompilationen von Neal W. Gilbert: Renaissance Concepts of Method, Columbia Univ. Press 1960, pp. 233-35, von Stephan Otto (Hg.): Renaissance und frühe Neuzeit, pp. 385-88 und die Einleitung von Lutz Geldsetzer zu Jacobus Acontius: De methodo, hoc est de recta investigandarum tradendarumque artium ac scientiarum ratione, übers. von Alois von der Stein, Düsseldorf 1971 (= Instrumenta Philosophica, Series Hermeneutica´. IV), pp. XXI ff. Man hüte sich aber davor anzunehmen, daß der Terminus `Methode´ gleichzeitig für methodische Traktate steht. Unter dem Einfluß lateinisch-humanistischer Sprachästhetik wurde `methodos´ häufig durch die lateinischen Begriffe `via´, `regula´, `ratio´, `doctrina´, `disciplina´ oder `tractatus´ ersetzt. Cf. hierzu Gilbert: Renaissance Concepts of Method, pp. 48 ff. und Otto: Renaissance, p. 389 f.

[519] W. Risse: Die Logik der Neuzeit, p. 13.

[520] H. Heimpel: Der Mensch in seiner Gegenwart, Göttingen 1954, p. 45.

Synthetisierung zweier Methodenkonzepte rechtfertigt die Verwendung des Präfixoids `neu´. Die Suche nämlich nach allgemeingültigen und universal anwendbaren Beweisverfahren erbrachte eine Revision zweier bereits weit vor dem sogenannten Mittelalter bekannter Methoden, der aristotelisch-syllogistischen und der euklidisch-geometrischen. Der nachhaltig vertretene Anspruch der Neuzeit als methodisches Zeitalter zu gelten, ist demnach irreführend, da weder die Methoden selber noch die Dringlichkeit hinsichtlich gesicherter Verfahrensregeln im eigentlichen Sinne `neu´ waren. Neu hingegen ist die aufgrund der zunehmend verbesserten Textgrundlage stattfindende Diskussion logischer, naturphilosophischer und epistemologischer Problembereiche, wie die Erörterung der euklidischen Axiomatik im Anschluß an die von Simon Grynaeus bewirkte griechische `editio princeps´ von Proklos´ Kommentar aus dem Jahre 1533[521] zeigte. Damit einhergehend setzt verstärkt auch die Erörterung des Methodentopos der aristotelischen Analytica posteriora ein und kulminiert in der Frage, ob der geometrische Beweis mit dem Ursachenbeweis deckungsgleich sei. Den Ausgang nehmend von der zweiten Analytik findet sich aufgrund zunehmender Diversifizierung einzelner Fach- und Sachgebiete auch die Herauslösung der Methodendiskussion aus den konkreten Wissensstoffen und den traditionellen Wissensgebieten. Methodische und methodologische Kommentare erscheinen fortan auch außerhalb des Kontextes klassisch logischer Kommentare und damit auch unabhängig zu den Schriften des Aristoteles und hier besonders zu der Analytica posteriora oder Physik.

---

[521] Neben der ersten gedruckten lateinischen Fassung der `Elemente´ des Euklid mit den additiones von Campanus von Novara, die trotz erheblicher Mängel und Fehler im 16. Jahrhundert weiterhin Verbreitung fand, blieb die lateinische Übersetzung des griechischen Theon-Textes von Bartolomeo Zamberti im Jahre 1505 bis zur Ausgabe Grynaeus´ die maßgebliche. 1572 folgte eine weitere Übersetzung von Federico Commandino. Cf. hierzu John E. Murdoch: Euclid: Transmission of the Elements. In: Dictionary of Scientific Biography, ed. by Charles Coulston Gillispie, New York, vol. 4, pp. 437-59. Nicht anders erging es den Schriften Aristoteles´: Zwischen Roberto Rossis Übersetzung der Analytica Posteriora im Jahre 1406 und Niccolò Leonico Tomeos Ausgabe der Parva Naturalia aus dem Zeitraum 1522 bis 1525 lassen sich allein fünfzig lateinische Übersetzungen von annähernd 25 verschiedenen Schriften des Aristoteles nachweisen, im gesamten 16. Jahrhundert finden sich über 200 Schriften übersetzt. Cf. Brian P. Copenhaver: Translation, Terminology and Style in Philosophical Discourses. In: The Cambridge History of Renaissance Philosophy, ed. by Charles B. Schmitt, Quentin Skinner, Eckhard Kessler, Jill Kraye, Cambridge University Press 1988, pp. 77-110, bes. 77ff.

Vielmehr werden methodologische Prätentionen von seiten der Logik und Philosophie und metaphysisch-scholastische Verbindlichkeiten[522] grundsätzlich und zunehmend in Frage gestellt und führen letztlich zu einer Veränderung von Philosophie und Logik selbst.

Zu den verschiedenen aristotelisch und boethianisch geprägten Methodenauffassungen treten in der Renaissance mathematisch-geometrische Modelle, deren Einfluß und Hochschätzung mit der Entwicklung mathematisch-physikalischer Wissenschaften[523] und Methoden im Verlauf des 16. und 17. Jahrhunderts stetig steigt und der zugleich auch für die anderen Wissenschaften maßgeblich werden soll[524].

Jedoch verbirgt sich hinter Titeln mit der Spezifizierung `mathematisch´ häufig eine Vielzahl unterschiedlicher Modelle, die zudem mit gleich- oder ähnlich klingenden philosophisch-logischen Methoden verwechselt oder vermischt wurden, so daß von einer einheitlichen mathematisch-geometrischen oder auch -pythagoreischen Tradition in der Renaissance kaum gesprochen werden kann. Mathematik wird vielmehr zum Programm einer allgemeinen "Wissenschaft von der Natur, von den allgemeinen Eigenschaften und den Prinzipien

---

[522] "Die scholastische Methode will durch Anwendung der Vernunft, der Philosophie auf die Offenbarungswahrheiten möglichste Einsicht in den Glaubensinhalt gewinnen, um so die übernatürliche Wahrheit dem denkenden Menschengeiste inhaltlich näher zu bringen, eine systematische, organisch zusammenfassende Gesamtdarstellung der Heilswahrheit zu ermöglichen und die gegen den Offenbarungsinhalt vom Vernunftstandpunkte aus erhobenen Einwände lösen zu können.", cf. Martin Grabmann: Die Geschichte der scholastischen Methode, 2 Bde., Freiburg i. Br. 1909, Bd. 1, p. 36f.

[523] Jean-Toussaint Desanti weist zurecht darauf hin, daß die Bezeichnung "mathematische Physik", die allzu oft in Zusammenhang mit der Entstehung neuzeitlicher Naturwissenschaften genannt wird, aufgrund ihrer Implikation eines idealen deduktiven Begründungssystems lediglich auf die Analytische Mechanik Lagranges zutrifft; cf. ders.: Galilei und die neue Naturauffassung. In: Geschichte der Philosophie, Ideen, Lehren, hg. von Francois Châtelet, Bd. 3: Die Philosophie der Neuzeit (16. und 17. Jh.), p. 63.

[524] Die Expansion der "geometrischen Methode" zum "Prototyp von Methode im 16. und 17. Jahrhundert" (Gerl, op. cit., p. 37) zeigt sich so z.B. in ihrer Verwendung in bis dahin als immensurabel verstandenen Wissensgebieten wie etwa der Geschichte und Rhetorik (Fr. Patrizi), der Politik und Rechtsphilosophie (Th. Hobbes) oder Ethik (B. Spinoza). Noch bei Kant heißt es: "Das große Glück, welches die Vernunft vermittelst der Mathematik macht, bringt ganz natürlicherweise die Vermutung zuwege, daß es, wo nicht ihr selbst, doch ihrer Methode, auch außer dem Felde der Größen gelingen werde, ... Meister über die Natur (zu werden, Anm. d. Verf.)."; cf. KrV B 752, Kant´s gesammelte Schriften, hg. von der Königlich Preußischen Akademie der Wissenschaften (und ihren Nachfolgern), Berlin 1900ff., Bd. 3, p. 475f.

der `Quantität´"[525], sofern als Maßstab das 5. Buch der Elemente Euklids oder der Kommentar des Proklos gilt, sowie der `Qualität´, wenn auf Aristoteles´ Analytica posteriora rekurriert wird. Die Zahl der Werke mit Titeln wie `Methodus mathematica` oder `methodus mathematicarum´ nehmen in der Mitte des 16. Jahrhunderts drastisch zu und indizieren bei weitem nicht nur Schriften mit neuplatonischem oder mathematisch-pythagoreischem Inhalt.[526]

Die nachfolgende Untersuchung der für diesen Zeitraum einschlägigen Methodenmodelle, die trotz philosophischer Relevanz häufig außerhalb der eigentlich philosophischen Disziplinen, und besonders häufig auch außerhalb logischer Kontexte erörtert und plaziert wurden, ermöglicht nicht nur den Aufweis von Interdependenzen zwischen den in der Regel als konkurrierend empfundenen Methoden, der analytischen und der synthetischen, und auch zwischen Fächern oder Disziplinen, nämlich der Logik und der Mathematik, sondern fördert zugleich die Berichtigung zweier auch heute noch weit verbreiteter Vorurteile: des einen, daß aristotelische Philosophie und Logik mit ihren überkommenen syllogistischen Schlußformen für eine wissenschaftlich zureichende Beschreibung von Naturvorgängen untauglich seien, und des zweiten, daß die deduktiv verfahrende Mathematik mit der

---

[525] R. Kauppi: Art. `Mathesis universalis´. In: HWPh, Bd. 5, Basel/Stuttgart 1980, sp. 937.

[526] Cf. u.a. Andreas Alexander: Mathemalogium, Lipsiae 1504; R. Gemma: Arithmeticae practicae methodus facilis, Antwerpen 1540; Petrus Catena: Universa loca in logicam Aristotelis in mathematicas disciplinas, Venetiis 1556; Franciscus Baroccius: Opusculum, in quo una Oratio, et duae Quaestiones: altera de certitudine, et altera de medietate Mathematicarum continentur, Patavii 1560; Petrus Ramus: Scholarum mathematicarum libri XXXI, Basileae 1569; Thomas Finckius et Hector Malthan: Theses de constitutione philosophiae mathematicae, Hafniae 1591; Johann Heinrich Alsted: Methodus admirandorum mathematicorum, novem libris exhibens universam mathesin, Herbornae 1613; Joachim Curtius: Commentatio de certitudine matheseos et astronomiae, Hamburgi 1616; cf. hierzu H.M. Nobis: Die Umwandlung der mittelalterlichen Naturvorstellung. Ihre Ursachen und ihre wissenschaftsgeschichtlichen Folgen. In: Archiv für Begriffsgeschichte 13/1969, pp. 34-57; Geldsetzer op. cit.; Hermann Schüling: Die Geschichte der axiomatischen Methode im 16. und beginnenden 17. Jahrhundert, Hildesheim/New York 1969 und Paul Lawrence Rose: The Italian Renaissance of Mathematics. Studies on Humanists and Mathematicians from Petrarch to Galileo, Genève 1975.

"Quantifizierung der Natur"[527] allein und einzig die "wissenschaftliche Revolution" begründe und dominiere[528].

Es geht, mit anderen Worten, in den folgenden Kapiteln darum, den wissenschaftlichen und erkenntnistheoretischen Wert und Maßstab wissenschaftstheoretischer Konzeptionen und Methoden aufzuzeigen, die einerseits von ihrem Anspruch tendenziell eher a-philosophisch sein wollten und andererseits gerade deshalb naturphilosophisch wirksam werden konnten.

Zwar findet sich schon in der ersten Hälfte des 16. Jahrhunderts die implizite Erörterung der Richtlinien "pour bien conduire sa raison et chercher la vérité dans les sciences"[529], doch wird die Philosophie erst mit Descartes wieder explizit in die Stellung einer prima philosophia gehoben werden, indem sie "die Wissenschaft (darstellt, Ergänzung d. Verf.), welche der Methode zufolge den anderen Wissenschaften ihre Prinzipien liefert und in letzter Instanz bestimmt, was das Einfachste und Absolute ist."[530] Bis zu Beginn des 17. Jahrhunderts hingegen ist die Diskussion um die Methode identisch mit dem Streit um Wahrheitsanspruch, Legitimitätsforderung und Suprematie von Philosophie und den neuen Wissenschaften und sie initiiert damit zugleich, wenn nicht die Neuzeit selbst, so doch den neuzeitlich-modernen "disziplinären Imperialismus"[531] durch die Herauslösung der Methode aus den Disziplinen. Diese Entwicklung bildet ein klar zu definierendes Begriffsarsenal durch die Jahrhunderte.

---

[527] Cf. Gerl, op. cit., 209.

[528] Cf. Richard S. Westfall: The Conctruction of Modern Science: Mechanisms and Mechanics, New York/ London/ Sydney/ Toronto 1971, p. 1.

[529] Cf. Descartes' `Discours de la Méthode´.

[530] Jean-Marie Beyssade: Descartes. In: Geschichte der Philosophie, Ideen, Lehren, hg. von Francois Châtelet, Bd. 3: Die Philosophie der Neuzeit (16. und 17. Jh.), p. 97. Der Vorbildcharakter der Mathematik für die Philosophie, von Descartes bereits heftig proklamiert, wird seit den 60er Jahren zunehmend in Frage gestellt, cf. Wilhelm Risse: Zur Vorgeschichte der Cartesischen Methodenlehre. In: Archiv für Geschichte der Philosophie 45/1963, pp. 269-291; Wolfgang Röd: Descartes' Erste Philosophie. Versuch einer Analyse mit besonderer Berücksichtigung der Cartesianischen Methodologie, Bonn 1971 (= Kantstudien Ergänzungshefte, 103) und Lüder Gäbe: Descartes' Selbstkritik. Untersuchungen zur Philosophie des jungen Descartes, Hamburg 1972.

[531] Oswald Schwemmer: Die Philosophie und die Wissenschaften. Zur Kritik einer Abgrenzung, Frankfurt/M. 1990, p. 37.

Der Begriff μεθοδος erhält, obwohl in metaphorischer Bedeutung als `Weg´, `Nachfolge´ oder `Erfolg´ schon früher bekannt[532], philosophische Prägnanz erst mit Platon. Besonders im Phaidros manifestieren sich Konnotationen wie die der Maßgeblichkeit und Richtigkeit einer philosophischen Erörterung und deren didaktisch angemessene Vermittlung[533]. Bei der Charakterisierung wahrer dialektischer Kunst kennzeichnet Platon zwei Verfahrensweisen sogar ausdrücklich als Methoden: die διαιρεσις und die συναγωγη.

Aristoteles´ Methodenbegriff bezieht sich zum Teil auf diese Grundbedeutungen[534], so wenn eine Untersuchung κατα μεθοδον, d.h. analytisch gemäß der διαιρεσις verfahren solle. Daneben finden sich jedoch noch mindestens zwei weitere Bedeutungen, auf die Hermann Bonitz in dem Index Aristotelicus hinweist: zum einen die unifizierende Verfahrensregel der via ac ratio inquirendi[535], zum anderen die ipsa disputatio ac disquisitio[536] im konkreten Anwendungsfall.[537]

Grundsätzlich bleibt festzustellen, daß der Begriff bei Aristoteles ausschließlich im Kontext praktischer τεχνη verwendet wird, während der analoge Terminus in den scientiae συλλογισμον επιστημονικον heißt.[538]

---

532 So etwa bei Hesiod, Heraklit, Hippokrates und den Eleaten u.a. auch bei Parmenides, cf. Neal W. Gilbert, op. cit., bes. pp. 3 ff. und 39 ff.; Joachim Ritter: Art. `Methode´. In: Historisches Wörterbuch der Philosophie, Bd. 5, Basel/Stuttgart 1980, sp. 1304f.; Hermann Schüling: Die Geschichte der axiomatischen Methode im 16. und beginnenden 17. Jahrhundert, Hildesheim/New York 1969; Ottfrid Becker: Das Bild des Weges und verwandte Vorstellungen im frühgriechischen Denken. In: Hermes, Einzelschriften 4/1937, bes. pp. 2 ff.

533 Cf. bes. Phaidros (265D-277C). Eine Auflistung aller Belegstellen bei Platon findet sich in Richard Robinson: Plato´s Earlier Dialectic, 2. Aufl. Oxford 1953, bes. pp. 62-69 und 69-92 und bei Rudolph Eucken: Geschichte der philosophischen Terminologie, Leipzig 1879.

534 Cf. den Beginn des ersten Kapitels des ersten Buches der `Topica´ (100a 18).

535 Cf. De partibus animalium, 646a 2.

536 Cf. Politica, 1252a 18.

537 Bonitz erwähnt noch eine mögliche dritte Bedeutung, die "non multum differt ab hoc usu, quod μεθοδος perinde ac πραγματεια usurpantur ad significandum aliquam disciplinam ac doctrinam", cf. H. Bonitz: Index Aristotelicus, Graz 1955, p. 449 f. Weitere Fundstellen sind das Prooemium zum lib.1 der Physik, lib. 1, cap. 11 und lib. 8 der Physik; lib. 6, cap. 3 der Nikomachischen Ethik; lib. 2 der Analytica priora; lib. 1, cap. 73. und cap. 134, lib. 2, cap. 42 sowie das letzte Kapitel der Analytica posteriora.

538 Aristoteles: Analytica posteriora, 71b 17 et passim.

Mit der partiellen Abkehr von der aristotelischen Beweislehre[539] und unter Berufung auf axiomatisch-apodiktische Prinzipien[540] propagiert Galen die Anwendung der geometrischen Methode auch in den nicht-mathematischen Wissenschaften. Μεθοδοι oder γεωμετρικαι αποδειξεις charakterisieren ein wissenschaftliches Vorgehen unter Berufung auf erste und unbeweisbare Definitionen als axiomatisch-deduktive Prinzipienlehre[541] und unter Einschluß der epistemologischen Verpflichtung zur energeia[542], und sie rekurrieren zugleich auf die Erkenntnisinstanz der `Erfahrung´[543]. Auch dort, wo die latinisierte methodus an die Stelle des griechischen Originals tritt, wie bei Vitruvius[544] oder Ausonius[545], ist erkennbar, daß die medizinischen und mathematischen Wissenschaften und Künste besondere Affinitäten zu Methodenkonzepten und deren Diskussion aufweisen, im Gegensatz zu den logisch-peripatetisch geprägten philosophischen Fächern.

Mit Einsetzen ciceronischer Latinität wird der griechische Terminus bis ins 13. Jahrhundert nahezu ausschließlich übersetzt verwendet: sofern besonderer Wert auf die Wegmetapher gelegt wird, entweder als via, semita[546] oder aditus[547], ansonsten jedoch, je nach Maßgabe philosophischer Intention oder Originalität, auch im Sinne von

---

[539] Allgemeine Darstellungen finden sich u.a. in Richard McKeon: Aristotle´s Conception of Scientific Method. In: Roots of Scientific Thought. A Cultural Perspective, ed. by Philip P. Wiener and Aaron Noland, New York 1957, pp. 73-89; John Herman Randall Jr.: The Development of Scientific Method in the School of Padua. In: Journal of the History of Ideas 1/1940, pp. 177-206, bes. pp. 180 ff. und William A. Wallace: Aristotle and Galileo: The Uses of ΥΠΟΘΕΣΙΣ (suppositio) in Scientific Reasoning. In: Studies in Aristotle, ed. by Dominic J. O´Meara, Washington, D.C. 1981 (= Studies in Philosophy and the History of Philosophy, 9), pp. 47-77.

[540] "Κατα τουτο ποινυν ετι και μαλλον εγνων δειν αποστηναι μεν ων εκεινοι λεγουσιν, ακολουθησαι δε τω χαρακτηρι των γραμμικων αποδειξεων", Galenus: De propriis libris, in: Opera, hg. von Carl Gottlob Kühn, Lipsiae 1821-30, Bd. 19, p. 40.

[541] Cf. Schüling, op. cit., p. 10.

[542] Galenus, op. cit., Bd. 19, p. 40 und Bd. 5, p. 67.

[543] "ο μεν γαρ αρχιτεκτων ουτος ουκ αν απεφηνατο, πριν εις αυτο το κενον εξελθων του κοσμου τη πειρα βασανισαι το πραγμα", Galenus, op. cit., Bd. 5, p. 98.

[544] Cf. seine De architectura, lib. 1, 10; hierzu die Angaben von Gilbert, op. cit., p. 48, Anm. 14.

[545] Cf. Ausonius´ Vers über die Dreiheit der Dinge in seinen Opera, hg. von Peiper, Leipzig 1886, p. 203.

[546] Cf. Gilbert, op. cit., p. 49.

[547] Cf. Johannes von Salibury: Metalogicon 1, 11, hg. von C. Webb, Oxford 1929, p. 28; cf. hierzu M. Lemoine: Art. `Methode´ III. Mittelalter 1. In: HWPh, sp. 1307 f.

via et ratio[548], breve compendium[549], ratio compendaria[550], disciplina[551], doctrina[552], regula oder ganz allgemein gleichgesetzt mit ars und scientia[553]. Im Kontext umfangreicher Übersetzungstätigkeit von Werken des Aristoteles[554] erfährt der Begriff methodus zunehmend Beachtung, auch wenn hierunter kaum eine einheitliche oder auch nur die `scholastische´ Methode[555] zu verstehen ist, die Grabmann glaubte ausmachen zu können. Dies zeigen besonders deutlich die Auseinandersetzungen um unterschiedliche Methoden und deren epistemologische Bewertung vorrangig in Zusammenhang mit der Frage, ob die Definition eine Methode der Wissenschaft oder der Dialektik sei[556], ein Methodenproblem, wie sie besonders in der Hoch- und Spätscholastik zu finden ist.

Die Klärung dessen, was eigentlich und verbindlich unter methodus zu verstehen sei, setzt sich in der Renaissance unter dem Einfluß des pädagogisch motivierten Humanismus und seines lateinischen Sprachbannes[557] fort. Die Imitation von als klassisch begriffenen Stilen weicht dabei der philologisch-kritischen Bestandsaufnahme von notiones[558] einerseits und der Forderung nach eindeutiger und strukturierter Anleitung des wissenschaftlichen Vorgehens andererseits, wobei der Aspekt der Schnelligkeit und Effektivität häufig besonders hervorgehoben wird.

---

548 So etwa bei Cicero.
549 Marcus Fabius Quintilian in seinem `De institutione oratoria´; cf. Gilbert, loc. cit. und pp. 68 ff.
550 Lemoine, loc. cit.
551 Cf. G. Schrimpf: Art. `Disciplina´. In: HWPh, Bd. 2, Basel/Stuttgart 1972, sp. 256 ff.
552 Cf. G. Jüssen: Art. `Doctrina`. In: Ibid., sp. 259 ff.
553 Albertus Magnus: De anima, 1,1, 3. In: Opera omnia, hg. von B. Geyer, Bd. 7/1, Bonn 1968, p. 50 et passim und auch Robert Grosseteste in der Ausgabe der Nikomachischen Ethik, cf. Lemoine, loc. cit.
554 Cf. hierzu die Editionen von Bartholomäus von Messina, Robert Grosseteste und Wilhelm von Moerbeke. Wilhelm von Moerbeke hat bekanntlich für Thomas von Aquin gearbeitet und die translatio nova der aristotelischen Metaphysik unternommen.
555 Cf. Grabmanns Ansinnen, eine einheitliche "äußere Form und Technik des Scholastizismus" nachzuweisen, op. cit., Bd. 1, p. 23.
556 So bei Thomas von Aquin, cf. L. Oeing-Hanhoff: Art. `Methode´ III. Mittelalter 2. In: HWPh, op. cit., sp. 1309.
557 Otto, op. cit., p. 390.
558 Cf. Gulielmus Budaeus: Annotationes...in quatuor et viginti Pandectarum libros..., Parisiis 1535, pp. 37 ff.

Urteile wie die des Wissenschaftshistorikers Neal W. Gilberts, daß "the emphasis on speed and efficiency sets apart the Renaissance notion of method - at least, the `artistic´ branch of it - from the ancient concept. The Middle Ages helped to transmit the idea, but never gave it the importance that the Humanists of the Renaissance attached to it"[559] sind jedoch zu plakativ und allzu unscharf und für eine konsistente Beschreibung des ohnehin schon unübersichtlichen Feldes des Methodenspektrums[560] schlechterdings untauglich.

Das sogenannte `Mittelalter´, wenn man tausend Jahre Denkgeschichte so nennen will[561], transmittiert aber weder nur den Begriff noch die Vorstellung eines sich wegbahnenden wissenschaftlichen Verfahrens. Vielmehr lassen sich vom 11. bis zum 13. Jahrhundert verschiedene innovative und für das 16. Jahrhundert relevante Methodenmodifikationen erkennen.

In Anlehnung besonders an Aristoteles´ Analytica posteriora konkretisiert Averroes die syllogistischen Beweisverfahren zur Unterscheidung von demonstratio quia, demonstratio propter quid oder der demonstratio potissima anhand der Korrelation von Sachverhalt und Aussage.[562] Die demonstratio an est oder quid est untersucht die Adäquatheit von festgestelltem Phänomen und dessen Beschreibung qua natura notum. Die demonstratio quia entspricht der griechischen αποδειξις του οτι [563] und beweist, daß die (beobachtbare) Wirkung

---

559 Gilbert, op. cit. p. 66.

560 Cf. den Artikel `Methode´ IV. Renaissance und Humanismus: In: HWPh, op. cit., sp. 1311 ff. und die Einschätzung Ottos über den Stand der Forschung zum Methodenproblem der Renaissance, loc. cit.

561 Die Probleme mit Epochenschwellen gründen auf dem nach wie vor ungebrochenen Bedürfnis nach Epochenbegrenzungen. Oberflächlich benutzte historiographische Simplifizierungen erscheinen jedoch bei näherer Betrachtung nicht nur als nicht hilfreich, sondern vielmehr als unhaltbar. Sie bedürfen Eingrenzungen oder vermeintlich objektiver Rahmenbedingungen, die, mögen diese nun realgeschichtlichen oder ideologischen Ursprungs sein, aber allesamt arbiträr und damit auch austauschbar bleiben. Nach Christoph Cellarius´ Einführung einer dreigeteilten Geschichte bleibt, will man nicht nur mit historischen Etiketten handeln oder immer neue schaffen, nur noch deren rigorose Auflösung: "Es gibt kein Mittelalter.", cf. Francois Châtelet, op. cit., p. 13; hierzu auch J.P. Beckmann. In: Karl Vorländer: Geschichte der Philosophie mit Quellentexten, Bd. II: Mittelalter und Renaissance, Teil I.: Mittelalter, p. 13.

562 Averroes: Aristotelis stagiritae omnia quae extant opera. Additis...Averrois Cordubensis...commentarii, Venetiis 1550-2, Bd. 4, 4v col. 1, 22.

563 Aristoteles: Anal. Post., 78a 30 ff.; sie wurde häufig auch mit demonstratio esse oder demonstratio quod übersetzt und, etwa bei Themistius und Philoponus, mit der

tatsächlich besteht[564] aufgrund des subjektiven notum nobis. Die griechische αποδειξις του διοτι[565], als demonstratio propter quid oder auch demonstratio potissima, kehrt die in der demonstratio quia methodisch festgesetzte Ordnung von beobachteter Wirkung und dem daraus geschlossenen Grund des Phänomens um (αντιστρεφειν) und schließt, deduktiv und apriorisch prozedierend, aus ersten Ursachen und Gründen. Über die Schule von Padua im 15. Jahrhundert bis zur Mitte des 17. Jahrhunderts läßt sich diese averroistische Methodendreiteilung nachweisen. Im Anschluß an Jacopo Zabarella führt die Hochschätzung der averroistischen Beweislehre, etwa bei Caesar Cremoninus[566] in ihrer spätesten Fassung, zu einer der Metaphysik vergleichbaren Aufwertung der Logik, insofern sie die Wißbarkeit von Sein überhaupt zu bestimmen habe.[567]

Wenngleich Thomas von Aquin den Terminus methodus selbst nicht benutzt[568], vertritt er doch den "doppelten Weg der Wahrheitserkenntnis"[569] in der Anwendung von via resolutionis und via compositionis: "Est autem duplex via procedendi ad cognitionem veritatis. Una quidem per modum resolutionis, secundum quam procedimus a compositis ad simplicia, et a toto ad partem,...,quod confusa sunt prius nobis nota."[570] Das erkenntnisfördernde Fortschreiten setzt ein mit dem analytischen Rückgang von den multiple zu deutenden Phänomenen bis hin zu den phantasmata, den species intelligibiles und dem lumen intellectus agentis als den obersten Gründen und ersten

---

demonstratio a signo oder demonstratio signi gleichgesetzt, cf. N. Jardine: Galileo´s Road to Truth and the Demonstrative Regress. In: Studies in History and Philosophy of Science 7/1976, Nr. 3., p. 284.

564 Cf. Otto, op. cit., p. 52 und Jardine, op. cit., pp. 280 ff.

565 Aristoteles: Anal. Post., 78a 40 ff.

566 Cf. seine Dialectica aus dem Jahre (Venetiis) 1663; cf. Risse, op. cit., p. 293 und Randall, op. cit., p. 181.

567 "Ens quatenus ens est logicae subiectum...Metafisicus considerat ens propter scientiam, logicus propter modum sciendi...Logica...est facultas videndi circa ens quatenus ens, quid pro discernendo vero et falso sit aptum et quid non..., cf. Cremoninus, op. cit., p. 4; zit. nach Risse, loc. cit.

568 Bei ihm finden sich stattdessen via, modus, ratio, processus und ars, cf. hierzu Gilbert, op. cit., p. 55 und The Lexicon of St. Thomas Aquinas, hg. von Roy Deferrari, Washington 1948 unter dem Eintrag `methodus´.

569 C.F. Gethmann: Art. `Methode, analytische/synthetische´. In: HWPh, op. cit., sp. 1332.

570 Thomas von Aquin: In II Metaphysicorum, lect. 1, n. 278.

Ursachen.[571] Hieran schließt sich die Synthetisierung der einzelnen Prinzipien zu dem Ganzen der Erscheinung an. Dieses Verständnis von natürlicher Analyse und Synthese[572] bleibt bis hin zu Galilei und Hobbes grundsätzlich an die von Thomas geprägten Begriffe gebunden. Daneben findet sich bei Thomas aber auch ein Analyse/Synthese-Verständnis, das, in enger Anlehnung an die Analytiken des Aristoteles, die Analyse als judikativen Part der Syllogistik kennzeichnet, während die Synthese qua "via compositionis vel inventionis" die Invention repräsentiert.[573]

Mit der zunehmenden Rezeption und erweiterten Anwendung axiomatisch-deduktiver Wissenschaftstheorien zeichnet sich bereits hier der im 16. Jahrhundert als ausschließlich an die mathematischen Wissenschaften gebunden gedachte "Wandel der Wissenschaftsauffassung"[574] ab.[575] Eine erste nennenswerte Beschäftigung mit den Elementen Euklids setzt so trotz der äußerst unzureichenden Textgrundlage[576] bereits im 12. Jahrhundert ein und läßt die axiomatisch-geometrische Methode mit ihrer Unterscheidung hinsichtlich der definitiones, petitiones und communes animi conceptiones[577] auch

---

[571] Cf. Ludger Oeing-Hanhoff: Wesen und Formen der Abstraktion nach Thomas von Aquin. In: Philosophisches Jahrbuch 71/1963, pp. 14 ff. und idem: Art. `Analyse/ Synthese´. In: HWPh, Bd. 1, Basel/Stuttgart 1971, sp. 232 ff.

[572] Cf. Oeing-Hanhoff, op. cit., sp. 247.

[573] Cf. etwa Thomas´ De trinitate, 6, 1. In: B. Decker: S. Thomae de Aquino Expositio super librum Boethii de trinitate, Leiden 1955, 211, p. 18.

[574] Cf. Schülings Untertitel, op. cit.

[575] Angesichts der Vielfältigkeit axiomatisch-deduktiver Systeme verbietet sich eine Entgegensetzung von aristotelisch-boethianisch versus mathematisch, wie sie etwa bei Engfer zu finden ist: "Ihr Einfluß (der von mathematischen Methodenüberlegungen) tritt im Mittelalter hinter der boethianischen und später der aristotelischen Wissenschaftsauffassung zurück..." Cf. Hans-Jürgen Engfer: Philosophie als Analysis. Studien zur Entwicklung philosophischer Analysiskonzeptionen unter dem Einfluß mathematischer Methodenmodelle im 17. und frühen 18. Jahrhundert, Stuttgart-Bad Cannstatt 1982, p. 68.

[576] Die ersten bekannten Texte sind die drei Übersetzungen aus dem Arabischen von Adelard von Bath (1. Hälfte des 12. Jhds.) beginnend um 1145, sowie die frühen Fassungen von Hermann von Carinthia (1. Hälfte des 12. Jhds.) und Gerhard von Cremona (1114-1187). Die dritte Fassung von Adelards Übersetzung besteht zum Teil sogar aus Kompilationen von Editionen älterer Autoren, wie etwa die von Hugo von St. Victor (ca. 1096-1141), von Dominicus de Gundisalvi (12. Jhd.) und Gerbert von Aurillac (940/50-1003), cf. hierzu Marshall Clagett: The Medieval Latin Translations from the Arabic of the Elements of Euclid, with special Emphasis on the Versions of Adelard of Bath. In: Isis 44/1943, pp. 16-42; Murdoch, op. cit., pp. 445 ff. und Schüling, op. cit., pp. 20 ff.

[577] Die euklidische Terminologie wird dabei häufig verändert, bei Adelard heißen die drei Kategorien etwa axiomata, petitiones und conceptiones, bei Walter Burleus

außerhalb des Quadriviums Anwendung finden. In seiner Schrift `De arte seu articulis catholicae fidei libri IV´ stellt Nicolaus von Amiens gemäß dieses Methodenverdikts die durch Vernunft geprägten Glaubensgründe im Kampf gegen die Mohammedaner axiomatisch-deduktiv zusammen.[578]

Unter den axiomatisch-deduktiven Wissenssystemen gewinnen die deduktiv prozedierenden, die sich an Proclus´ `Elementa theologiae´[579] und dem pseudo-aristotelischen `Liber de causis´[580] orientieren und die in der Regel auf erste Prinzipien oder Axiomata verzichten, erst gegen Ende des 13. Jahrhunderts an Bedeutung. Werke mit dem Terminus `summa´ im Titel indizieren dabei häufig die systematische Anordnung von Lehrsätzen und den darauf rekurrierenden und verwiesenden Beweisgang.[581]

Wissenschaftstheoretisch bestimmend für alle artes bleibt in dieser Zeit jedoch vor allem die geometrische Methode des Boethius mit ihren regulae und communes animi conceptiones[582], so als "positivae regulae grammaticae facultatis, communes loci rhetorum, maximae propositiones dialecticorum, theoremata geometrarum, axiomata musicorum, et generales sententiae ethicorum seu philosophorum" vorwiegend im Rahmen des Quadriviums[583]. Später aber wird dieses methodische Prinzip des `mos mathematicorum´ auch in den übrigen

---

(1275-ca. 1343) hingegen geraten die Prinzipien unter aristotelischen Einfluß und werden entweder als principium commune oder principium proprium gekennzeichnet. Cf. Schüling, op. cit., pp. 20 ff,

[578] Die Schrift findet sich in Patrologiae Cursus compl. Ser. Lat. (PL) 210, p. 595-618, Korrekturen hierzu bei Cl. Baeumker: Handschriftliches zu den Werken des Alanus. In: Philosophisches Jahrbuch 6/1893, pp. 163-175 und 417-429; cf. hierzu Schüling, op. cit., p. 118.

[579] Proclus Diadochus: Στοιχείωσις θεολογική. The Elements of Theology. A Revised Text with Translation, Introduction and Commentary by E.R. Rodds, 2nd ed., Oxford 1963.

[580] Cf. Otto Bardenhewer: Die pseudo-aristotelische Schrift über das reine Gute, bekannt unter dem Namen Liber de causis, Freiburg i. Br. 1882 und Schüling, op. cit., pp. 14, 24 und 116.

[581] Cf. Thomas´ Summa contra gentiles (entstanden zwischen 1258 und 1264). In: Opera omnia, Bde. 13-15, 1918 ff.

[582] Diese findet sich vor allem in dem Traktat `De hebdomadibus´, der wohl um das Jahr 520 entstanden ist, cf. hierzu Gangolf Schrimpf: Die Axiomenschrift des Boethius (De hebdomadibus) als philosophisches Lehrbuch des Mittelalters, Leiden 1966.

[583] Gilbertus Porreta: Commentaria in librum quomodo substantiae bonae sint. In: Migne PL 64, sp. 1313-1334 und Nicholas M. Haring (Ed.): The Commentary of Gilbert of Poitiers on Boethius´ `De hebdomadibus´. In: Traditio 9/1953, pp. 182-211, zit. nach Schüling, op. cit., p. 116.

Wissenschaften und Künsten zum maßgeblichen Verfahren erklärt: in der Religion durch Johannes Saresberiensis (um 1115-1180)[584], in Verbindung mit der Kategorienlehre und der `Analytica priora´ durch Clarenbaldus de Arras († um 1187)[585] und zusätzlich in Ethik und Physik durch Alanus de Insulis (1120/30-1203)[586].

Neben der boethianischen Axiomatik gewinnt die aristotelische Wissenschaftslehre erst mit der Bereitstellung des als `logica nova´ bekannten Textfundus an Bedeutung. "Zu Beginn des 13. Jahrhunderts ... wird der strenge Wissenschaftsbegriff des Aristoteles, wie er in den `Analytica posteriora´ dargelegt war, zum unbestrittenen Ideal aller Disziplinen und zum unangefochtenen Maßstab, nach dem sie zu bewerten seien."[587] Mit der neuen Logik und ihrem auf allgemeinen, notwendigen, wahren, und evidenten Prinzipien beruhenden Wissenschaftsverständnis zeigt sich besonders die theologisch-philosophische Seite der Scholastik[588] an einer epistemologischen Aufwertung interessiert. In der Folge avancieren deshalb auch die articuli fidei zu wissenschaftskonstituierenden Prinzipien und die fehlende Übereinstimmung mit dem philosophisch-deduktiven Vorbild der Analytica posteriora wird durch zusätzliche theologische Theoriebestandteile[589] restituiert.

---

[584] Besonders in seinem `Policraticus, sive de nugis Curialium, et vestigiis philosophorum, libri octo´, Lugduni 1595, lib. 7, cap. 7.

[585] Cf. die Angaben bei Schüling, op. cit., p. 17.

[586] Alanus ab Insulis: Regulae de sacra theologia. In: Migne PL 210, sp. 621-684. In der Tradition von Boethius und Gilbert formuliert er zusätzlich die aphorismi für die Physik, die porismata für Arithmetik und die excellentiae für die Astronomie, cf. op. cit., sp. 621; cf. auch die Angaben im Tusculum-Lexikon griechischer und lateinischer Autoren des Altertums und des Mittelalters, hg. von Wolfgang Buchwald, Armin Hohlweg und Otto Prinz, 3. Aufl., München/Zürich 1982, p. 27.

[587] A. Lang: Die theologische Prinzipienlehre der mittelalterlichen Scholastik, Freiburg 1964, p. 110.

[588] Hierzu zählen unter anderem Wilhelm von Auxerre (Autissiodorensis)(† 1231), Philipp der Kanzler († 1236), Thomas, Bonaventura und Heinrich von Gent; cf. Lang, op. cit., pp. 113 ff.

[589] Die fehlende Evidenz der Glaubensartikel soll gemäß der Illuminationstheorie durch die gnadenhafte Einwirkung Gottes ersetzt werden und zur Erkenntnis der Glaubenswahrheiten führen. Die Subalternationstheorie fordert für die Theologie einen Zwischenstatus als subalternierte Wissenschaft zwischen legitimierender Transzendenz und erfahrbarer Immanenz.

Unter dem Einfluß der topisch-dialektischen Schriften des Aristoteles[590] und ihrem unübersehbaren Mangel hinsichtlich demonstrativ-inventiver Verfahren und wohl auch wegen der Inadäquatheit von axiomatisch-deduktiver Methodik mit einer mit logisch-dialektischen Mitteln kaum mehr zu begründenden metaphysica specialis[591] bleibt die Axiomatisierung ganzer Wissensgebiete hier jedoch noch aus.

[590] Cf. hierzu besonders den Einfluß der `quaestio´ in ihrer Verbindung von disputatio und deductio auf die Wissenschaftskonzeption des 13. Jahrhunderts; cf. Schüling, op. cit., pp. 29 ff.

[591] "Contra vero in his Metaphysicis de nulla re magis laboratur, quam de primis notionibus clare et distincte percipiendis. Etsi enim ipsiae ex natura sua non minus notae vel etiam notiores sint, quam illae quae a geometris considerantur, quia tamen iis multa repugnant sensuum praejudicia quibus ab ineunte aetate affuerimus, non nisi a valde attentis et meditantibus, mentemque a rebus corporeis, quantum fieri potest, avocantibus, perfecte cognoscuntur; atque si folae ponerentur, facile a contradicendi cupidis negari possent." Descartes: Meditationes de Prima Philosophia, i.e. Oeuvres, hg. von Adam/Tannery, tome VII, Paris 1904, p. 157 f.

12. Kapitel:
Zeitgenössische Methoden, Methodologien und Methodenideale in der Renaissance

> Classification is a halfway house between the
> immediate concreteness of the individual thing
> and the complete abstraction of mathematical notions.
> Alfred North Whitehead

Das Methodendenken der Übergangszeit, von der Spätscholastik bis um 1600, ist nicht weniger durch Aristoteles geprägt als das des sogenannten Mittelalters.[592] So finden sich allein im 16. Jahrhundert mehr Kommentare und Schriften zu und über Aristoteles als in dem gesamten Zeitraum von Anicius Manlius Torquatus Severinus Boethius (ca. 480-524) bis Pietro Pomponazzi (1462-1524).[593] Gleichwohl lassen sich trotz und wegen der dominierenden Aristotelismen[594] einige signifikante Veränderungen aufweisen.

---

[592] "Thus, during the entire Renaissance, Aristotle continued to inspire the vigorous intellectual life of the Italian universities and to dominate the professional teaching...", cf. Paul Oskar Kristeller and John Herman Randall, Jr.: General Introduction. In: The Renaissance Philosophy of Man, ed. by Ernst Cassirer, Paul Oskar Kristeller and John Herman Randall, Jr., Chicago/London 1948, p. 9.

[593] Cf. F. Edward Cranz: A Bibliography of Aristotle Editions 1501-1600, 2nd ed. with addenda and revisions by Charles B. Schmitt, Baden-Baden 1984; Charles B. Schmitt: A critical survey and bibliography of studies on Renaissance Aristotelianism 1958-1969, Padua 1971 und idem: Towards a history of Renaissance philosophy. In: Aristotelismus und Renaissance. In memoriam Charles B. Schmitt, hg. von Eckhard Keßler, Charles H. Lohr und Walter Sparn, Wiesbaden 1988, pp. 9 ff.

[594] Fehleinschätzungen des Aristotelismus sind nicht nur ebenso alt wie zahlreich, sondern scheinen schlichtweg unvermeidbar zu sein. Dem Aristotelismus geht es also nicht besser, aber auch nicht schlechter als allen Begriffen, die möglichst allgemein sein sollen und mit einem "-ismus" versehen werden. Nun ist eine Besonderheit dieser "Ismen" aber, daß sie - häufig eher implizit als explizit - mehr die je gültige Aktualisierung eines bestimmten, hervorzuhebenden Theorieaspekts sind, als die bloße Transformation eines ursprünglichen und festen Gedankengebildes. Trotz der Konnotation des längst Bekannten ist diesen Begriffen immer schon eminent Neues inhärent, wenngleich auf dieses nicht besonders hingewiesen wird, was gleichwohl vonnöten wäre.
Der Aristotelismus, oder besser: die Aristotelismen sind damit nicht nur das Medium neuer Theorien i.S. negativer Folie oder maßgebender Richtschnur, sondern selber Theoriegerüst, wenn auch häufig im Dienste des neu zu Schaffenden noch verkleidet. Damit ist zwar noch nicht gleich jedes Philoso-

Besonders aufgrund humanistischer Einflüsse verändert sich der Umfang der Kommentare selbst. Wurden in der Zeit um 1350 die Schriften der `Logica vetus´ oder `nova´ noch einzeln und selbständig kommentiert[595], so finden sich ab dem Ende des 15. Jahrhunderts zunehmend Werke, die das ganze Organon abhandeln.[596] Neben diesen peripatetisch-exegetischen Kommentaren entstehen aber auch logische Lehrbücher, die teilweise auf die Konkordanz zur aristotelischen Logik verzichten. Unter Berufung auf den siebten Traktat der `Summulae logicales´ des Petrus Hispanus[597] firmieren die sogenannten `parva

---

phieren Aristotelismus, jedoch womöglich aristotelischer als behauptet und zugestanden wird.

Bedeutung und Absicht auch der expliziten Aristotelismen, heißen diese nun `Paduaner´, `Averroistischer´ oder auch `Scholastischer´, sind aber keineswegs mit ihrer Prädikation identisch. Erst die präzise Untersuchung des systematischen Ortes und des historischen Rahmens ermöglicht philosophische Klarsicht und begriffliche Eindeutigkeit hinsichtlich der theoretischen Stoßrichtung eines Aristotelismus. Bleiben diese Klärungen aus aufgrund von philosophischen Traditionen, in die sich ein Autor stellt und auf deren Überzeugungsleistung er hofft, so läßt sich günstigstenfalls von mangelnder theoretischer Sorgfaltspflicht sprechen (cf. etwa Gerls Verwendung des Terms `Paduaner Aristotelismus´, op. cit., p. 209). Treten solche terminologischen Unzulänglichkeiten aber im Zusammenhang mit einem Projekt auf, das sich den Neuzugang zu einer philosophisch und historiographisch vernachlässigten Epoche und Denkrichtung zur Aufgabe gemacht hat, so konterkariert sich das Unternehmen hierdurch selbst und wohl endgültig (cf. so die häufigen Attacken Hobbes´ gegen alles, was aristotelisch genannt werden kann, da dies "not properly philosophy, (the nature whereof dependeth not on authors,) but Aristotelity" sei; Leviathan, cap. 46 der English Works, ed. by W. Molesworth, vol. 3, London 1839, pp. 670-4 und 684; in neuerer Zeit aber auch Cesare Vasoli (Hg.): Jacobi Zabarellae De methodis libri quattuor; Libri de regressu, Bologna 1985, p. xxvi.

Allein präzise Terminologie und historisch-philosophische Detailkenntnis können hier Abhilfe schaffen und sind unabdingbar für die Bestimmung des terminus a quo epochaler Strukturen.

[595] Cf. den Kommentar zur Analytica priora von Marsilius von Inghen: Quaestiones super libros Priorum analyticorum, Venetiis 1516, repr. Frankfurt 1968 oder den zur Analytica posteriora von Paulus Venetus: Expositio in Analytica posteriora Aristotelis, hg. von Franciscus de Benzonibus de Crema und Mariotus de Pistorio, Venetiis 1472, repr. Hildesheim/New York 1970; cf. hierzu Charles H. Lohr: Medieval Latin Aristotle Commentaries: Authors: Narcissus-Richardus. In: Traditio 28/1972, 281-396, bes. 314 ff.

[596] Der erste Kommentar dieser Art stammt von Georg von Brüssel († 1510; zu den biobibliographischen Angaben s. The Cambridge History of Renaissance Philosophy, p. 820) mit dem Titel `Quaestiones in totam logicam´ aus dem Jahre 1493. Ihm folgen u.a. Petrus Tartaretus († ca. 1522), Jaques Lefèvre d´Etaples (ca. 1460-1536) und Johannes Eck (1486-1543); cf. hierzu E.J. Ashworth, op. cit., p. 144 f.

[597] Cf. die Ausgabe Peter of Spain: Tractatus called afterwards Summule, ed. by L.M. de Rijk, Assen 1972; hierzu auch A. Maierù: Terminologia logica della tarda scolastica, Roma 1972 und Ashworth, op. cit., p. 147.

192

logicalia' als eigenständige semantisch-terministische Abhandlungen[598] ebenso wie die Traktate der `moderni', zu denen unter anderem[599] die Kölner Thomistenschule der Bursa montis mit Heinrich von Gorkum (†1431)[600] zu rechnen ist, und auch die logischen Textbücher von Wilhelm von Ockham, Johannes Buridanus, Albert von Sachsen, Paulus Venetus und William Heytesbury.[601]

Mit Einsetzen humanistisch-säkularer Bildungsanstrengungen[602] und reformatorischer Umwälzungen findet diese Logik- und Methodentradition jedoch im 16. Jahrhundert ihr Ende. Dies gilt sowohl für die Kommentare und Lehrbücher als auch für die curricularen Strukturen der Universitäten, die nach 1530 nachhaltige Veränderung allein durch die sich allmählich durchsetzende topische Kombination von Logik und Rhetorik erfahren. "Authors such as Rudolph Agricola and Johannes Caesarius were required in place of the medieval texts, and Philipp Melanchton´s simplified summary of Aristotelian logic swept Germany."[603]

Neben den dialektischen, sprachtheoretischen und ramistischen Methodenmodellen[604] und Methodologien[605] der Folgezeit sind mathe-

---

[598] Cf. Marsilius von Inghen: Treatises on the Properties of Terms, ed. by E.P. Bos (Doctoral thesis) Leiden 1980.

[599] Cf. Ashworth, op. cit., pp. 147 ff.

[600] A. G. Weiler: Heinrich von Gorkum: Seine Stellung in der Philosophie und der Theologie des Spätmittelalters, Hilversum/Einsiedeln 1962.

[601] Cf. hierzu Antiqui und Moderni: Traditionsbewußtsein und Fortschrittsbewußtsein im späten Mittelalter, Berlin 1974 und L.M. de Rijk: Logica Modernorum. A contribution to the history of early terminist logic, 2 vols., Assen 1962/7.

[602] Cf. etwa die Gründung des Collège de France im Jahre 1530 mit dem (allerdings erst 1669 hinzugefügten) Motto `Docet omnia'.

[603] Ashworth, op. cit., p. 152 f.

[604] Angesichts zahlreicher und guter Abhandlungen zu den Methoden und - überlegungen etwa Lorenzo Vallas, Rudolph Agricolas, Mario Nizolios, Petrus Ramus oder Philipp Melanchtons kann hier auf eine eigene Darstellung verzichtet werden; ich verweise hier auf Hanna-Barbara Gerl: Rhetorik als Philosophie. L. Valla, München 1974; Paul O. Kristeller: Acht Philosophen der italienischen Renaissance, Weinheim 1986; idem: Humanismus und Renaissance, 2. Bde., hg. von E. Keßler, München 1976; Karl Otto Apel: Die Idee der Sprache in der Tradition des Humanismus von Dante bis Vico, 3. Aufl., Bonn 1980; Wilhelm Schmidt-Biggemann: Topica universalis. Eine Modellgeschichte humanistischer und barocker Wissenschaft, Hamburg 1983; Stephan Otto: Rhetorische Techne oder Philosophie sprachlicher Darstellungskraft? Zur Rekonstruktion des Sprachhumanismus der Renaissance. In: Zeitschrift für philosophische Forschung 37/1983, pp. 497-514; Gilbert, op. cit.; Ernst Cassirer: Das Erkenntnisproblem in der Philosophie und Wissenschaft der neuren Zeit, 1. Band, Darmstadt 1974, pp. 121 ff.; Walter J. Ong: Ramus, Method and the Decay of Dialogue, 2nd ed., New York 1974;

matisch-geometrische Einzelmethoden besonders von Interesse. Dies zum einen wegen ihrer Kompatibilität mit analytisch-synthetischen Modellen der aristotelischen Tradition, zum anderen aber auch wegen der für den hier zu untersuchenden Kontext methodologischer Maßgeblichkeit, die sie während der Zeit der `naturwissenschaftlichen Revolution´ bekommen soll.[606]

Da die mathematischen Bestrebungen der Renaissance keineswegs so innovativ und voraussetzungslos waren, wie häufig angenommen[607], erfahren sie unter dem Einfluß des Humanismus einige qualitative Veränderungen. So profitieren sie nachhaltig von den philologischen, editorischen und literargeschichtlichen Unternehmungen des Humanismus und erhalten zum Teil neue und wesentlich verbesserte

---

idem: Ramus and Talon Inventory, 2nd ed., Folcroft/PA 1969; Dieter Breuer/Helmut Schanze (Hgg.): Topik, München 1981; Wilhelm Risse: Die Logik der Neuzeit, 1. Band: 1500-1640, Stuttgart-Bad Cannstatt 1964.

[605] Der Terminus `Methodologie´, obgleich erst wesentlich später geprägt und häufig arbiträr verwendet, indiziert in der Renaissance "metapraktischen bzw. metakanonischen Theorieanspruch" und zugleich praktisch-enzyklopädischen Anwendungsbezug in den Wissenschaften. Während die konkrete `Methode´ als Programm oder Verfahren in der Regel auf erkenntnistheoretische Absicherung verzichtet und als fester Bestandteil in Logik und Dialektik integriert ist, verweist die Methodologie bereits auf den umfassenderen Titel der Wissenschaftslehre, der als "theoretische Metadisziplin" oder "Logik der Forschung" von fakultären Anbindungen weitgehend befreit ist. Insofern die "logische Diskussion der Methoden für Lehre und Studium (aller, Zusatz des Verf.) Wissenschaften" an Bedeutung gewinnt, wird Logik selber zur Methodenlehre. Cf. Lutz Geldsetzer: Einleitung zu Jacobus Acontius, op. cit., pp. xxiii ff. und idem: Art. `Methodologie´. In: HWPh, Bd. 5, Basel/Stuttgart 1980, sp. 1379-1386; außerdem P. Apostol: An Operative Demarcation of the Domain of Methodology versus Epistemology and Logic. In: Dialectica 26/1972, pp. 83-92; C.G. Hempel: Aspects of Scientific Explanation, New York 1965; Karl R. Popper: Logik der Forschung, 8. Aufl., Tübingen 1984, bes. pp. 22 ff.

[606] Cf. das 2. der beiden historiographischen Vorurteile.

[607] Zu Fehleinschätzungen hinsichtlich der Rolle der Mathematik cf. u.a. Gilbert, op. cit., pp. 83 ff; Engfer, op. cit., pp. 68 ff. und bei aller Vagheit auch P. Lorenzen: Methodisches Denken, Frankfurt/M. 1968, pp. 19 und 21. Für eine angemessenere Bewertung von Mathematik und mathematischen Modellen cf. die Darstellungen von Karl Balic: Bemerkungen zur Verwendung mathematischer Beweise und zu den Theoremata bei den scholastischen Schriftstellern. In: Wissenschaft und Weisheit 3/1936, pp. 191-217; Paul Lawrence Rose: The Italian Renaissance of Mathematics. Studies on Humanists and Mathematicians from Petrarch to Galileo, Genève 1975 (=Travaux d´humanisme et renaissance. CXLV); A.G. Zeuthen: Die Mathematik im Altertum und im Mittelalter, Berlin 1912; Pierre Duhèm: Le système du monde, Paris 1915, bes. pp. 260-527; Friedrich Solmsen: Platos Einfluß auf die Bildung der mathematischen Methode. In: Quellen und Studien zur Geschichte der Mathematik. Abt. B: Studien, Bd. 1, Berlin 1929/1931, pp. 93-107; Alexander Keller: Mathematics, Mechanics and the Origins of the Culture of Mechanical Invention. In: Minerva. A Review of Science, Learning and Policy 23/1985, pp. 348-361.

griechische und lateinische Texte etwa von Euklid, Archimedes[608], Apollonios von Perge[609], Diophantos von Alexandria[610], Proclus Diadochus[611] und Pappos von Alexandrien[612].

Unter Bezugnahme auf diesen Textfundus verändert sich der Charakter der Lehrschriften im Fach Mathematik, genauer gesagt: in den geometrischen Disziplinen, die bis zu Beginn des 16. Jahrhunderts ausschließlich durch die Einleitungen zu einigen Büchern Euklids, durch den `Tractatus de sphaera mundi´ des Johannes de Sacro Bosco und verschiedene kleinere Schriften des Klaudios Ptolemaeus, besonders durch seine `Syntaxis mathematike (Almagest)´, bestimmt wurden.[613] Arithmetik und Algebra werden diversifiziert und dissimiliert durch die Entdeckung kubischer Gleichungen und die Lösung von Gleichungen vierten Grades, die Verwendung von Buchstaben für algebraische Formeln, durch das Rechnen mit indischen Ziffern und imaginären Zahlen und durch die Wiederentdeckung analytisch-geometrischer

---

[608] Cf. die griechisch-lateinische Ausgabe von J.L. Heiberg mit antiken Kommentaren, 3 Bde., 2. Aufl., Berlin 1910-15. Die meisten mechanischen Werke Guidobaldo dal Montes beziehen sich ausdrücklich auf die Werke des Archimedes, bes. sein `Le mechaniche´ (Liber mechanicorum), Venetiis 1581. Cf. hierzu Rose, op. cit., bes. Kap. 10: The Urbino School: Il Guidobaldo dal Monte and the Archimedean Renaissance, pp. 222-242.

[609] Cf. die Ausgabe `Appolonii Pergaei Conicorum libri quattuor. Una cum Pappi Alexandrini lemmatibus, et commentariis Eutocii Ascalonitae. Sereni Antinensis libri duo nunc primum in lucem ed. Quae omnia nuper Federicus Commandinus Urbinas mendis quamplurimus expurgata et graeco convertit et commentariis illustravit´, Bononiae 1566.

[610] Cf. den Kommentar von P. de Fermat in der 1670 in Toulouse, posthum erschienenen Ausgabe von `Diophantus Alexandrini Arithmeticorum libri sex et De numeris multanpulis liber unus. Cum commentariis C.G. Bacheti v.c. et observationibus d. P. de Fermat ... Accessit Doctrinae analyticae inventum novum, collectum ex variis eiusdem d. de Fermat epistolis´.

[611] Die erste prokleische Ausgabe wurde von Simon Grynaeus 1533 seiner Euklidausgabe hin zugefügt: Commentariorum Procli editio prima, quae Simonis Grynaei opera addita est Euclidis elementis graece editis, Basileae. Die erste lateinische Übersetzung stammt von Franciscus Barocius (i.e. Barozzi) aus dem Jahre 1560 mit dem Titel: Procli in primum Euclidis elementorum librum commentariorum libri IV a Francisco Barocio, Patavii. Cf. hierzu Schüling, op. cit., pp. 35 ff. et passim und Engfer, op. cit., pp. 68 ff.

[612] Cf. die lateinische Ausgabe mit Kommentaren von Federico Commandino: Pappi Alexandrini mathematicae collectiones, Venetiis 1589.

[613] Cf. Charles B. Schmitt: Science in the Italian Universities in the Sixteenth and early Seventeenth Centuries. In: C.B.S.: The Aristotelian Tradition and Renaissance Universities, London 1984, pp. 35-56 (Art. XIV).

Formeln der Antike[614]. Die Mathematik wird damit zum Oberbegriff für die unterschiedlichsten Wissenschaften und Künste[615] und zugleich zum propädeutischen Fach schlechthin bis hin zu ihrer Erhebung zur Universalmethode als `mathesis universalis´ bei Descartes. Die mathematisch-geometrische Euphorie mündet dabei nicht selten in dem deklariert platonischen Ausspruch `αγεωμετρητος ουδεις εισιτω´[616], der Homogenität dort suggerieren soll, wo häufig methodische Beliebigkeit und methodologische Unschärfe herrschen. Dies zeigt sich besonders deutlich in der Adäquation der Einschätzung des prokleischen Euklidkommentars und des aristotelischen Wissenschafts- und Methodenverständnisses. Proklos´ Interpretation des ersten Buches von Euklids Elementen ist eine rein axiomatisch-deduktive, da die unableitbaren Sätze erster Ordnung[617] als ohne "Beweis oder argumentative Rechtfertigung"[618] für die Geometrie gültig angesehen werden.[619] Die obersten Prinzipien, als selbstevident, wahr und einfach angenommen, weisen die Geometrie als ideale und systematische Wissenschaft aus.[620]

Auch die geometrisch-mathematische Beweisführung wird im Grunde als mit dem aristotelisch-wissenschaftlichen Beweis kompatibel gedacht. So ist bis zur Mitte des 16. Jahrhunderts unbestritten, daß

---

[614] Cf. hierzu etwa die Arbeiten von Scipione del Ferro, Antonio Maria Fior, Niccolò Tartaglia (eigentlich N. Fontana), Girolamo Cardano, Ludovico Ferrari, Federigo Commandino, Francois Viète, Simon Stevin, Pierre de Fermat, Descartes und Leibniz und anderen; cf. Rose, op. cit. und K. Mainzer: Art. `Mathematik´. In: HWPh, Bd. 5, Basel/Stuttgart 1980, sp. 926-935.

[615] Genuin mathematische Fächer waren etwa Optik, Mechanik, Geographie, Kosmographie (i.e. eine Kombination von Astronomie und Geographie), Anemographie, Hydrographie und Astrologie. Cf. Schmitt, op. cit., pp. 46 f.

[616] Cf. Schüling, op. cit., p. 110.

[617] Dies sind die οροι (Definitionen), die Proklos allerdings mit υποθεσεις übersetzt; die αιτηματα (Postulate oder praktische Konstruktionsanweisungen) und die κοιναι εννοιαι (logische Axiomata), die bei Proklos aristotelisch als αξιωματα verstanden werden. Als Sätze zweiter Ordnung sind die `Probleme´ und `Theoreme´ anzusehen, da sie den Sätzen erster Valenz sowohl pragmatisch als auch logisch nachgeordnet sind. Cf. Arpad Szabó: Anfänge des euklidischen Axiomensystems. In: Oskar Becker (Hg.): Zur Geschichte der griechischen Mathematik, Darmstadt 1965, pp. 355-461 und Engfer, op. cit., p. 73.

[618] Engfer, op. cit., p. 74.

[619] Cf. Aristoteles: Analytica posteriora I, 2 (I 71b).

[620] "Της επιστημης πασης διττης ουσης και της μεν περι τας αμεσους προτασεις ασχολουμενης, της δε περι τα εξ εκεινων δεικνυμενα και ποριζομενα και ολως περι τα ακολουθα ταις αρχαις εξελιττουσης την εαυτης πραγματειαν ", cf. Procli Diadochi in primum Euclidis elementorum librum commentarii. Ex recognitione Godofredi Friedlein, Leipzig 1873, ND Hildesheim 1967, 200, 22-201, p. 3.

demonstrationes mathematicae syllogistische Schlüsse (in der Regel durch die erste Schlußform bewiesen[621]) sind, wenngleich die Frage, ob der geometrische Beweis ein vollständiger Beweis aus Gründen (demonstratio propter quid) sei, bereits von Proklos problematisiert wird und besonders in der Renaissance Gegenstand heftiger Kontroversen ist.[622] Die daran anschließende Frage nach dem Wissenschaftscharakter der Mathematik im Zusammenhang mit naturerforschenden Disziplinen - für die Zeitgenossen Girolamo Cardanos ein in der Tat drängendes Problem - ist aber für unseren Kontext weniger von Interesse als die paradigmatische Relevanz hinsichtlich methodologischer Strenge, die mit der geometrischen Methode in der Regel zum Ausdruck gebracht wird. Die perichoretische Verbindung euklidisch-geometrischer und aristotelisch-logischer Methodenkomponenten ist axiomatisch, insofern sie auf ersten Prinzipien beruht, sie ist auch deduktionistisch, "indem die wissenschaftliche Methode auf die beweisende Darstellung der als wahr erkannten Sätze beschränkt wird"[623] und sie entspricht damit der demonstratio compositivo, die von Federigo Commandino gegen Ende des 16. Jahrhunderts mit der antiken synthesis gleichgesetzt wird[624] und fortan synthetisch heißt. Als methodologische Grundlage für die Verfahren more geometrico bleibt sie auch für das 17. Jahrhundert[625] maßgeblich, wenngleich sich ihr Wert zunehmend an der Möglichkeit zur Quantifikation und zur Invention von Beweissätzen[626] bemißt. Wo aber die geometrisch-synthetischen Methodenmodelle den logisch-syllogistischen entgegengesetzt werden[627], da erhält der programmatische Aufruf zur Auf-

---

[621] Aristoteles: Anal. post. I, 14 (79a 17).

[622] Cf. besonders die Werke zu Euklid von Francesco Barozzi (ca. 1550-1590), Francesco Commandino, Alessandro Piccolomini (1508-1578), Petrus Catena (1501-1577), Benedictus Pererius (1535-1610) und Conrad Rauchfuss (i.e. Dasypodius, ca. 1532-1600); hierzu Schüling, loc. cit. und Gilbert, op. cit., pp. 86 ff.

[623] Engfer, op. cit., p. 77.

[624] `Pappi Alexandri mathematicae collectiones a Federico Commandino Urbinate in Latinum conversae, et commentariis illustratae´, Venetiis 1589, fols. 157v-158r.

[625] Ich erinnere an Pascals Erneuerung der mathematischen Methode, die Geometrisierung der Ethik bei Spinoza, die der Staatsphilosophie bei Hobbes und die Entwürfe der Logik von Port Royal.

[626] Hierzu die Standpunkte von Leibniz und Christan Wolff; cf. Engfer, op. cit., pp. 195 ff. und 237 ff.

[627] Stellvertretend für alle Innovatoren der Neuzeit steht Hobbes, wenn er schreibt: "When men write whole volumes of such stuffe (i.e. Aristotelism, Anm. d.

hebung antiquierter politischer, lebensweltlicher und wissenschaftlicher Strukturen ideologischen Vorrang vor einer grundsätzlich und unumgänglich an Kontinuitäten orientierten Ideen- und Begriffsgeschichte.[628]

Älter als Proklos´ axiomatisch-synthetische Methode ist die analytische oder analytische-synthetische des Pappos von Alexandrien[629], die sich ebenso wie die prokleische in Kommentaren zu Euklids Werken manifestierte. Der Begriff ´Analyse´ kennzeichnet dabei sowohl das Gesamtverfahren (A) der Untersuchung als auch den ersten der beiden Teilschritte (a), dessen zweiter der komplementäre Prozeß der Synthese ist. Aufgrund des mehrdeutigen und häufig unscharfen Textes gibt es jedoch zwei verschiedene Lesarten hinsichtlich des methodischen Progresses der mathematischen Analysis (a). Während die eine Analysisinterpretation das Gesuchte als vorhanden setzt und nach den Gründen (αρχαι) sucht, die das Zustandekommen des Problems oder der Konstruktion bedingen (a1)[630], ist demgegenüber die andere (a2) "...ein Weg, von dem Gesuchten, das als zugestanden betrachtet wird, durch die sich daraus ergebenden Folgerungen zu etwas fortzuschreiten, das in der Synthesis bereits zugestanden ist."[631] Bei beiden analytischen Verfahren

---

Verf.), are they not mad, or intend to make others so?", Thomas Hobbes: Leviathan, I, 8.

[628] In streng methodengeschichtlicher Sicht kann demnach weder von einem "Übergang *von der philologischen zur mathematisch-naturwissenschaftlichen Renaissance* " (cf. Cassirer, op. cit., p. 135; Hervorhebungen von diesem) noch von einer "rigid and oversober philosophical tradition", die durch neue empirischmathematische Theorien geschaffen wurde (cf. Gilbert, op. cit., p. 225), gesprochen werden.

[629] Sie geht wohl auf Platon zurück und findet sich auch bei Aristoteles, Euklid, Proklos, Apollonios von Perge und Aristaios dem Älteren; cf. hierzu C. Heath (Ed.): The Thirteen Books of Euclid´s Elements. Translated from the Text of Heiberg with Introduction and Commentary, 3 vols., Cambridge 1908 ff.; Jaakko Hintikka and Unto Remes: The Method of Analysis. Its Geometrical Origin and its General Significance, Dordrecht/Boston 1974 und Engfer, op. cit., pp. 78 ff.

[630] Diese Lesart wird etwa von F. M. Cornford: Mathematics and Dialectics in the Republic VI-VII. In: Mind 41/1932, pp. 37-52 und 173-190; Hintikka/Remes, loc. cit. und Norman Gulley: Greek Geometrical Analysis. In: Phronesis 3/1958, pp. 1-14 bevorzugt.

[631] Die Passage lautet in der Fassung von Hultsch (´Pappi Alexandrini collectionis quae supersunt. E libris manu scriptis edidit, latina interpretatione et commentariis instruxit Fridericus Hultsch´, 3 Bde., Berlin 1875-8, ND Amsterdam 1965) wie folgt: "Αναλυσις τοινυν εστιν οδος απο του ζητουμενου ως ομολογουμενου δια των εξης ακολουθων επι τι ομολογουμενον συνθεσει. εν μεν γαρ τη αναλυσει το ζητουμενον ως γεγονος υποθεμενοι το εξ ου τουτο συμβαινει σκοπουμεθα και παλιν εκεινου το προηγουμενον, εως αν ουτως αναποδιζοντες καταντησωμεν εις τι των ηδη γνωριζομενων η ταξιν αρχης εχοντων.", cf. Pappus, 634, 3 - 636, 14;

(a1) und (a2) ist aber auch die Funktion der systematisch nachgeordneten, gleichwohl ergänzend gedachten Synthesis problematisch. "Wenn nämlich die Analyse ((a1), Ergänzung des Verf.) wirklich die Prämissen findet, aus denen der Anfangssatz ableitbar ist, und wenn sie dabei zu den geometrischen Prinzipien vorstößt, dann ist bereits damit die Ableitbarkeit des Satzes bewiesen, und der synthetische Teilschritt hätte keine Funktion außer vielleicht einer darstellenden."[632] Die Synthese wäre damit zwar die spiegelverkehrte, jedoch struktur- und gegengleiche Umkehrung[633] der Analyse (a1), ohne daß sie dieser methodisch Neues hinzufügte.

Die Analyse (a2) hat demgegenüber das Problem nachzuweisen, woher sie ihre ersten Prämissen bezieht, denn entweder sie sind bereits in dem Anfangssatz, der das Gesuchte als gegeben setzt, vorhanden, oder aber die Analyse (a2) erfaßt diese Prämissen intuitiv und beiläufig, quasi als selbstevidente und nicht weiter begründbare, notwendige geometrische Prinzipien euklidischer Form.[634] Hier aber firmiert die Synthese nicht als bloße Umkehr der Analyse, sondern als deren Bestätigung und Prüfung, insofern sie alle die bei dem analytischen Erstschritt gefundenen Prämissen und Prinzipien als notwendig, hinreichend und angemessen ausweist.

Vertreter dieser Interpretation sind u.a. Heath, loc. cit.; H. Cherniss: Plato as Mathematician. In: Review of Metaphysics 4/1951, pp. 395-425; Imre Lakatos: Proofs and Refutations. The Logic of Mathematical Discovery. Ed. by John Worrall and Gregory Zahar, Cambridge/London/New York/Melbourne 1975. Engfer liefert hier einen ausgezeichneten Überblick über die unterschiedlichen Positionen der Sekundärliteratur und deren Textgrundlagen, op. cit., pp. 80 ff.

[632] Engfer, op. cit., p.88.

[633] Cf. weiterhin die zutreffende aber extrem simplifizierende Beschreibung der mathematischen Analysis durch Ludger Oeing-Hanhoff: Art. `Analyse/Synthese´. In: HWPh, Bd. 1, Basel/Stuttgart 1971, sp. 234 f.

[634] In der neuplatonischen Dialektik Plotins zeigt sich eine weitere Form der Analyse, die, ebenfalls auf die mathematische Methode zurückgreifend, ihre ersten evidenten Prinzipien (εναργεις αρχαι) "aber vom Geist empfängt". Mit Hilfe dieser Methode werden "die ersten Gattungen als ihre Prinzipien eingeteilt und das sich daraus ergebende geistig miteinander verflochten, bis sie das ganze geistige Gebiet durchlaufen haben, dann löst sie es wieder auf, bis sie zum Prinzip gekommen ist, dann aber hält sie sich ruhig ... frei von Vielgeschäftigkeit, sammelt sich zum Einen und schaut". Cf. Plotin, Enn. I, 3, 4, 2 und Th. Kobusch: Art. `Metaphysik´. In: HWPh Bd. 5, Basel/Stuttgart 1980, sp. 1200 f. Dieses metaphysisch-epoptische Analysemodell, für die Untersuchung mathematischer Paradigmatik außerhalb mathematischer Wissenschaften und Künste gleichwohl interessant, bleibt aber für die Logik und Naturphilosophie der Renaissance ohne Wirkung.

Dieses Analyse/Synthese-Verständnis als Kombination von inventiver Analyse und judikativer Synthese wird durch das regressive Methodenmodell der italienischen Aristoteliker, besonders aber durch Jacopo Zabarella nachhaltig modifiziert und bleibt, trotz der so erfolgreichen `methodus Ramea´ [635], für die sogenannten neuzeitlich naturerforschenden und später empirischen Wissenschaften - zumindest als programmatischer und methodologischer Leitfaden - maßgeblich.[636]

---

[635] Cf. Schüling, op. cit., 103 ff.

[636] Neben den aristotelisch-averroistischen Methodentheorien erscheinen Mitte des 16. Jahrhunderts, wenngleich noch recht zögerlich, die ersten technik- und anwendungsorientierten Methodentraktate. Besonders erwähnenswert ist hier Jacobus Acontius `De methodo, hoc est de recta investigandarum tradendarumque artium ac scientiarum ratione´, Basileae 1558. Acontius (ca. 1492-1566), Festungsingenieur und Hydrotechniker, formuliert in seinem Werk, das bis 1617 zwei weitere Auflagen erlebte, das Verdikt, daß "die Brauchbarkeit der Wissenschaften nicht in ihrer Erkenntnis besteht, sondern in ihrer Anwendung" (ND der Ausgabe Genf 1582, hg. von Lutz Geldsetzer, Düsseldorf 1971, p. 10). Die Methode umfaßt hierbei sowohl Anleitungen zur Forschung als auch zur Weitergabe des Wissens ("Sit igitur Methodus recta quaedam ratio, qua citra veritatis examen et rei alicuius notitiam indagare et quod assequutus fueris, docere commodem possis.", op. cit., p. 12). Trotz verschiedentlicher Erwähnung harrt das Werk noch eingehender Untersuchung. Während Acontius, in expliziter und korrespondierender Auseinandersetzung mit Ramus, zur analytisch-synthetischen Einheitsmethode gelangt, betreibt Giulio Pace (Pacius, 1550-1635) nachhaltig eine Dissolution der Methode in zwölf Einzelverfahren. In seinem Werk `Institutiones logicae, quibus non solum universa Organi Aristotelici sententia breviter, methodice, ac perspicue continetur, sed etiam syllogismi hypothetici, et methodi, quorum expositio in Organo desideratur, et in vulgatis Logicis aut omittitur aut imperfecte traditur, plene ac dilucide explicantur´ aus dem Jahre 1595 werden die Methoden nach subiectum, quaesitum und medium getrennt behandelt. Besonders hervorzuheben sind in diesem Zusammenhang die medizinischen Lehrbücher u.a. von Giovanni Battista Montano und Girolamo Capivaccio, cf. Gilbert, op. cit., pp. 180 ff.

13. Kapitel:
Die koinzidente und koätane Transformation von Logik und Methode im 16. und 17. Jahrhundert und ihre Bedeutung für die wissenschaftliche Neuzeit

> Those rules of old
> discover´d, not devis´d,
> are nature still, but
> nature methodiz´d.
> Alexander Pope

Die Logik des 16. Jahrhunderts beinhaltet sowohl Neues wie Traditionsgebundenes. Mit dem `Mittelalter´ hat sie gemeinsam, daß sie in Anlehnung an die peripatetischen Werke bzw. in Auseinandersetzung mit Aristoteles prozediert. Vom `Mittelalter´ trennt sie jedoch einerseits ihre Erweiterung zur universalen und dabei nicht primär philosophisch erörterten Methodenlehre für die Einzelwissenschaften und andererseits die explizite Einengung auf Kompatibilität mit mathematischen Methodenmodellen.

Ähnlich wie die Verfügbarkeit neuer Quellen die `logica vetus´ im 12. Jahrhundert um die `logica nova´ mit den `Analytica priora´ und `posteriora´, Topik und den `Sophistici Elenchi´ ergänzte, so stellt auch das philologische Bemühen der Altaristoteliker und das systematische Interesse der Averroisten gegen Ende des 15. und zu Beginn des 16. Jahrhunderts einen `neuen´ Aristoteles bereit.[637] Die lateinischen Ausgaben von 1483 und 1550/52 mit den Kommentaren des Averroes[638] und die griechische der Altaristoteliker aus dem Jahre 1495/98[639] sollen auf Jahre hinaus die allein maßgeblichen Editionen des Organons bleiben.

---

[637] Cf. Wilhelm Risse: Die Logik der Neuzeit, 1. Bd.: 1500-1640, Stuttgart-Bad Cannstatt 1964, cap. IV, p. 201 ff. (Risses Einführung zu der von ihm edierten Ausgabe von `Jacobi Zabarellae Opera logica´, Hildesheim 1966, pp. V-XII gleicht nahezu wörtlich seinem Kapitel `Zabarella´ in der Logik der Neuzeit, pp. 278-290.) und E.J. Ashworth: Traditional Logic. In: The Cambridge History of Renaissance Philosopy, ed. by Charles B. Schmitt, Quentin Skinner, Eckhard Keßler, Jill Kraye, Cambridge Univ. Press 1988, pp. 143-172.

[638] Opera Latina cum commentariis Averrois VI partes, II tomis comprehensae, Venetiis (Andreas Torresanus de Asula et Bartholomaeus de Blavis) 1483; Opera Latina, Venetiis (Junta) 1550/52.

[639] Opera Graece, 5 vol., Venetiis (Aldus Manutius) 1495/98.

Im 14. und 15. Jahrhundert beginnt obendrein die explizite Synthese dessen, was schon zwei Jahrhunderte früher eine besondere Affinität zueinander aufwies: Die averroistische Lehre von den Arten des Beweises verschmilzt mit der galenischen und deren stark an der medizinischen Empirie orientierten Methodenlehre. Ihren fruchtbarsten und vollkommensten Ausdruck findet diese Verbindung im `regressus´- Verfahren der sog. Paduaner Schule[640] in dem - und diese vorläufige Charakterisierung mag hier erst einmal genügen - observational-analytische und deduktiv-synthetisierende Schlußformen gemeinsam und aufeinander bezogen den Beweis ausmachen.[641] Die Bedeutsamkeit von logischen und methodologischen Überlegungen wird denn auch und gerade in medizinischen Schriften der Zeit - dabei häufig in Einleitungen zu Galens `Ars medica´ - hervorgehoben. Mehr noch: Logik, womit cum grano salis eher anwendungsorientierte denn terministische[642] oder sermozinale Verfahren bezeichnet werden, wird konstitutiver Bestandteil des Medizinstudiums während der Renaissance und in den ersten beiden Jahren der insgesamt fünf Jahre dauernden Ausbildung gelehrt.[643] Hinzu kommt, daß die medizinische Fakultät

---

[640] Als Hauptvertreter sind hier zu nennen: Petrus Aponensis (1250-1316): Conciliator differentiarum philosophorum et medicorum, Mantua 1472; Jacobus de Forlivio († 1413): Super Tegni Galeni, Patavii 1475; Ugo Senensis (1376-1439): Expositio super libros Tegni Galieni, Venetiis 1498; Urbanus Averroysta: Commentorum omnium super librum Aristotelis de physico audito, Venetiis 1492; Paulus Venetus († 1419): Summa philosophiae naturalis novita recognita et a vitiis purgata ac pristine integritate restituta, Venetiis 1503; idem: Super octo libros Physicorum Aristotelis, Venetiis 1499; Gaietanus de Thienis (1387-1462 ?): Recollectae super Physicae Aristotelis, Vicenza 1487; cf. William A. Wallace: Causality and Scientific Explanation, vol. 1: Medieval and Early Classical Science, University of Michigan Press 1972, bes. cap. 4: Padua and the Renaissance, pp. 117- 155 und 233-239.

[641] Cf. John Herman Randall, Jr.: The Development of Scientific Method in the School of Padua. In: Journal of the History of Ideas 1/1940, pp.177-206, repr. in idem: The School of Padua and the Emergence of Modern Science, Padua 1961, pp.15-68; William F. Edwards: Randall on the Development of Scientific Method in the School of Padua - A Continuing Reappraisal. In: John P. Anton (Ed.): Naturalism and Historical Understanding. Essays on the Philosophy of John Herman Randall, Jr., Albany/N.Y. (State University of New York Press) 1967 und E. J. Dijksterhuis: Die Mechanisierung des Weltbildes, Berlin u.a. 1956, pp. 16 ff.

[642] Die `logica moderna´ umfaßte bekanntlich neben den proprietates terminorum die consequentiae, insolubilia und obligationes. Cf. den Artikel `Logik III´ von A. Angelelli im HWPh, Bd. 5, Basel/Stuttgart 1980, sp. 367-375.

[643] "Nam quid utilius opera nostra ferre possent quam iuvenibus philosophari cupientibus patentes (ut aiunt) fores ad ipsam philosophiam reddere? cum potissimum sine logica nullus recte philosophari queat, nec rerum causas

neben der juristischen die bedeutendste an Italiens Universitäten[644] ist und, so besonders deutlich zu sehen in Padua, Pavia und Bologna, die artes liberales, die als Logik und Naturphilosophie propädeutischen Charakter für alle drei Fakultäten besitzen, in dem Maße an Bedeutung gewinnen, in dem die Medizin in Forschung und Lehre reüssiert.[645]

Nun bleibt aber die erkenntnistheoretische Reichweite der Logik und Philosophie keineswegs auf die Bedürfnisse und Erfordernisse der Medizin beschränkt, so daß von einem theoretischen Reformulieren des (medizinisch-) praktisch immer schon Bekannten und Ausgeführten schlechterdings nicht die Rede sein kann.[646] Die logischen Schriften berücksichtigen zwar in der Folge zunehmend empirische und experi-

---

cognoscere possit, neque medicinam absque ipsius cognitione quis tentet. Non enim in manibus illius medici me confidam qui logicam ignorat." Menghi Faventini (i.e. Mengo Bianchelli von Faenza, Anm. d. Vf.) Dialecticorum tempestatis nostre principis subtilissime expositiones quaestionesque super summulis magistri Pauli Veneti, Venetiis 1526, tractatus 1, cap. 1, fol. 1r; cf. Charles B. Schmitt: Science in the Italian Universities in the Sixteenth and Early Seventeenth Centuries. In: Idem: The Aristotelian Tradition and Renaissance Universities, London 1984, XIV, pp.35 ff., 37.

[644] "... they (die Beispiele empirischer und experimenteller Forschung in der Medizin des 16. Jahrhunderts, - Ergänzung d. Vf.) form a picture almost as impressive as that presented by the scientific revolution of the 17th-Century." William F. Edwards: The Logic of Jacopo Zabarella, Phil. Diss. Columbia Univ. 1960, 89. Jenseits der Alpen dominieren hingegen die artes liberales und die Theologie Universitäten und Denken. Cf. Richard Toellner: Die medizinischen Fakultäten unter dem Einfluß der Reformation. In: Renaissance - Reformation. Gegensätze und Gemeinsamkeiten. Vorträge (gehalten anläßl. eines Kongresses des Wolfenbütteler Arbeitskreises für Renaissanceforschung vom 20. bis 23. November 1983) hg. von August Buck, Wiesbaden 1984 (= Wolfenbütteler Abhandlungen zur Renaissanceforschung. Bd. 5), pp. 287-297, bes. 290 f.

[645] Die medizinischen Fakultäten waren in der 2. Hälfte des 16. Jahrhunderts auch zahlenmäßig die größten. Bologna hatte z.B. durchschnittlich 22 Professoren, Pisa im Jahre 1590 neun und Padua 1592 insgesamt 11. Cf. Galileo Galilei, Le opere di Galileo Galilei, ed. A. Favaro, Florenz 1929-39, vol. 19, pp. 39-42, 117-9. Zu den bekanntesten und berühmtesten Anatomen und Physiologen dieses Zeitraums zählen u.a. Alessandro Benvieni († 1502), Gabriele Zorbi († 1505), Alessandro Achillini († 1512), Alessandro Benedetti († 1525), Berengario da Carpi († 1530), Giovanni Battista Montano († 1551) und Andrea Vesalio († 1564).

[646] "To put the matter in a less metaphorical way, the theory of method that finally emerged in the works of philosophers like Jacopo Zabarella was in a sense nothing more than the sophisticated philosophical formulation of the practices and procedures by which the medicine of the period was achieving such astounding results, just as the concept of method worked out by 17th century philosophers was really little more than an ordering and formalising of the actual practices by which the physicists of their day were making such remarkable discoveries in physics and astronomy." Edwards, op.cit., p. 90.

mentelle Aspekte[647], die konkrete Anwendbarkeit der in ihnen aus-
gearbeiteten Methoden steht aber hinter allgemeineren Struktur- und
Systemanliegen für alle Wissenschaften sowie hinter der Untersuchung
der ontologischen Bedingungen von Methodologie grundsätzlich zurück.
Als Grund hierfür mag die eher traditionelle, i.e. humanistische und
scholastische, Ausbildung der logici vor 1540, die kaum praxisorien-
tierte Anwendungen berücksichtigt, angesehen werden. Doch war auch
der Überdruß an Schulstreitigkeiten über Lesarten und Interpretationen
unter den Kommentatoren vorwiegend des Aristoteles mit eine Ursache
dafür, daß eine Reformation der Logik quasi von innen her erfolgt.

Einer der frühesten Versuche dieser Zeit, Gegenstand, ontologische
Form und erkenntnistheoretisches Ziel der Logik neu zu bestimmen,
findet sich in Antonio Bernardis (1503-1565) `Institutio in universam
logicam´ aus dem Jahre 1545.[648] Bernardi, Professor für Logik und
Naturphilosophie in Bologna und langjähriger Freund und Berater
Kardinal Alessandro Farneses (1504-1554) in Rom[649], moniert hier die
Heterogenität der Aristoteles-Interpretationen und fordert eine unver-
stellte, eindeutige und reine Lektüre des Originals. Gemäß seinem Verständnis des aristotelischen Corpus sind die `Kategorien´ kein logisches,
sondern ein metaphysisches Werk, Logik ist damit grundsätzlich von
Dialektik zu unterscheiden[650] und die `intentiones secundae´ sind bloße
Erfindung der geschmähten Kommentatoren Paulus Venetus, Wilhelm
von Ockham, Thomas von Aquin und Averroes.[651] Besonders im `Com-

---

[647] In Abwandlung des Kontextes gilt auch hier: "Their task, as they perceived it,
was not to prescribe what methods the scientist should follow; but to describe the
best methods being used in scientific praxis." Larry Laudan: The Sources of
Modern Methodology. In: Historical and Philosophical Dimensions of Logic,
Methodology and Philosophy of Science, ed. by Robert E. Butts and Jaakko
Hintikka, Dordrecht/Boston 1977, pp. 3-19, hier p. 16.

[648] Antonii Bernardi Mirandulani Institutio in universam logicam. Eiusdem Ant.
Bernardi in eandem commentarius. Item. Apologiae libri VIII, Basileae 1545.

[649] Cf. zu biographischen Daten das autobiographisches Vorwort in seinen
Apologiae, op. cit.

[650] War doch die Dialektik, die auf erste Prinzipien rekurriert, nach Petrus
Hispanus die für das Mittelalter gängige Auffassung der Logik.

[651] "Cum igitur haec primum ostendissem, librum illum Aristotelis, qui
Praedicamenta inscribitur, non esse Logicae partem: Logicam plane seiunctam
esse a Dialectica: secundas, quas vocant, intentiones, interpretum esse commentum
quoddam, ac figmentum, aliaque eiusdem generis permulta: quantae (dii boni)
turbae in me connotae sunt? quot clamores hominum excitati?" Apologiae,
praefatio, p. 1. Der mit Johannes Gerson beendete Kompetenzstreit hinsichtlich

mentarius´, der zusammen mit seinen acht ´Apologiae´ der ´Institutio´ beigefügt ist, beschreibt Bernardi seine Einschätzung der ´Categoriae´, deren Begründung derjenigen Zabarellas etwa 40 Jahre später durchaus ähnelt: Dem ´ordo naturae´ entspricht keineswegs die vom Menschen losgelöste und von vornherein feststehend praestabilierte und ontologisiert verstandene ´Ordnung der Natur´, sondern allein die kognitiven Strukturen des Subjekts, hier verstanden im Sinne des didaktisch fixierten Prozesses der Erkenntnisaneignung, sind die einzig relevanten Bedingungen. In diesem ´ordo´ haben aber Kategorien wie ´Substanz´, ´Quantität´, ´Qualität´ und ´Relation´ ihren systematischen Platz nicht zu Beginn der Metaphysik, sondern müssen am Übergang von Logik zur Physik lokalisiert werden. Logik wird damit in der Folge zu einem ´subalternaten´ Fach der Metaphysik wegen des gemeinsamen Gegenstandsbereichs[652], nicht jedoch aufgrund ontologischer Valenzen. Während die Metaphysik Begriffe und Definitionen in theoretischer Reinheit bestimmt, obliegt der Logik die Beschäftigung mit diesen ´in ordine ad opus´, ähnlich also den mechanischen Künsten.[653] Ihr Geltungsbereich erstreckt sich damit auch auf Begriffe und Strukturen der real dinglichen Welt wie etwa ´necessaria´, ´contingentia´, ´genus´, ´causae´ und ´principia´[654], den vormals sogenannten ´intentiones secundae´. Die scholastisch geprägte Bezeichnung modifiziert Bernardi

---

der Universalität von Logik und Metaphysik im Mittelalter bricht damit wieder auf.

[652] "Quod si quis hoc minus percipiens vellet inferre, sequi ex hac opinione, ut Logica non habeat terminos, et definitiones proprias, ipsaque sit sub Metaphysica, atque illi ut more nostro loquar subalternetur, quae plane omnia ab omnibus istis existimantur absurda, dicimus, tantum abesse, meo quidem iudicio, ut haec absurda sint, ut sint etiam verissima, maximeque necessaria.." Commentarius, sec. IV. Es muß auf die hier noch geltende mittelalterliche Begriffsbestimmung von ´subalternatus´ hingewiesen werden. Eine Wissenschaft oder Kunst ist subalternat oder nachgeordnet einer anderen dann, wenn sie dieselben Objekte in anderer Weise als die ihr vorgeordnete Wissenschaft oder Kunst behandelt. Optik ist z.B. ´ars subalterna´ zu Geometrie, da erstere geometrischen Prinzipien untersucht, sofern diese in Materie eingebettet sind.

[653] "Logica igitur utitur iis, quas habet, definitionibus in ordine ad opus; ex his enim ut dictum est docet conficere, et confectas iudicare enunciationes, syllogismes, demonstrationes, syllogismes dialectices, et definitiones... Artes Mechanicae quicquid considerant, considerant in ordine ad opus; itaque facultates omnes, quarum finis est opus aliquod, supponunt considerationem simplicem, et absolutam esse factam in superiori aliqua facultate: ergo et haec facultas (i.e. logica, Anm. d. Vf.) similiter facit." loc. cit.

[654] Cf. loc. cit.

allerdings zugunsten des "affectus entis, quatenus ens est".[655] Damit ist auch der Status der Logik als theoretischer `scientia´ endgültig preisgegeben. Denn nicht das selbständige `ens rationis´, sondern die empirischen `res ipsae´ bleiben in ihrer ursprünglichen Form Untersuchungsgegenstand. Die mittelalterliche Differenzierung von `logica utens´ und `logica docens´ verschmilzt zu einer, wenngleich hier noch unausgereiften, `logica scientifica´.[656]

Für die Entwicklung einer instrumentalen Logik bei Jacopo Zabarella ist auch der Einfluß von Angelo Tio († 1559) nicht unerheblich. Tio war Ende der 40er Jahre Professor für Logik an der Universität Padua und hatte als Schüler von Marcantonio Genua (1491-1563) und Girolamo Balduino auf der Seite Genuas in den Streit um den `Commentarius´ Bernardis eingegriffen.[657] In seinem Werk `Lectiones de praecognitionibus logices´ aus dem Jahre 1547[658] entwickelt er, allerdings ziemlich konfus und unvermittelt einsetzend, eine Definition der Logik als `facultas instrumentaria´[659]. Damit scheint der alte Zwiespalt ihrer Charakterisierung als `ars oder scientia´ aufgehoben. Die `intentiones secundae´, als "de secundo intellectis tanquam res considerata", fungieren in der Folge als "instrumenta notificandi".[660] Daß sich Tio verschiedentlich auf seinen Lehrer Balduino beruft, dieser der bei

---

655 "Secundae intentiones esse affectus entis, quatenus ens est: et Logicam esse de huiusmodi affectibus, non tamen simpliciter, et absolute, sed quatenus rationibus appositis docentur ex arte constitui." Cf. op. cit., sec. V.

656 Cf. Johannes Duns Scotus: Quaestiones Scoti super universalia Porphyrii: necnon Aristotelis Predicamenta ac Peryarmenias. Item super libros Elenchorum. Et Antonii Andree super libro sex principionis (de Gilberti Porretani). Item quones Joannis Anglici super quaestiones universales eiusdem Scoti. Venetiis (B. Locatellus) 1508, bes. die Quaestiones...super Porphirii, qu. 1.

657 Cf. einige biographische Angaben in seinem: Ad perquam illustrem D. Diegum de Mendoza ad Paulum III. Pont. Max. Caesareum Legatum. Quaesitum et praecognitiones libri praedicamentorum: Porphiriique cum opinionibus omnium nostri temporis Philosophorum. Angelo Thyo Morcianensi Ydruntino Auctore. Patavii 1547.

658 Der Titel des Textes lautet: `Lectiones de praecognitionibus logices. Angelo Thio de Mortiano Scholae Patavinae professore publice´ und ist in `Ad Magnificum et Clarissimum D. Sebastianum Fescarenum Philosophiae peritissimum Academiae Patavinae moderatorem. Angelus Thyus Hydruntinus. De subiecto logices, ac omnium librorum logices´, Patavii 1547 enthalten.

659 "Cognito,quae facultas sit ipsa logica, seilicet quod nec ars, nec scientia, sed tertium genus, seilicet instrumentaria ad cognoscendum alias artes et scientias..." op. cit., fol. 19v.

660 "Et de istis erit tota logica, de secundo intellectis tanquam res considerata, ut instrumentum notificandi tanquam modus considerandi." op. cit., fol. 6r.

weitem einflußreichere von beiden war, jedoch nicht vor 1550 mit einem eigenen Logiklehrbuch auftrat, läßt vermuten, daß er "merely the first of Balduino´s students (was) to go to press with the master´s thought"[661].

Im Jahre 1550 nun erscheinen unter Balduinos Namen, allerdings von Giovanni Gomezio Pagano herausgegeben, die `Quaesita Hieronymi Balduino de Monte Arduo Philosophi Excellentissimi, tum Naturalia, cum Logicalia...´ [662], in denen Balduino in den letzten fünf Quaestiones die bisher gültigen Standpunkte der orthodoxen Logiker erörtert und seine eigene Theorie darlegt.[663]

Bei der Bestimmung des Gegenstandes der Logik prozediert er behutsam anhand fortschreitender Distinktionen bis hin zur Unterscheidung von `res considerata´ und `modus considerandi´. Die `res considerata´ der Logik sind identisch mit den `intentiones secundae´ (secundo intellecta) als "das Begriffliche am Wirklichen"[664]. Nun gibt es allerdings positive intentiones secundae, insofern sie sich auf nachweisbare Aspekte der Lebenswelt beziehen und realen Bezug besitzen, als auch privative, die, als Chimären oder metaphorische Gebilde etwa, vom Intellekt frei erfunden und, zumindest außerhalb des menschlichen Geistes, gegenstandslos sind. Die `res considerata´ gestatten unterschiedliche theoretische Hinsichten, d.h. je nach Perspektive verschiedene `modi considerandi´. Während demnach der Metaphysiker Gegenstände

---

661 Edwards, op. cit., p. 102.
662 Der vollständige Titel lautet:...Primum est, An Intelligentia sit forma informans coelum, an tantum assistens, adversus omnes fere Arist. expositores. Secundum, De aeternitate modus coeli, contra Averroem, eiusque asseclas. Tertium, Quod est nobilius instrumentum sciendi, Definitio, an Demonstratio, contra Graecos, Arabes, & Latinos. Quartum, Quis liber est primus in Logica, Contra Antiquos, & nostri Logicastres. Quintum, An liber Praedicamentorum sit pars Logices, vel pars Metaphysices, contra universos Logicos. Sextum, Quod est subiectum in Logica, contra omnes Arist. expositores. Septimum, An Logica sit scientia, & ars, vel tantum instrumentum sciendi, contra omnes Logicos. Cum Additionibus, Scholijs, Glossisque margineis Gometij Pagani Neapolitani Theol. Francis. Cum Privilegio, Neap. 1550.
663 Von den insgesamt sieben Quaestionen interessieren uns hier diejenigen mit Bezug zur Logik. In qu. 3 bestimmt Balduino die `definitio´ als die kraftvollste Form des Beweises, wogegen sich später Zabarella in seiner Schrift `De Medio Demonstrationis´, lib. 1, cap. 1 unter ausdrücklicher Bezugnahme auf Balduino wenden wird. Die folgenden beiden quaestiones setzen sich mit Bernardis `Commentarius´ auseinander. Die letzten zwei beinhalten Balduinos eigentliche und neue Auffassung von Logik.
664 Risse, op. cit., p. 245.

untersucht als `inquantum sunt entia´, der Psychologe dieselben als `inquantum sunt effectus intellectuş´, ist der der Logik eigene Zugriff ein instrumentaler: "... quatenus sunt instrumenta, per quae intellectus fertur ad res ipsas ad extra et illas intelligit."[665] Die in der Logik untersuchten `intentiones secundae´ sind der vorangegangenen Unterscheidung nach positive mit Realbezug. Damit gerät die Disziplin, bisher überwiegend als Bereich reiner Verstandesbegriffe gefaßt, zunehmend unter subjektivierende Einflüsse einerseits[666] und an Forderungen nach empirischer Relevanz der `modi sciendi´ andererseits.

Tio wird in der Bewertung der Konsequenz der Differenzierung nach `res considerata´ und `modus considerandi´, die nach der Mitte des 16. Jahrhunderts nahezu alle Logik-Lehrbücher durchzieht, klarer als sein Lehrer Balduino: Nicht der Sachverhalt, sondern dessen systematische und als homogen und gleichbleibend angenommene Untersuchung ist Einheit stiftende Bedingung einer jeden Wissenschaft oder Kunst qua `forma informans´.[667] Die Logik wird damit weder als `ars´ noch als `scientia´, noch auch als propädeutisches Instrument der jeweiligen Einzelwissenschaft bestimmt, sondern zur `facultas organorum´ erhoben.[668]

Nun ist diese instrumentale Sicht der Logik als οργανον, also als ein auf sämtliches Wissen anwendbares methodisches Handwerkszeug[669],

---

665 Balduino, op. cit., cap. II, fol. 40r-44r.

666 Logik als individuelle `Vernunftlehre´ wird in der Frühaufklärung in dem Sinne verstanden, "daß wir die Kräfte des menschlichen Verstandes und ihren rechten Gebrauch in Erkänntniß der Wahrheit erkennen lernen" (Christian Wolff: Vernünftige Gedancken von den Kräften des menschlichen Verstandes, Vorb. §11, Halle 1743, p. 6), ein Gedanke, der schon hier anklingt. Cf. für das 18. Jahrhundert auch Christian Thomasius: Einleitung zu der Vernunfft-Lehre, Halle 1791; idem: Ausübung der Vernunfft-Lehre, Halle 1791; Chr. A. Crusius: Weg zur Gewißheit und Zuverlässigkeit der menschlichen Erkenntniß, Leipzig 1747, § 59; cf. hierzu W. Risse: Art. `Logik´ loc. cit.

667 "... res ergo considerata, et modus considerandi, sunt duae partes essentiales, una ut materia subiecti, altera ut forma informans esse, et unitatem subiecto, et arti, a quo dicitur ars una, et diversa ab aliis artibus..." Balduino, Lectiones, fol. 6r.

668 "... logica neque scientia, neque ars, neque vere instrumentum est, sed vere et appropriate dicitur et est facultas organorum, seu rerum quarum finis est, ut sint instrumenta deservientia omnibus artibus et scientiis..." op. cit., qu. VII, fol. 49r. Eine ähnliche Konstruktion der Logik findet sich in Alessandro Piccolomini (1508-1578) `L'Instrumento de la filosofia´, Roma 1551, pp. 27 ff.

669 Cf. Theodor Waitz: Aristelis Organon Graece. Novis codicum auxiliis adiutus recognovit, scholiis ineditis et commentario instruxit, Leipzig 1844-6, vol. II, p. 294.

weder unproblematisch noch etwa die in dieser Zeit einzig gültige. Dies zeigen allein die Lehrbücher in skotistischer Tradition u.a. von Francesco Maria Storella[670], Giulio Cesare Scaligero (1484-1558)[671], Nicolo Anello Pacca[672], Francesco de Toledo (1532-1596)[673] und dem Lehrer Zabarellas in Padua, Bernardino Tomitano (1517-1576)[674], die allesamt Logik als `scientia´ fassen.[675]

Andere wiederum haben sich zwar die Charakterisierung `disciplina instrumentaria´ zueigen gemacht, verstehen hierunter aber die Aufgabe des Logikers, einfache `intentiones secundae´, wie etwa `Subjekt` oder `Prädikat´, zu komplexeren `intentiones´, z.B. einfachen Schlußformen oder Syllogismen, zusammenzufassen, und führen damit durch die Hintertür die `logica utens - docens´ - Differenzierung des `Doctor subtilis´ wieder ein.[676]

---

[670] Francisci Storellae Alexanensis Salentini Art. Doct. Libellus de definitione Logices, quo Logicam proprie scientiam esse, adversus Hieronymus Balduinum, eiusq. sequaces defenditur: Addita etiam est in calce eiusdem autoris Epistola, qua nugae, in suam expositionem undecimi commenti conscriptae delentur, Neapoli 1553.

[671] Julii Caesaris Scaligeri Exotericam Exercitationum liber quintus decimus, De Subtilitate, Ad Hieronymus Cardanum, Parisiis 1557.

[672] Nicolai Anelli Pacca Medices Neapolitani. Neapoli Logicam Profitentis, Quaesita Logicalia, Neapolitani 1560.

[673] D. Francesci Toleti Societatis Jesu Commentaria Una cum Quaestionibus in Universam Aristotelis Logicam. Addite insuper Indice locupletissimo Quaestionum, Venetiis 1572 und 1578.

[674] Lectiones Ordinariae Excellentissimi Physici ac medici Domini Bernardini Tomitani super primo libro Posteriorum Aristotelis, Patavii 1558.

[675] "Colligo modo ex his, quae dicta sunt, optimam et perfectam definitionem, logicae, et primo dico quod logica est scientia rationalis. Dicat quis, cur dicitur rationalis scientia? reddit rationem Commentator in principio praedicabilium, ut appareat discrimen inter hanc et scientias reales; addo, logica est scientia rationalis docens axiomata destruendi, et construendi omnia problemata..." op. cit., p. 12.

[676] "Dicimus itaque logicae disciplinae subiectum esse ipsamet logica instrumenta iam absoluta, logici autem operantis subiectum quodnam sit, patebit, facta prius secundarum intentionum huiusmodi distinctione, quae earum aliae simplices, aliae compositae sunt, simplices sunt termini ipsi, nomen, scilicet, verbum, subiectum, praedicatum, et huiusmodi, ex quibus efficiuntur propositiones, quae in syllogismorum, collatione dicuntur etiam secundae intentiones simplices, non secus ac elementa, quae in mixtorum comparatione dicuntur simplicia, licet constent ex materia, et forma; composita vero secundae intentiones sunt propositiones ratione terminorum, ratione vero utrorumque, videlicet, terminorum, et propositionum est syllogismus, qui a propositionibus distinguitur, quoniam ignotum per notum notificat, illae vero nequaquam. Hac posita secundarum intentionum distinctione, dicimus, subiectum logici ut artificis operantis esse secundas intentiones simplices primis applicatis." Bernardini

Erst mit Jacopo Zabarella (1533-1589)[677] setzt sich die instrumentalistische und methodologische Definition der Logik durch und bleibt als Charakterisierung des Lehrfachs ebenso bestimmend wie für strukturierte Anwendungsorientierung paradigmatisch[678]. Seine `Opera logica´[679] aus dem Jahre 1578 untersuchen in einer für das 16. Jahrhundert allein schon äußerlich durchaus unüblichen Form die zentralen logischen und medico-philosophischen Problemstellen. Anders als viele der Text- und Handbücher des Mittelalters[680] oder der Früh-Renaissance ist jedem Thema eine eigene und selbständige Abhandlung

Petrellae ex urbe Burgo Sancti Sepulchri Logicam in Patavino Gymnasio Primo Loco profitentis logicarum disputationum libri septem, Patavii 1584, lib. I, cap. IV.

[677] Zu biographischen Aspekten cf. Antonio Riccoboni: In obitu Zabarellae Patavini Antonii Riccoboni oratio, habita Patavii in templo Di. Antonii V. kal. Novembris, Patavii 1590; idem: De Gymnasio Patavino commentariorum libri sex. In: Thesaurus antiquatium et historiarum Italiae, ed. Joannes Georgius Gravius, Lugduni 1722, tome VI, pars 4, lib. 11, cap. 42; Jacopo Filippo Tomasini: Iacobi Philippi Tomasini Patavini illustrum vivorum elogia iconibus exornata, Patavii 1630; idem: Gymnasium Patavinum Iacobi Philippi Tomasini episcopi Aemoniensis libris V, Udine 1654; Giovanni Cavaccia/Iacopo Zabarella (d. Jüngere): Aula Zabarella sive elogia illustrium Patavinorum, conditorisque urbis. Ex historiis chronisque collecta a Ioanne Cavaccia nobile Patavino et a Comite Jacobo Zabarella, Patavii 1670; Pietro Ragnisco: Giacomo Zabarella, il filosofo, la polemica tra Francesco Piccolomini e Giacomo Zabarella nella Università di Padova. In: Atti del Reale Istituto Veneto di Scienze, Lettere ed Arti, Venedig 1886, ser. VI, tome IV, pp. 1217-1252; Bruno Brunelli Bonetti: Due accademie padovane del cinquecento, Padova 1920; Edwards op. cit. 1-61; A. Poppi: La dottrina della scienza in Giacomo Zabarella und A. Crescini: Le origine del metodo analitico nel cinquecento, Udine 1965, bes. pp. 425 ff.

[678] Die Auffassung der Logik als instrumenteller Disziplin, häufig qua Methodologie, setzt sich besonders in protestantischen Aristotelismen fort. So etwa bei Owenus Gunther (1532-1615) in dessen Schrift `Methodorum tractatus duo´ aus dem Jahre 1586. Eine umfassende Untersuchung der Wirkungsgeschichte Zabarellas im deutschen Protestantismus steht bis heute aus. Cf. u.a. Ulrich G. Leinsle: Methodologie und Metaphysik bei den deutschen Lutheranern um 1600. In: Aristotelismus und Renaissance. In memoriam Charles B. Schmitt, hg. von Eckhard Keßler, Charles H. Lohr und Walter Sparn, Wiesbaden 1988, pp. 149-161, bes. 152 ff. und H. Dreitzel: Protestantischer Aristotelismus und absoluter Staat, Wiesbaden 1970.

[679] Der Titel der ersten Ausgabe lautet: Iacobi Zabarellae Patavini Opera Logica ad serenissimum Stephanum Poloniae Regem; cum duplici indice, altero ipsorum operum, altero vero & eo quidem locupletissimo, rerum omnium notatu dignarum, quae in toto volumine continentur, Venetiis 1578. Das Werk erlebte insgesamt 11 Auflagen, davon 5 in Italien (aus den Jahren 1578, 1586, 1600, 1604 und 1617), vier in Deutschland (1597, 1602, 1608 und 1623) und jeweils eine in Frankreich (1586/7) und der Schweiz (1594).

[680] Cf. als mittelalterlicher Standard für Logik-Lehrbücher Petrus Hispanus' `Summulae logicae´ mit ihrer starren Behandlung logischer Topiken für den Unterricht. Bei Zabarella finden sich aber noch keine Ansätze formaler oder quantifikationstheoretischer Logiken.

vorbehalten. In systematischer Hinsicht und damit sich bewußt von zeitgenössischen Werken abhebend[681], erörtert Zabarella gleich zu Beginn Status und Funktion der Logik anhand von Kontingenz und Notwendigkeit der ihr als erkenntnistheoretischem Fundament zugrundeliegenden Objekte. Sofern als Gegenstand der Logik etwas vom Menschen Verschiedenes, jedoch von ihm Beeinflußbares, Hergestelltes und als `a voluntate nostra´ Kontingentes angenommen wird, firmiert Logik als operationale und praktische Disziplin. `Notwendig´ sind demgegenüber Objekte oder Phänomene, sofern diese entweder ewiges doch unbegreifbares Sein besitzen oder "a natura per certas causas operante"[682] dinglich werden. Insofern jedoch nicht ontologisch bestimmte `intentiones secundae´, so ja noch bei Balduino und Tio, sondern nominal-begriffliche `secundae notiones´ zum kontingenten Gegenstandsbereich erhoben werden, orientiert und bildet sich Logik an universalen Begriffen und begriffsformierenden Prozessen. Die ersten begrifflichen Vorstellungen (primae notiones) sind deshalb entweder Begriffe (nomina), die reale Dinge oder Erscheinungen bezeichnen durch mittelbare Verstandesbegriffe, wie z.B. `Tier´ und `Mensch´, oder die Verstandesbegriffe selbst, von denen diese Begriffe Zeichen sind. Die `secundae notiones´ sind weitere, den ersten Vorstellungen hinzugefügte Terme wie z.B. die Begriffe `genus´, `species´, `nomen´, `verbum´, u.a. oder die Verstandesbegriffe selbst, die durch diese Begriffe bezeichnet werden.[683] Diese allein bieten Ordnungskriterien für eine sinnvolle

[681] Definitionen und Klassifizierungen der Logik hinsichtlich ihrer artistischen, wissenschaftlichen oder instrumentalen Bestandteile fanden häufig nur in Vorworten und Einleitungen und dann auch noch beiläufig statt.
[682] "Naturam logicae pervestigaturi a rerum divisione exordium sumamus oportet, siquisdem ab ea disciplinarum quoque diversitas, & singularum natura derivatur. Res omnes in duo genera dividuntur ab Aristotele in 3. cap. 6 libri de Moribus ad Nicomachum, alias enim necessarias, ac sempiternas esse dicit, alias contingentes, quae esse, & non esse possunt: necessarias quidem vocat tum eas omnes, quae ipsae per se semper sunt, & nunquam fiunt, tum eas, quae fiunt quidem, non tamen a voluntate nostra, sed a natura per certas causas operante; hae namque etsi quatenus sunt singulares, non semper sunt, tamen quatenus ad universitatem rediguntur, & ita a certis causis necessario pendere considerantur, ut eas esse, vel non esse, fieri, aut non fieri, non sit in nostra voluntate constitutum, eatenus necessariae, ac sempiternae dici possunt, cuiusmodi esse res omnes naturales manifestum est." Jacobi Zabarellae Opera Logica, ed. Wilhelm Risse, Hildesheim 1966 (Nachdruck der Ausgabe Köln 1597), De Natura Logica, lib. 1, cap. 2, sp. 2.
[683] "Est omnium communis sententia, quod solae secundae (ut vocant) notiones, seu secundo intellecta a logico tractentur, quum primas considerare Philosophi potius, quam Logici munus esse videatur: sunt autem primae notiones nomina

211

Strukturierung der auf uns einstürmenden `primae notiones´ und sind qua "opera nostra, et animi nostri figmenta"[684] in beliebiger Form und Weise anwendbar.[685] Unter Berücksichtigung dieser Arbitrarität bringt Zabarella auch die Termini `conceptus conceptum´ und `conceptus rerum´ zur Anwendung und bringt damit zum Ausdruck, daß im Gegensatz zu den primae notiones die Formulierung der secundae notiones beliebig und weniger strikt erfolgt. Die Schaffung einer Vorstellung eines Verstandesbegriffs (conceptus conceptum) unterliegt einzig der

---

statim res significantia per medios animi conceptus, ut animal et homo, seu conceptus ipsi, quorum haec nomina signa sunt: secundae vero sunt alia nomina his nominibus imposita, ut genus, species, nomen, verbum, propositio, syllogismus, et alia eiusmodi, sive conceptus ipsi, qui per haec nomina significantur." Zabarella, op. cit, cap. 3, sp. 6. Inwieweit Zabarellas Position jedoch nominalistisch zu nennen ist, wird an anderer Stelle, und dort ausführlich erörtert werden müssen, da hierauf in der Forschung kaum Bezug genommen wird. Eine Ausnahme hierzu bildet wohl nur Edwards, op. cit., p. 125 ff.

684 "Nominibus quidem primae notionis statim res ipsa significata extra animum respondet, quocirca haec opus nostrum esse non dicuntur: nemo enim coelum, elementa, animalia et stirpes opus humanum esse diceret; quia licet omnia nomina ab hominibus inventa, et rebus imposita suo arbitratu fuerint, tamen dum illud, quod per tale nomen significatur, respicimus, id a nobis fieri non dicitur, ut animal ab homine factum non dicimus, etsi homines huius voci inventores fuerunt. At secundas notiones nemo negaret opera nostra, et animi nostri figmenta esse; homo quidem et equus sunt etiam nobis non cogitantibus, sed genus, et propositio, et syllogismus, ubinam sunt, nisi quando a nobis fiunt? nobis nil horum cogitantibus nullum horum est. Huius autem differentiae ea est ratio, quod nomina primae notionis res significant prout sunt: ideo illud, quod per illa significatur, etiam nobis non cogitantibus esse dicitur, quemadmodum sine ulla nostra cogitatione animal et stirpem, et elementa existere videmus: at nomina secundae notionis res significant, prout a nobis mente concipiuntur, non prout extra mentem sunt, propterea conceptus potius conceptuum, quam conceptus rerum significant..." loc. cit.

685 Die Funktionsweise der `secundae notiones´ entspricht dem Fortschritt von natürlicher zur künstlicher Logik: "Sciendum est igitur duplicem esse logicam; unam naturalem, alteram artificiosam; logica naturalis est quidam naturalis instinctus, et vis quaedam nullo humano studio comparata, qua homines etiam penitus indocti, syllogismos et argumentationes faciunt, sine ulla notitia artis argumentandi; hac logica naturali usi sunt in philosophando prisci sapientes; antequam enim aliquis logicam artem scripsisset, vel docuisset, ipsi naturali instinctu ducti in rerum contemplatione methodum quandam servabant, et quibusdam notis principiis constitutis ad ignota progrediebantur. Posteriores autem Philosophi eorum scripta legentes, non modo philosophiam, verum etiam logicam modo quodam didicerunt: nam philosophandi rationem ac methodum expendentes, eam ad regulas, et ad artem redegerunt, et logicam, quae artificiosa dicitur, composuerunt...Possemus quidem etiam per solam logicam naturalem philosophari, ut complures fecerunt, sed tanta cum difficultate, tanto cum labore, ut pauci admodum, et ii tantum, qui perspicacissimo essent ingenio, philosophia et cognitione rerum potirentur. At logica haec artificiosa ab Aristotele condita mirifice viam nobis ad philosophandum explanavit, et multo faciliorem cognitu reddidit universam philosophiam." Zabarella, op. cit., cap. 12, sp. 27f.

innovativen Kraft des erkennenden Individuums: "...vox enim articulata est signum conceptus, qui est in animo. duplex autem est eiusmodi vox, ut in huius libri initio dicebamus: alia namque significat conceptum rei, ut homo, animal; alia vero conceptum conceptus, ut genus, species, nomen, verbum, enuntiatio, ratiocinatio, et aliae huiusmodi; propterea haec vocantur secundae notiones; illae autem primae; prius enim mens rem concipit: deinde in eo conceptu alium conceptum effingit, eumque voce significat, quae dicitur vox secundae notionis, et est nomen potius conceptus, seu nominis, quam rei...".[686] Damit steht fest, daß, da der Gegenstandsbereich der Logik, ähnlich demjenigen der `philosophia naturalis´, der Medizin oder Architektur, als `a voluntate nostra´ definiert ist, auch die Kennzeichnung `scientia´ für `res logicalia´ inadäquat sein muß.[687] Da aber die `res arte factae´ externer, d.h. physischer Natur sind, die logischen Begriffe (`res logicae´) jedoch interner und immaterieller Art, ist Logik doch auch nicht `ars´ im Aristotelischen Sinne des `habitus recta ratione effectivus´.[688] Ebensowenig aber ist sie als `facultas´ zureichend beschrieben, denn die Kennzeichnung einer Fähigkeit (facultas) fordert zugleich die logische Möglichkeit der Nicht-Fähigkeit. Sofern also gesagt wird, der Mensch habe die Fähigkeit zu laufen, besteht zugleich die Möglichkeit, daß ihm diese Fähigkeit nicht zukommt. Spricht man jedoch von Dingen, die außerhalb der Veränderlichkeit liegen, wie die Bewegung des Himmels, so wird unmöglich von einer `facultas´ der Himmelsbewegung gesprochen werden können. Die einzigen Disziplinen, denen die Attributierung `facultas´ zukommt, sind die Rhetorik und Dialektik, da beide die jeweils konträren Standpunkte in ihren Objektbereichen mit identischer Stärke und Legitimität

---

[686] Zabarella, op. cit., cap. 10, sp. 21.

[687] Die von Duns Scotus eingeführte Modifikation `logica docens´ kann als `logica seiuncta a rebus´, so Zabarella, niemals wissenschaftliche Eigenständigkeit erlangen. Lediglich die `logica utens´ als `logica rebus applicata´ mag als `scientia´ verstanden werden, wenn sie als die der Forschung zugrundeliegende erkenntnistheoretische und methodologische Struktur mit der Wissenschaft selbst kongruiert wird. Denn was ist `philosophia naturalis´ anderes als eine auf die Naturphänomene angewandte Logik ? Cf. Zabarella, op. cit., cap. 5, bes. sp. 11.

[688] "His omnibus discriminibus ars et logica distinctae ac separatae sunt: nam logica est quidem habitus animi: non tamen effectivus alicuius operis extra animum, sed in ipsomet animo: ideo eius operatio est immanens, et omnino, ac vere immanens; quia in ipsa mente, in qua inest habitus logicae, ea operatio manet sine ulla communicatione cum corpore; est etiam operatio illa sine ulla materia: in ipso namque; intellectu, qui nullo corporeo organo utitur, recipitur,..." Zabarella, op. cit., cap. 8, sp. 17.

vertreten können. Rhetorik und Dialektik gehören nunmehr zur Logik, doch ist deren Charakterisierung als `facultas´ nicht identisch mit der demonstrativen Vorgehensweise der Logik, da die Logik nur prüfen kann, was jenseits von Kontingenz und Unsicherheit liegt.[689] Da sie nun weder `ars´, noch `facultas´, noch Wissenschaft ist, doch bei den Erkenntniszwecken prüfend und kenntnissichernd tätig wird, definiert Zabarella sie als instrumentale Disziplin. Sie ist `habitus intellectualis instrumentalis´[690] und damit keineswegs nur psychologische Kategorie, sondern "wissenschaftstheoretische Begründung"[691].

Als instrumentale und allgemein-wissenschaftsrelevante Disziplin ist die Logik damit von keinem Gegenstandsbereich ausgeschlossen, doch auf diese nur bezogen, insofern sie das `subiectum operationis´ repräsentiert und nicht, wie etwa in den drei theoretischen Wissenschaften, selber `subiectum demonstrationis´ ist.[692] Damit scheint nun

---

[689] "Aliquando strictius, et magis proprie nomen facultatis accipitur, quam significationem declarat optime Alexander in Praefatione sua in 1. lib. Topic. ubi dicit δύναμιν, quam nos facultatem, seu potestatem appellamus, eam proprie vocari, quae aeque utrumque contrarium respicit; is enim proprie dicitur posse, qui contraria potest, ut ambulare is potest, qui etiam potest non ambulare; coelum vero posse moveri improprie dicitur, quum non possit non moveri: in hac acceptione si disciplinis nomen facultatis tribuendum sit, duae tantum sunt (ut ibi docet Alexander) quibus haec appellatio conveniat: quia hae solae docent in utramque partem disputare, et nos aptos reddunt ad aeque utramque partem tuendam, quod etiam testatur Aristoteles in illo 1. lib. de Arte Rhetorica, ubi dicit has solas vocari δυναμεις excogitandi argumentationes pro utriusque partis defensione. (...) Hoc autem arti demonstrandi, quae praecipua pars logicae est, certem non convenit: ea enim non docet quomodo quamlibet rem propositam demonstrare debeamus, quandoquidem non omnia eiusmodi sunt, ut sub demonstrationem cadant; neque docet quomodo aeque utramque; contrariam partem demonstremus, quod a natura demonstrationis alienissimum est, quoniam altera tantum contradictionis pars, quae vera et necessaria est, demonstrationis est capax, non altera, quae falsa est." Zabarella, op. cit., cap. 9, sp. 18 f.
[690] Zabarella, op. cit., cap. 20. sp. 52.
[691] Risse, Die Logik der Neuzeit, p. 279.
[692] "Proprie igitur loquendo nullum aliud subiectum, quam operationis, quaerendum est in logica, idque dicimus esse res omnes sive earum conceptus, qui primi conceptus, seu primae notiones vocari solent: quem enim locum habet in arte staturaria aes, et lapis, et in fabrili ferrum, et lignum, et in medicina humanum corpus, eundem in logica habent conceptus rerum, qui dicuntur primae notiones. nam quemadmodum statuario proponitur aes tanquam materia, in qua formam statuae efficiat, quae eius artis scopus, ac finis est: ita logico proponuntur res omnes, sive earum conceptus tanquam subiectum, in quo secundae notiones effingantur, ut sint instrumenta nos iuvantia ad rerum notitiam adipiscendam: hae sunt finis logici, non subiectum: primae vero notiones sunt subiectum logicae proprie loquendo, non quidem subiectum, de quo demonstrationes fiant, sed subiectum operationis." Zabarella, op. cit., cap. 19, sp. 46f.

Bernardis Problem, die Kategorien entweder der Metaphysik oder der Logik zuzuschlagen, hiermit - bei Balduino zeigte sich in der Differenzierung von `res considerata´ und `modus considerans´ ja bereits ein erster, wenn auch vorläufiger Ansatz - endgültig gelöst. Sofern die Kategorien die allgemeinsten Begriffe in ihrem Bezug auf die reale Welt darstellen und die Metaphysik alle vorhandenen Dinge als Gegenstand des Beweises hinsichtlich ihrer allgemeinsten Eigenschaften faßt, untersucht die Logik eben diese vorhandenen Dinge als Gegenstand eines (mentalen und operativen) Aktes, das auf die konkreten und praktikablen Eigenschaften abhebt. Wie jeder Künstler oder Wissenschaftler benötigt auch der Logiker hierzu ein grobes und vorläufiges Wissen (instrumenta sciendi) und dies erhält dieser durch die Kategorien, als dem notwendigen und propädeutisch ersten Teil der Logik.[693]

Daran schließt sich aber auch die Frage nach Funktion und systemimmanenter Stellung der Methode an, mit deren Hilfe konfuse Sinneseindrücke zu distinkten Begriffen werden sollen.

---

[693] "...manifestum est, cur Arist. librum Categoriarum in ipso logicae artis exordio scribere voluerit: quum enim res omnes sint in logica subiectum operationis, sicuti humanum corpus in arte Medica, necessaria logico fuit aliqua ipsarum rerum cognitio priusquam eis secundas notiones imponeret; hae nanque; nihil sunt, nisi primis innitantur: quemadmodum enim faber nihil posset efficere, si ferrum penitus ignoraret: et Medicus, si nullam humani corporis cognitionem haberet: ita logicus secundas notiones, quae sunt instrumenta sciendi, fabricare non posset, nisi aliquam rerum notitiam haberet. Cognoscens hoc Aristoteles, constituit in principio logicae rudem, ac levem rerum omnium notitiam nobis tradere, et logicae universae fundamenta iacere, quae sunt res omnes, et rudis earum cognitio." Zabarella, op. cit., lib. 2, cap. 4, sp. 62. Rudimentär findet sich der Hinweis auf den Gegenstandsbezug `res omnes´ schon bei Johannes Januensis († ca. 1298), etwas ausführlicher im 12. Kapitel der Epitome zu den Kategorien bei Averroes: Tomus primum operum Aristotelis Stagiritae, Peripateticorum Principis, Logicae partem complectens universam, quae compositivam, iudicativam, necnon inventivam concernit, cum Averrois Cordubensis, Solertissimi peripateticae disciplinae interpretis, variis in eandem commentariis, Venetiis 1560, fol.314r-v. Auch der Gedanke der Instrumentalität der Logik bezogen auf Philosophie findet sich in Ansätzen schon früher, so etwa bei Alexander Aphrodisias (cf. Alexandri Aphrodisiensis Peripatetici Doctissimi In octo libros Topicorum Aristotelis Explicatio, nunc fidelius multo et accuratius versa, atque aedita, Venetiis (Hieronymus Scotus) 1554), Ammonius (cf. Ammonii Hermei Commentaria in librum Porphyrii de quinque vocibus, et in Aristotelis Praedicamenta, ac Perihermenias, Venetiis 1559) und bei Johannes Philoponus (cf. Ioannis Grammatici Alexandrei cognometo Philoponi in libros Priorum Resolutivorum Aristotelis, commentariae annotationes ex colloquiis doctissimi Ammonii Hermeae, cum quibusdam propriis meditationibus..., Venetiis (Johannes Gryphius) 1553).

Im Gegensatz zur unnützen Vielfalt methodischer Differen-
zierungen der medici[694] und getreu dem erkenntnis- und damit wissenschaftstheoretischen Fundament instrumentaler Logik, muß sich jede
Methodenlehre am Erkenntnisfortschritt messen lassen. Der Aspekt des
epistemischen Zugewinns und des methodischen Progresses wird von
Zabarella besonders in `De methodis´ zum Kriterium für die Adäquatheit
einzelner Methoden entwickelt. So sieht er zwar die traditionelle
Differenzierung von pädagogischer und investigativer Methode noch
weitgehend als nützlich an[695], weist jedoch den dispositionalen
Verfahren, etwa Ramistischer Provenienz[696], eine gegenüber den inventiven subordinierte Stellung zu.[697] Neben dieser systematischen
Distinktion - `ordo´ als eher statische Form des "Lehrinhalts"[698] auf der
einen, `methodus´ als progressives Forschungsverfahren[699] auf der
anderen Seite - verliert das orthodox-formalistische Methodenver-
ständnis der medizinalen Tradition[700], das ja gerade nicht diese

---

694 "...cuius erroris (ni fallor) causa fuit, quod professores logicae, qui in
Aristotelis libris interpretandis versantur, rem hanc, quae ad eos maxime
pertinebat, non considerarunt, sed penitus praetermiserunt: medici vero, quorum
id non intererat, soli hoc munus sibi arrogarunt: quo factum est, ut morborum, et
pharmacorum consideratione impliciti, et librorum Aristotelis non satis memores,
logicam quaestionem enodare nequiverint." Zabarella, De Methodis, lib. 1, cap. 1,
sp. 134.
695 "Dividitur methodus ita late accepta in ordinem, et methodum proprie dictam..."
Zabarella, op. cit., cap. 3, sp. 138.
696 Cf. hierzu W. Schmidt-Biggemann: Topica universalis. Eine Modellgeschichte
humanistischer und barocker Wissenschaft, Hamburg 1983.
697 "Quo discrimine methodus ab ordine discrepet iam in praecedentibus
declaratum est, quum enim ambo sint instrumenta logica, et processus a noto ad
ignotum, ordo tamen quatenus ordo est vim colligendi non habet, sed disponendi
solum; methodus vero vim habet illatricem, et hoc ex illo colligit." Zabarella, op.
cit., lib. 3, cap. 1, sp. 223.
698 Risse, op. cit., p. 281.
699 "Ordo enim totam scientiam respicit; methodus vero non totam, sed problemata
ipsius singula." Zabarella, op. cit., cap. 2, sp. 225.
700 Zur medizinal-galenischen Methodentradition zählen in Italien etwa der Anti-
Averroist Nicolo Leoniceno (1428-1524; besonders das Kapitel `De tribus doctrinis
ordinatis secundum Galeni sententiam liber unus´ aus Nicolai Leoniceni Vicentini,
philosophi et medici clarissimi, opuscula quorum catalogum versa pagina
indicabit, Basileae 1432, fol. 62r-83r), dessen Schüler Giovanni Manardi (1462-
1536; Ioannis Manardi Ferrariensis medici, in Artem Galeni Medicinalem luculenta
expositio, Basileae 1529), Panfilo Monti († 1553; bes. `De tribus doctrinis ordinariis´
aus Methodus medendi, in iis quae ad Galeni doctrinam spectant, opus sane quam
utile iis qui medicinae praxin exercent, authore Pamphilo Montio Bononiensi,
scholae Patavinae publico professore, Venetiis 1545), die Paduaner Mediziner
Giovanni Battista Montano (1488-1551; Io. Baptistae Montani medici Veronensis in

dispositiven und inventiven Strukturmomente voneinander trennte, gänzlich an Bedeutung. Dasselbe Schicksal trifft auch die vier von Galen[701], Eustratius und Ammonios her bekannten Methoden, die z.T. als überflüssig da erkenntnistheoretisch regressiv eingestuft werden, oder, so die resolutive und kompositive Methode, für unvollständig erachtet werden und, laut Zabarellas Urteil, der theoretischen Rekonstruktion bedürfen.

Als eigenständige Methoden werden somit auch weder die definitorische noch die divisionale angesehen werden können[702]: die letztere nicht, da sie lediglich die Teile des schon bekannten Ganzen untersucht, dabei als gewußt voraussetzen muß, was Ziel der Untersuchung ist[703] und damit die erkenntnislogische Abfolge von `terminus notus a quo´ und `terminus ignotus ad quem´ verwechselnd eine `petitio principii´ begeht. Und auch die `definitio´ prozediert im eigentlichen Sinne nicht erkenntniserweiternd, da durch die Gleichsetzung von `definiens´ und `definiendum´ die Schlußfolgerung eine ist `ab eodem ad idem´.[704] Beide mögen als "essentiell-logische" Charakterisierungen dienen können, zur Beschreibung "existentiell-sachlogischer"[705] und inferentialer Prozesse sind sie jedoch untauglich.

Während das kompositive Verfahren bereits in der Analytica Posteriora von Aristoteles selbst ausführlich erörtert wurde und als apodiktisches auf ersten, wahren und ohne Beweis einleuchtenden

---

Artem Parvam Galeni explanationes, Venetiis 1554), Oddo degli Oddi (1478-1558; Oddo de Oddis Patavini physici ac medici celeberrimi, et in Patavina Academia summa cum laude publici olim ac ordinarii professoris exactissima expositio, in librum Artis medicinalis Galeni, Venetiis 1574) und Girolamo Capivaccio († 1589; Hieronymi Capivacii Philosophi, atque medici, theoricem in Gymnasio Patavino profitentis opusculum de differentiis doctrinarum, Pataviae 1562); cf. u.a. Edwards, op. cit., pp. 164 ff.

701 Cf. Zabarella, op. cit., cap. 5, sp. 231ff.

702 Als Bestandteile von durchaus legitimen Methoden können die im Folgenden Genannten durchaus Anwendung finden: "Potest omnis methodus vocari definitiva, quatenus ad definitionem ducit. Quare haec utraque simul vera sunt, omnem methodum esse definitivam, et nullam dari methodum definitivam..." Zabarella, op. cit., lib. 4, cap. 18, sp. 318.

703 Cf. Zabarella, op. cit., lib. 3, cap. 6, sp. 234f.; besonders hinzuweisen ist hier auf Zabarellas gleichermaßen interessante und außergewöhnlichen naturphilosophischen Beispiele, cf. besonders cap. 7 und 9 und auch die ausführlichen Anmerkungen von Edwards, op. cit., pp. 216ff; Risse, op. cit., p. 285.

704 Cf. Zabarella, op. cit., cap. 11; cf. Edwards, op. cit., pp. 222ff; Risse, loc. cit.

705 Risse, op. cit., p. 284.

Sätzen beruht[706], obliegt der resolutiven Methode weniger die formale Ableitung als die materiale Herleitung der in der `compositio´ verwendeten Prinzipien. "Die resolutive Methode ist daher vom logischen Standpunkt sekundär und die Dienerin des demonstrativen Verfahrens: ihr Ziel ist die `inventio´, nicht die `scientia´".[707] Die genealogische Betrachtung der `resolutio´ jedoch zeigt zwei unterschiedliche Gewichtungen allein in der Galenschen Tradition. Da ist zum einen die eher empirisch ausgerichtete und an der Anwendung in medicinam interessierte Variante der `resolutio a notione finis´[708] des Ammonios, allerdings mit der Schwachstelle, daß hier bekannte und gesuchte termini verwechselt werden und nur zwei von den für einen Syllogismus notwendigen drei Schlußsätzen vorhanden sind.[709]. Die andere ist die logisch-abstraktive des Eustratius und diese verfährt induktiv: "Eustratius vero nullam ponit aliam resolutionem, quam illam, quae est ab individuis ad infimas species, deinde ad genera proxima, mox ad remotiora, donec tadem ad summum genus pervenerimus; quam quidem resolutionis speciem constat esse directe contrariam divisioni."[710]

In Anlehnung an und Auseinandersetzung mit Ammonios[711] und Eustratius[712] differenziert Zabarella nun zwei Arten der `resolutio´: Während die eine Wirkungen bislang verborgener und unbekannter

---

[706] Cf. Aristoteles: Anal. Post. 71b. Die von mir verwendeten Ausgaben sind Aristoteles: Die Lehre vom Beweis oder 2. Analytik (Organon IV), übers. von Eugen Rolfes, Hamburg 1922 (ND 1990) und Aristotle: Posterior Analytics, ed. by Hugh Tredennick, London/Cambridge, Mass. 1966 (Loeb Classical Library. 391).

[707] Ernst Cassirer: Das Erkenntnisproblem in der Philosophie und Wissenschaft der neueren Zeit, 1. Band, Darmstadt 1974 (Repr. der 3. Auflage der Ausgabe Yale University Press 1922), p. 138.

[708] "Ammonius inquit, methodum resolutivam esse, quando hominem in caput, brachia, pedes, et alia membra dissolvimus; haec rursus in partes homogeneas, carnem, ossa, nervos: deinde harum singulam in quatuor elementa, et haec demum in materiam et formam; posteriores vero hanc vocant resolutionem a notione finis; homine enim proposito, et eius operationibus et officiis consideratis, colligimus eorum gratia fuisse haec membra homini necessaria. quare per notionem finis hominem membra, et eadem ratione haec in humores, et homogeneas partes resolvimus, et ita deinceps." Zabarella, op. cit., cap. 16, sp. 260.

[709] Cf. Zabarella, loc. cit.

[710] Zabarella, loc. cit.

[711] Ammonios Hermeiu, Oberhaupt der neuplatonischen Schule in Alexandreia, gest. in der ersten Hälfte des 6. Jhdts., cf. Tusculum-Lexikon griechischer und lateinischer Autoren des Altertums und des Mittelalters, 3. neu bearb. Aufl. von W. Buchwald, A. Hohlweg, O. Prinz, München/Zürich 1982, p. 47.

[712] Eustratios, Metropolit von Nikaia, gest. Anfang des 12. Jhdts., cf. Tusculum-Lexikon, p. 246.

Objekte untersucht (demonstratio ab effectu), gründet die andere, Induktion genannte, auf sinnlich Vertrautem.[713] Ähnlich wie Averroes in seiner Einleitung zur Physik[714], so faßt auch Zabarella das Bekannte `notiora nobis´, mit der alle Analysis anzufangen habe, als `sensilia´. Doch sind `sensilia´ nicht lediglich `singularia´, im Sinne von individuell wahrnehmbaren Objekten, sondern auch Einzelphänomene, insofern diese auf `universalia´ verweisen.[715]

Die `demonstratio ab effectu´ hingegen rekurriert aufgrund fehlender empirisch-sinnlicher Grundlage auf ein bekannteres Medium und unternimmt die Bestimmung des Allgemeinen auf der Basis angenommener, hypothetischer Erklärungen der Folgen.[716] Damit offenbart sich zugleich, daß der Erkenntnisumfang des menschlichen Intellekts keineswegs nur durch sinnliche Data limitiert wird, obgleich er in der

---

[713] "Methodus autem resolutiva in duas species dividitur efficacitate inter se plurimum discrepantes; altera est demonstratio ab effectu, quae in sui muneris functione est efficacissima, et ea utimur ad eorum, quae valde obscura, et abscondita sunt, inventionem; altera est inductio, quae est multo debilior resolutio, et ad eorum tantummodo inventionem usitata, quae non penitus ignota sunt, et levi egent declaratione." Zabarella, op. cit., cap. 19, sp. 268f.

[714] Averroes: Aristotelis Stagiritae de Physico auditu libri octo, cum Averrois Cordubensis variis in eosdem commentariis, Venetiis (Juntae) 1550.

[715] "...notum secundum naturam illud dicitur, quod sensile est. eiusmodi autem sunt non ea solum, quae singularia sunt, sed ea quoque; universalia, quorum singularia sensu percipi possunt; hominem enim rem sensilem esse dicimus, non quod hominem universalem sensus cognoscat, sed quia singuli individui homines sensiles sunt: propterea haec propositio, homo est bipes, dicitur nota secundum naturam, quia quocunque; individuo homine oblato statim cognoscit sensus eum esse bipedem; haec autem iure vocantur nota secundum naturam: quia proprio lumine cognoscuntur, neque; egent alia re notiore, per quam mediam demonstretur." Zabarella, op. cit., sp. 269. Die thomistische Position z.B. von Philoponus, daß nämlich Methode ein Fortschreiten vom Allgemeinen zum Besonderen sei (cf. Ioannis Alessandrei cognomento Philoponi in quatuor primos Aristotelis de naturali auscultatione libros Annotationes ex colloquiis publiceque; Lectionibus Ammonii Ermei cum quibusdam addubitationibus, Venetiis 1542, Kommentar zu Buch I, Text 3), ist damit zwar nicht widerlegt und aufgehoben, daß die bloße Enumeration physikalischer Phänomene allein aber nicht zu Sätzen führt und auf nicht-empirische Verstandesbegriffe angewiesen ist, ist aber neu.

[716] "Contra vero ignotum secundum naturam illud dicitur, quod in suis singularibus sensile non est ideo eget alio medio notiore, per quod demonstretur; et quum ipsum proprio lumine non cognoseant, per alterius lumen innotescit, veluti prima materia, quae quum sensum penitus lateat, per se nunquam cognosceretur, nisi per generationem notificaretur; ita haec propositio, triangulum habet tres angulos duobus rectis aequales, dicitur ignota secundum naturam: quia eius praedicatum sensu discerni non potest, sed innotescit per aliud; ex longa enim trianguli inspectione nunquam cognosceremus tres illos angulos esse duobus rectis aequales, sed ratio id nobis demonstrat; (...)." Zabarella, loc. cit.

großen Zahl der Fälle auf diese aufbaut. Intellekt ist vielmehr die doppelte Fähigkeit des Menschen zu passiv-patiblem[717] und aktiv, ex-se-bestimmtem Urteilen. Die komplementäre Definition des von Natur aus Bekannten oder Nicht-bekannten bezieht sich nicht auf den Umstand, daß etwas mit Hilfe der Sinne wahrnehmbar oder nicht wahrnehmbar ist, sondern liegt in der Unterscheidung von Ursache und Wirkung. Das von Natur aus Bekannte oder Bekanntere sind die Ursachen, da deren Kenntnis unabhängig von der Kenntnis anderer Bestimmungen ist; und das von Natur aus weniger Bekannte sind die Wirkungen, da diese nicht aus sich selbst heraus bekannt sind, sondern erst bekannt werden durch außerhalb der Wirkungen liegende Bestimmungen. Die Eigen-Erkennbarkeit (i.e. das Wissen aus Gründen und das von anderem unabhängige Wissen) ist damit die Definition des von Natur aus Bekannten. Doch ist das Wissen aus Gründen in Hinblick auf die Sinne nicht identisch mit einem Wissen aus Gründen für den Intellekt. Zur Verdeutlichung der besonderen logischen Diktion bei Zabarella nachfolgend die Belegstelle: "...solvitur dubium hoc (i.e. den offensichtlichen Widerspruch zwischen der Bestimmung des notum secundum naturam und der des ignotum secundum naturam) distinguendo id, quod dicitur secundum naturam notum, vel ignotum: aut enim intelligimus secundum propriam rerum naturam, non considerando conditionem, et naturam nostrum cognoscentium, qua quidem ratione omnes causae, omniaque principia dicuntur secundum propriam naturam nota, quatenus principia et causae sunt; quoniam ab alio non pendent ut cognoscantur, quemadmodum neque; ut sint; ita intellexit Aristoteles in 2. cap. 1. libri Posteriorum, et in prooemio 1. Physicorum, quando notiora secundum naturam dixit esse notiora simpliciter, hoc est, sine ullo respectu virium humani ingenii, sed ipsam secundum se rerum naturam considerando: haec enim est significatio illius vocis, simpliciter. Aut intelligimus secundum naturam nostrum cognoscentium, seu secundum naturam rerum ipsarum respectu

---

[717] Cf. Zabarella, De mente agente liber unicus. In: Jacobi Zabarellae Patavini, De rebus naturalibus libri XXX. Quibus quaestiones, quae ab Aristotelis interpretibus hodie tractari solent, accurate discutiuntur, Francofurti (Lazarus Zetzner) 1607, unveränderter Nachdruck Frankfurt 1966, cap. 7, sp. 1018ff; cf. hierzu auch Eckhard Keßler: Von der Psychologie zur Methodenlehre. Die Entwicklung des methodischen Wahrheitsbegriffes in der Renaissancepsychologie. In: Zeitschrift für philosophische Forschung 41/1987, pp. 548-570 und Edwards, op. cit. pp. 246ff.

conditionis humani ingenii, qua ratione causae aliquae dicuntur nobis ignotae secundum naturam: quia insensilis sunt: quum enim ea sit nostra naturalis conditio, ut omnis nostra cognitio a sensu originem ducat, illud omne, quod sensu cognosci non potest, etiamsi principium et causa aliqua fuerit, ignotum nobis secundum naturam dicitur, et ex alio cognoscitur, licet simpliciter, et secundum propriam naturam a nullo pendeat, et ex se cognoscibile sit."[718]

Averroistisch ist auch die Affiliierung von resolutiv-analytischer Methode (demonstratio quia) mit der Untersuchung der Substanz und der kompositiv-synthetischen Methode mit der der Akzidenz.[719] Zugleich aber indiziert das Beharren auf den logisch einzig gültigen Grundkategorien `causa´ und `effectus´ einen frühen Ansatz zur Überwindung dieses Substanz-Akzidenz-Denkens.[720] "Damit beruht die Beweiskraft der `causae´ in ihrer *sachlichen* Geltung als Ursache, wie in der *begrifflichen*[721] als Grund. In dieser Doppelbedeutung sind sie Prinzipien des Beweises. Sie dienen wegen ihres Bekanntseins als `causae cognitionis´ und wegen ihrer Sachlichkeit als `causae essendi´"[722]. Das Kriterium von sachlicher und logisch-formaler Adäquatheit der Methode transponiert die schon länger bekannten und verwendeten Methoden der `demonstratio quia´ und `propter quid´ zur einzigen, einzig gültigen und einheitlichen `methodus scientifica´[723] und unterstreicht dabei erneut den Instrumentalcharakter der Logik in einer Zeit der wissenschaftlichen und wissenschaftslogischen Veränderung.

---

[718] Zabarella, op. cit., lib. IV, cap. 11, sp. 299f.

[719] "Quod ... ad res omnes cognoscendas duae methodi sufficiant, demonstrativa et resolutiva, facile ostendi potest: nam omne, quod cognoscendum proponitur, aut est substantia aut accidens...Cum...substantias omnes definitione cognoscamus, earum autem definitiones ignotas per solam resolutionem investigemus; accidentia vero per solam demonstrationem innotescant, hae duae methodi...sufficiunt." Zabarella, op. cit., lib. 3, cap. 17, sp. 264f.

[720] Cf. Zabarellas Schrift De speciebus demonstrationis, Opera sp. 434ff, die mit dem Beweiswirrwarr aufräumt und die solitäre `res-causa´-Relation zur allein wirksamen erklärt, ibid. bes. cap. 14, sp. 440 und cap. 21, sp. 4.

[721] Hervorhebung von mir, J.F.M.

[722] Risse, op. cit. p. 288f.

[723] Cf. Neal Ward Gilbert: Renaissance Concepts of Method, New York (Columbia University Press) 1960, p. 222. Dies zeigt sich besonders in der Unifizierung von Methode im sog. `regressus´.

14. Kapitel:
Die regressive Methode als wissenschaftstheoretisches Modell des Übergangs

> Je n´ai jamais fait beaucoup d´état des choses
> qui venaient de mon esprit, et pendant que je n´ai recueilli
> d´autres fruits de la méthode dont je me sers, sinon que je me suis
> satisfait, touchant quelques difficultés qui appartiennent
> aux sciences spéculatives, ou bien que j´ai tâché de régler
> mes mœurs par les raisons qu´elle m´enseignait,
> je n´ai point cru être obligé d´en rien écrire.
> René Descartes

Die Wissenschaftlichkeit der Methode bemißt sich nicht nur an der Apriorität der der Erkenntnis zugrundeliegenden Prinzipien, seien diese nun die vier Elemente der Dinge oder die Begriffe der einzelnen Wesen[724], sondern auch an der Faktizität der Dingwelt und deren Erfahrbarkeit. In Anlehnung an Girolamo Balduino[725] und Agostino Nifo[726] kennzeichnet Jacopo Zabarella die Verbindung von Analysis und Synthesis als `regressus´: "Regressus vero est inter causam, et effectum, quando reciprocantur, et effectus est nobis notior, quam causa, quum enim semper a notioribus nobis progrediendum sit, prius ex effectu noto causam ignotam demonstramus, deinde causa cognita ab ea ad effectum demonstrandum regredimur, ut sciamus propter quid est."[727] In der Tradition der Paduaner Schule wird diese Kombination aus dem demonstrativen, dem resoluten und schließlich dem regressiven Beweisgang zu einer komplexen Methodologie. Der eigentliche regressus besteht aus einer demonstratio propter quid, die von der bekannten

---

724 Cf. Aristoteles: Physik, 1. Buch, cap. 1, p. 184a, zit. nach Aristoteles´ acht Bücher Physik, gr. und dtsch. mit sacherklärenden Anmerkungen hg. von Karl Prantl, Aalen 1978 (ND der Ausgabe Leipzig 1854).

725 Girolamo Balduino: De regressu demonstrativo Hieronymi Balduini e Monte Arduo, Philosophi Solertissimi, Quaesitum optatissimum, Napoli 1557.

726 Augustini Niphi Philosophi Suessani Expositio super octo Aristotelis Stagiritae libros de Physico auditu, Venetiis 1558, Buch 1, com. text 4 (zwei frühere Fassungen erschienen bereits 1506 und 1552). Cf. hierzu auch Randall, op. cit., pp. 192 ff und William A. Wallace: Causality and Scientific Explanation, vol. I: Medieval and Early Classical Science, Ann Arbor (Univ. of Michigan Press) 1972, repr. Washington (Univ. Press of America) 1981, pp. 117ff. und 139 ff.; cf. zu Nifo auch Nicholas Jardine: Galileo´s Road to Truth and the Demonstrative Regress. In: Studies in History and Philosophy of Science 7/1976, pp. 277-318, bes. pp. 290 ff.

727 Zabarella, Liber de regressu, cap. 1, sp. 481.

Ursache zu ihrer Wirkung voranschreitet. Sofern aber, wie in der Naturforschung, die Ursachen beobachteter Phänomene per se unbekannt sind, ist eine logische Verknüpfung von Ursachenwissen mit dem Wissen um die Wirkungen nötig, die sowohl die Kenntnis und die Implikationen der ersten Prinzipien gewährt wie auch den erneuten und durch die Prinzipien abgesicherten Zugang zum Phänomen garantiert. Die einzelnen Phasen grenzen sich hierbei wie folgt voneinander ab: "Was uns zunächst gegeben ist, ist nur die Kennntis des einzelnen Effekts, die nackte Tatsachenwahrheit, die uns nichts über den Zusammenhang und den Ursprung des besonderen Faktums verrät. Der nächste Schritt besteht darin, das komplexe Faktum in seine einzelnen Bestandteile und Merkmale zu zerlegen und die einzelnen Begleitumstände festzustellen, unter denen es auftritt...Was uns bis hierher bekannt ist, ist das empirische Beisammen und die zeitliche Abfolge der Elemente, nicht die Art und die begriffliche Notwendigkeit ihres Zusammenhangs. Um hierein Einsicht zu erhalten, müssen wir vorerst und noch ehe wir den Rückweg zur Ableitung der Wirkung antreten, bei der hypothetisch angenommenen Ursache verweilen, um sie einer gedanklichen Prüfung zu unterziehen. Erst in solcher reflexiven Besinnung (mentale ipsius causae examen) wird die Ursache, die uns zuvor nur als ungegliedertes "verworrenes" Ganzes gegeben war, zu einem distinkten begrifflichen Inhalt."[728] Das analytische und synthetische Verfahren findet dort Anwendung, wo, wie in der Naturforschung, die Ursachen unbekannt sind; sind diese hingegen bekannt, wie bei den `res mathematicae´, setzt unmittelbar das synthetische Verfahren ein.

Die Kombination von `demonstratio quia´ und `demonstratio propter quid´ in der naturphilosophischen Forschung, in der die Prinzipien des wissenschaftlichen und deshalb apriorischen Beweises von Natur her und notiora nobis verborgen sind, schafft aber nicht nur den Aufweis der einen, allein gültigen Ursache für eine bestimmte Wirkung, sondern ist mit dem methodischen Zwischenschritt des examen mentale die einzige Methode, aus einer cognitio confusa eine distinkte zu machen. Sofern nämlich das examen mentale die Prüfung der Hypothese für die logische Kongruenz von Ursache und Wirkung darstellt und diese

---

[728] Cassirer, op. cit., p. 142; zum `regressiven Beweis´ cf. Risse, op. cit., pp. 289 ff.; Edwards, op. cit., pp. 260 ff.; Randall, op. cit., 200 ff. und Renaissance und frühe Neuzeit, hg. von Stephan Otto, Stuttgart 1984, pp. 430 ff; Engfer, op. cit., pp. 89 ff.

Prüfung unbegrenzt wiederholt werden kann zur Präzisierung dieser Übereinstimmung, öffnet die mentale Hypothesenprüfung den zirkulären Beweisgang `Wirkung - Ursache - Wirkung´ und ermöglicht die Erkenntnis von grundsätzlich Neuem, sowohl hinsichtlich der Ursache als auch in Bezug auf die Wirkungsbeschreibung des Phänomens: Aus der für einen systematischen Methodenfortschritt zu einer scientia propter quid notwendigen und hinreichenden regressiven und komplementären Beweisabfolge wird eine Methodenspirale, die die Öffnung hin zu neuen Phänomen ebenso erlaubt wie den Rekurs auf wissenschaftliches qua erster Prinzipien garantierten Wissens über diese Phänomene. "Mit dieser logischen Struktur wird das Methodenmodell Zabarellas zum Vorbild des `offenen´ Operationsmodells neuzeitlich-naturwissenschaftlicher Forschung; die `exakte´ Naturwissenschaft bleibt ja ebenfalls nicht bei der Resolution und Komposition beobachteter dinglicher Wirkungen stehen, sie will vielmehr ein Wissen von Wirkungen und Wirkungsweisen erreichen."[729]

Damit geriert die von Aristoteles und den Kommentatoren seiner Analytica Posteriora gefaßte Methode als Prüfung von Aussagen über die Wirklichkeitswelt nun zu einer komplexen Theorie der Invention, die die grundlegenden Vernunftprinzipien als nicht durch die Erfahrung bedingte und vor aller Zeit gültige `primae causae´ beläßt und die Erfahrung doch als deren Gültigkeitsmaßstab bestimmt. "No longer are the first principles of natural science taken as indemonstrable and self-evident: they have become hypotheses resting upon the facts they serve to explain."[730]

Die wissenschaftstheoretischen Implikationen einer solchermaßen zur Methodenlehre modifizierten Logik, die auch in quantitativ strukturierten Forschungsansätzen als Methodologie gelten kann, sind in der Folge die Empirisierung der Forschungsprinzipien zu verifizierbaren Hypothesen wie bei Thomas Hobbes, Isaak Newton und Gottfried Wilhelm Leibniz[731], die Anerkennung der Erfahrung als wesentliches Kriterium einer jeglichen und besonders universalen Beweistheorie und die Einsicht in die erkenntnislogische und wissenschaftstheoretische

---

729 Otto, op. cit., p. 435.
730 Randall, op. cit., p. 201.
731 Trotz der antiquiert anmutenden syllogistischen Darstellungsweise.

Notwendigkeit eines `examen mentale´ als Umschaltinstanz zwischen `demonstratio ab effectu´ und `demonstratio propter quid´.[732]

Von Naturforschern der Folgezeit werden diese zentralen Theoriestücke aufgenommen und als Methodenteile den empirischen Naturwissenschaften implantiert[733]. Allen voran übernimmt Galilei die Charakterisierung und die methodische Konstruktion des `regressus´ sogar im originalen Wortlaut von Zabarella[734], wenn auch gedanklich um ein "physikalisches Axiomensystem" erweitert.[735] Die Frage, ob Galilei mit Zabarellas Logik- und Wissenschaftskonzept vertraut war und dieses bewußt übernahm[736] oder ob die pointierte Parallelität beider Standpunkte lediglich eine war aufgrund der communis opinio scientifica[737], soll hier nicht entschieden werden. Indes ist aber "die Ge-

---

[732] Hier noch einmal das Original: "Facto itaque primo processu, qui est ab effectu ad causam, antequam ab ea ab effectum retrocedamus, tertium quendam medium laborem intercedere necesse est, quo ducamur in cognitionem distinctam illius causae, quae confuse tantum cognita est, hunc aliqui necessarium esse cognoscentes vocarunt negotiationem intellectus, nos mentale ipsius causae examen appellare possumus, seu mentalem considerationem: postquam enim causam invenimus, considerare eam incipimus, ut etiam quid ea sit cognoscamus." Zabarella, op. cit., cap. 5, sp. 486 f.

[733] Cf. besonders Thomas Hobbes: Elements of Philosophy, sect. 1, part 1, cap. 6 in: The English Works of Thomas Hobbes of Malmesbury, ed. by William Molesworth, London 1839-45, vol. 1, pp. 65/6; Isaak Newton: Philosophiae naturalis principia mathematica. The third Edition (1726) with Variant Readings, ed. by Alexandre Koyré and I. Bernard Cohen, 2 vols., Cambridge 1972, p. 16 und die `Opticks or a Treatise of the Reflection, Refractions, Inflections and Colours of Light´ (based on the 4th ed. London 1730), with a Foreword by Albert Einstein, an Introduction by Edmund Whittaker, a Preface by I. Bernard Cohen, New York 1952, bes. p. 404 (i.e. query 31) und auch Gottfried Wilhelm Leibniz erwähnt Zabarella und seine methodologisch verstandene Logik in seinen `De constitutione individui´, `De accreditione et nutritione´ und `De facultatibus animae´, sowie in seiner Logik. Die Konzeption des `regressus´ wird durch und mit Zabarella damit zum "cornerstone of a methodology of the empirical sciences".

[734] Zabarella wird zwar bei Galileo nur zweimal mit Namen genannt (cf. Antonio Favaro: Capitolo inedito e sconosciuto di Galileo Galilei contro gli aristotelici. In: Atti del Reale Istituto Veneto di scienze, lettere ed arti, ser. VII, 3, 1891/2, p. 8: `Fioriro un tempo il padovano nido/un Zabarella, un Mainetto, un Speroni.´ (Vers von G.G. mit dem Titel `Contro gli aristotelici´ aus dem Jahre 1623) und zum zweiten in seiner Schrift `De phaenomenis in orbe lunae physica disputatio´, Opere, Ed. nazionale, vol. 3, part 1, p. 372), die Kombination von `metodo risolutivo´ und `metodo compositivo´ findet sich in direkter Anlehnung an Zabarella jedoch verschiedentlich in den Opere. Cf. Opere, vol. IV, p. 520; VII, p. 75, pp. 319f.; VIII, p. 212; XVII, p. 160 ff.

[735] Engfer, op. cit., p. 99.

[736] So Edwards, op. cit., pp. 327 ff.

[737] Cf. Neal W. Gilbert: Galileo and the School of Padua. In: Journal of the History of Philosophy 1/1963, pp. 223-231. Zur unmittelbaren und mittelbaren

wichtung des von Galilei neu eingebrachten mathematischen Struktur-
elements mit seiner Folge der Quantifizierung der Natur ein höchst
diffiziles, bis heute nicht adäquat gelöstes Interpretationsproblem..."[738]
für die Entwicklung wissenschaftsmethodischer Modelle in der Neuzeit.

Nun verunmöglichen aber die sich seit und mit Cassirer perpe-
tuierenden Einschätzungen[739], daß die Mathematik als Methode den
Übergang zur sog. naturwissenschaftlichen Revolution indiziere, sowohl
eine adäquate Einschätzung des bereits methodisch und wissenschaftstheoretisch Neuen vor Galilei[740], also Zabarellas Ansatz des regressiven
Beweises mit den inventiven Bestandteilen der logischen Beweisarten
und der Hypothesenprüfung an der Wirklichkeit[741], und verstellen zu-

---

Abhängigkeit Galileos von Zabarella, cf. Randall: The School of Padua, op. cit., pp.
15-27 und 61-68; Ernst Cassirer: Galilei´s Platonism. In: M.F. Ashley Montagu (Hg.):
Studies and Essays in the History of Science and Learning. Offered in Homage to
George Sarton on the Occasion of his Sixtieth Birthday, New York 1946, pp. 277-297;
Neal W. Gilbert, op. cit.; William F. Edwards: Randall on the Development of
Scientific Method in the School of Padua. A Continuing Reappraisal. In: Naturalism
and Historical Understanding. Essays in the Philosophy of John Herman Randall
Jr., ed. by J.P. Anton, Buffalo/N.Y. 1967, pp. 53-68; Thomas P. Mc Tighe: Galileo´s
Platonism: A Reconsideration. In: Earnon McMullin (Hg.): Galileo. Man of Science,
New York/London 1967, pp. 365-387; Hans-Jürgen Engfer: Philosophie als
Analysis. Studien zur Entwicklung philosophischer Analysiskonzeptionen unter
dem Einfluß mathematischer Methodenmodelle im 17. und 18. Jahrhundert,
Stuttgart/Bad Cannstatt 1982, pp. 97 ff.; Ernest A. Moody: Galileo and his
Precursors. In: Galileo Reappraised, ed. by C.L. Golino, Berkeley (University of
California Press) 1966, pp. 23-43 und P. Machamer: Galileo and the causes. In: New
Perspectives on Galileo, ed. by R.E. Butts and J.C. Pitt, Dordrecht/Boston 1978, pp.
161-180.
[738] Otto, op. cit., p. 56.
[739] Cassirer, op. cit., pp. 139f.; Randall, op. cit., pp. 204; Risse, op. cit., p. 290;
Hanna-Barbara Gerl: Einführung in die Philosophie der Renaissance, Darmstadt
1989, p. 209, teilweise auch Charles B. Schmitt: Experience and Experiment: A
Comparison of Zabarella´s View with Galileo´s in De Motu. In: Studies in the
Renaissance, ed. by Richard Harrier, Lunenburg/Vt. 1969, pp. 80-138, hier bes. pp.
125f. und pp. 129 ff.
[740] Cf. William A. Wallace: Prelude to Galileo. Essays on Medieval and Sixteenth-
Century Sources of Galileo´s Thought, Dordrecht/Boston/London 1981 (= Boston
Studies in the Philosophy of Science, vol. 62).
[741] Die Neuartigkeit Galileischer Forschung und deren Ergebnisse ist nach wie
vor umstritten. Dies betrifft sowohl die Anwendung mathematischer Methoden,
die bekanntlich schon bei den `calculatores´ (z.B. Thomas Bradwardine, William
Heytesbury und Richard Swineshead) stattgefunden hatte, als auch die `impetus´-
Theorie oder sogar die Erfindung des Teleskops. Cf. u.a. Amos Funkenstein:
Theology and the Scientific Imaginatio from the Middle Ages to the Seventeenth
Century, Princeton UP 1986, pp. 13f; Wallace: Prelude to Galileo, pp. 78 ff.; Paul K.
Feyerabend: Bemerkungen zur Geschichte und Systematik des Empirismus. In:
Grundfragen der Wissenschaften und ihre Wurzeln in der Metaphysik, hg. von
Paul Weingartner, Salzburg/München 1967, pp. 164 ff., Edith Dudley Sylla: Galileo

gleich die Sicht auf eine mögliche Lösung der bisher als unmöglich angesehenen Interpretation dieser epistemologischen Schnittstelle.[742]

Die tatsächlich notwendige Lösung dieses Übergangsproblems als Bestimmung des Ursprungs moderner Wissenschaft in der Renaissance aber liegt weniger in den signifikanten Umformungen der Methode, die zu diesem Zeitpunkt stattgefunden haben - nämlich erstens im Sinne der Umformung mathematischer Beweisgänge vor und bei Galilei und zweitens als methodologischer Ausdruck des Versuchs der praktischen und pragmatischen Modifikation der Welt und ihrer Sicht - als vielmehr in der veränderten und verändernden Ontologisierung des Seienden: Das Ding als realer Grund des Phänomens wird, eingeleitet durch die an den `intentiones secundae´ festgemachte Statusfrage der Methodenlehre, vorrangig zur Erscheinung für den Menschen, "auf die das Auge trifft"[743] und das unabhängig von einer prästabilierten Erkennbarkeit ist. Erst in der Folge dieser ontologischen Veränderung modifiziert sich auch der methodische Zugriff der Wissenschaften und Künste auf die Dingwelt. Damit einhergehend verändern sich ferner auch die Wissenschaftskonstituenten wie die Bedeutung von mathematischen Hypothesen, kosmologischen Theorien und quantifizierbaren Modellen, die Wissenschaftssprache, die Homogenität von Natur und ihre Gesetzlichkeit als grundsätzliche Erfahrbarkeitskriterien.

Nicht die methodische Maßgeblichkeit der Mathematik, die ja auch in augustinischer[744] und thomistischer[745] Tradition niemals bestritten worden war, ist mit Galileo den Naturwissenschaften zugeführt worden, sondern lediglich ein als mathematisch zu bestimmendes Objekt der

---

and the Oxford Calculatores: Analytical Languages and the Mean-Speed Theorem for Accelerated Motion. In: Reinterpreting Galileo, ed. by William A. Wallace, The Catholic University of America Press 1986 und - bei aller Oberflächlichkeit zum Topos `Schule von Padua´ - Hans Blumenberg: Die Genesis der kopernikanischen Welt, 1. Teil: Die Zweideutigkeit des Himmels, Frankfurt/M. 1981, p. 47 f.

[742] Diese Interpretationen setzen, intendiert oder nicht, obendrein den historiographisch durchaus fragwürdigen Einschnitt `wissenschaftliche Revolution´ fest und nehmen damit aussagelose Kategorien wie `aristotelisch praegalileisch´ oder `neuzeitlich post-galileisch´ durchaus in Kauf. Cf. hierzu auch Charles B. Schmitt: Philosophy and Science in 16th-Century Italian Universities. In: The Renaissance. Esssays in Interpretation to Eugenio Garin, London/New York 1982, p. 319.

[743] Gerl, op. cit., p. 133.

[744] Cf. etwa Augustinus: De lib. arbitr. II, 8, § 21 (= PL 32, pp. 1251f.).

[745] Thomas von Aquin: Lib. Post. Analyt. Expos., lib. 1, cap. 1, lect. 1, 10 und cap. 31, lect. 42, 3 (= Opera I, pp. 140 und 310)

Erfahrung einer nun als konsistent und gleichförmig qua kausal verstandenen Natur. Und dies bereits mindestens 60 Jahre vor Galileo und seinen Inventionen. "Die Wissenschaft wird nicht darum exakt, weil sie sich mathematisiert, sondern sie mathematisiert sich, weil sie exakt geworden ist. Die Wissenschaft wird dadurch exakt, daß sie einen Gegenstand hat, der von sich her schon das Wesen der Exaktheit, die Notwendigkeit, Reinheit...an sich hat."[746] Die Zuweisung dieses reinen oder exakten Gegenstands an die Wissenschaften aber erfolgte nicht allein durch die neuen Naturwissenschaften selbst oder gar erst in der ersten Hälfte des 17. Jahrhunderts, sondern beruhte vielmehr auf den philosophischen, kosmologischen und zum Teil trans-physisch magischen Vorentwürfen, die die Dingwelt enthierarchisierten und die deren immanente Betrachtung vorbereiteten.

Damit wird aber die Diskussion des `noch-nicht´ an methodischer und wissenschaftlicher Relevanz für die modernen Wissenschaften in diesem "Quellgebiet der Neuzeit"[747], bei Cusanus, Kepler und Zabarella in Kontrast etwa zu Bacon oder Galilei, obsolet. Die wissenschaftshistorische und epistemologische Forderung muß vielmehr heißen, die ontologischen, epistemologischen und methodologischen Prämissen auch und gerade dort aufzudecken, wo Deontologisierungen und Metaphysikfeindlichkeit proklamiert werden, um epistemologischen Fehleinschätzungen und historiographischen Einebnungsversuchen wirksam begegnen zu können. Denn auch die Methode selbst, wie auch die ihr vorangehenden Wissenschaften und Disziplinen, erhebt metaphysischen Anspruch dann, wenn sie etwa die Bedingungen der Möglichkeit von

---

746 Heinrich Rombach: Substanz, System, Struktur. I.: Die Ontologie des Funktionalismus und der philosophische Hintergrund der modernen Wissenschaft, Freiburg/München 1965, p. 332; cf. hierzu auch Panajotis Kondylis: Die Aufklärung im Rahmen des neuzeitlichen Rationalismus, Stuttgart 1981, pp. 88 ff. und, wie ja bereits der Untertitel ankündigt, Philip J. Davis/Reuben Hersh: Descartes´ Dream. The World according to Mathematics, Boston 1986, bes. cap. 1. Whitehead drückt diesen Gedanken eher psychologistisch aus, wenn er sagt: "The new mentality is more important even than the new science and the new technology. It has altered the metaphysical presuppositions and the imaginative contents of our minds; so that now the old stimuli provoke a new response.", cf. Alfred North Whitehead: Science and the Modern World (Lowell Lectures, 1925), 5th ed., New York 1954, p. 2.
747 Galileo Galilei, Siderius Nuncius, Dialog über die Weltsysteme, Vermessung der Hölle Dantes, Marginalien zu Tasso, hg. von Hans Blumenberg, Frankfurt/M. 1980, p. 37.

Realitätszugang bestimmt und als verbindlich vorschreibt. Ob die Methode sich allerdings an transphysischen Ordnungsstrukturen orientiert, so geschehen in der Renaissance bei den Naturphilosophen, den Humanisten und auch bei Francesco Piccolomini[748], oder eher an innerweltlichen Erkenntnisformen, seien diese nun rein empiristischer[749], technischer, satzlogischer oder auch platonisch-dualistischer[750] Natur, wie wir sie bei Brahe und Kepler beobachten konnten, scheint für das faktische Vorliegen metaphysischer oder ontologischer Präsuppositionen unerheblich zu sein. Unter der Voraussetzung nämlich, daß ontologische oder metaphysische Strukturen aller Forschung zugrundeliegen, wie wir oben bereits mehrfach gezeigt haben, läßt sich allerhöchstens beklagen, daß es zunehmend zu einem Aufweis der Entgrenzung des Ontologischen bis auf das Weltanschauliche hin[751] führte, ohne daß es dabei zu einer entsprechenden Würdigung des heuristischen und epistemologischen Mehrwerts kam. Daß es neben den methodischen Problemen zu psychologischen[752], respektive zu ontologischen oder metaphysischen Problemfeldern innerhalb frühneuzeitlicher Theorienkonzeptionen kam, unterscheidet den Philosophen Cusanus, den Astronom Kepler und den Logiker Zabarella weder von den neuzeitlichen Naturphilosophen noch gar von spätneuzeitlichen Forschern und Wissenschaftlern.

Bei aller Trivialität dieser so häufig wiederholten Behauptung muß aber mitbedacht werden, daß genau dieses Argument in historiographischer Sicht wiederum nur eine Beschreibung der sukzessiven Kontinuität erlaubt in der Entwicklung der Wissenschaften vom 15. bis zur Mitte des 17. Jahrhunderts. Diese Perspektive mitsamt den genannten Kriterien aber führt, wird sie ernst genommen, unweigerlich zur Revision der bis heute gängigen wissenschaftshistorischen Epochencharakterisierungen mitsamt ihrer so umfassenden Bruchmetaphorik.

---

[748] Cf. hierzu meinen Aufsatz: The Dissolution of Contradictory Patterns of Explication: Method and the Interdependencies between Logic and Mathematics in the 16th and Early 17th Centuries. In: Historia Scientiarum 1-1/1991, pp. 63-70.
[749] So etwa in Bacons Novum Organum.
[750] Noch in Ramus′ Logik des Jahres 1543 findet sich im Programm der Dialektik als unifizierender Fundamentalwissenschaft der platonisierende Aufstieg zu Gott.
[751] Cf. Kondylis, op cit., p. 97 ff.
[752] Cf. Popper, Die Logik der Forschung, p. 226.

Insofern kann die Beschreibung der Ursprünge der Wissenschaften der Renaissance und die Geschichte der naturwissenschaftlichen Entwicklungen vorrangig nur eine Geschichte der unspektakulären Transitionen sein, die diese Entwicklungen auszeichnen und entwickeln und die dem vielleicht eigentlichen und so häufig proklamierten `Neuen´ um bis zu 180 Jahre vorausgehen.

Allein präzise wissenschaftsgeschichtliche Deskriptionen wissenschaftstheoretischer Besonderheiten unter besonderer Berücksichtigung ihrer historischen Entwicklung und Bedeutung sind in der Lage, neue historiographische Präskriptionen für die Wissenschaften der Neuzeit vermeiden zu helfen, die ohnehin eher den Blick einengen als ihn erweitern.

Literaturverzeichnis

Quellen

Jacobus *Acontius* : De methodo, hoc est de recta investigandarum
tradendarumque artium ac scientiarum ratione, übers. von Alois
von der Stein, mit Einl. und Anm. vers. von Lutz Geldsetzer,
Düsseldorf 1971 (= Instrumenta Philosophica. Series Hermeneutica.
IV)

Jacobus *Acontius*: Tractaat `De methodo´, met en inleiding
uitgegeven door Dr. Herman J. de Vleeschauwer,
Antwerpen/Paris 1932

Jacobus *Acontius*: De methodo e opusculi religiosi e filosofici, a cura di G.
Radetti, Firenze 1944 (Neudruck der Ausgabe Basel 1558)

Georg *Agricola*: Rechter Gebrauch d Alchimei/ Mitt vil bißher
verborgenen/ nutzbaren unnd lustigen Künsten/ Nit allein den
für witzigen Alchimis=misten/ Sonder allen kunstbaren
Werckleutten/ in und ausserhalb feurs. Auch sunst aller
menglichen inn vil wege zugebrauchen. Die Character/ Figürliche
bedeuttungen/ und namen der Metall/ Corpus und Spiritus. Der
Alchimistischen verlateineten woerter außlegung. Register am
volgenden blat, o.O. 1531

Alanus ab Insulis: Regulae de sacra theologia. In: Migne PL 210, sp.
621-684

Albertus Magnus: Liber Minerali/ um Domini Alberti Magni/
Alemanni/ ex Laugingen oriundis, Ratisponensis Ecclesie
Episcopus, Virin Duinis scripturis Doctissimus, et in Secularis
Philisophia Scia Peretissimus Sequitur´, Oppenheym 1518

Leon Battista *Alberti*: Momus, hg. von G. Martini, Bologna 1942

Andreas *Alciatus*: Emblematum Libellus, Paris 1542, repr. Nachdruck
Darmstadt 1987

Andreas *Alexander*: Mathemalogium, Lipsiae 1504

Johann Heinrich *Alsted*: Methodus admirandorum mathematicorum,
novem libris exhibens universam mathesin, Herbornae 1613

Aristoteles: Acht Bücher Physik, hg. von Karl Prantl, Aalen 1978 (ND der
Ausgabe Leipzig 1854)

Ausonius´ Vers über die Dreiheit der Dinge in seinen Opera, hg. von
Peiper, Leipzig 1886

Avicenna: Artis chemicae principes, Avicenna atque Geber, hoc
Volumine Continentur. Quorum alter unquam hactenus in lucem
prodijt: alter vero vetustis exem platibus collatus, atq
elegantioribus et pluribus figuris quam antehac illustratus,

doctrinae huius profeßoribus, hac nostra editione tum iucundior, tum utilior uuasit´, Basel 1572

Roger *Bacon*: Sanioris medicin et Magistri D. Rogeri Baconis Angli, De Arte Chymiae scripta. Cui Acesserunt opuscula alia eiusdem Authoris, Frankfurt/M. 1603

Roger *Bacon*: Epistola Fratris Rogerii Baconis de secretis operibus artis et naturae, et de nullitate magiae, ed. J.S. Brewer: Opera hactenus inedita Rogeri Baconi, vol. 1, London 1859

Roger *Bacon*: Opera hactenus inedita Rogeri Baconi, fasc. V: Secretum secretorum cum glossis et notulis, ed. by Robert Steele, Oxford 1920

Roger *Bacon*: Communia naturalia I. In: Opera, ed. by H.G. Steele, vol. 2, Oxford 1979

Hieronymus *Balduinus*: Primum est, An Intelligentia sit forma informans coelum, an tantum assistens, adversus omnes fere Arist. expositores. Secundum, De aeternitate modus coeli, contra Averroem, eiusque asseclas. Tertium, Quod est nobilius instrumentum sciendi, Definitio, an Demonstratio, contra Graecos, Arabes, & Latinos. Quartum, Quis liber est primus in Logica, Contra Antiquos, & nostri Logicastres. Quintum, An liber Praedicamentorum sit pars Logices, vel pars Metaphysices, contra universos Logicos. Sextum, Quod est subiectum in Logica, contra omnes Arist. expositores. Septimum, An Logica sit scientia, & ars, vel tantum instrumentum sciendi, contra omnes Logicos. Cum Additionibus, Scholijs, Glossisque margineis Gometij Pagani Neapolitani Theol. Francis. Cum Privilegio, Neap. 1550

Franciscus *Baroccius*: Procli in primum Euclidis elementorum librum commentariorum libri IV a Francisco Barocio, Patavii 1560

Franciscus *Baroccius*: Opusculum, in quo una Oratio, et duae Quaestiones: altera de certitudine, et altera de medietate Mathematicarum continentur, Patavii 1560

Valentinus *Basilius*: Geheimen Bücher oder das letzte Testament. Vom grossen Stein der Vralten Weisen vnd andern verborgenen Geheimnussen der Natur, Straßburg 1645

Valentinus *Basilius*: Benedictiner Ordens Letztes Testament/ Darinnen die Geheime Bücher vom grossen Stein der uralten Weisen/ und anderen verborgenen Geheimnissen der Natur..., Straßburg 1712

Antonius *Bernardi*: Antonii Bernardi Mirandulani Institutio in universam logicam. Eiusdem Ant. Bernardi in eandem commentarius. Item. Apologiae libri VIII, Basileae 1545

Girolamo *Borro*: Hiernomymus Borrius Arretinus de peripatetica docendi atque addiscendi methodo, Florenz 1584

Hieronymus *Brunschwygk*: Das nüwe distilier buoch der rechte kunst zu distilieren und auch dar zu die wasser zu brennen/ mit figuren angezöget Erstmals von meyster Iheronimo Brunschweick zusamen coligiert/ und dabei von Marsilio ficino des langen gesunden lebens/ als er an jm selbt bewert/ hundert un sechszehen jar rüiglich gelebt hat/ und mit vil guter stück Dere aber so vil/ das mancher nicht acht/ Hon doch etlich gerombt vil versucht die jn zu nutz kummen sein/ hierumb ist es ietzt wider neuw getruckt zu gut allen menschen', Straßburg 1528

Tommaso *Campanella*: Magia e grazia, hg. von Romano Amerio, Roma 1957 (= Edizione nazionale dei classici del pensiero Italiano, ser. II, 5)

Girolamo *Cardano*: Practica arithmetice et mensurandi singularis, Mailand 1539

Girolamo *Cardano*: Hieronymi Cardani, praestantissimi mathematici, philosophi, ac medici Artis magnae, sive, de regulis algebraicis, liber unus: qui et totius operis de arithmetica, quod opus perfectum inscripsit, est in ordine decimus, Norimbergae 1545

Girolamo *Cardano*: Hieronymi Cardani, Mediolanensis medici De subtilitate libri XXI, Basileae 1554

Girolamo *Cardano*: Opus novum de proportionibus numerorum, motuum, ponderum, sonorum, aliarumque rerum mensurandarum...Item de aliza regula liber, Basileae 1570

Girolamo *Cardano*: Des Girolamo Cardano von Mailand eigene Lebensbeschreibung, übers. von Hermann Hefele, (Jena 1914) München 1969

Petrus *Catena*: Universa loca in logicam Aristotelis in mathematicas disciplinas, Venetiis 1556

Federico *Commandino*: Pappi Alexandri mathematicae collectiones a Federico Commandino Urbinate in Latinum conversae, et commentariis illustratae, Venetiis 1589

Nicolaus *Copernicus*: De revolutionibus orbium coelestium, facsimile reprint of the first edition of 1543 with an introduction by Johannes Müller, New York/London 1965

Nicolaus *Copernicus* : De revolutionibus orbium coelestium. Faksimile des Manuskriptes. In: Nicolaus Copernicus Gesamtausgabe, hg. von Heribert M. Nobis, Hildesheim 1974

Nicolaus *Copernicus*: De revolutionibus orbium coelestium, lib. I, cap. 4, dtsch.: Über die Kreisbewegungen der Weltkörper, übers. von C.L. Menzzer, Thorn 1879, ND Leipzig 1939

Nicolaus *Copernicus* : De revolutionibus libri sex, edidit Ricardus Gansiniec. In: Nicolai Copernici Opera Omnia II, Academia Scientiarum Polona, Varsaviae/Cracoviae 1975

Liudprand von *Cremona*: The Works, transl. by F.A. Wright, London 1930

Joachim *Curtius*: Commentatio de certitudine matheseos et
astronomiae, Hamburgi 1616

John *Dee*: The Mathematicall Praeface to the Elements of Geometrie
of Euclid Megara (1570), ed. with introd. by Allen G. Debus, New
York 1975

Rene *Descartes*: Regulae ad directionem ingenii; dtsch.: Regeln zur
Ausrichtung der Erkenntniskraft, hgg. von H. Springmeyer/L.
Gäbe/H.G. Zekl, Hamburg 1973

Menghi *Faventini*: Dialecticorum tempestatis nostre principis
subtilissime expositiones quaestionesque super summulis
magistri Pauli Veneti, Venetiis 1526

Thomas *Finckius* et Hector *Malthan*: Theses de constitutione
philosophiae mathematicae, Hafniae 1591

Girolamo *Fracastoro*: Naugerius, Sive de poetica dialogus´, hg. von
Murray W. Bundy und übers. von Ruth Kelso, ersch. als Vol. IX
der University of Illinois Studies in Language and Literature,
August 1924

Girolamo *Fracastoro*: Hieronymi Fracastorii Veron. liber I. De sympathia
et antipathia rerum. De contagione et contagiosis morbis, et eorum
curatione, libri tres, Lugduni 1550

Girolamo *Fracastoro* Hieronymi Fracastorii Veronensis Opera omnia, in
unum proxime post illius mortem collecta, quorum nomina
sequens pagina plenius indicat, Venetiis 1555

Girolamo *Fracastoro*: Hieronymi Fracastorii Veronensis Opera
omnia, In unum proxime post illius mortem collecta: quorum
nomina sequens pagina plenius indicat. Secunda editio, Venetiis
1574

Girolamo *Fracastoro* Hieronymi Fracastorii Syphilidis, sive de
Morbo Gallico, ad Petrum Bembum liber I-III; Joseph, ad
Alexandrum Farnesium Cardinalem amplissimum liber I-III;
Carminum liber. Hiernonymi Fracastorii Veronensis, Adami
Fumani canonici Veronensis, et Nicolai Archii conutis carminum
editio II. In hoc Italicae Fracastorii epistolae adjectae, Patavii 1739

Girolamo *Fracastoro* Vita di Girolamo Fracastoro, con la versione di
alcuni suoi canti, Verona 1953

Girolamo *Fracastoro*: De sympathia et antipathia liber unus, eingel. und
übers. von G.E. Weidmann, Zürich 1979 (= Zürcher
Medizingeschichtliche Abhandlungen, Neue Reihe 129)

Jakob Friedrich *Fries*: Die mathematische Naturphilosophie nach
philosophischer Methode bearbeitet (1822). In: Ders.: Sämliche
Schriften nach der Ausgabe letzter Hand zusammengestellt,
eingel. und mit einem Fries-Lexikon versehen von G. König und
L. Geldsetzer, Bd. 13, Aalen 1979

Galenus: Ars magna. Venetiae 1490. In: Opera omnia, 20 Bde., hg. von
   C.G. Kühn, Leipzig 1821-1833, Repr. 1964/5
Galileo *Galilei*: Le opere di Galileo Galilei, ed. A. Favaro, Florenz
   1929-39
Galileo *Galilei*: Dialog über die beiden hauptsächlichsten
   Weltsysteme, das Ptolemäische und das Kopernikanische,
   übers. von Emil Strauss, Leipzig 1891
Geber (i.e. Dschabir ibn-Hayyan ibn-Abdallah): Das buoch geberi Des
   hoch berümpten Phylosophy vonn der verborgenheyt der
   Alchimia/ kürtzlich in dreyer bücher getheylt/ und
   geschicklicher weiß eröffnet/ dise kunst wie sye zu
   ergründenn oder zu fynden sy, Straßburg 1515
Geber: Geberi Philosophi ac Alchistae, Maximi, de Alchimia. Libri tres,
   Argentorati 1529
Robertus *Gemma*: Arithmeticae practicae methodus facilis,
   Antwerpen 1540
Johann Wolfgang *Goethe*: `Zur Farbenlehre´. In: Goethes
   Naturwissenschaftliche Schriften, Goethes Werke, II. Abteilung, 4.
   Band, Weimar 1894
Simon *Grynaeus*: Commentariorum Procli editio prima, quae Simonis
   Grynaei opera addita est Euclidis elementis graece editis, Basileae
   1533
Dominicus *Gundissalinus*: De divisione philosophiae, hg. von Ludwig
   Baur. In: Beiträge zur Geschichte der Philosophie des
   Mittelalters Band 4, Heft 2-3, Münster 1903, 4, pp. 20 ff.
Johann Samuel *Halle*: Magie oder die Zauberkräfte der Natur, so auf
   den Nutzen, und die Belustigung angewandt worden, von Johann
   Samuel Halle, Professoren des Königlich-Preußischen Corps des
   Cadets zu Berlin, 17 Bde., Berlin 1788 ff.
Georg Wilhelm Friedrich *Hegel*: Enzyklopaedie der philophischen
   Wissenschaften im Grundrisse (1830), Zweiter Teil: Die
   Naturphilosophie. Mit den mündlichen Zusätzen, in: Ders.: Werke
   Bd. 9, Frankfurt/M. 1970
Thomas *Hobbes*: Elements of Philosophy in: The English Works of
   Thomas Hobbes of Malmesbury, ed. by William Molesworth,
   London 1839-45, vol. 1
David *Hume*: An Enquiry Concerning Human Understanding, dtsch.:
   Eine Untersuchung über den menschlichen Verstand, hg. von H.
   Herring, Hamburg 1967
Johannes Duns Scotus: Quaestiones Scoti super universalia Porphyrii:
   necnon Aristotelis Predicamenta ac Peryarmenias. Item super
   libros Elenchorum. Et Antonii Andree super libro sex principiis (de
   Gilberti Porretani). Item quones Joannis Anglici super quaestiones
   universales eiusdem Scoti. Venetiis (B. Locatellus)1508

Johannes Saresberiensis: Policraticus, sive de nugis Curialium, et vestigiis philosophorum, libri octo, Lugduni 1595

Johannes *Kepler*: Mysterium Cosmographicum. Dtsch.: Das Weltgeheimnis, übers. und eingeleitet von Max Caspar, München/Berlin 1936

Johannes *Kepler*: Prodromus in: Gesammelte Werke, hg. von M. Caspar und W. van Dyck, München 1937 ff.

Johannes *Kepler*: Astronomia nova, seu physica coelestis tradita in commentariis de motibus stellae martis ex observationibus G. V. Tychonis Brahe, cap. 33. In: Gesammelte Werke, Bd. 3, hg. von Walter van Dyck† und Max Caspar, München 1937

Heinrich *Khunrath*: Amphitheatrum sapientiae, solis verae, Christiano-Kabalisticum, Divino-Magicum, nec non Physico-Chymicum, Tertrinuum, Catholicon, Hanoviae 1609

Andreas *Libavius*: D.O.M.A. Alchemia Andreae Libavii Med. D. Poet. Physici Rotemburg. opera E Dispersis passim optimorum autorum, veterum et recentium exemplis potissimum, tum etiam praeceptis quibusdam operosé collecta, adhibitisq; ratione et experientia, quanta potuit esse, methodo accurata explicata, et c. In integrum corpus redacta´, Frankfurt 1597

John *Locke*: An Essay Concerning Human Understanding, dtsch.: Versuch über den menschlichen Verstand, Hamburg 1962

Raimundus *Lullus*: Raimundi Lulli Maiorici Philosophi acutissimi, mediciae, celeberrimi, De secretis naturae siue Quinta essentia libri duo, His accesserunt, Alberti Magni Summi Philosophi, De Mineralibus et rebus metallicis Libri quinqe´, Argentinensem 1541 und Köln 1567

Marsilius von Inghen: Quaestiones super libros Priorum analyticorum, Venetiis 1516, repr. Frankfurt 1968

Guidobaldo da *Monte*: Guidobaldi E Marchionibus Montis mechanicorum liber, Pesaro 1577

Isaak *Newton*: Philosophiae naturalis principia mathematica. The third Edition (1726) with Variant Readings, ed. by Alexandre Koyré and I. Bernard Cohen, 2 vols., Cambridge 1972

Isaak *Newton*: Opticks or a Treatise of the Reflection, Refractions, Inflections and Colours of Light (based on the 4th ed. London 1730), with a Foreword by Albert Einstein, an Introduction by Edmund Whittaker, a Preface by I. Bernard Cohen, New York 1952

Nicole *Oresme*: Le livre du ciel et du monde, ed. by A.D. Menut und A.J. Denomy. In: Medieval Studies, III-V, Toronto 1978

Pappus von Alexandria: Book 7 of the Collection, part I, Introduction, Text and Translation, ed. with translation and

commentary by Alexander Jones, New York /Berlin/
Heidelberg/ Tokyo 1986

Paracelsus von Hohenheim (i.e. Philippus Aureolus Paracelsus
Theophrastus Bombastus von Hohenheim): Das Buch Paramirum,
dess ehrwirdigen hocherfarenen Avreoli Theophrasti von
Hohenheym, darinn die ware ursachen der Kranckheyten, und
volkomne cur in kürtze erkleret wird, allen artzten nützlich, unnd
notwendig´, entstanden vor 1531, postum erschienen Mühlhausen
1562, hg. von A. von Bodenstein

Francesco *Patrizi*: Nova de universis philosophia, libris quinquaginta
comprehensa, Ferrara 1591

Paulus Venetus: Expositio in Analytica posteriora Aristotelis, hg. von
Franciscus de Benzonibus de Crema und Mariotus de Pistorio,
Venetiis 1472, repr. Hildesheim/New York 1970

Bernardinus *Petrella*: Bernardini Petrellae ex urbe Burgo Sancti
Sepulchri Logicam in Patavino Gymnasio Primo Loco profitentis
logicarum disputationum libri septem, Patavii 1584

Alessandro *Piccolomini*: `L´Instrumento de la filosofia´, Roma 1551

Giovanni *Pico della Mirandola*: Opera omnia, Basel 1557-73

Ioannis Baptista *Porta*, Neapolitano: Magiae naturalis sive de miraculis
rerum naturalium libri III., Neapoli 1558

Ioannis Baptista *Porta*: Magia Naturalis Libri Viginti, Padua 1658 und
Amsterdam 1664, Repr. New York 1957

Ioannis Baptista *Porta*: La magie naturelle divisée quatre livres, par Jean
Baptiste Porta, contenant les secrets et miracles de nature, et
nouvellement l´introduction à la belle magie. Par Lazare
Meysonnier, avec les tables necessaires, Lyon 1669

Proclus Diadochus: Στοιχειωσις θεολογικη. The Elements of Theology. A
Revised Text with Translation, Introduction and Commentary by
E.R. Rodds, 2nd ed., Oxford 1963

Petrus *Ramus*: Scholarum mathematicarum libri XXXI, Basileae 1569

Georg Joachim *Rheticus*: Narratio prima. In: Erster Bericht des
Georg Joachim Rheticus über die 6 Bücher des Kopernikus von
den Kreisbewegungen der Himmelsbahnen, übers. von Karl
Zeller, München/Berlin 1943

Antonio *Riccoboni*: In obitu Zabarellae Patavini Antonii Riccoboni
oratio, habita Patavii in templo Di. Antonii V. kal. Novembris,
Patavii 1590

Antonio *Riccoboni*: De gymnasio patavino, Padua 1598

Antonio *Riccoboni*: De Gymnasio Patavino commentariorum libri sex. In:
Thesaurus antiquatium et historiarum Italiae, ed. Joannes Georgius
Gravius, Lugduni 1722

Coluccio *Salutati*: De Catoribus Herculis, hg. von B.L. Ullman, Turici 1951

237

Julius Caesar *Scaliger*: Exotericarum exercitationum Liber: ad
    Hieronymum Cardanum, Lutetiae 1557
Jacobus *Scharf*: Methodus Philosophiae Peripateticae Prior, Leipzig 1631
Daniel *Sennert*: Epitome naturalis scientiae, Wittenberg 1618,
    wieder abgedruckt in der Ausgabe D.S.: Thirteen Books of
    Natural Philosophy, übers. von N. Culpepper und A. Cole, London
    1631
Sextus Empiricus: Pyrrhonische Grundzüge, dtsch. von Pappenheim,
    Leipzig 1877/8
Francesco *Suarez*: Tractatus de legibus ac Deo legislatore, Coimbra 1612
Bernardino *Telesio*: Varii de naturalibus rebus libell, Venetiis
    1590, ND, hg. von Cesare Vasoli, Hildesheim/New York 1971
Bernardino *Telesio*: De rerum natura iuxta propria principia, Rom 1565
    (2. Aufl. Neapel 1570; 3. Aufl. Neapel 1586 sowie eine moderne,
    dreibändige Ausgabe, hg. von V. Spampanato, 1. Bd. Modena 1910;
    2. Bd. Genua 1913 und Bd. 3 Rom 1923)
Johann *Thoelde*: Haligraphia, das ist/ Gründliche und eigentliche
    Beschreibung aller Saltz Mineralien. Darin von deß Saltzes
    erster Materia/ Ursprung/ Geschlecht/ Unterscheid/
    Eigenschafft/ Wie man auch die Saltzwasser probiren/ Die
    Saltzsol durch vielerley Art künstlich zu gut sieden...´, Leipzig
    1603
Leonhard *Thurneisser zum Thurn*: Quinta Essentia Das ist die
    Hoechste Subtilitet/ Krafft/ und Wirkung/ beider der
    Furtrefelichisten (und menschlichem geschlecht den
    nutzlichisten) Koensten der Medicina/ und Alchemia, auch wie
    nahe dise beide/ mit Sibschafft/ Gefrint/ Verwant. Und das eine
    On beystant der andren/ Kein nutz sey/ und in Menschlichen
    Coerpern/ zu wircken kein Krafft hab. Vergleichung der Alten und
    Newen Medicin, undwie alle Subtiliteten Aufgezogen/ die Element
    gescheiden/ alle Corpora Gemutiert/ und das die Minerischen
    corpora allen anderen Simplicibus, es seyen Kreiter/ Wurtzen/
    Confecten/ Steinen/ etc. Nit allein gleich/ sonder an Kreften (auß
    unnd Innerhalb Menschlichs Coerpels) uberlegen syen. Zu Sondrer
    Dancksagunge/ auch Ehr/ und Wolgefallen/ dem Edlen/ Vesten/
    Hern Johan von der Berswort/ auch allen Kunstlibenden/ Durch
    Leonhart Turneisser zum Thurn/ in dreyzehen Bücheren
    Reymenwyess an tag gebn´, Münster 1570
Angelo Tio: Ad perquam illustrem D. Diegum de Mendoza ad Paulum
    III. Pont. Max. Caesareum Legatum. Quaesitum et praecognitiones
    libri praedicamentorum: Porphiriique cum opinionibus omnium
    nostri temporis Philosophorum. Angelo Thyo Morcianensi
    Ydruntino Auctore. Patavii 1547

Angelo *Tio*: Lectiones de praecognitionibus logices. Angelo Thio de
  Mortiano Scholae Patavinae professore publice´. In: Ad
  Magnificum et Clarissimum D. Sebastianum Fescarenum
  Philosophiae peritissimum Academiae Patavinae moderatorem.
  Angelus Thyus Hydruntinus. De subiecto logices, ac omnium
  librorum logices. Patavii 1547
Jacopo Filippo *Tomasini*: Iacobi Philippi Tomasini Patavini illustrum
  vivorum elogia iconibus exornata, Patavii 1630
Jacopo Filippo *Tomasini*: Gymnasium Patavinum Iacobi Philippi
  Tomasini episcopi Aemoniensis libris V, Udine 1654
Francois *Viète*: Opera mathematica (1646), hg. von Fr. van Schooten,
  Hildesheim/New York 1970
Jeth *Ward*: Vindiciae Academiarum, London 1654
Christian *Wolff*: Vernünftige Gedanken von Gott, der Welt und der Seele
  des Menschen, auch allen Dingen überhaupt, Halle 1720. In:
  Gesammelte Werke, I. Abt., Deutsche Schriften, Bd. 2 und 3, hg.
  von Ch. A. Corr, Stuttgart 1983
Jacobi *Zabarellae*: Philosophi acutissimi. Et in patrio quondam
  Gymnasio publici Philosophiae professoris celeberrimi Opera
  Logica. Quorum seriem, argumentum, et utilitatem versa
  pagina demonstrabit, editio sextadecima, Tarvisii 1604
Jacobi *Zabarellae* De rebus naturalibus libri XXX. Quibus
  quaestiones, quae ab Aristotelis interpretibus hodie tractari
  solent, accurate discutiuntur, Francofurti 1607 (unveränderter
  ND Frankfurt /M. 1966)
Jacobi *Zabarellae* Opera logica, hg. von Wilhelm Risse, Hildesheim 1966
  (unveränderter ND der Ausgabe Coloniae 1597)
Jacobi *Zabarellae* De methodis libri quatuor. Liber de regressu, ed. by
  Cesare Vasoli, Bologna 1985 (= Instrumenta Rationis. Sources for
  the History of Logic in the Modern Age. 1)

Forschungsliteratur

Ahrbeck, Rosemarie: Morus, Campanella, Bacon. Frühe Utopisten, Köln
    1977
Die Alchemie in der europäischen Kultur- und Wissenschaftsgeschichte,
    hg. von Christoph Meinel, Wiesbaden 1986
Allen, Roland: Gerbert, Pope Silvester II. In: English Historical
    Review 7/1892, pp. 625-68
Almagià, Roberto: Le dottrine geofisiche di Bernardino Telesio. In:
    Ders.: Scritti geografici, Rom 1961
Angelelli, A.: Art. `Logik III´. In: Historisches Wörterbuch der
    Philosophie[753], Bd. 5, Basel/Stuttgart 1980, sp. 367-375
Apel, Karl-Otto: Transformation der Philosophie I. Sprachanalytik,
    Semiotik, Hermeneutik´, Frankfurt/M. 1976
Apelt, Ernst Friedrich: Die Epochen der Geschichte der Menschheit, 2
    Bde., Jena 1845 ff.
Apelt, Ernst Friedrich: Johann Keplers astronomische Weltsicht,
    Leipzig 1849
Apostol, P.: An Operative Demarcation of the Domain of Methodology
    versus Epistemology and Logic. In: Dialectica 26/1972, pp. 83-
    92
Arcier, G.P.: The Circulation of the Blood and Andrea Cesalpino, New
    York 1945
Aristotelismus und Renaissance. In memoriam Charles B. Schmitt, hg.
    von Eckhard Keßler, Charles H. Lohr und Walter Sparn, Wiesbaden
    1988 (= Wolfenbütteler Forschungen. 40)
Arndt, H.W.: Methodo scientifica pertractatum. Mos geometricus und
    Kalkülbegriff in der philosophischen Theorienbildung des 17.
    und 18. Jahrhunderts, Berlin/New York 1971
Ashworth, E.J.: Changes in Logic Textbooks from 1500 to 1650: The
    New Aristotelians. In: Aristotelismus und Renaissance. In
    memoriam Charles B. Schmitt, hg. von Eckhard Keßler, Charles
    H. Lohr und Walter Sparn, Wiesbaden 1988, pp. 75-87 (=
    Wolfenbütteler Forschungen. 40)
Ashworth, E.J.: Traditional Logic. In: The Cambridge History of
    Renaissance Philosopy, ed. by Charles B. Schmitt, Quentin
    Skinner, Eckhard Keßler, Jill Kraye, Cambridge Univ. Press
    1988, pp. 143-172
Asimow, Isaac: Kleine Geschichte der Chemie. Vom Feuerstein bis zur
    Kernspaltung, München 1969

---

[753] Im weiteren mit `HWPh´ abgekürzt.

Baeumker, Cl.: Handschriftliches zu den Werken des Alanus. In: Philosophisches Jahrbuch 6/1893, pp. 163-175 und 417-429

Baku, G.: Der Streit über den Naturbegriff am Ende des 17. Jahrhunderts. In: Zeitschrift für Philosophie und philosophische Kritik 98/1891, pp. 162-190

Balic, Karl: Bemerkungen zur Verwendung mathematischer Beweise und zu den Theoremata bei den scholastischen Schriftstellern. In: Wissenschaft und Weisheit 3/1936, pp. 191-217

Bardenhewer, Otto: Die pseudo-aristotelische Schrift über das reine Gute, bekannt unter dem Namen Liber de causis. Bearb. von O. Bardenhewer, Freiburg i. Br. 1882

Baron, H.: Towards a more Positive Evaluation of the 15th-Century Renaissance. In: Journal of the History of Ideas 4/1943, pp. 24 ff.

Battistini, Eugenio: Filippo Brunelleschi, Stuttgart/Zürich 1979

Baum, Paul Franklin: The Young Man betrothed to a Statue. In: Publications of the Modern Language Association, n.s. 27/1919, pp. 523-79

Baumgart, Peter/Hammerstein, Notker (Hgg.): Beiträge zu Problemen deutscher Universitätsgründungen der frühen Neuzeit, Neuteln/Liechtenstein 1978

Becker, Friedrich: Geschichte der Astronomie, Mannheim/Zürich 1968

Becker, Oskar: Grundlagen der Mathematik in geschichtlicher Entwicklung, Freiburg/München 1964

Becker, Ottfried: Das Bild des Weges und verwandte Vorstellungen im frühgriechischen Denken. In: Hermes, Einzelschriften 4/1937

Beckmann, Jan P.: Art. `Idee´ 9 in: HWPh Bd. 4, Basel/Stuttgart 1976, spp. 93 f.

Zu Begriff und Problem der Renaissance, hg. von August Buck, Darmstadt 1969 (= Wege der Forschung. 204)

Bellini, Angelo: Girolamo Cardano e il suo tempo, Milano 1947

Berger, Siegfried: Art. `Auguste Comte´. In: Metzlers Philosophen Lexikon, Stuttgart 1989, pp. 160-163

Berliner, Paul: Zur Problematik einer Ars inveniendi. In: Philosophia Naturalis 24/1987, pp. 186-198

Bérubé, C. (Ed.): Regnum hominis et regnum Dei, 2: Sectio specialis. La tradizione scotistica veneto-padovana, Rom 1978

Beveridge, W.I.B.: The Art of Scientific Investigation, New York 1957

Biagioli, Mario: The Social Status of Italian Mathematicians 1450-1600. In: History of Science 27/1989, pp. 41-95

Birch, T.: The History of the Royal Society of London, London 1756-57

Birkenmayer, Alexander: Zur Lebensgeschichte und wissenschaftlichen Tätigkeit von Giovanni Fontana (1395?-1455?). In: ISIS 17/1932, pp. 34-53

Black, Max: The Definition of Scientific Method. In: Science and Civilization, ed. by Robert C. Stauffer, University of Wisconsin Press 1949, pp. 67-95

Blair, Ann: Tycho Brahe´s Critique of Copernicus and the Copernican System. In: Journal of the History of Ideas 51/1990, pp. 355- 377

Blake, Ralph M./Ducasse, Curt J./Madden, Edward H.: Theories of Scientific Method: The Renaissance through the Nineteenth Century, New York/Philadelphia/London 1989

Blasche, S.: Art. `Qualität´. In: HWPh Bd. 7, sp. 1748-1752

Blum, Paul R.: Art. `Qualitas occulta´. In: HWPh Bd. 7, sp. 1743-1748

Blumenberg, Hans: Galileo Galilei. Sidereus Nuncius. Nachricht von neuen Sternen. Dialog über die Weltsysteme (Auswahl). Vermessung der Hölle Dantes. Marginalien zu Tasso, Frankfurt/M. 1965

Blumenberg, Hans: Neoplatonismen und Pseudoplatonismen in der Kosmologie und Mechanik der frühen Neuzeit. In: Le néoplatonisme. Colloques internationaux du Centre National de la Recherche scientifique. Sciences humaines (Royaumont 9.-13. Juin 1969), Paris 1971, pp. 447-474

Blumenberg, Hans: Cusaner und Nolaner, Frankfurt/M. 1975

Blumenberg, Hans: Die Genesis der kopernikanischen Welt Bd. 1-3, Frankfurt/M. 1981

Boas, G.: Philosophies of Science in Florentine Platonism. In: C.S. Singleton (Ed.): Art, Science, and History in the Renaissance, Baltimore/MD 1967, pp. 239-254

Boas, Marie: The Scientific Renaissance 1450-1630, New York 1962

Boas Hall, M. (Hg.): Nature and Nature´s Laws. Documents of the Scientific Revolutions, New York 1970

Bock, Gisela: Thomas Campanella. Politisches Interesse und philosophische Spekulation, Tübingen 1974

Böhme, Günther: Wirkungsgeschichte des Humanismus im Zeitalter des Rationalismus, Darmstadt 1988

Böhme, Günther u.a.: Die gesellschaftliche Orientierung des wissenschaftlichen Fortschritts, Frankfurt/M. 1978

Böhme, Günther /Schramm, E.: Soziale Naturwissenschaft, Frankfurt/M. 1985

Bonansea, Bernardino M.: Tommaso Campanella. Renaissance Pioneer of Modern Thought, Chicago 1969

Bonansea, Bernardino M.: Campanella´s Defense of Galileo. In: William A. Wallace (Ed.): Reinterpreting Galileo, Catholic

University of America Press 1986, pp. 205-239 (= Studies in
Philosophy and the History of Philosophie, vol. 15)
Borkenau, Franz: Der Übergang vom feudalen zum bürgerlichen
Weltbild, Paris 1934
Born, M.: Natural Philosophy of Cause and Chance, Oxford 1948
Bouasse, H.: De la méthode dans les sciences, Paris 4. Auflage 1915
Boyer, Marjorie: Art. `Pappus´. In: Catalogus Translationum et
Commentariorum, ed. by P.O. Kristeller/F. Edward Cranz, 6 Bde.,
Washington D.C. 1960-1971, pp. 205-213
Brehaut, Ernest: An Encyclopedist of the Dark Ages: Isidore of
Seville, New York 1912
Brett, Gerard: The Automata in the Byzantine `Throne of Solomon´. In:
Speculum 29/1954, pp. 477-87
Breuer, Dieter/Schanze, Helmut (Hgg.): Topik, München 1981
Brinckmann, B.: An Introduction to Franceso Patrizi´s `Nova de
universi philosophia´, New York 1941
Broadie, Alexander: Notion and Object. Aspects of Late Medieval
Epistemology, Oxford 1989
Bröcker, Walter: Aristoteles, 4. Aufl. Frankfurt/M. 1974
Bruce, J. Douglas: Human Automata in Classical Tradition and Medieval
Romance. In: Modern Philology 10/1913, pp. 11 ff.
Brunschvicg, L.: L´expérience humaine et la causalité physique, 3. Aufl.
Paris 1949
Buck, August (Hg.): Zu Begriff und Problem der Renaissance, Darmstadt
1969
Buck, August (Hg.): Renaissance - Reformation. Gegensätze und
Gemeinsamkeiten, Wiesbaden 1984 (= Wolfenbütteler
Abhandlungen zur Renaissanceforschung Bd. 5)
Bunge, Mario: Method, Model and Matter, Dordrecht/Boston 1973
Burke, John G. (Hg.): The Uses of Science in the Age of Newton,
Berkeley/Calif. 1983
Burckhardt, F.: Zur Erinnerung an Tycho Brahe (1546-1601), Basel 1901
Burckhardt, Jacob: Die Kultur der Renaissance in Italien. Ein Versuch, 10.
Aufl. Stuttgart 1976
Burr, G.: How the Middle Ages got their Name. In: American Historical
Review 20/1914/5, pp. 813-814
Burtt, Edwin Arthur: The Metaphysical Foundation of Modern
Physical Science, Atlantic Highlands/N.J. 1980 (ND 2. Aufl.
1952; Repr. der Ph.D.-Thesis, Columbia University 1925)
Bury, J.: The Idea of Progress. An Inquiry into its Origin and Growth, 2.
Aufl. New York 1955
Bussey, W.H.: The Origin of Mathematical Induction. In: American
Mathematical Monthly 24/1917, pp. 199-207

Butterfield, Herbert: The Origins of Modern Science 1300-1800, New York 1949, 2. Aufl. London 1957

Butts, Robert E. / Jaakko Hintikka (Eds.): Historical and Philosophical Dimensions of Logic, Methodology and Philosophy of Science. Part Four of the Proceedings of the Fifth International Congress of Logic, Methodology and Philosophy of Science, London, Ontario, Canada 1975, Dordrecht/Boston 1977

The Cambridge History of Renaissance Philosophy, ed. by Charles B. Schmitt, Quentin Skinner, Eckhardt Kessler und Jill Kraye, Cambridge University Press 1988

Canguilhem, Georges: Wissenschaftsgeschichte und Epistemologie. Gesammelte Aufsätze, hg. von Wolf Lepenies, Frankfurt/M. 1979

Cantor, Moritz: Vorlesungen über Geschichte der Mathematik, 2 Bde., Leipzig 1913

Carnap, Rudolf: Der logische Aufbau der Welt, Berlin 1928

Carnap, Rudolf: Die logische Syntax der Sprache, Wien 1934

Carnap, Rudolf: Logical Foundations of Probability, Chicago 1950

Carnap, Rudolf: The Continuum of Inductive Methods, Chicago 1952

Carnap, Rudolf /Stegmüller, Wolfgang: Induktive Logik und Wahrscheinlichkeit, Wien 1957

Carra de Vaux, B.: Les Mécaniques ou l´Elévateur de Héron d´Alexandrie sur la Version arabe de Qosta ibn Luqa. In: Journal asiatique, 9. ser., 1/1893, pp. 386-472 und 2/1893, pp. 152- 269 und 420-514

Carra de Vaux, B.: Le livre des appareils pneumatiques et des machines hydrauliques, par Philon de Byzance, Notices et extraits des manuscripts de la Bibliothèque Nationale 38/1903, pp. 27-235

Carugo, Adriano: Giuseppe Moleto: Mathematics and the Aristotelian Theory of Science at Padua in the Second Half of the 16th-Century Italy. In: Aristotelismo Veneto e Scienza Moderna, 2 Bde., ed. by Luigi Olivieri, vol. 1, Padua 1983, pp. 509-517

Cassirer, Ernst: Das Erkenntnisproblem in der Philosophie und Wissenschaft der neueren Zeit, 1. Bd., Darmstadt 1974 (ND der 3. Auflage 1922)

Cassirer, Ernst: Individuum und Kosmos in der Philosophie der Renaissance, Berlin 1927, 3. Aufl. Darmstadt 1969

Cassirer, Ernst: Mathematische Mystik und mathematische Naturwissenschaft. Betrachtungen zur Entstehungsgeschichte der exakten Wissenschaft. In: Lychnos 2/1940, pp. 248-265

Cassirer, Ernst/ Paul Oskar Kristeller/ John Herman Randall Jr. (Eds.): The Renaissance Philosophy of Man, The University of Chicago Press 1948

Caverni, Raffaelo: Storia del metodo sperimentale in Italia, I, Florenz 1891

Chenu, M.D.: Nature and Man: The Renaissance of the Twelfth-Century. In: Nature, Man and Society in the Twelfth Century, ed. and transl. by J. Taylor and L.K. Little, Chicago 1968, pp. 1-48

Cherniss, H.: Plato as Mathematician. In: Review of Metaphysics 4/1951, pp. 395-425

Christianson, John: Tycho Brahe´s Cosmology from the ´Astrologia´ of 1591. In: Isis 59/1968, pp. 312-318

Cianchi, Marco: Die Maschinen Leonardo da Vincis. Mit einer Einführung von Carlo Pedretti, Firenze 1984

Cipolla, C.: Clocks and Culture, New York 1967; wieder abgedruckt in : Ders.: European Culture and Overseas Expansion, Middlesex 1970

Clagett, Marshall: The Medieval Latin translations from the Arabic of the Elements of Euclid, with special emphasis on the versions of Adelard of Bath. In: Isis 44/1943, pp. 16-42

Clagett, Marshall: The Science of Mechanics in the Middle Ages, Madison/Wisconsin 1959.

Clagett, Marshall: Nicole Oresme. In: DSB 10/1974, pp. 223-230

Clagett, Marshall (Ed.): Critical Problems in the History of Science. Proceedings of the Institute for the History of Science at the University of Wisconsin, September 1-11, 1957, The University of Wisconsin Press, Madison 1962

Clouston, W.A.: On the Magical Elements in Chaucer´s Squire´s Tale, with Analogues. In: Chaucer Society Publications, ser. 2, 26/1889, pp. 263-476

Clubb, Louise George: Giambattista Della Porta, Dramatist, Princeton 1965

Clulee, N.H.: John Dee´s Mathematics and the Grading of Compound Qualities. In: Ambix 18/1971, pp. 178-211

Cohen, I. Bernard: Revolution in Science, Cambridge/Mass./London 1985

Collins, Edward Joseph: Mundus est fabula. The Context and Development of Descartes´ Scientific Thought, Ph.D.-Thesis Columbia 1971

Collins, J. Churton (Ed.): The Honorable Historie of Frier Bacon, and Frier Bongay. In: The Plays and Poems of Robert Greene, 2 vols., Oxford 1935

Comparetti, Domenico: Virgilio nel medio evo, 2 Bde., 2. Aufl. Firenze 1896

Coomaraswamy, Ananda K.: The Transformation of Nature in Art, New York 1990 (= Dover Books on Art History)

Cooper, L.: Aristotle, Galileo, and the Tower of Pisa, Ithaca/N.Y. 1935

Copenhaver, Brian P.: Scholastic Philosophy and Renaissance Magic in the De vita of Marsilio Ficinio. In: Renaissance Quarterly 37/1984, pp. 523-554

Copenhaver, Brian P.: Translation, Terminology and Style in Philosophical Discourses. In: The Cambridge History of Renaissance Philosophy, ed. by Charles B. Schmitt, Quentin Skinner, Eckhard Kessler, Jill Kraye, Cambridge University Press 1988, pp. 77-110

Copenhaver, Brian P.: Did Science Have a Renaissance? In: ISIS 83/1992, pp. 387-407

Cornford, Francis M.: Mathematics and Dialectic in the Republic VI-VII. In: Mind 41/1932, pp. 37-52 und 173-90

Cornford, Francis M.: Plato´s Cosmology: The Timaeus of Plato, London 1937

Cosenza, M. E.: Biographical and Bibliographical Dictionary of the Italian Humanists and of the World of Classical Scholarship in Italy, 1300-1800, Boston 1962

Cramer, Thomas (Hg.): Wege in die Neuzeit, München 1988

Cranz, F. Edward: A Bibliography of Aristotle Editions 1501-1600, 2nd ed. with addenda and revisions by Charles B. Schmitt, Baden-Baden 1984

Crapulli, G.: Mathesis universalis. Genesi di una idea nel XVI. secolo, Roma 1969

Crescini, A.: Le origine del metodo analitico nel Cinquecento, Udine 1965

Crescini, A.: Il Problema metodologico alle origine della scienza moderna, Roma 1972

Crespi, L.A.: La vita e le opere di F. Patrizi, Milano 1931

Criticism and the Growth of Knowledge, ed. by Imre Lakatos and Alan Musgrave, Cambridge University Press1970 (= Proceedings of the International Colloquium in the Philosophy of Science, London 1965. 4)

Crombie, Alistair Cameron: Augustine to Galilei: The History of Science A.D. 400-1650, New York/London 1953

Crombie, Alistair Cameron: Medieval and Early Modern Science. Vol. II: Science in the Later Middle Ages and Early Modern Times: XIII-XVII Centuries, Garden City/New York 1959

Crombie, Alistair Cameron: Scientific Change, London 1963

Crombie, Alistair Cameron: Sources of Galileo´s Early Natural Philosophy. In: Reason, Experiment, and Mysticism in the Scientific Revolution, ed. by M. L. Righini Bonelli and W. R. Shea, New York 1975, pp. 157-175

Crombie, Alistair Cameron: Mathematics and Platonism in the Sixteenth-Century Italian Universities and in Jesuit Educational Policy. In: Prismata: Naturwissenschaftsgeschichtliche

Studien, Festschrift für Willy Hartner, hg. von Y. Maeyama und W. G. Saltzer, Wiesbaden 1977, pp. 63-94

Crombie, Alistair Cameron: Philosophical Presuppositions and Shifting Interpretations of Galileo. In: Theory Change, Ancient Axiomatics, and Galileo´s Methodology, ed. by J. Hintikka et al., Dordrecht/Boston 1981, pp. 271-286 (= Proceedings of the 1978 Pisa Conference on the History and Philosophy of Science, vol. 1)

Cumston, Charles Green: Notes on the Life and Writings of Geronimo Cardano, Boston 1902

Daly, Peter M.: Emblem Theory. Recent German Contributions to the Characterization of the Emblem Genre, New York 1979

Daston, Lorraine: History of Science in an Elegiac Mode: E.A. Burtt´s Metaphysical Foundations of Modern Physical Science Revisited. In: ISIS 82/1991, pp. 522-531

Davis, Tenney L.: Roger Bacon´s Letter Concerning the Marvelous Power of Art and of Nature and Concerning the Nullity of Magic, Easton/Pennsylvania 1923

Debus, Allen G.: Yates´ `Giordano Bruno´ in ISIS 55/1964, pp. 389-91

Debus, Allen G.: `Renaissance Chemistry and the Work of Robert Fludd´. In: Ambix 14/1967, pp. 42-59

Debus, Allen G.: `Mathematics and Nature in the Chemical Texts of the Renaissance´. In: Ambix 15/1968, pp. 1-28

Debus, Allen G.: The Chemical Philosophy and the Scientific Revolution. In: William R. Shea (Ed.): Revolutions in Science: Their Meaning and Relevance, Canton/Massachusetts 1988, pp. 27-48

Diemer, Alwin: Was heißt Wissenschaft?, Meisenheim am Glan 1964

Diepgen, P.: Das Elixier, Frankfurt/M. 1951

Dijksterhuis, Eduard Jan: De mechanisering van het wereldbeeld, Amsterdam 1950, dtsch.: Die Mechanisierung des Weltbildes, Berlin/Heidelberg/New York 1983

Dingler, H.: Das Experiment. Sein Wesen und seine Geschichte, München 1928

Drake, Stillman/Drabkin, I.E.: Mechanics in Sixteenth-Century Italy, Madison/Wisconsin 1969

Drake, Stillman: Galileo Studies, Ann Arbor/Michigan 1970

Drake, Stillman: Galileo´s Experimental Confirmation of Horizontal Inertia: Unpublished Manuscripts. In: ISIS 64/1973, pp. 291-305

Drake, Stillman: The Evolution of the De Motu. In: ISIS 67/1976, pp. 239-250

Drake, Stillman: Galileo at Work: His Scientific Biography, Chicago/London. The University of Chicago Press 1978

Drake, Stillman: Cause, Experiment and Science. A Galilean Dialogue incorporating a new English Translation of Galileo´s "Bodies That Stay atop Water, or Move in It", Chicago/London. The University of Chicago Press 1981

Dreitzel, H.: Protestantischer Aristotelismus und absoluter Staat, Wiesbaden 1970

Drieschner, Michael: Einführung in die Naturphilosophie, 2. unveränderte Auflage Darmstadt 1991

Dülmen, Richard van: Kultur und Alltag in der frühen Neuzeit. Bd. 1: Das Haus und seine Menschen, München 1990

Dülmen, Richard van (Ed.): Entstehung des frühneuzeitlichen Europa 1550-1648, Frankfurt/M 1982

Duhem, Pierre: Etudes sur Léonard de Vinci: ceux qu´il a lus et ceux qui l´ont lu, Paris 1909

Duhem, Pierre: Le système du monde: Histoire des doctrines cosmologiques de Platon à Copernic, 10 Bde., Paris 1913-59

Duhem, Pierre: To save the Phenomena: An Essay on the Idea of Physical Theory from Plato to Galileo, transl. by Edward Doland and Chaninah Maschler, Chicago 1969

Durand, D. V.: Tradition and Innovation in 15th Century Italy. In: Journal of the History of Ideas 4/1943, pp. 112 ff.

Dyroff, Adolf: Giacomo Zabarella. Ein Beitrag zur Geschichte der Naturphilosophie im Zeitalter der Renaissance. In: Philosophisches Jahrbuch 61/1951, pp. 253-258

Eamon, William: Technology as Magic in the Late Middle Ages and the Renaissance. In: Janus. Revue internationale de l´histoire des sciences, de la médicine, de la pharmacie et de la technique 70/1983, pp. 171-212

Eamon, William: Science and Popular Culture in Sixteenth Century Italy: The `Professors of Secrets´ and Their Books. In: The Sixteenth Century Journal 16/1985, pp. 471-485

Easton, Stewart C.: Roger Bacon and His Search for a Universal Science, New York 1952

Eddington, A.: Philosophie der Naturwissenschaft, Bern 1949

Edelstein, Ludwig: Recent Trends in the Interpretation of Ancient Science. In: Journal of the History of Ideas 13/1952, pp. 573- 604

Edwards, William F.: The Averroism of Jacopo Zabarella. In: Atti del XII congresso internazionale di filosofia, Firenze 1958, IX, pp. 91-107

Edwards, William F.: The Logic of Iacopo Zabarella (1533-1589), Phil. Diss. Columbia Univ. New York 1960

Edwards, William F.: Randall on the Development of Scientific Method in the School of Padua - A Continuing Reappraisal. In: Naturalism and Historical Understanding. Essays on the

Philosophy of John Herman Randall, Jr., ed. by John P. Anton,
State University of New York Press,1967, pp. 53-67

Edwards, William F.: A Note on Galileo´s Poem Against the
Aristotelians. In: Telos 4/1969, pp. 80-82

Edwards, William F.: Jacopo Zabarella: A Renaissance Aristotelian´s View
of Rhetoric and Poetry and their Relation to Philosophy. In: Arts
libéraux et philosophie au Moyen Age (=Actes du quatrième
congrès international de philosophie médiévale, Montéal/Canada),
Montréal/Paris1969, pp. 843-854

Edwards, William F./Wallace, William A.: Galileo Galilei: Tractatio de
Praecognitionibus et Praecognitis and Tractatio de demonstratione,
Padua 1988

Einstein, Albert: Die Religiosität der Forschung. In: Mein Weltbild,
Amsterdam 1934, ND Frankfurt/M./Berlin/Wien 1981, pp. 18 ff.

Elkana, Y. (Hg.): The Interaction between Science and Philosophy,
London 1974

Engfer, Hans-Jürgen: Philosophie als Analysis. Studien zur
Entwicklung philosophischer Analysiskonzeptionen unter dem
Einfluß mathematischer Methodenmodelle im 17. und frühen
18. Jahrhundert, Stuttgart-Bad Cannstatt 1982 (= Forschungen
und Materialien zur deutschen Aufklärung, Abt. 2, Monographien
Bd.1)

Ermini, G.: Storia della Università di Perugia, Florenz 1947

Eucken, Rudolph: Geschichte der philosophischen Terminologie,
Leipzig 1879

Eucken, Rudolph: Einführung in die Philosophie des Geisteslebens,
Leipzig 1908

Fabian, B.: Der Naturwissenschaftler als Originalgenie. In:
Europäische Aufklärung, Festschrift für H. Dieckmann, hg. von
H. Friedrich und F. Schalk, München 1967, pp. 47-68

Favaro, Antonio: Galileo Galilei e lo studio di Padova, Firenze 1883,
I, pp. 78-105

Favaro, Antonio: Capitolo inedito e sconosciuto di Galileo Galilei
contro gli aristotelici. In: Atti del Reale Istituto Veneto di
scienze, lettere ed arti, ser. VII, 3/1891/2, pp.1-12

Favaro, Antonio: I lettori di Matematichi nella Universitá di Padova
dal Principio del secolo XIV alla Fine del XVI. In: Memorie e
Documenti per la Storia della Universitá di Padova, Padova
1922, pp. 1-70

Femiano, S.: La Metafisica di Tommaso Campanella, Milano 1968

Ferguson, Wallace K.: The Renaissance in Historical Thought. Five
Centuries of Interpretation, Cambridge/Boston/Massachusetts
1948

Feyerabend, Paul: Problems of Empiricism. In: Beyond the Edge of Certainty, ed. by Robert G. Colodny, Prentice Hall/Englewood Cliffs/N.J. 1965

Feyerabend, Paul: Bemerkungen zur Geschichte und Systematik des Empirismus. In: Grundfragen der Wissenschaften und ihre Wurzeln in der Metaphysik, hg. von P. Weingartner, Salzburg/München 1967, pp. 136-180

Feyerabend, Paul: Wider den Methodenzwang, 3. Aufl. Frankfurt/M. 1983

Feyerabend, Paul: Wissenschaft als Kunst, Frankfurt/M. 1984

Finocchiaro, Maurice A.: History of Science as explanation, Wayne State University Press, Detroit 1973

Fiorentino, Francesco: Bernardino Telesio, ossia studi storici su l´idea della natura nel Risorgimento Italiano, Bd. 1 und 2, Firenze 1872/4

Foucault, Michel: Les mots et les choses, Paris 1966

Frängsmyr, Tore: Revolution or Evolution: How to describe Changes in Scientific Thinking. In: William R. Shea (Ed.): Revolutions in Science. Their Meaning and Relevance, Washington D.C. 1988, pp. 164-173

French, P.J.: The World of an Elizabethan Magus´, London 1972

Freudenthal, Hans: Zur Geschichte der vollständigen Induktion. In: Archiv International d´Histoire des Sciences 6/1953, pp. 17- 37

Freudenthal, Hans (Hg.): The Concept and the Role of the Model in Mathematics and Natural and Social Sciences, Utrecht 1961

Frey, Gerhard: Zum naturwissenschaftlichen Systembegriff. In: Philosophia naturalis 1/1950, pp. 480-492

Frey, Gerhard: Gesetz und Entwicklung in der Natur, Hamburg 1959

Frey, Gerhard: Erkenntnis der Wirklichkeit, Stuttgart 1965

Frey, Gerhard: Können die Naturwissenschaften ontologische Aussagen machen? In: Grundfragen der Wissenschaften, pp. 103-119

Funkenstein, Amos: The Dialectical Preparation for Scientific Revolutions. On the Role of Hypothetical Reasoning in the Emergence of Copernican Astronomy and Galilean Mechanics. In: The Copernican Achievement, ed. by Robert S. Westman, University of California Press, Berkeley/Los Angeles/London 1975, pp. 165-203

Funkenstein, Amos: Revolutionaries on Themselves. In: William R. Shea (Ed.): Revolutions in Science, pp. 157-163

Funkenstein, Amos: Theology and the Scientific Imagination from the Middle Ages to the Seventeenth Century, Princeton/N.J. 1986

Gäbe, Lüder: Descartes´ Selbstkritik. Untersuchungen zur Philosophie des jungen Descartes, Hamburg 1972

Gadol, J.: Die Einheit der Renaissance: Humanismus, Naturwissenschaft und Kunst. In: August Buck (Hg.): Zu Begriff und Problem der Renaissance, Darmstadt 1966, pp. 395-426

Galileo Galilei: Sidereus Nuncius, Dialog über die Weltsysteme, Vermessung der Hölle Dantes, Marginalien zu Tasso, hg. und eingel. von Hans Blumenberg, Frankfurt/M. 1980

Galileo Reappraised, ed. by Carlo L. Golino, University of California Press (Berkeley and Los Angeles) 1966 (= UCLA Center for Medieval and Renaissance Studies. Contributions II)

Garin, Eugenio: Der italienische Humanismus, Bern 1947

Garin, Eugenio: Science and Civic Life in the Italian Renaissance, New York 1969

Garin, Eugenio: `Astrology in the Renaissance. The Zodiac of Live´, übers. von C. Jackson, J. Allen und C. Robertson, London 1983

Geldsetzer, Lutz: Begriffe und Ideale wissenschaftlicher Philosophie. In: Der Wissenschaftsbegriff. Historische und systematische Untersuchungen. Studien zur Wissenschaftstheorie, hg. von Alwin Diemer, Bd. 4, Meisenheim a. Gl. 1970, pp. 171-187

Gent, W.: Die Philosophie des Raumes und der Zeit, 2. Auflage Hildesheim 1962

Gentile, Giovanni: La Filosofia´, Milano 1904 ff.

Gentile, Giovanni: Bernardino Telesio. Con appendice bibliografica, Bari 1911

Gerl, Hanna-Barbara: Einführung in die Philosophie der Renaissance, Darmstadt 1989

Gerlach, W. / List, M.: Johannes Kepler. Leben und Werk, München 1966

Geschichte der Philosophie. Ideen, Lehren, hg. von Francois Châtelet, Bd. III: Die Philosophie der Neuzeit (16. und 17. Jahrhundert), Frankfurt/M./Berlin/Wien 1974

Geschichte der Philosophie in Text und Darstellung, Bd. 3: Renaissance und frühe Neuzeit, hg. von Stephan Otto, Stuttgart 1984

Giacobbe, G. C.: Il Commentarium de certitudine mathematicarum disciplinarum di Alessandro Piccolomini. In: Physis 14/1972, pp. 162-193

Giacobbe, G. C.: Francesco Barozzi e la Questio de certitudine mathematicarum. In: Physis 14/1972, pp. 357-374

Giacobbe, G. C.: La riflessione metamatematica di Pietro Catena. In: Physis 15/1973, pp. 178-196

Gilbert, Neal W.: Galileo and the School of Padua. In: Journal of the History of Philosophy 1/1963, nr. 2, 223-231

Gilson, Etienne: Les métamorphoses de la `Cité de Dieu´, Leuven 1952.

Gilson, Etienne: L´Humanisme médiéval´. In: Ders.: Les Idées et les lettres, 2. Aufl. Paris 1955

Gingerich, Owen: Johannes Kepler and the New Astronomy. In: Quarterly Journal of the Royal Astronomical Society 13/1972, pp. 346-373

Gingerich, Owen: Kepler, Johannes. In: Dictionary of Scientific Biography[754] 7/1973, pp. 289-312

Glanville, J.J.: Zabarella und Poinsot on the Object and Nature of Logic. In: Readings in Logic, ed. by Roland Houde, Dubuque/Iowa 1958, pp. 204-226

Gmelin, Johann Friedrich: Geschichte der Chemie. Seit dem Wiederaufleben der Wissenschaften bis an das Ende des 18. Jahrhunderts, Göttingen 1797, repr. Hildesheim 1965

Goldammer, K.: Art. `Magie´. In: HWPh, Bd. 5, sp. 631-636

Gooding, David: Thought in Action. Making Sense of Uncertainty in the Laboratory. In: Michael Shortland and Andrew Warwick (Eds.): Teaching the History of Science, Oxford/New York 1989

Goulemot, S.: De la Polémique sur la Révolution et les lumières et des Dix-Huitièmistes. In: Dix-Huitième Siècle 6/1974, pp. 235-242

Grabmann, Martin: Die Geschichte der scholastischen Methode, 2 Bde., Freiburg i. Br. 1909

Graus, F.: Das Spätmittelalter als Krisenzeit. Ein Literaturbericht als Zwischenbilanz. In: Mediaevalia Bohemica, Suppl. 1, 1969, pp. 1-75

Grendler, Paul F.: Education in the Renaissance and Reformation. In: Renaissance Quarterly 43/1990, pp. 774 ff.

Grundfragen der Wissenschaften und ihre Wurzeln in der Metaphysik (5. Forschungsgespräch am Internationalen Forschungszentrum für Grundfragen der Wissenschaften Salzburg), hg. von Paul Weingarten, Salzburg/München 1967

Gurvitsch, Georges: Art. `Natural Law´. In: Encyclopaedia of the Social Sciences, New York 1933, Bd. XI, pp. 284 f.

Hacking, Ian (Ed.): Scientific Revolutions, Oxford University Press 1983 (= Oxford Readings in Philosophy)

Hall, A. Rupert: The Scientific Revolution, 1500-1800: The Formation of the Modern Scientific Attitude, London 1954

Haller, Rudolf: Metaphysik und Sprache. In: Grundfragen der Wissenschaften, pp. 13-26

Hallyn, Fernand: The Poetic Structure of the World: Copernicus and Kepler, New York 1990

Hanson, Norwood Russell: Newton´s First Law: A Philosophers Door into Natural Philosophy. In: Beyond the Edge of Certainty, ed. by

---

[754] Im weiteren mit `DSB´ abgekürzt.

Robert G. Colodny, Prentice Hall/Englewood Cliffs/N.J. 1965, pp. 6-28

Haring, Nicholas M. (Ed.): The commentary of Gilbert of Poitiers on Boethius´ `De hebdomadibus´. In: Traditio 9/1953, pp. 182-211

Harris, Steven J.: Transposing the `Merton Thesis´: Apostolic Spirituality and the Establishment of the Jesuit Scientific Tradition, vorgesehen für `Science in Context´ (noch ungedruckt)

Hawking, Stephen W.: A Brief History of Time: From the Big Bang to Black Holes, New York 1988 (dtsch.: Eine kurze Geschichte der Zeit. Die Suche nach der Urkraft des Universums, mit einer Einleitung von Carl Sagan, übers. von Hainer Kober und Bernd Schmidt, Reinbek bei Hamburg 1991)

Heath, C. (Ed.): The Thirteen Books of Euclid´s Elements. Translated from the Text of Heiberg with Introduction and Commentary, 3 vols., Cambridge 1908 ff

Heiberg, Johan Ludvig: Beiträge zur Geschichte Georg Vallas und seiner Bibliothek, Leipzig 1896

Heiberg, Johan Ludvig: Mathematisches zu Aristoteles. In: Abhandlungen zur Geschichte der mathematischen Wissenschaften 18/1904, pp. 3-49

Heimpel, H.: Der Mensch in seiner Gegenwart, Göttingen 1954

Heimsoeth, Heinz: Die sechs großen Themen der abendländischen Metaphysik und der Ausgang des Mittelalters, 7. Aufl., Darmstadt 1981

Heinisch, Klaus J. (Hg.): Der Utopische Staat: Morus´ Utopia, Campanellas Sonnenstaat, Bacons Neu-Atlantis, übers. und hg. von, Reinbek bei Hamburg 1960

Heisenberg, Werner: Wandlungen in den Grundlagen der Naturwissenschaft, Leipzig 5. Auflage 1944

Heisenberg, Werner: The Development of the Interpretation of the Quantum Theory. In: Niels Bohr and the Development of Physics, London 1955

Heisenberg, Werner: Physik und Philosophie, Stuttgart 1959

Hellmann, Doris: Brahe, Tycho. In: Dictionary of Scientific Biography, vol. 2, pp. 401-416

Hempel, C.G.: Aspects of Scientific Explanation, New York 1965

Hesse, Mary B.: Hermeticism and Historiography: An Apology for the Internal History of Science. In: Minnesota Studies in the Philosophy of Science 5/1970, pp. 134-162

Hesse, Mary B.: Models and Analogies in Science, Univ. of Notre Dame Press 1970 (2. Aufl.)

Hill, Christopher: Intellectual Origins of the English Revolution, Oxford 1966

Hill, E.: The Role of "Le monstre" in Diderot´s Thought. In: Studies on
    Voltaire and the 18h-Century 97/1972, pp. 147-261
Hintikka, Jaackho/Remes, Uuto: The Method of Analysis. Its
    Geometrical Origin and Its General Significance (Boston Studies in
    the Philosophy of Science, 25), Dordrecht/Boston 1974
Hönigswald, Richard: Denker der italienischen Renaissance. Gestalten
    und Probleme, Basel 1938
Hogben, Lancelot: Mensch und Wissenschaft. Die Entstehung und
    Entwicklung der Naturwissenschaft aus den sozialen
    Bedürfnissen, Zürich 1948
Holton, Gerald: Johannes Kepler´s Universe: Its Physics and
    Metaphysics. In: American Journal of Physics 24/1956, pp. 340-
    351
Hooykaas, R.: Religion and the Rise of Modern Science, Edinburgh 1972
Howe, R.W. (Ed.): Science under Scrutiny. The Place of History and
    Philosophy of Science, Dordrecht/ Boston/ Lancaster 1983
Hutchison, Keith: What happened to Occult Qualities in the Sciencific
    Revolution? In: ISIS 73/1982, pp. 233-253
Huizinga, J.: Das Problem der Renaissance, Tübingen 1953
Ihde, Don: Instrumental Realism: The Interface between Philosophy
    of Science and Philosophy of Technology,
    Bloomington/Indianapolis Indiana University Press 1991
Ivins, William M. jr.: Art and Geometry, New York 1981
Jacobi, Klaus: Die Methode der cusanischen Philosophie,
    Freiburg/München 1969
Janich, P.: Die Prototypik der Zeit, Mannheim 1969
Jardine, Nicholas: Galileo´s Road to Truth and the Demonstrative
    Regess. In: Studies in History and Philosophy of Science
    7/1976, pp. 277-318
Jedin, H.: Vincenzo Quirini und Pietro Bembo. In: Miscellanea Giovanni
    Mercati (Studi e Testi, 124), Vaticano 4/1946, pp. 407-424
Johnson, Francis R. / Larkey, Sanford V.: Thomas Digges, the
    Copernican System and the Idea of the Infinity of the Universe.
    In: Huntington Library Bulletin 5/1934
Johnson, Francis R.: Astronomical Thought in Renaissance England,
    Baltimore 1937
Jones, H.S.V.: The Cléomadès and Related Folktales. In: Publications
    of the Modern Language Association, n.s. 23/1908, pp. 557-98
Jones, Richard F.: Ancients and Moderns: A Study of the Rise of the
    Scientific Movement in Seventeenth-Century England, St.
    Louis, Washington University Press 1961
Josten, C. H.: A Translation of John Dee´s `Monas Hieroglyphica´
    (Antwerpen 1564) with introduction and annotations. In: Ambix
    12/1964, pp. 84-221

Jüssen, G.: Art. `Doctrina`. In: HWPh Bd. 2, Basel/Stuttgart 1972, sp. 259 ff.

Juhos, Bela: Die logischen Ordnungsformen als Grundlage der empirischen Erkenntnis. In: The Foundations of Statements and Decisions, Warschau 1965, pp. 251-56

Juhos, Bela: Absolutbegriffe als metaphysische Voraussetzungen empirischer Theorien und ihre Relativierung. In: Grundfragen der Wissenschaften, pp. 120-135

Kamlah, Andreas: Kepler im Lichte der modernen Wissenschaftstheorie. In: Hans Lenk (Ed.): Neue Aspekte der Wissenschaftstheorie. Beiträge zur wissenschaftlichen Tagung des Engeren Kreises der Allgemeinen Gesellschaft für Philosophie in Deutschland, Karlsruhe 1970, pp. 205-220

Kamlah, W.: Christentum und Geschichtlichkeit, Stuttgart 5. Aufl. 1951

Kauppi, R.: Art. `Mathesis universalis´. In: HWPh, Bd. 5, Basel/Stuttgart 1980, sp. 937

Keller, Alexander: Mathematical Technologies and the Growth of the Idea of Technical Progress in the Sixteenth Century. In: Science, Medicine and Society in the Renaissance. Essays to Honor Walter Pagel, ed. by Allen G. Debus, New York 1972, I, pp. 11-27

Keller, Alexander: Mathematics, Mechanics and the Origins of the Culture of Mechanical Invention. In: Minerva. A Review of Science, Learning and Policy 23/1985, pp. 348-361

Keller, A.G.: Mathematics, Mechanics, and Experimental Machines in Northern Italy in the 16th-Century. In: M. Crosland (Ed.): The Emergence of Science in Western Europe, New York 1976, pp. 15-34

Kelsen, H.: Die Entstehung des Kausalgesetzes aus dem Vergeltungsprinzip. In: Erkenntnis 5/1940, pp. 69 ff.

Kelsen, H.: Vergeltung und Kausalität, Amsterdam 1941

Kerstein, G.: Art. `Alchemie´. In: HWPh Bd. 1, sp. 148-150

Keßler, Eckhard: Von der Psychologie zur Methodenlehre. Die Entwicklung des methodischen Wahrheitsbegriffes in der Renaissancepsychologie. In: Zeitschrift für philosophische Forschung 41/1987, pp. 548-570

Keßler, Eckhard/Lohr, Charles H./Sparn, Walter (Edd.): Aristotelismus und Renaissance, Wiesbaden 1988 (= Wolfenbütteler Forschungen, 40)

Kibre, Pearl: The Intellectual Interests Reflected in Libraries of the Fourteenth and Fifteenth-Centuries. In: Journal of the History of Ideas 7/1946, pp. 257-297

Kieckhefer, Richard: Magic in the Middle Ages, Cambridge University Press, Cambridge/New York 1989

Kilpatrick, J. (Ed.): Explorations in Transactional Psychology, New York 1961

Klemm, Friedrich: A History of Western Technology, transl. by D.W. Singer, Cambridge/Massachusetts 1964

Kobusch, Th.: Art. `Metaphysik´ 4 und 5. In: HWPh, Bd. 5. sp. 1233-1238

Kockelmans, Joseph J. (Ed.): Philosophy of Science. The Historical Background, New York/London 1968

Kondylis, Panajotis: Die Aufklärung im Rahmen des neuzeitlichen Rationalismus, Stuttgart 1981

Koselleck, Reinhart: `Neuzeit´. Zur Semantik moderner Bewegungsbegriffe. In: Ders. (Hg.): Studien zum Beginn der modernen Welt, Stuttgart 1977, pp. 264-299

Koyré, Alexandre: Etudes galiléennes, 3 vols., Paris 1939

Koyré, Alexandre: Galileo and Plato. In: Journal of the History of Ideas 4/1943, pp. 400-428

Koyré, Alexandre: Galileo and the Scientific Revolution of the Seventeenth Century. In: The Philosophical Review 52/1943, pp. 333-348

Koyré, Alexandre: An Experiment in Measurement. In: Proceedings of the American Philosophical Society 97/1953, pp. 222-237

Koyré, Alexandre: Influence of Philosophical Trends on the Formulation of Scientific Theories. In: The Validation of Scientific Theories, ed. by Ph. Frank, Boston 1954

Koyré, Alexandre: From the Closed World to the Infinite Universe, Johns Hopkins University Press, Baltimore 1957, dtsch.: Von der geschlossenen Welt zum unendlichen Universum, Frankfurt/M. 1969, 2. Aufl. 1980

Koyré, Alexandre: Galileo´s Treatise `De motu gravium´: The Use and Abuse of Imaginary Experiment. In: Revue d´Histoire des Sciences 13/1960, pp. 197-245

Koyré, Alexandre: La révolution astronomique: Copernic, Kepler, Borelli, Paris 1961

Koyré, Alexandre: Etudes d´histoire de la pensée scientifique, Paris 1966

Koyré, Alexandre: Metaphysics and Measurement: Essays in the Scientific Revolution, Cambridge, Massachusetts 1968

Koyré, Alexandre: Galileo Studies, transl. by John Mepham, Atlantic Highlands, N.J. 1978

Koyré, Alexandre: Galilei. Die Anfänge der neuzeitlichen Wissenschaft, Berlin 1988

Krafft, Fritz: `La Théorie physique - Son objet et sa structure. In: Revue philosophique, Paris 1906

Krafft, Fritz: Der Mathematikos und der Physikos. In: Beiträge zur Geschichte der Wissenschaften und der Technik 5/1965, pp. 5 ff.

Krafft, Fritz: Johannes Keplers Beitrag zur Himmelsphysik. In: Internationales Kepler-Symposion, hg. von F. Krafft, K. Meyer und B. Sticker, Stuttgart 1973, pp. 55-140, bes. 79-95

Krafft, Fritz: Art. `Kreis, Kugel´. In: HWPh, Bd. 4, Basel/Stuttgart 1976, sp. 1211-1226

Krafft, V.: Die Grundformen der wissenschaftlichen Methoden, Wien/Leipzig 1925 (=Sitzungsberichte der Akademie der Wissenschaften in Wien, philos.-historische Klasse, CCIII, 3)

Kristeller, Paul Oskar: The Modern System of the Arts. In: Renaissance Thougth, II, New York 1965, pp. 163-227

Kristeller, Paul Oskar: Iter Italicum, vol. 1, Leiden/London 1963, vol. 2 1967

Kristeller, Paul Oskar: Humanismus und Renaissance I. Die antiken und mittelalterlichen Quellen´, München 1974

Kristeller, Paul Oskar: Acht Philosophen der Renaissance, Weinheim 1986

Kristeller, Paul Oskar/Randall, John Herman Jr.: General Introduction. In: The Renaissance Philosophy of Man, ed. by Ernst Cassirer, Paul Oskar Kristeller and John Herman Randall, Jr., Chicago/London 1948

Krohn, Wolfgang: Zur soziologischen Interpretation der neuzeitlichen Wissenschaft. In: Edgar Zilsel: Die sozialen Ursprünge der neuzeitlichen Wissenschaft, 2. Aufl. Frankfurt/M. 1985

Kuhn, Thomas S.: The Problem of the Planets. In: Ibid.: The Copernican Revolution. Planetary Astronomy in the Development of Western Thought, Cambridge/Mass. 1957, repr. 1985

Kuhn, Thomas S.: The Essential Tension: Tradition and Innovation in Scientific Research. In: C. W. Taylor (Ed.): The Third University of Utah Research Conference on the Identification of Scientific Talent, Salt Lake City 1959

Kuhn, Thomas S.: The Structure of Scientific Revolutions, Chicago 1962

Kuhn, Thomas S.: Die Entstehung des Neuen. Studien zur Struktur der Wissenschaftsgeschichte, hg. von Lorenz Krüger, Frankfurt/M. 1977

Kutschera, Franz von: Wissenschaftstheorie I. Grundzüge der allgemeinen Methodologie der empirischen Wissenschaften, München 1972

Lacroix, J.: La sociologie d´Auguste Comte, 4. Aufl. Paris 1973

Laistner, M.L.W.: Notes on Greek from the Lecturers of a Ninth Century Monastery Teacher. In: Bulletin of the John Rylans Library 7/1922/23, pp. 439 ff.

Lakatos, Imre: Proofs and Refutations. In: The British Journal for the Philosophy of Science 14/1963/4, pp. 24 ff.

Lakatos, Imre: Demarcation Criterion and Scientific Research Programs.
In: Problems in the Philosophy of Science, ed. by I. Lakatos and A.
Musgrave, Amsterdam 1967

Lakatos, Imre/Musgrave, A. (Eds.): Criticism and the Growth of
Knowledge, Harvard University Press, Cambridge/Mass. 1970

Lamprecht, F.: Zur Theorie der humanistischen Geschichtsschreibung.
Mensch und Geschichte bei Francesco Patrizi, Diss.
Zürich/Winterthur 1950

Landé, A.: Dualismus, Wissenschaft und Hypothese. In: Ders.: W.
Heisenberg und die Physik unserer Zeit, Braunschweig 1961

Lang, A.: Die theologische Prinzipienlehre der mittelalterlichen
Scholastik, Freiburg 1964

Laudan, Larry: The Sources of Modern Methodology. In: Historical and
Philosophical Dimensions of Logic, Methodology and Philosophy
of Science. Part Four of the Proceedings of the 5th
International Congress of Logic, Methodology and Philosophy of
Science, London, Ontario, Canada in 1975, Dordrecht/Boston
1977, pp. 3-19

Lefebvre, G.: Foules révolutionaires. In: Annales Historiques de la
Révolution Francaise 11/1934, pp. 1-26

Leinsle, Ulrich Gottfried: Das Ding und die Methode. Methodische
Konstitution und Gegenstand der frühen protestantischen
Metaphysik, 2 Bde., Augsburg 1985

Leinsle, Ulrich Gottfried: Methodologie und Metaphysik bei den
deutschen Lutheranern um 1600. In: Aristotelismus und
Renaissance. In memoriam Charles B. Schmitt, hg. von Eckhard
Keßler, Charles H. Lohr und Walter Sparn, Wiesbaden 1988, pp.
149-161 (=Wolfenbütteler Forschungen. 40)

Lenk, Hand (Ed.): Neue Aspekte der Wissenschaftstheorie. Beiträge
zur wissenschaftlichen Tagung des Engeren Kreises der
Allgemeinen Gesellschaft für Philosophie in Deutschland,
Karlsruhe 1970, Braunschweig 1971

Lennox, James G.: Aristotle, Galileo, and `Mixed Science´. In:
Reinterpreting Galileo, ed. by William A. Wallace, The Catholic
University of America Press, Washington, D.C. 1986, pp. 29-51

Lévy-Brühl, L.: La philosophie de Comte, Paris 1900

Lewis, Christopher: The Merton Tradition and Kinematics in Late
Sixteenth and Early Seventeenth Century Italy, Padua 1980

Lichtenstein, L.: Die Philosophie von E. Meyerson, Leipzig 1928

Lightman, Alan/Brawer, Roberta: Origins - The Lives and Worlds of
Modern Cosmologists, Harvard University Press,
Cambridge/Mass. 1990

Lindberg, David C.: On the Applicability of Mathematics to Nature: Roger Bacon and his Predecessors. In: British Journal for the History of Science 15/1982, pp. 3-25

Löwith, Karl: Weltgeschichte und Heilsgeschehen, Stuttgart 1953

Lohr, Charles H.: Medieval Latin Aristotle Commentaries: Authors: Narcissus-Richardus. In: Traditio 28/1972, 281-396

Lohr, Charles H.: Renaissance Latin Aristotle Commentaries: Authors A-B. In: Studies in the Renaissance 21/1974, pp. 228-289, continued in the Renaissance Quarterly; Authors C. In: op. cit. 28/1975, pp. 689-741; Authors D-F. In: op. cit. 29/1976, pp. 714-745; Authors G-K. In: op. cit. 30/1977, pp. 681-741; Authors L-M. In: op. cit. 31/1978, pp. 532-603; Authors N-Ph. In: op. cit. 32/1979, pp. 529-580; Authors Pi-Sm. In: op. cit. 33/1980, pp. 623-734; Authors So-Z. In: op. cit. 35/1982, pp. 164-256

Lohr, Charles H.: The Sixteenth-Century Transformation of the Aristotelian Natural Philosophy. In: Aristotelismus und Renaissance. In memoriam Charles B. Schmitt, hg. von Eckhard Keßler, Charles H. Lohr und Walter Sparn, Wiesbaden 1988, pp. 89-99 (= Wolfenbütteler Forschungen. 40)

Lorenz, S./Mojsisch, B./Schröder, W.: Art. `Naturphilosophie´ in HWPh Bd. 6, Basel/Stuttgart 1984, sp. 535 ff.

Lorenzen, Paul: Das menschliche Fundament der Mathematik. In: Grundfragen der Wissenschaften..., pp. 27-36

Lorenzen, Paul/Schwemmer, Oswald: Konstruktive Logik, Ethik und Wissenschaftstheorie, Frankfurt/M. 1973

Lovejoy, Arthur O.: The Great Chain of Being, Cambridge/Massachusetts 1936

Lucas-Dubreton, Jean: Le monde enchanté de la Renaissance: Jerôme Cardan l´halluciné, Paris 1954

Maas, Jörg F.: Art. `Nelson Goodman´. In: Metzler Philosophen Lexikon, hg. von Bernd Lutz, Stuttgart 1989, pp. 290-92

Maas, Jörg F.: Zur Rationalität des vermeintlich Irrationalen - Einige Überlegungen zu Funktion und Geschichte des Diagramms in der Philosophie. In: Diagrammtik und Philosophie, hg. von P. Gehring, T. Keutner, J.F. Maas und W. Ueding, Amsterdam/Atlanta, GA 1991

Maas, Jörg F.: The Dissolution of Contradictory Patterns of Explications: Method and the Interdependencies between Logic and Mathematics in the 16th and 17th centuries. In: Historia Scientiarum 1,1/1991, pp. 63-70

Maas, Jörg F. (Hg.): Das sichtbare Denken. Modelle und Modellhaftigkeit in der Philosophie und den Wissenschaften, Amsterdam/Atlanta, GA 1993

Mach, Ernst: Die Mechanik in ihrer Entwicklung. Historisch-kritisch dargestellt, Frankfurt/M. 1982 (unveränderter ND der Ausgabe Leipzig 1912)

Mach, Ernst: Erkenntnis und Irrtum. Skizzen zur Psychologie der Forschung, Unveränderter reprografischer Nachdruck der 5., mit der 4. übereinstimmenden Aufl., Lepzig 1926, Darmstadt 1991

Machamer, P.: Galileo and the Causes. In: New Perspectives on Galileo, ed. by R.E. Butts and J.C. Pitt, Dordrecht/Boston 1978, pp. 161-180

Maclean, Ian: The Interpretation of Natural Signs: Cardano´s De subtilitate versus Scaliger´s Exercitationes. In: Brian Vickers (Ed.): Occult and Scientific Mentalities in the Renaissance, Cambridge University Press 1984, pö. 231-252

Mahoney, Edward P. (Ed.): Philosophy and Humanism. Renaissance Essays in Honor of Paul Oskar Kristeller, Leiden 1976

Maier, Anneliese: Die Anfänge des physikalischen Denkens im 14. Jahrhundert. In: Philosophia Naturalis 1/1950, pp. 7-35

Mansion, A.: Introduction à la Physique aristotelienne, Louvain/Paris 1946

Markova, L.A.: Difficulties in the Historiography of Science. In: Historical and Philosophical Dimensions of Logic, Methodology and Philosophy of Science (Part four of the Proceedings of the Fifth International Congress of Logic, Methodology and Philosophy of Science, London, Ontario, Canada 1975), ed. by Robert E. Butts and Jaakko Hintikka, Dordrecht/Boston 1977, pp. 21-30. (= The University of Western Ontario Series in Philosophy of Science. 12)

Markowski, Mieczyslaw: Astronomica et astrologica Cracoviensi ante annum 1550, Florenz 1990 (= Istituto Nazionale di Studi sul Rinascimento, Studi e Testi 20)

Martin, Gottfried: Einleitung in die allgemeine Metaphysik, Stuttgart 1984

Martin, Alfred von: Soziologie der Renaissance, 3. Aufl. München 1974

Martines, L.: The Social World of the Florentine Humanists, 1390-1460, Princeton University Press 1963

May, K.O.: Bibliography and Research Manual of the History of Mathematics, Toronto 1973

McKeon, Richard: Aristotle´s Conception of Scientific Method. In: Roots of Scientific Thought. A Cultural Perspective, ed. by Philip P. Wiener and Aaron Noland, New York 1956

Mebane, John S.: Renaissance Magic and the Return of the Golden Age: The Occult Tradition and Marlow, Johnson, and Shakespeare, Lincoln, University of Nebraska Press 1989

Medawar, P.B.: Is the Scientific Paper a Fraud? In: D. Edge (Ed.):
   Experiment, London 1964, pp. 7-12
Meinel, Christoph (Hg.): Die Alchemie in der europäischen Kultur- und
   Wissenschaftsgeschichte, Wiesbaden 1986 (= Wolfenbütteler
   Forschungen, 32)
Meli, Domenico Bertoloni: Federico Commandino and His School. In:
   Stud. Hist. Phil. Sci. 20/1989, pp. 397-403
Menne, Albert: Einführung in die Methodologie: elementare allgemeine
   wissenschaftliche Denkmethoden im Überblick, 2. verbesserte
   Auflage, Darmstadt 1984
Menze, C.: Art. `Humanismus´. In: HWPh, Bd. 3, sp. 1217 ff.
Mercier, A./Schaer, J.: Die Idee einer einheitlichen Theorie, Berlin 1965
   (=Erfahrung und Denken, 14)
Merton, Robert K.: Auf den Schultern von Riesen. Ein Leitfaden durch
   das Labyrinth der Gelehrsamkeit, Frankfurt/M. 1980
Merton, Robert K.: Science, Technology, and Society in Seventeenth
   Century England, New York 1970
Mertz, Donald W.: On Galileo´s Method of Causal Proportionality. In:
   Studies in History and Philosophy of Science 11/1980, pp. 229-242
Meurers, Joseph: Kosmologie heute. Eine Einführung in ihre
   philosophischen und naturwissenschaftlichen Problemkreise,
   Darmstadt 1984
Meyerson, E.: Identité et réalité, Paris 1908, dtsch.: Identität und
   Wirklichkeit, Frankfurt/M. 1930
Mill, John Stuart: Auguste Comte and Positivism, London 1882, ND
   Michigan 1961
Mittelstrass, Jürgen: Die Rettung der Phänomene, Diss. Erlangen 1962
Mittelstrass, Jürgen: Neuzeit und Aufklärung. Studien zur
   Entstehung der neuzeitlichen Wissenschaft und Philosophie,
   Berlin 1970
Mittelstrass, Jürgen: Changing Concepts of the A Priori. In: Historical and
   Philosophical Dimensions of Logic, Methodology and Philosophy of
   Science (Part four of the Proceedings of the Fifth International
   Congress of Logic, Methodology and Philosophy of Science, London,
   Ontario, Canada 1975), ed. by Robert E. Butts and Jaakko Hintikka,
   Dordrecht/Boston 1977, pp. 113-128. (= The University of Western
   Ontario Series in Philosophy of Science. 12)
Mittelstrass, Jürgen: Nature and Science in the Renaissance. In: R.S.
   Woolhouse (Ed.): Metaphysics and Philosophy of Science in the
   17th and 18th centuries: Essays in honour of Gerd Buchdahl,
   Dordrecht/Boston 1988, pp. 17-43
Moceck, Reinhard: Art. `Wissenschaftstheorie´. In: Europäische
   Enzyklopädie zu Philosophie und Wissenschaften, hg. von Hans
   Jörg Sandkühler u.a., Bd. 4, Hamburg 1990

Molland, A.G.: Roger Bacon as a Magician. In: Traditio 30/1974, pp. 445-60

Moody, Ernest A.: Galileo and his Precursors. In: Galileo Reappraised, ed. by Carlo L. Golino, Univ. of California Press, Berkeley and Los Angeles 1966, pp. 23-43

Moran, Bruce T.: German Prince Practitioners: Aspects in the Development of Courtly Science, Technology and Procedure in the Renaissance. In: Technology and Culture 22/1981, pp. 253-74

Moran, Bruce T.: Christoph Rothmann, the Copernican Theory and Institutional and Technical Influences on the Criticism of Aristotelian Cosmology. In: Sixteenth-Century Journal 13/1982, pp. 90-97

Moran, Bruce T.: The Alchemical World of the German Court: Occult Philosophy and Chemical Medicine in the Circle of Moritz of Hessen (1572-1632), Stuttgart 1991 (= Sudhoffs Archiv. Zeitschrift für Wissenschaftsgeschichte, Beiheft 29)

Morley, Henry: The Life of Girolamo Cardano of Milan, 2 vols., London 1854

Müller, W.: Basilius Valentinus. In: Lexikon bedeutender Chemiker, Frankfurt/M. 1989

Müller-Jahncke, Wolf-Dieter: Die Renaissance-Magie zwischen Wissenschaft und Dämonologie. In: Zwischen Wahn, Glaube und Wissenschaft. Magie, Astrologie, Alchemie und Wissenschaftsgeschichte, hg. von Jean-Francois Bergier, Zürich 1988, pp. 127-140

Mumford, L.: The Myth of the Machine, The Pentagon of Power II, New York 1970

Murdoch, John E.: Rationes mathematice: Un aspect du rapport des mathématiques et de la philosophie au Moyen Age, Université de Paris, Paris 1962

Murdoch, John E.: Euclid: Transmission of the Elements. In: Dictionary of Scientific Biography, ed. by Charles Coulston Gillispie, New York 1978, vol. 4, pp. 437-59

Murdoch, John E.: Mathesis in philosophiam scholasticam introducta: The Rise and Development of the Application of Mathematics in Fourteenth Century Philosophy and Theology. In: Arts libéraux et philosophie au Moyen Age, Paris/Montréal 1969, pp. 215-65

Murdoch, John E.: George Sarton and the Formation of the History of Science. In: Belgium and Europe. Proceedings of the International Francqui-Colloquium, Brussels-Ghent, 12-14. November 1981, pp. 123-138

Murdoch, John E.: Alexandre Koyré and the History of Science in America: Some Doctrinal and Personal Reflections. In: History and Technology 4/1987, pp. 71-79

Nadel, G.: Philosophy of History before Historicism. In: History and Theory 3/1964, pp. 291-315

Naess, Arne: Physics and the Variety of World Pictures. In: Grundfragen der Wissenschaften..., pp. 181-189

Nagelschmidt, P.: A System of Synthetic Philosophy. In: Franco Volpi (Hg.): Lexikon der philosophischen Werke, Stuttgart 1988

Napoli, Giovanni di: Fisica e metafisica in Bernardino Telesio. In: Rass. Sci. Filos. 6/1953, pp. 22-69

Naudé, G.: Apologie pour tous les Grands Personnages qui ont esté faussement soupconnez de Magie, Paris 1625, repr. London 1972

Negt, Oskar: Die Konstituierung der Soziologie als Ordnungswissenschaft, 2. Aufl. Frankfurt/M. 1974

Nelson, John S./Megill, Allan/McCloskey, Donald N. (Eds.): The Rhetoric of the Human Sciences, University of Wisconsin, Madison 1987

Newman, William: Technology and Alchemical Debate in the Late Middle Ages. In: ISIS 80/1989, pp. 423-445

Nobis, Heribert M.: Die Umwandlung der mittelalterlichen Naturvorstellung. Ihre Ursachen und ihre wissenschafts-geschichtlichen Folgen. In: Archiv für Begriffsgeschichte 13/1969, pp. 34-57

Oeing-Hanhoff, Ludger: Wesen und Formen der Abstraktion nach Thomas von Aquin. In: Philosophisches Jahrbuch 71/1963, pp. 14 ff.

Oeing-Hanhoff, Ludger: Art. `Analyse/Synthese´. In: HWPh, Bd. 1, Basel/ Stuttgart 1971, sp. 232 ff.

Olivieri, Luigi (Ed.): Aristotelismo veneto e scienza moderna, 2 vols., Padua 1983

Olschki, L.: Geschichte der neusprachlichen wissenschaftlichen Literatur, 3 Bde.: 1. Die Literatur der Technik und der angewandten Wissenschaften vom Mittelalter bis zur Renaissance, Heidelberg 1919; 2. Bildung und Wissenschaft im Zeitalter der Renaissance in Italien, Leipzig/Firenze/Roma/ Genève 1922; 3. Galileo und seine Zeit, Halle 1927

O´Malley, C.D.: The Lure of Padua. In: Medical History 14/1970, pp. 1-9

Opitz, Peter Joachim: Aufbruch in die Moderne. Zur Entstehung des neuzeitlich-wissenschaftlichen Denkens. In: Kulturelle Konfrontation oder interkulturelles Lernen, hg. von der Otto Benecke Stiftung, Baden Baden 1987

Otto, S. (Hg.): Renaissance und Frühe Neuzeit, Stuttgart 1984

Owen, S.: ΤΙΔΕΝΑΙ ΤΑ ΦΑΙΝΟΜΕΝΑ In Aristotle, ed. by Moravczik, New
    York 1967
Pacey, A.: The Maze of Ingenuity: Ideas and Idealism in the
    Development of Technology, London 1974, hier: New York 1975
Pagel, Walter: Paracelsus, an Introduction to Philosophical Medicine in
    the Era of the Renaissance, Basel/New York 1958
Papuli, Giovanni: La dimostrazione potissima per Gerolamo Balduino
    e nella logica dello Zabarella. In: Annali della facoltà di lettere
    e filosofia 10/1965, pp. 283-323
Pasternack, Gerhard (Hg.): Philosophie und Wissenschaften: Das
    Problem des Apriorismus. Materialien des Symposiums
    Philosophie und Wissenschaften: Das Problem des Apriorismus
    vom 12. bis 14.2.1986 an der Universität Bremen,
    Frankfurt/M./Bern/New York/Paris 1987 (= Philosophie und
    Geschichte der Wissenschaften. Studien und Quellen, 11)
Pearson, K.: The Grammar of Science, 2nd ed. London 1900
Pellegrini, F.: Vita di G. Fracastoro con la versione di alcuni suoi
    canti, Verona 1952
Petersen, P.: Geschichte der Aristotelischen Philosophie im
    Protestantischen Deutschland, Leipzig 1921
Piccione, P. (Ed.): Against the Aristotelians by Galileo Galilei. In: Telos
    4/1969, pp. 62-80
Pitt, Joseph C.: Galileo: Causation and the Use of Geometry. In: New
    Perspectives on Galileo, ed. by R.E. Butts and J.C. Pitt,
    Dordrecht/Boston 1978, pp. 181-195
Poincaré, Henri: Science and Hypothesis, London/Newcastle-on-Tyne
    1905
Popkin, Richard H.: The History of Scepticism from Erasmus to
    Descartes, New York 1964
Popkin, Richard H.: Scepticism, Theology and the Scientific Revolution in
    the Seventeenth Century. In: Imre Lakatos/Alan Musgrave (Eds.):
    Problems in the Philosophy of Science. Proceedings of the
    International Colloquium in the Philosophy of Science, London
    1965, vol. 3, Amsterdam 1968, pp. 1-28
Popper, Karl R.: On the Status of Science and of Metaphysics (Two radio
    talks). In: Ratio 1 (nr. 2)/1957/8, pp. 97-115
Popper, Karl R.: Logik der Forschung, 2. Aufl. Tübingen 1966
Popper, Karl R.: Revolution oder Reform?, hg. von F. Stark, Stuttgart
    1971
Poppi, A: La dottrina della scienza in Giacomo Zabarella, Padua 1972
Prantl, G.: Galilei und Kepler als Logiker, München 1875 (=
    Sitzungsberichte der Bayerischen Akademie der Wissenschaften,
    philos.-philologische Klasse)

Premuda, L.: Pensiero e dottrina di G. Fracastoro a quatrocento anni
dalla suo morte. In: Minerva medica 46/1955, pp. 775-781

Priesner, Claus: Johann Thoelde und die Schriften des Basilius
Valentinus. In: Die Alchemie in der europäischen Kultur- und
Wissenschaftsgeschichte, hg. von Christoph Meinel, Wiesbaden
1986

Prins, J.: The Influence of Agricola and Melanchton on Hobbes´ Early
Philosophy of Science. In: F. Akkerman/A.J. Vanderjagt (Eds.):
Rodolphus Agricola Phrisius, 1444-1485: Proceedings of the
International Conference..., Leiden 1988, pp. 293-301

Proctor, Robert E.: The Studia Humanitatis: Contemporary
Scholarship and Renaissance Ideals. In: Renaissance Quarterly
43/1990, pp. 813-817

Prowe, Leopold: Nicolaus Copernicus, 2 Bde., Berlin 1883-4 (ND
Osnabrück 1967)

Randall, John Herman Jr.: The Development of Scientific Method in the
School of Padua. In: Journal of the History of Ideas 1/1940, pp.
177-206, wieder abgedruckt in: Ders.: The School of Padua and the
Emergence of Modern Science, Padua 1961, pp. 15-68

Randall, John Herman Jr.: The School of Padua and the Emergence of
Modern Science, Padova 1961 (= Saggi e Testi. 1)

Raphael, Max: Bild-Beschreibung. Natur, Raum und Geschichte in der
Kunst, Frankfurt/M. 1989

Rattansi, P.M.: The Intellectual Origins of the Royal Society´. In:
Notes and Records of the Royal Society 23/1968, pp. 129-43

Rattansi, P.M.: Some Evaluations of Reason in Sixteenth- and
Seventeenth-Century Natural Philosophy´. In: Changing
Perspectives in the History of Science, ed. by M. Teich und R.
Young, London 1973, pp. 148-66

Redondi, Pietro: Theology and Epistemology in the Scientific
Revolution. In: William R. Shea (Ed.): Revolutions in Science.
Their Meaning and Relevance, Washington, D.C. 1988, pp. 93- 116

Reif, P.: The Textbook Tradition in Natural Philosophy 1600-1650. In:
Journal of the History of Ideas 30/1969, pp. 17-32

Reinterpreting Galileo, ed. by William A. Wallace, The Catholic
University of America Press (Washington, D.C.) 1986 (Studies
in Philosophy and the History of Philosophy. 15)

Reitlinger, Edmund: Johannes Kepler, Stuttgart 1868

Renaissance - Reformation, Gegensätze und Gemeinsamkeiten.
Vorträge hg. von August Buck, Wiesbaden 1984
(=Wolfenbütteler Abhandlungen zur Renaissanceforschung. Bd.
5)

The Renaissance Philosophy of Man, Selections in Translation, ed. by
    Ernst Cassirer, Paul Oskar Kristeller and John Herman Randall, Jr.,
    Chicago/London 1948
Renaissance und frühe Neuzeit, hg. von Stephan Otto, Stuttgart 1984 (Bd.
    3 der Geschichte der Philosophie in Text und Darstellung, hg. von
    Rüdiger Bubner)
Renan, Ernest: Averroes et l´Averroisme, 3. Aufl. Paris 1866
Renoirte, F.: Philosophie der exakten Wissenschaften,
    Einsiedeln/Zürich/Köln 1955 (= Philosophia Lovanensis, 8)
Reuben, Hersh: siehe Davis, Philip J.
Rhigini Bonelli, M.L./Shea, W.R. (Eds.): Reason, Experiment, and
    Mysticism in the Scientific Revolution, New York 1975
Rice, Eugene F.: The Prefatory Epistles of Jacques Lefèvre d´Etaples
    and Related Texts, New York, Columbia University Press 1972
Rice, Eugene F.: The `De Magia naturali´ of Jacques Lefèvre d´Etaples. In:
    Philosophy and Humanism. Renaissance Essays in Honor of Paul
    Oskar Kristeller, ed. by Edward Mahoney, Leiden 1976, pp. 19-29
Rijk, L.M. de: Logica Modernorum. A Contribution to the History of Early
    Terminist Logic, 2 vols., Assen 1962/7
Rijk, L.M. de: Some Notes on the Twelfth Century Topic of the Three
    (Four) Human Evils and of Science, Virtue, and Techniques as
    Their Remedies. In: Vivarium 5/1967, pp. 8-15
Risse, Wilhelm: Zur Vorgeschichte der Cartesischen Methodenlehre.
    In: Archiv für Geschichte der Philosophie 45/1963, pp. 269-291
Risse, Wilhelm: Die Logik der Neuzeit, 1. Bd.: 1500-1640,
    Stuttgart/Bad Cannstatt 1964
Risse, Wilhelm: Einführung zu Jacobi Zabarellae Opera Logica,
    Hildesheim 1966, pp. v-xii
Ritter, J.: Art. `Fortschritt´. In: Historisches Wörterbuch der
    Philosophie Bd. 2, Basel/Stuttgart 1972, sp. 1032-1059
Rixner, Th./Siber, Th.: Leben und Lehrmeinungen berühmter Physiker
    am Ende des XVI. und am Anfang des XVII. Jahrhunderts als
    Beyträge zur Geschichte der Physiologie, 7 Bde., Sulzbach
    1819-1826
Robathan, Dorothy M.: Libraries of the Italian Renaissance. In:
    James Westfall Thompson (Ed.): The Medieval Library, New York
    1957, pp. 509-588
Robinson, Richard: Plato´s Earlier Dialectic, 2. Aufl. Oxford 1953
Röd, Wolfgang: Descartes´ Erste Philosophie. Versuch einer Analyse
    mit besonderer Berücksichtigung der Cartesianischen
    Methodologie, Bonn 1971 (= Kantstudien. Ergänzungshefte 103)
Röd, Wolfgang: Geschichte der Philosophie, Bd. VII: Die Philosophie
    der Neuzeit 1 - Von Francis Bacon bis Spinoza, München 1978

Romano, Ruggiero/Tenenti, Alberto (Eds.): Die Grundlegung der modernen Welt: Spätmittelalter, Renaissance, Reformation, Frankfurt/M. 1967

Rombach, Heinrich: Substanz, System, Struktur. I.: Die Ontologie des Funktionalismus und der philosophische Hintergrund der modernen Wissenschaft, Freiburg/München 1965

Rompe, E.M.: Die Trennung von Ontologie und Metaphysik. Der Ablösungsprozeß und seine Motivierung bei Benedictus Pererius und anderen Denkern des 16. und 17. Jahrhunderts, Stuttgart 1968

Ronchi, Vasco: Optics. The Science of Vision, New York 1957

Rose, Paul Lawrence: `Certitudo mathematicarum´ from Leonardo to Galileo. In: Leonardo nella scienza e nella tecnica. Atti del simposio internazionale di storia della scienza, Firenze-Vinci 23.-26. giugno 1969, pp. 43-49

Rose, Paul Lawrence/Drake, Stilman: The Pseudo-Aristotelian Questions in Mechanics in Renaissance Culture. In: Studies in the Renaissance 18/1971, pp. 65-104

Rose, Paul Lawrence: Letters illustrating the Career of Federico Commandino (1508-1575). In: Physis 15/1973, pp. 401-410

Rose, Paul Lawrence: Humanist Culture and Renaissance Mathematics: The Italian Libraries of the Quatrocento. In: Studies in the Renaissance 20/1973, pp. 46-105

Rose, Paul Lawrence: The Italian Renaissance of Mathematics. Studies on Humanists and Mathematicians from Petrarch to Galileo, Genève 1975 (= Travaux d´humanisme et Renaissance, 145)

Rose, Paul Lawrence: Professors of Mathematics at Padua University, 1521-1588. In: Physis 17/1975, pp. 300-304

Rose, Paul Lawrence: A Venetian Patron and Mathematician of the Sixteenth Century: Francesco Barozzi (1537-1604). In: Studi Veneziani. A cura dell´ Istituto di Storia della Società e dello Stato Veneziano e dell´ Istituto `Venezia e l´Oriente´ della Fondazione Giorgio Cini 1/1977, pp.119-153

Rosen, Edward: Renaissance Science as seen by Burckhardt and his successors. In: The Renaissance: A Reconsideration of the Theories and Interpretations of the Age, ed. by T. Helton, Madison/Wisconsin 1961

Rosen, Edward: Was Copernicus a Hermetist? In: Minnesota Studies in the Philosophy of Science 5/1970, pp. 163-171

Rosen, Edward: `Copernicus, Nicholas´. In: Dictionary of Scientific Biography, ed. by Charles Coulston Gillispie, Bd. 3, New York 1971, pp. 401-411

Rossi, Paolo: I Filosofi e le macchine (1400-1700), Milano 1971

Rossi, Paolo: Philosophy, Technology and the Arts in the Early
    Modern Era, New York 1972
Rossi, Paolo: Hermeticism, Rationality, and the Scientific
    Revolution. In: Righini Bonelli, M.L./Shea, William R. (Eds.):
    Reason, Experiment, and Mysticism in the Scientific
    Revolution, New York 1975, pp. 247-273
Roth, K. L.: Über den Zauberer Virgilius. In: Germania 4/1859, pp. 257-
    98
Russell, Bertrand: Philosophie des Abendlandes. Ihr Zusammenhang
    mit der politischen und sozialen Entwicklung', Darmstadt 1951
Sandkühler, Hans Jörg (Ed.): Europäische Enzyklopädie zu
    Philosophie und Wissenschaften, Bd.4, Hamburg 1990
Santillana, J. de: The Crime of Galileo, Chicago 1955
Sarton, George: Science in the Renaissance. In: The Civilization of the
    Renaissance, ed. by J.W. Thompson, Chicago 1929;
Sarton, George: The Appreciation of Ancient and Medieval Science
    during the Renaissance, Philadelphia 1955
Sarton, George: The Appreciation of Ancient and Medieval Science
    during the Renaissance (1450-1600), Philadelphia 1955, 3. Aufl.
    New York 1961
Sarton, George: The Life of Science. Essays in the History of
    Civilization, Indiana University Press 1960
Schepers, Heinrich: Andreas Rüdigers Methodologie und ihre
    Voraussetzungen. Ein Beitrag zur Geschichte der deutschen
    Schulphilosophie im 18. Jahrhundert, Köln 1959 (= Kantstudien,
    Ergänzungshefte, 78)
Schilpp, P. A. (Ed.): The Philosophy of Rudolf Carnap, Chicago 1963
Schlosser, Wolfhard: Fenster zum All. Instrumente und
    Beobachtungsmethoden in der Astronomie, Darmstadt 1990
Schmauderer, Eberhard (Hg.): Der Chemiker im Wandel der Zeiten,
    Weinheim 1973
Schmidt-Biggemann, Wilhelm: Topica universalis. Eine
    Modellgeschichte humanistischer und barocker Wissenschaft,
    Hamburg 1983
Schmitt, Charles B.: Experience and Experiment: A Comparison of
    Zabarella's View with Galileo's in De Motu. In: Studies in the
    Renaissance, vol. XVI, ed. by Richard Harrier, Lunenburg/Vt. 1969
Schmitt, Charles B.: Critical Survey and Bibliography of Studies on
    Renaissance Aristotelianism, 1958-1969, Padua 1971
Schmitt, Charles B.: The Faculty of Arts at Pisa at the Time of Galileo. In:
    Physis 14/1972, fasc. 3, pp. 242-272
Schmitt, Charles B.: Towards a Reassessment of Renaissance
    Aristotelianism. In: History of Science 11/1973, pp. 159-93

Schmitt, Charles B.: Philosophy and Science in 16th-Century Universities: Some Preliminary Comments. In: Murdoch, John E./Sylla, Edith Dudley (Eds.): The Cultural Context of Medieval Learning, Dordrecht/Boston 1975

Schmitt, Charles B.: Girolamo Borro´s Multae sunt nostrarum ignorationum causae (Ms. Vat. Ross. 1009). In: Philosophy and Humanism. Renaissance Essays in Honor of Paul Oskar Kristeller, ed. by Edward P. Mahoney, Leiden 1976, pp. 462-476

Schmitt, Charles B.: Cesare Cremonini: Un aristotelico al tempo di Galileo, Venezia 1980

Schmitt, Charles B.: Studies in Renaissance Philosophy and Science, London 1981

Schmitt, Charles B.: Aristotelianism in Renaissance England, Kingston/Montreal 1983

Schmitt, Charles B.: Aristotle and the Renaissance, Cambridge/Massachusetts 1983

Schmitt, Charles B.: Aristotelian Textual Studies at Padua: The Case of Francesco Cavalli. In: C.B.S.: The Aristotelian Tradition and Renaissance Universities, London 1984, pp. 287-314

Schmitt, Charles B.: The Aristotelian Tradition and Renaissance Universities, London 1984

Schmitt, Charles B.: Philosophy and Science in Sixteenth-Century Italian Universities. In.: C.B.S.: The Aristotelian Tradition and Renaissance Universities, London 1984, pp. 297-336

Schmitt, Charles B.: Science in the Italian Universities in the Sixteenth and Early Seventeenth Centuries. In: C.B.S.: The Aristotelian Tradition and Renaissance Universities, London 1984, pp. 35-56, wieder abgedruckt in: The Emergence of Science in Western Europe, ed. by Maurice Crosland, London/Basingstoke 1985, pp. 35-56

Schmitz, Rudolf: Medizin und Pharmazie in der Kosmologie Leonhard Thurnheissers zum Thurn. In: Zwischen Wahn, Glaube und Wissenschaft. Magie, Astrologie, Alchemie und Wissenschaftsgeschichte, hg. von Jean-Francois Bergier, Zürich 1988, pp. 141-166

Schnädelbach, Herbert: Probleme der Wissenschaftstheorie. Eine philosophische Einführung, Hagen 1980

Schneider, G.: Gott- das Nichtandere. Untersuchungen zum metaphysischen Grunde bei Nikolaus von Kues, Münster 1970

Schofield, Christine: The Geoheliocentric Mathematical Hypothesis in Sixteenth Century Planetary Theory. In: British Journal for the History of Science 2/1965, pp. 291-296

Schrimpf, Gangolf: Die Axiomenschrift des Boethius (De hebdomadibus) als philosophisches Lehrbuch des Mittelalters, Leiden 1966

Schrimpf, Gangolf: Art. ˋDisciplinaˊ. In: HWPh, Bd. 2, Basel/Stuttgart 1972, sp. 256 ff.

Schüling, Hermann: Die Geschichte der axiomatischen Methode im 16. und beginnenden 17. Jahrhundert, Hildesheim/New York 1969

Schuhmann, Karl: Zur Entstehung des neuzeitlichen Zeitbegriffs: Telesio, Patrizi, Gassendi. In: Philosophia Naturalis 25/1988, pp. 37-64

Schwedt, Georg: Zum 700. Todestag von Albertus Magnus. Sein Wirken und Wissen als Naturforscher des Mittelalters. In: Naturwissenschaftliche Rundschau 34/1981, pp. 181-187

Schwedt, Georg: Chemie zwischen Magie und Wissenschaft. Ex Bibliotheca Chymica 1500-1800, Weinheim 1991

Schwemmer, Oswald: Die Philosophie und die Wissenschaften. Zur Kritik einer Abgrenzung, Frankfurt/M. 1990

Seiffert, Helmut: Einführung in die Wissenschaftstheorie, Bd. 1: Sprachanalyse, Deduktion, Induktion in Natur- und Sozialwissenschaften, 10. Aufl. München 1983

Seiffert, Helmut: Einführung in die Wissenschaftstheorie, Bd. 2: Geisteswissenschaftliche Methoden: Phänomenologie, Hermeneutik und historische Methode, Dialektik, 8. Aufl. München 1983

Seiffert, Helmut/Radnitzky, Gerard (Eds.): Handlexikon zur Wissenschaftstheorie, Paderborn 1989

Seigel, J.E.: Rhetoric and Philosophy in Renaissance Humanism: The Union of Eloquence and Wisdom, Princeton University Press 1968

Settle, T.B.: Ostilio Ricci, A Bridge between Alberti and Galileo. In: XIIe Congrès internationale dˊhistoire des sciences, tome IIIB, Paris 1971, pp. 121-126

Shea, William R.: Galileo and the Justification of Experiments. In: Historical and Philosophical Dimensions of Logic, Methodology and Philosophy of Science (Part four of the Proceedings of the Fifth International Congress of Logic, Methodology and Philosophy of Science, London, Ontario, Canada 1975), ed. by Robert E. Butts and Jaakko Hintikka, Dordrecht/Boston 1977, pp. 81-92. (= The University of Western Ontario Series in Philosophy of Science. 12)

Shea, William R. (Ed.): Revolutions in Science. Their Meaning and Relevance, Washington/D.C. 1988

Shortland, Michael/Warwick, Andrew (Ed.): Teaching the History of Science, Oxford/New York 1989

Shumaker, Wayne (Ed.): Natural Magic and Modern Science. Four Treatises, 1590-1657, Binghampton/New York 1989 (= Medieval and Renaissance Texts and Studies, 63)

Siraisi, Nancy G.: Arts and Sciences at Padua. The Studium of Padua before 1350, Toronto 1973

Siraisi, Nancy G.: Medieval and Early Renaissance Medicine. An Introduction to Knowledge and Practice, University of Chicago Press, Chicago 1990

Skalweit, Stephan: Der Beginn der Neuzeit. Epochengrenze und Epochenbegriff, Darmstadt 1982 (= Erträge der Forschung. 178)

Skulsky, H.: Paduan Epistemology and the Doctrine of the one Mind. In: Journal for the History of Philosophy 6/1968, pp. 341-61

Smith, Cyril Stanley: Art, Technology, and Science: Notes on Their Historical Interaction. In: Technology and Culture 11/1970, pp. 493-549

Söhring, Otto: Werke Bildender Kunst in altfranzösischen Epen. In: Romanische Forschungen 13/1900, pp. 491-640

Solmsen, F.: Aristotle´s System of the Physical World, New York 1960

Sombart, W.: Der moderne Kapitalismus, 3 Bde., Berlin 1969

Spargo, John Webster: Virgil the Necromancer, Cambridge/Massachusetts 1934

Specht, Rainer: Art. `Causa finalis´. In: HWPh, I, sp. 974

Specht, Rainer: Über `occasio´ und verwandte Begriffe bei Zabarella und Descartes. In: Archiv für Begriffsgeschichte 16/1972, pp. 1-27

Stahl, W.H.: The Quadrivium of Martianus Capella. Its Place in the Intellectual History of Western Europe. In: Arts libéraux et philosophie au moyen âge. Actes du quatrième Congrès international de philosophie médiéval, Paris/Montreal 1969, pp. 959-967

Stallmach, J.: Das Absolute und die Dialektik bei Cusanus im Vergleich zu Hegel. In: Scholastik 39/1964, pp. 495-509

Stegmüller, Wolfgang: Hauptströmungen der Gegenwartsphilosophie, Bd. 2, 6. Auflage Stuttgart 1979

Stimson, D.: The Gradual Acceptance of the Copernican Theory of the Universe, New York 1917

Ströker, Elisabeth: Theoriewandel in der Wissenschaftsgeschichte, Chemie im 18. Jahrhundert, Frankfurt/M. 1982

Strong, Edward W.: Procedures and Mathematics. A Study in the Philosophy of Mathematical-Physical Sciences in the 16th and 17th-Centuries, University of California Press 1936

Strube, Wilhelm: Der historische Weg der Chemie, Bd. 1: Von der Urzeit bis zur industriellen Revolution, 4. Aufl. Leipzig 1984

Stürner, W.: Natur und Gesellschaft im Denken des Hoch- und Spätmittelalters. Naturwissenschaftliche Kraftvorstellungen und die Motivierung politischen Handelns in Texten des 12. und 14. Jahrhunderts, Stuttgart 1975

Sylla, Edith Dudley: The Oxford Calculatores and the Mathematics of
    Motion 1320-1350, 2 vols., Ph.D.-Thesis at the History of
    Science Department, Harvard University 1970
    (unveröffentlicht)
Symonds, John Addington: Renaissance in Italy. The Fine Arts,
    London 1897
Szabó, Arpad: Anfänge des euklidischen Axiomensystems. In: Oskar
    Becker (Hg.): Zur Geschichte der griechischen Mathematik,
    Darmstadt 1965, pp. 355-461
Tambiah, Stanley Jeyaraja: Magic, Science, Religion, and the Scope of
    Rationality, Cambridge University Press, Cambridge/New York
    1990
Taton, René: The Mathematical Revolution of the Seventeenth
    Century. In: Righini Bonelli, M.L./Shea, William R. (Eds.):
    Reason, Experiment, and Mysticism in the Scientific
    Revolution, New York 1975, pp. 283-290
Thomas, Keith: Religion and the Decline of Magic, Harmondsworth 1973
Thomson, William/Junge, Gustav: The Commentary of Pappus on Book X
    of Euclid´s Element. Arabic Text and Translantion,
    Cambridge/Massachusetts 1930 (= Harvard Semitic Series, 8)
Thoren, Victor E.: The Lord of Uraniborg. A Biography of Tycho
    Brahe. With Contribution by John R. Christianson, Cambridge/New
    York/Melbourne, Cambridge University Press 1990
Thorndike, Lynn: Science and Thought in the 15th Century, New York
    1929
Thorndike, Lynn: Newness and Craving for Novelty in Seventeenth-
    Century Science and Medicine. In: Journal of the History of
    Ideas 12/1951, pp. 584-598
Thorndike, Lynn: A History of Magic and Experimental Science, 3. Aufl.
    New York 1959
Thorne, S.E.: St. Germain´s Doctor und Student. In: The Library, 4th
    Series, vol. X, o.O. 1930
Tillett, A. W.: Spencer´s Synthetic Philosophy, Chicago 1914
Toellner, Richard: Die medizinischen Fakultäten unter dem Einfluß der
    Reformation. In: Renaissance - Reformation. Gegensätze und
    Gemeinsamkeiten. Vorträge (gehalten anläßl. eines Kongresses des
    Wolfenbütteler Arbeitskreises für Renaissanceforschung vom 20.
    bis 23. November 1983) hg. von August Buck, Wiesbaden 1984 (=
    Wolfenbütteler Abhandlungen zur Renaissanceforschung. Bd. 5),
    pp. 287-297
Toomer, G.J.: Art. `Ptolemy´. In: DSB, vol. 11, pp. 186-206
Topitsch, E.: Vom Ursprung und Ende der Metaphysik, Wien 1962

Toulmin, Stephen E.: Voraussicht und Verstehen. Ein Versuch über die Ziele der Wissenschaft, übers. von E. Bubser, Frankfurt/M. 1981

Tusculum-Lexikon griechischer und lateinischer Autoren des Altertums und des Mittelalters, 3. neu bearb. Aufl. von W. Buchwald, A. Hohlweg, O. Prinz, München/Zürich 1982

Unguru, Sabetai: William Wallace´s Preludes and Etudes: Variations on the Continuity Theme. In: The Thomist 46/1982 (No. 3), pp. 466-477

Vacca, G.: Maurolycus, the First Discoverer of the Principle of Mathematical Induction. In: American Mathematical Society Bulletin 16/1909, pp. 70-73

Van Deusen, Neil C.: Telesio. The First of the Moderns, New York 1932

Van Egmont, W.: Practical Mathematics in the Renaissance, Florenz 1980

Van Fraassen, Bas C.: Laws and Symmetry, Oxford University Press 1989

Van Kessel, P.J.: Duitse Studenten te Padua, Assen 1963

Varga, L.: Das Schlagwort vom `finsteren Mittelalter´, Boden/Wien/Leipzig/Brünn 1932

Vasoli, Cesare: Einleitung zu Jacobi Zabarellae De Methodis und De Regressu, Bologna 1987

Vickers, Brian: Frances Yates and the Writing of History. In: Journal of Modern History 51/1979, pp. 287-316

Vickers, Brian (Ed.): Occult and Scientific Mentalities in the Renaissance, Cambridge University Press 1984

Vickers, Brian : Analogy versus Identity: the Rejection of Occult Symbolism, 1580-1680. In: Brian Vickers (Ed.): Occult and Scientific Mentalities in the Renaissance, Cambridge 1984

Vickers, Brian: Kritische Reaktionen auf die okkulten Wissenschaften in der Renaissance. In: Zwischen Wahn, Glaube und Wissenschaft. Magie, Astrologie, Alechemie und Wissenschaftsgeschichte, hg. von Jean-Francois Bergier, Zürich 1988, pp. 167-239

Viviani, U.: Medici, fisici e cerusici della provincia aretina vissuti dal V al XVII secolo d. C., Arezzo 1923

Viviani, U.: Vita ed opere di Andrea Cesalpino, Arezzo 1923

Vleeschauwer, H.J. de: Jacobus Acontius´ Tractaat `De Methodo´, Antwerpen/Paris 1932 (= Universiteit te Gent, Werken uitgegeven door de Faculteit der Wijsbegeerte en Letteren, 67)

Vorländer, Karl: Geschichte der Philosophie mit Quellentexten, Bd. 2: Mittelalter und Renaissance. Auf der Grundlage der Bearbeitung von Erwin Metzke und Hinrich Knittermeyer und der Auswahl von Quellentexten von Ernesto Grassi und Eckhard Keßler. Neu herausgegeben von Herbert Schnädelbach, Reinbek bei Hamburg 1990

Voss, J.: Das Mittelalter im historischen Denken Frankreichs. Untersuchungen zur Geschichte des Mittelalterbegriffs und der Mittelalterbewertung von der zweiten Hälfte des 16. bis zur Mitte des 19. Jahrhunderts, München 1972

Waitz, Theodor: Aristelis Organon Graece. Novis codicum auxiliis adiutus recognovit, scholiis ineditis et commentario instruxit, Leipzig 1844-6,

Walden, Paul: Geschichte der Chemie, 2. Aufl. Bonn 1950

Walker, D.P.: Spiritual and Demonic Magic from Ficino to Campanella, London 1958; 2. Aufl. Notre Dame University Press 1975

Wallace, William A.: The `calculatores´ in Early Sixteenth-Century Physics. In: The British Journal for the History of Science 4/1969, pp. 221-232

Wallace, William A.: Causality and Scientific Explanation. Vol. 1: Medieval and Early Classical Science, Ann Arbor (Univ. of Michigan Press) 1972

Wallace, William A.: Galileo´s Early Notebooks: The Physical Questions. A Translation from the Latin, with Historical and Paleographical Commentary, Notre Dame, University of Notre Dame Press 1977

Wallace, William A.: Prelude to Galileo. Essays on Medieval and Sixteenth-Century Sources of Galileo´s Thought, Dordrecht/Boston/London 1981 (= Boston Studies in the Philosophy of Science. 62)

Wallace, William A.: Aristotle and Galileo: The Uses of ΥΠΟΞΕΣΙΣ (Suppositio) in Scientific Reasoning. In: Studies in Aristotle, ed. by Dominic J. O´Meara, Washington, D.C. 1981 (= Studies in Philosophy and the History of Philosophy. 9)

Wallace, William A.: Prelude to Galileo: Essays on Medieval and Sixteenth-Century Sources of Galileo´s Thought, Dordrecht/Boston 1981 (= Boston Studies in the Philosophy of Science, 62)

Wallace, William A.: Galileo and Aristotle in the Dialogo. In: Angelicum 60/1983, pp. 311-332

Warrain, F.: Essai sur l´ `Harmonices mundi´ ou `Musique du monde´ de J. Kepler, 2 Bde., Paris 1942

Warwick, Andrew/Shortland, Michael (Ed.): Teaching the History of Science, Oxford/New York 1989

Waters, William George: Jerome Cardan. A Biographical Study, London 1898

Weier, Winfried: Die Grundlegung der Neuzeit. Typologie der Philosophiegeschichte, Darmstadt 1988 (= Grundzüge. 71)

Weiler, A. G.: Heinrich von Gorkum: Seine Stellung in der Philosophie und der Theologie des Spätmittelalters, Hilversum/Einsiedeln 1962

Wein, Hermann: Heutiges Verhältnis und Mißverhältnis von Philosophie und Naturwissenschaft. In: Philosophia Naturalis 1/1950, pp. 189-222

Weingartner, Paul: Wissenschaftstheorie I. Einführung in die Hauptprobleme, 2., verbesserte Aufl. Stuttgart/Bad Cannstatt 1978

Weingartner, Paul (Hg.): Deskription, Analytizität und Existenz, Salzburg/München 1966

Weingartner, Paul (Hg.): Grundfragen der Wissenschaften und ihre Wurzeln in der Metaphysik, Salzburg/München 1967

Weisheipl, James A.: The Place of the Liberal Arts in the University Curriculum during the 14th and 15th-Centuries. In: Arts libéraux et philosophie au Moyen Age, Paris/Montreal 1969, pp. 209-213

Weisheipl, James A.: The Nature, Scope and Classification of the Sciences. In: Sciences in the Middle Ages, ed. by David C. Lindberg, Univ. of Chicago Press 1978, pp. 461-482

Weisheipl, James A.: The Nature, Scope and Classification of the Sciences. In Sciences in the Middle Ages, ed. by David C. Lindberg, University of Chicago Press 1978, pp. 461-482

Weisinger, H.: The Renaissance Theory of the Reaction against the Middle Ages as a Cause of the Renaissance. In: Speculum 20/1945, pp. 461-467

Weizsäcker, Carl Friedrich von: Komplementarität und Logik. In: Die Naturwissenschaften 42/1955, pp. 41-63

Weizsäcker, Carl Friedrich von: Die Einheit der Natur - Studien, München 1971

Westfall, Richard S.: The Construction of Modern Science: Mechanisms and Mechanics, New York/London/Sydney/Toronto 1971

Westman, Robert S.: Nature, Art, and Psyche: Jung, Pauli and the Kepler-Fludd Polemic. In: Brian Vickers, Occult and Scientific Mentalities, pp. 179 ff.

Weyl, Hermann: Philosophy of Mathematics and Natural Science, New York 1963

White, Andrew D.: A History of the Warfare of Science with Theology in Christendom, New York 1899

White, Lynn Jr.: Medieval Technology and Social Change, Oxford 1962

White, Lynn Jr.: Cultural Climates and Technological Advance in the Middle Ages. In: Viator 2/1971, pp. 171-201

White, Lynn Jr.: Medical Astrologers and Late-Medieval Technology. In: Viator 6/1975, pp. 295-308

Whitehead, Alfred North: Process and Reality, New York 1929

Whitehead, Alfred North: Science in the Modern World (Lowell Lectures, 1925), New York 1948, 5th ed. 1954

Wilson, Curtis A.: William Heytesbury: Medieval Logic and the Rise of Mathematical Physics, University of Wisconsin Press, Madison 1960

Windelband, Wilhelm: Lehrbuch der Geschichte der Philosophie´, hg. von Heinz Heimsoeth, 17. Aufl. Tübingen 1980

Wisan, W.L.: Galileo and the Emergence of a New Scientific Style. In: Theory Change, Ancient Axiomatics, and Galileo´s Methodology, ed. by J. Hintikka et al., Dordrecht/Boston 1981, pp. 311-339 (= Proceedings of the 1978 Pisa Conference on the History and Philosophy of Science, 1)

Wisan, W.L.: Galileo´s Scientific Method: A Reexamination. In: New Perspectives on Galileo, ed. by R.E. Butts and J.C. Pitt, Dordrecht/Boston 1978, pp. 1-57

Wittgenstein, Ludwig: Tractatus Logico-philosophicus, London 1922

Wittkower, Rudolf: Individualism in Art and Artist. A Renaissance Problem. In: Journal of the History of Ideas 22/1961, pp. 291-302

Wohlwill, Emil: Galileo Galilei und sein Kampf für die Kopernikanische Lehre, Bd. 2, Hamburg 1926

Wohlwill, Emil: Die Pisaner Fallversuche. In: Mitteilungen zur Geschichte der Medizin und Naturwissenschaften 4/1963

Wohrle, Georg (Hg.): Lehrgedicht über die Syphilis. In: Gratia. Bamberger Schriften zur Renaissanceforschung, Heft 18, Bamberg 1988

Wolff, M.: Geschichte der Impetustheorie, Frankfurt/M. 1978

Woolhouse, R. S. (Ed.): Metaphysics and Philosophy of Science in the Seventeenth and Eighteenth Centuries. Essays in Honour of Gerd Buchdahl, Dordrecht/Boston/London 1988

Wundt, M.: Die deutsche Schulmetaphysik des 17. Jahrhunderts, Tübingen 1939

Wuttke, Dieter: Beobachtungen zum Verhältnis von Humanismus und Naturwissenschaft im deutschsprachigen Raum. In: Acta Conventus Neo-Latini Guelpherbytani: Proceedings of the 6th International Congress of Neo-Latin Studies, Binghamton/N.Y. 1988, pp. 181-189 (= Medieval and Renaissance Texts and Studies, 53)

Wußing, Hans (Hg.): Geschichte der Naturwissenschaften, Köln 1983

Yates, Frances A.: `The Hermetic Tradition in Renaissance Science´. In: Art, Science, and History in the Renaissance, ed. by Charles S. Singleton, Baltimore 1967

Yates, Frances A.: Giordano Bruno e la tradizione ermetica, Bari 1969

Zambelli, Paola: Il problema della magia naturale nel Rinascimento. In: Rivista critica di storia della filosofia 28/1973, pp. 271-296

Zanobio, Bruno: Art. `Fracastoro´. In: DSB vol. 6, pp. 104-107

Zemon-Davies, N.: Mathematicians in the 16th Century French Academies. Some Further Evidence. In: Renaissance News 9/1958, pp. 3-10

Zeuthen, H.G.: Geschichte der Mathematik im XVI. und XVII. Jahrhundert, Leipzig 1903 (= Abhandlungen zur Geschichte der mathematischen Wissenschaften mit Einschluß ihrer Anwendungen. Begr. von Moritz Cantor, Heft XVII)

Zilsel, Edgar: The Genesis of the Concept of Physical Law. In: The Philosophical Review 51/1942, pp. 245-279

Zilsel, Edgar: The Genesis of the Concept of Scientific Progress. In: Journal of the History of Ideas 6/1945, pp. 325-49

Zilsel, Edgar: Die sozialen Ursprünge der neuzeitlichen Wissenschaft, 2. Aufl. Frankfurt/M. 1985

Zinner, Ernst: Die Geschichte der Sternenkunde, Berlin 1931

Zinner, Ernst: Leben und Wirken des Johannes Müller von Königsberg, genannt Regiomontanus, Berlin 1938;

Zinner, Ernst: Geschichte und Bibliographie der astronomischen Literatur in Deutschland zur Zeit der Renaissance, Leipzig 1941

Zinner, Ernst: Entstehung und Ausbreitung der copernicanischen Lehre, 1943, neu herausgegeben von Heribert M. Nobis und Felix Schmeidler, München 1988

Printed in the United States
By Bookmasters